U0346674

海外中国
研究丛书

刘 东 主编

［荷］安国风 著

纪志刚
郑 诚 译
郑方磊

EUCLID IN CHINA

欧几里得在中国

汉译《几何原本》的源流与影响

The Genesis of the First Chinese Translation of Euclid's Elements Books I–VI(Jihe yuanben; Beijing, 1607) and its Reception up to 1723

江苏人民出版社

图书在版编目(CIP)数据

欧几里得在中国:汉译《几何原本》的源流与影响/[荷]安国风著;
纪志刚、郑诚、郑方磊译. —南京:江苏人民出版社,2009(2021.12 重印)
　(海外中国研究丛书/刘东主编)
　ISBN 978-7-214-05710-5

　Ⅰ.欧... Ⅱ.①安...②纪...③郑...④郑... Ⅲ.①欧
氏几何②几何原本-研究-中国 Ⅳ.0184

　中国版本图书馆 CIP 数据核字(2009)第 048268 号

Euclid in China:The Genesis of the First Chinese Translation of Euclid's Elements Books Ⅰ-Ⅵ
(Jihe yuanben;Beijing,1607) and its Reception up to 1723
Copyright © 1998 by Peter M. Engelfriet
Simplified Chinese translation rights © 2007 by JSPPH
Published by arrangement with Brill Academic Publishers
All rights reserved
江苏省版权局著作权合同登记:图字 10-2006-245

书　　　名	欧几里得在中国:汉译《几何原本》的源流与影响	
著　　　者	[荷]安国风	
译　　　者	纪志刚　郑　诚　郑方磊	
责 任 编 辑	曹　斌　洪　扬	
装 帧 设 计	陈　婕	
责 任 监 制	王　娟	
出 版 发 行	江苏人民出版社	
地　　　址	南京市湖南路 1 号 A 楼,邮编:210009	
照　　　排	江苏凤凰制版有限公司	
印　　　刷	江苏凤凰通达印刷有限公司	
开　　　本	652 毫米×960 毫米　1/16	
印　　　张	35　插页 4	
字　　　数	455 千字	
版　　　次	2009 年 5 月第 1 版	
印　　　次	2021 年 12 月第 2 次印刷	
标 准 书 号	ISBN 978-7-214-05710-5	
定　　　价	98.00 元	

(江苏人民出版社图书凡印装错误可向承印厂调换)

序"海外中国研究丛书"

　　中国曾经遗忘过世界,但世界却并未因此而遗忘中国。令人嗟讶的是,20世纪60年代以后,就在中国越来越闭锁的同时,世界各国的中国研究却得到了越来越富于成果的发展。而到了中国门户重开的今天,这种发展就把国内学界逼到了如此的窘境:我们不仅必须放眼海外去认识世界,还必须放眼海外来重新认识中国;不仅必须向国内读者迻译海外的西学,还必须向他们系统地介绍海外的中学。

　　这个系列不可避免地会加深我们150年以来一直怀有的危机感和失落感,因为单是它的学术水准也足以提醒我们,中国文明在现时代所面对的绝不再是某个粗蛮不文的、很快就将被自己同化的、马背上的战胜者,而是一个高度发展了的、必将对自己的根本价值取向大大触动的文明。可正因为这样,借别人的眼光去获得自知之明,又正是摆在我们面前的紧迫历史使命,因为只要不跳出自家的文化圈子去透过强烈的反差反观自身,中华文明就找不到进入其现代形态的入口。

当然,既是本着这样的目的,我们就不能只从各家学说中筛选那些我们可以或者乐于接受的东西,否则我们的"筛子"本身就可能使读者失去选择、挑剔和批判的广阔天地。我们的译介毕竟还只是初步的尝试,而我们所努力去做的,毕竟也只是和读者一起去反复思索这些奉献给大家的东西。

刘 东

目　录

2

译者的话

汉译《几何原本》(1607)是科学翻译史上的一项杰出成就,一座里程碑。利玛窦与徐光启筚路蓝缕,以典雅的文言,移译拉丁原著,风格传神。他们创造的若干术语一直沿用至今。自晚明迄清末,《几何原本》成为中国数学研究的新地标。

《几何原本》的介译史也展现了欧洲与中国首次重大文化冲撞的一个侧面。早期西方传教士曾认为,一旦接受西方数学和天文,中国人就会皈依天主。当然,他们错了。然而只有对 17、18 世纪中国社会的历史环境和文化结构进行比较研究,才能揭示这种错误的深层原因。安国风(Peter M. Engelfriet)博士的《欧几里得在中国》正是这样一本书。作者力图把握晚明社会学术思潮变化的大背景,突出《几何原本》作为异质文化(如抽象性、演绎性和公理化)的特点,详细探讨了欧氏几何向中国传播的前因后果。全书分三部分:

第一篇,翻译的时代背景。着重讨论耶稣会的数学教育以及晚明社会的历史环境。

第二篇,文本的翻译。介绍克拉维乌斯拉丁版《原本》,并从语言和逻辑结构的角度分析汉译《几何原本》的特点。

第三篇,《几何原本》在出版后的一个世纪如何为中国学者接受。通过研究有代表性的中国数学著作,展示丰富的史料,揭示欧氏几何对明清数学的影响。

一部西方科学巨著如何跨越语言的屏障得以翻译?如何与中国传统相融合而进一步传播?回答这些问题,需要各种层面的深入研究。《几何原本》的汉译不仅是数学史或科学史上的重要事件,在近代中西文化交流史上也占有独特的地位。《欧几里得在中国》以《几何原本》为中心,通过对古典文献的梳理,对相关人物、著作的分析与评述,展示了明清之际中国传统数学思想的嬗变历程,原书亦入选"莱顿汉学丛书"(SINICA LEIDENSIA)。

2007 年恰逢汉译《几何原本》问世 400 周年,希望 2008 年《欧几里得在中国》中译本的问世,开启"海外中国研究丛书"的新视角——海外中国科学史研究。

致　谢

　　本书在笔者的博士论文基础上修订而成。谨向我的导师许理和
(E. Zürcher)教授致以深深的谢意。能够在这位学识渊博、视野开阔的
汉学家的指导下步入如此宽广的研究领域,真是莫大的荣幸。许理和教
授在莱顿(Leiden)大学开创了"东西方的初会"(the first encounter
between East and West)之研究方向,特别关注中国自身的反响与态度,
广搜文献,积累甚丰,营造了理想的研究环境。先生的鼓励与精辟分析,
亦是本书的"原本"(elements);而本书或有可取,也当感谢先生在古汉语
以及文字编辑方面的高超功力。

　　詹嘉玲(C. Jami)教授对我的论文影响至深。从这项研究的一开
始,她便慷慨相助,帮助笔者搜寻资料,梳理当代研究文献,讨论相关问
题;她细致地批阅了论文的初稿,纠正错谬甚多,特别是提醒笔者避免
"欧洲中心主义"倾向,而这正是在研究欧几里得《原本》(Elements)之类
的名著时,必须要时刻留心的问题。

　　当然,笔者本人将对论文修改为本书所作的种种变更负责。

　　林力娜(K. Chemla)教授也从一开始就给予了热情鼓励,无论是她
自己杰出的研究还是对我的谆谆教诲,都令人获益匪浅。她的友谊和对

中国数学史研究的深邃洞见更令我心存感激和无比钦佩。

笔者对杜鼎克博士(Dr. A. Dudink)的感激难以言表。他就像一部关于耶稣会士与中国的"百科全书",不论中文、西文,一手、二手文献,都慷慨地与我分享,可以这么说,拙著的大半篇章都蕴涵着杜鼎克博士的帮助。

写作期间正值黄一农教授在莱顿访学,于笔者可谓幸甚。这个机会不仅使我感受到黄教授的热忱与谦和,更让我亲身领悟到杰出的历史研究的愉悦。此外,他的渊博学识和史料上的帮助,对本书都是无法估量的。

笔者还要真诚地感谢萧文强(Siu Man-Keung)教授和桥本敬造(Hashimoto Keizo)教授,与他们共享有关徐光启的见解让我获益良多。与萧文强教授合作撰写论文丰富了我的阅历,特别是明代"国家数学"这一如此重要的概念以及对此所做的详细考察,当应归功于萧文强教授。

感谢北京韩琦教授的热情关怀,为笔者提供了宝贵建议和重要资料;感谢孙小淳博士和祝平一博士的意见;感谢洪万生教授的意见与提供的材料;感谢谢和耐(J. Gernet)教授的评论与热情支持;感谢史景迁(J. Spence)教授的鼓励;感谢 Guisti 教授审阅了论文的部分篇章;感谢 B. J. Ter. Haar 博士、Linda de Lange 博士的支持并为我提供的材料;感谢 J. Hogendijk 博士的数学史课程;感谢 H. T. Zurndorfer 博士,正是他富有激情的讲座唤起了我对中国历史的兴趣。

非常感谢施舟人(K. M. Schipper)教授,在我陷入困境的时候,他鼓励我坚持下去。伊维德(W. L. Idema)教授的支持和关心也使我深获教益。还要感谢 Twente 大学的 H. F. Cohen 教授,甚至本项研究还只是一个"题目"时候,他就以极大的热情激励我坚持下去,最后亦赏光作为评委会的评委。

若没有马若安(J. C. Martzloff)教授关于中国接受西方数学的先驱性的研究,本书的撰写无疑将极为艰难。作为一个榜样,马若安的工作使我获益匪浅。另外,本书的书名表达了我对席文(N. Sivin)教授大作《哥白尼在中国》(*Copernicus in China*)的仰慕。

笔者要特别感谢父母双亲,他们对文稿的润色提供了许多建议,本书的问世也凝聚着他们的心血。

承蒙台湾九章出版的孙文先先生惠寄新近出版的欧几里得《几何原本》的现代汉语译本。J. W. Naeff 先生的捐助真是雪中送炭,使得购买一些必要的设备成为可能。

最后,感谢 CNWS(The Centre of Non-Western Studies)、莱顿大学汉学中心及其附属图书馆、莱顿大学中央图书馆 Dousa 阅览室、波尔哈夫博物馆(Museum Boerhaave)附属图书馆,上述机构给予笔者巨大的帮助和支持。此外,若没有荷兰皇家艺术与科学学院(Netherlands Royal Academy of Arts and Sciences)的赞助,我的博士论文就不可能变为此书。笔者还要向 Brill 出版社的 P. Radder 女士致谢,感谢她的耐心和细致的指教。

安国风

Peter M. Engelfriet

第一章　导　论

一般说来，一本书的序言总有些自卖自夸的嫌疑。1607 年，徐光启 1 向中国读者介绍《几何原本》的文字似乎也难逾此臼。在《刻几何原本序》中，他赞美此书"真可谓万象之形囿，百家之学海"。明代的文人学士读到其后泰西利玛窦(Matteo Ricci)的序言，将获得更多的细节，仿佛如珠宝店中撩人的虚光幻影。他们会看到，《几何原本》对国家福祉、社稷民生至为紧要，星象观测、水利农耕、食品医药，尤其是国防兵备，无不需要"数学"知识。至于启发心智、裨益儒学，《几何原本》更是佳妙蹊径。

利玛窦与徐光启合译欧几里得(Eucild)《原本》(*Elements*)前六卷第一个汉语译本，可谓历史上欧洲与中国首次重大文化冲撞的一个侧面。1540 年，依纳爵·罗耀拉(Ignatius of Loyola)建立耶稣会(Jesuit Order)。伴随欧洲的海外扩张，耶稣会士来到中国传布基督福音，同时也带去了欧洲文化。利玛窦，中国传教团的建立者，1583 年进入中国，经历了早期的艰辛磨难，终于同社会精英阶层建立了联系，并唤起了他们对西学的兴趣。翻译《几何原本》之时，徐光启已是堂堂翰林院的一员，而翰林院则是通向高官显爵的晋身之阶。自 1604 年皈依天主后，徐光启成为耶稣会在中国重要的赞助者与保护人，同时也是西方科学的积极倡导者。

　　17世纪见证了传教士的成功,也见证了明王朝的覆灭,随后发生的一系列的事变,使得耶稣会士的地位戏剧性地数度变异。到了18世纪初,尽管一些耶稣会的天文学家、艺术家继续为中国宫廷服务,但传教活动已为官方禁止,中国教团走向衰败。在长达一个多世纪的文化交流中,传教士们与中国学者合作,口述笔录达辞修意,使用古典文言编纂了一系列反映欧洲文化的著作。这些作品大都不是单纯的翻译。《几何原本》乃是头等重要的汉译欧洲名著,它的底本是耶稣会罗马学院(the Jesuit *Collegio Romano*)的数学教授克拉维乌斯(Christophorus Clavius)1574年编纂的拉丁语版本,而利玛窦正是在罗马学院中接受了教育。《原本》的翻译之所以重要,不仅在于该书本身,更体现在其产生的特殊历史环境中,正因如此,对历史背景深入探究无疑大有必要。

　　《原本》的两位译者之所以"夸下海口"自有其理由。是时,利氏正热衷于向中国的精英阶层兜售他的学识,以保证教团"外国专家"的位置;徐光启则对数学的大用寄予厚望。作为西方思想史的重要组成部分,《原本》一书地位崇高。公元前300年左右,亚历山大城(Alexandria)的欧几里得从基本原理开始,通过显明而严格的推理方式,将希腊数学的基本知识编纂成逻辑严谨、论述缜密的教科书,缔造了科学史上的一部奠基之作。此书将严谨证明的清晰思想呈现给了世界,特别是16世纪以降,它确立了一个重要的起点:使用卓有成效的几何方法认识自然。更为甚者,作为根据极少的基本假设构建知识体系的典范,这些定理、公理、定义、命题及其证明所产生的影响远远超越了数学本身。①

　　与早期的科学著作翻译史相比,有关西方科学在17世纪传入中国

---

① 也有人认为,它的重要性甚至在于假定虚构的命题。参看 Max Steck 的遗著《欧几里得文献目录》(*Bibliogaphia Euclideana*,Hidesheim),1981年(Menzo Folkerts 编辑),第8页:*Denn beide Bücher*,*die Bibel und die Elmente Euklids*,*haben die geistesgeschichtliche Entfaltung des Abendlandes in Religion*,*Wissenschaft und Kunst bestimmt*.

的文献相当丰富,展现了一幅知识传播的细致图景。笔者的主要目标在于详细讨论欧氏几何向中国传播的前因后果:考察翻译缘起的环境(第一篇),文本的翻译本身(第二篇),以及《几何原本》成书后一个世纪中如何被接受,产生了什么样的影响(第三篇),同时展示丰富的文献史料。汉译《几何原本》是如何产生的? 为什么选择这本书? 翻译经谁之手? 这些问题是本书的主要线索,最后一部分则是对相关中国数学著作的研究,正是这些著作揭示出欧氏几何的影响。《原本》的重要性毋庸置疑,该书的传播并非"专家到专家",而是"学者与学者",有鉴于此,再加上拉丁语与汉语文言在"语言之树"上乃是相隔甚远的两支,笔者尤其注重文化语境以及语言方面的问题。虽然不免有专业跨界的风险,不过笔者还是希望这种做法能为本书赋予科学史中跨文化研究的价值,同时增进对17 世纪中国思想史的理解。下面简要谈谈特别值得关注的一些问题。

李约瑟(J. Needham)高度评价了耶稣会士引入西方科学的重要性。在其丰碑式的《中国科学技术史》(*Science and Civilisation in China*)的第三卷中,他谈到西方科学的传入直接导致中国"本土科学"的终结。西学东渐被称为"学术史上力图联系科学与社会的最伟大的尝试",[1]李约瑟本人主要关心的是科学在中国的"自主发展"。利玛窦被李约瑟誉为"伟大的科学家",用李约瑟的话来说,当利玛窦进入中国后,中国科学与西方科学不久就完全地"融合"为"世界科学"了。[2] 另一方面,谢和耐

---

[1] R. Porter:《科学史与学会史》(*The History of Science and the History of Society*),载 R. C. Olby 主编:《近代科学史指南》(*Companion to the History of Modern Science*),London/New York:Routledge,1990,第 32—47 页,第 35 页。

[2] "西方与东方的数学、天文和物理学在会聚后,很快地整合起来。1644 年明朝灭亡时,欧洲与中国的数学、天文与物理学之间已不再有明显的差别,它们完全地融合为一体了。"见李约瑟及其合作者王铃(Wang Ling)、鲁桂珍(Lu Gwei-Djen)和何丙郁(Ho Pin-Yu):《中西社会中的学者和工匠:科技史演讲集》(*Clerks and Craftsmen in China and the West:Lectures and Addresses on the History of Science and Technology*),Cambridge,1970,第 398 页。关于李约瑟方法的批评性的讨论,可参见 H. F. Cohen:《科学革命》(*The Scientific Revolution*),Chicago,1994,第 418 页以下。

(J. Gernet)的《中国与基督教》一书指出:"思维模式"的差异阻碍了相互理解,这正是基督教最终失败原因之一。① 根据这种观点,诸如"永恒真理领域与现象世界互相分离"②这种西方概念,与中国人的思维模式相抵触。对西方科学而言,无论恰当与否,欧几里得《原本》常常与"永恒真理领域"联系在一起。的确,马若安(J. C. Martzloff)早已揭示出中国人对欧几里得的反应远比李约瑟所确信的更为复杂。③ 在关于欧氏几何"中国式理解"的研究中,马若安指出,中国数学家采用高度选择性的方式融会了欧氏几何,从某种意义上说,将其转变成了别的东西。席文(N. Sivin)和艾尔曼(B. Elman)同意西方数学对中国的学术产生了深远的影响,同时强调这种影响的方式与一般的预期大有不同。④

诚然,诸多因素决定了译作的命运。除了尽量准确易懂、面向广大读者之类明显的理由,还有许多不那么一目了然的因素,比如正文之外的辅助材料,以便讲解、阐释,或作为"进一步研究指南",或帮助实际应用。如何评价口述者的角色与传播者的态度也非易事。此外,译作的读者,他们的知识传统、价值观以及个人的期望也是必须思考的问题。作

① 谢和耐(J. Gernet):《中国和基督教:作用与反作用》(Chine et christianisme. Action et réaction),Paris,1982。本文引自英译本《中国与基督教的影响:一种文化冲突》(China and the Christian Impact. A Conflict of Cultures)[劳埃德(J. Lloyd)翻译],Cambridge,1985。感谢谢和耐教授纠正了笔者早先转述其著作时的错误。
② 见上书第239页,以及各处。
③ 见马若安(J. C. Martzloff):《十七世纪至十八世纪初中国学者对欧几里得论证方法的理解》(La compréhension chinose des méthods démonstratives euclidiennes au cours du XVIIe siécle et au début du XVIIe),载《第二届国际汉学研讨会文集:启蒙运动时期中国与欧洲的关系》(Actes du IIe colloque international de sinologie: les rapports entre la Chine et l'Europe au temps des Lumieres);马若安:《梅文鼎(1633—1721)数学著作研究》[Recherches sur l'oeuvre mathématique de Mei Wending (1633—1721)],载《法国高等汉学研究所纪要》第16卷(Memoires de l'Institut des Hautes Etudes Chinoises),Paris,1981。
④ 艾尔曼(B. Elman):《从理学到朴学:晚期中华帝国知识与社会的变迁》(From Philosophy to Philology, Intellectual and Social Aspects of Change in Late Imperial China),Cambridge Mas,1984;席文(N. Sivin):《为什么科学革命没有在中国发生? ——是否没有发生?》(Why the Scientific Revolution did not take place in China—or didn't it?),载Chinese Science,5 (1982),第45—66页。

为外来思想大规模输入中国的唯一先例,六朝隋唐时期大量佛经的翻译已充分地表明文化传播的过程非常复杂:选择、改编、与本土原有观念的冲突,最终产生了具有强烈中国色彩的佛教。当然,科学作品还不能与深奥的宗教典籍作简单的类比。

即使是欧几里得的著作,在不同历史文化背景中的境遇也完全不同。也许正像克拉维乌斯在拉丁文版《导言》所说的那样,《原本》中的定理与公元前 300 年相比毫无二致。但是,欧几里得在不同的环境中激发出的反响却迥然有别。例如,《原本》一书有名有姓的阿拉伯注释者竟然达到 60 人之多(大约有 30 种评注保存至今),与此形成鲜明对照的是,中世纪的西欧只出现了一种拉丁文的评注本[一般认为是大阿尔伯特(Albertus Magnus)编写的],而当时对《原本》的研究尚且是亚里士多德(Aristotle)哲学的附庸。更有甚者,删去证明的简写本占据了主流地位。事实上,进入 16 世纪之后的相当一个时期,人们仍然相信《原本》中的证明并非出自欧氏本人,也并非是全书不可或缺的组成部分。16 世纪中,一些学者致力于原典的复原,另一些则试图将《原本》改编为综合性的实用手册或者是更加便于教学的课本。近代以降,随着欧几里得重新被当作教科书作者来看待,关于《原本》的价值仍然存在各种不同意见。该书标准英译本的作者希思(Thomas Heath)称其为"盖世巨典",但也有译者认为欧几里得在教学上见识不高,《原本》一书"编得笨拙"。① 5

因此,为了尽可能准确地将《原本》的翻译置于其历史背景之中,本书特别关注以下几个方面:

首先,笔者试图解说这一知识传播事件的起源,集中讨论欧几里得几何学传播者的思想背景以及汉译所据底本。由于中国学者完全依靠

---

① 以上评论分别出自希思(Th. Heath)与维特拉克(B. Vitrac)。参见 I. Mueller 关于维特拉克《原本》译本的书评,载 *Historia Mathematica*,23(1996),第 85—86 页。

耶稣会士提供资讯，因此必须考虑耶稣会士的数学背景。耶稣会士的"智识热忱"被称誉为科学革命之前最后的"崇高努力"：力图用统一的世界图景容纳一切人类经验与事实。他们的任何活动（智力的、社会的，以及其他方面的）都可以在这个大目标下找到自身的动机与理由；①科学研究的背后同样交织着矛盾复杂的因素，天文学便是著名的一例。由于宗教教义与哲学理念对其知识体系的限制，耶稣会士不可能将 17 世纪重要的科学新思想介绍给中国。因此，相比同一时期欧洲的最新研究，传入中国的天文学很快就显得过时了。②尽管这种限制并不能加诸欧氏几何，不过耶稣会独特的科学文化同样影响到了纯数学的研究偏向。因此，欧氏几何以什么方式成为"整个知识体系"的一部分十分重要。这不仅影响到几何学的传播途径，也反映了不同于现代观念的某些重要特征。从《原本》成书到 1607 年的汉译《几何原本》，两千年间该书的各种版本，包括翻译、改编层出不穷。克拉维乌斯 1574 年版《原本》除了拉丁译文之外，还增加了大量补充材料，在讨论利、徐译本之前，需要了解克氏译本在《原本》源远流长的传播史占据了什么样的位置。

其次，耶稣会士的科学传播活动之所以相当成功，关键在于他们同中国的精英阶层（士大夫）建立了紧密的联系。耶稣会士热衷向受过良好教育的官员和学者展示自己的科学知识，可以肯定地说，大多数文人学士之所以对泰西来客感兴趣乃是因为那些"洋玩艺"。但是，这种兴趣能持续多久？兴趣背后的动机何在？西方知识在儒家学者圈子中的潜在传播范围到底有多大？数学在中国传统中占有什么样的位置？中国

---

① 巴尔迪尼(Baldini, U.)：*Legem impone subactis. Studi su filosofia e sciienza dei Gesuiti in I-talia*, *1540—1632*, Rome：Bulzoni Editore, 1992, 第 12 页。

② 关于耶稣会士传入西方天文学的详细研究，可参见桥本敬造(Hashimoto Keizo)：《徐光启与历法改革》(*Hsü Kuang-Ch'i and Astronomical Reform*)，Osaka (Kansai University Press)，1988。亦可见席文(N. Sivin)：《哥白尼在中国》(*Copernicus in China*)，载《哥白尼研究集》(*Studia Copernicana*)第 6 卷第 2 期(*Colloguia Copernicana*, vol.2)：《日心说拥护者研究》(*Etudes sur l'Audience de la Théorie Héliocentrique*)，第 63—122 页，Wasaw, 1973。本句引自第 103 页的摘要。

学者如何依靠源于固有的知识与方法,容纳西方数学? 进一步说,虽然明代的数学水平并未达到宋代的高度,但是数学传统依然存在,并对接受欧氏几何起到了关键作用。

再者,有关翻译的本身。提供可理解的翻译是传播该书的必要条件。从这一点来说,由于汉语文言和拉丁语在语法、词法、文体、结构和词汇等方面存在巨大差异,翻译者面对的是难以克服的困难。常有这种争论,说古汉语不适合表达科学思想。① 就是现在,仍有人认为汉语不适宜精确的逻辑表达。虽说这类观点大都站不住脚,②不过翻译者克服语言差异的过程确实非常有意思。这里又产生了另一个问题:在迻译专业性、"技术性"词汇时,借用现有的中文词汇是唯一切实可行的办法,这些词汇要么恰好具有相近的内涵,要么就需为其赋予专门的新意义(*ad hoc*)。在宗教文献的翻译中,概念的转换相当困难。例如,外来佛教语汇与本土术语、文体、基本概念之间存在复杂的相互作用。③ 尽管这类问题在科学文本中似乎不甚尖锐,但是,误解的危险、与传统意义的纠缠是无法排除在外的。

18 世纪之初,基督教在中国的进一步传播受到禁止。1723 年,集中

---

① 相关文献数量可观。例如 D. Bodde:《中国的思想、社会与科学:前近代中国科学技术的知识与社会背景》(*Chinese Thought, Society and Science: The Intellectual and Social Background of Science and Technology in Pre-Modern China*),Honolulu,1991。Bodde 认为汉语文言阻碍了科学发展。关于古典文言缺乏逻辑性的观点,可见 Rosemont, H., Jr.:《论古汉语的抽象表述》(*On representing abstractions in archaic Chinese*),载 *Philosophy East and West*. 24.1(1974),第 72—88 页。

② 葛瑞汉(A. C. Graham):《论道者:中国古代的哲学争论》(*Disputers of the Tao. Philosophical Argument in Ancient China*),La Salle,1989,特别是附录二"中国思想与中国语言之关系"(*The Relation of Chinese Thought to Chinese Language*)。

③ 早期佛教著作翻译的实践,种种问题和解决方式等,可参见许理和(E. Zürcher):《佛教征服中国:佛教在中国中古早期的传播与适应》(*The Buddhist Conquest of China: The Spread and Adaptations of Buddhism in Early Medieval China*)两卷本,Leiden,1972(据 1959 年论文,增补和校正后重印)。特别是卷一,第 31 页,第 47—50 页,该书的脚注亦给出了大量参考文献。亦见许理和:《佛教对早期道教的影响》(*Buddhist Influence on Early Taoism: A Survey of Scriptural Evidence*),载《通报》(*T'oung Pao*)66,第 84—149 页。众所周知,耶稣会士在用汉语翻译宗教概念时同样遇到了种种困难。

西算学之大成的代表作《御制数理精蕴》刊刻印行。从此之后,直至鸦片战争的时代,几乎没有任何一部西方数学著作被翻译成汉语。这个时间界标也限定了本书的主要内容:欧几里得在 17 世纪中国的命运。

第一篇

从罗马到北京

第二章　耶稣会与数学

利玛窦辞世前不久撰写了《天主教中国开教史》(*Storia dell'In-*　
troduzione del Cristianesimo in Cina,简称《开教史》)。[①] 这位入华传教
的先驱在书中表达了归化千百万中国人的满腔期望,甚至还将这项事业
比作使徒传道以来最重要的远征。[②]

[①] 原稿用意大利语写成,金尼阁(N. Trigault,1577—1628,1610 年抵华)将其携回欧洲。为争
取对中国教团的支持,金尼阁在返回罗马途中将之译为拉丁文,1615 年出版,此后数次修订
再版(1616,1617,1623,1684),并很快译为多种欧洲语言,包括常为人引用的加莱格尔(Gal-
lagher)英译本(Louis J. Gallagher, S.J., *China in the sixteenth Century: The Journals of
Matthew Ricci*, 1583—1610, New York, 1953)。需要注意,金尼阁对利氏原著多有改动增
益,参考此书时最好查阅汉学家德礼贤(D'Elia)编辑的意大利文原版,附有详尽注释(*Fonti
Ricciane*,三卷本,缩写 FR)。[金尼阁本简称 *De Christiana Expeditio apud Sinas*;利氏原稿
题为 *Della Entrata della Compagnia di Giesù et Christiania nella Cina*,德礼贤建议名之 *Sto-
ria dell'Introduzione del Cristianesimo in Cina*,汉译参阅《利玛窦全集》(全四册),刘俊余等
译,台北:光启出版社,1986。1—2 册为《利玛窦中国传教史》(以下简称《传教史》),3—4 册
为《利玛窦书信集》(以下简称《书信集》);中华书局本《利玛窦中国札记》属金尼阁本系统,自
加莱格尔英译本译出——译者]

[②] FR II,第 269—270 页:*Il P. Alessandro Valignano, avisato da' Padri della Cina di tutto il
successo, si mosse di Giappone a venire a Maccao per dar di piu presso buono spediente alle
cose di qua, per vedere aperto il campo a una grande conversione che non pareva d'essere in-
feriore a quella di Giapone et a quante si fecero dal principio della predicatione degli Apostoli
sino a' nostri tempi.*

　　如此乐观自有其道理,然而与使徒作比却很成问题。早期基督教团体相当松散,不拘形式,成员多是农人渔父;而耶稣会则是组织极为严密的教团,耶稣会士不是质朴无知的乡民,而是欧洲 16 世纪最具学养的才智之士。[①] 面对宗教改革运动一方博学的人文主义者,耶稣会士依靠神学造诣和世俗学识,组成一道知识阵线,捍卫信仰,传播教义。不仅如此,耶稣会正式成立后不久,教育便成为修会的主要活动领域。依纳爵·罗耀拉(Ignatius of Loyola)创会时只有九名同道(1534 年 8 月 15 日,依纳爵与 Peter Faber、Francis Xavier、James Laynez、Alonso Salmerón、Nicolás Bobadilla、Simón Rodríguez 一同在巴黎蒙马特山圣母堂发愿守贫、贞节;又发愿两年后赴耶路撒冷,并说若此举不成,则转而效忠教皇。1535 年,依纳爵回到西班牙,又吸收了三名新成员 Claude Le Jay、Jean Codure、Paschase Brouet。1540 年,教皇批准成立耶稣会,以上 10 人成为创始会员——译者),到了 1600 年,耶稣会会员已达 8272 人,236 所耶稣会学校遍布南欧、德意志,并远及西班牙和葡萄牙的海外殖民地。[②]耶稣会学校形成了教育界的新景观(培养出的学生也自成一体),发展出一套非常完整系统的教育计划。著名的《学事规程》(*Ratio studiorum*,1599)便是其权威定本,该计划不仅充分吸收了人文主义的诸多成果,也给予了数学学科相当重要的地位。这个教育系统经过半个世纪的发展后,耶稣会大学罗马学院(*Collegio Romano*)成为其最高学府,利玛窦便是在这里师从天文学家克拉维乌斯(Christophorus Clavius)研习数学,而克氏亦为耶稣会数学课程的主要设计者。

　　耶稣会与科学的关系并不局限于科学教育。除了开办数学讲席,这

---

① 相比之下,6 世纪之前,将佛教传入中国的僧侣多不通文墨。关于佛教和基督教传入中国方式之差异,许理和(Zürcher)有精彩解说,参见许理合《基督教与佛教》(*Christianisme et Bouddhisme*),收入《佛教、基督教与中国社会》(*Bouddhisme*,*Christianisme et société chinoise*)(Conférences,essais et leçons du Collège de France),Paris,1990,第 11—42 页。

② Luce Giard:《智知的责任》(*Le devoir d'intelligence*),收入其主编的《文艺复兴时期的耶稣会:教育体系与知识生产》(*Les jésuites à la Renaissance. Système èducatif et production du savoir*),Paris:Presses Universitaires de France,1995,第 13—14 页。创会百年后,耶稣会管理的教育机构不下 700 所。

个宗教团体还设立了研究机构,有几位耶稣会士对某些学科,特别是电学和磁学作出了原创性贡献。① 另一方面,耶稣会士也以对待科学问题的因循保守而著称——坚守教义、信奉作为神学婢女的亚里士多德哲学,抵制 17 世纪颠覆传统科学的新思想。尽管耶稣会士的立场相当微妙,远非该会众多敌手想象得那么简单,然而,不树新义(*novatores sententiarum*)确是耶稣会的一条基本原则。

推进数学学科的发展,然而又反对创新,两种看似矛盾的倾向并存。幸而现存耶稣会文献极其丰富,探讨耶稣会在科学发展史中扮演了何种角色也成为丰厚的史学论题。"科学与宗教"之类的大问题暂且不论,对耶稣会的研究特别支持了所谓"连续性命题",即科学发展乃是渐进的过程,而非革命性的转变。② 持该观点的学者认为,大学传统以及亚里士多德哲学的保守性并非仅具负面效果。他们强调了耶稣会在中世纪经院哲学向近代科学方法转变中的作用,以及该会对于建立科学体制的影响。近几十年来,学者们接触到许多重要的历史文献,一批专门的个案研究较为深入地揭示了耶稣会的机构运作和知识构成。因此,我们已能相当详细地了解利玛窦等人的教育背景和训练方式——正是这批耶稣会士向中国介绍了西方科学。

利玛窦入会时,耶稣会尚处在早期阶段。一般来说,1600 年左右,该会的课程设置及其在科学、哲学问题上的取舍才基本确立,此后一百年

---

① 关于耶稣会士对"培根式科学"的贡献,参阅 Asit K. Biswas:《水文学史》(*History of Hydrology*),Amsterdam,1970;J. Heilbron:《17、18 世纪的电学》(*Electricity in the 17th and 18th Centuries*),Berkeley:University of California Press,1979;R.S. Clay and T.H. Court:《显微镜的历史》(*History of the Microscope*),London,1932;W.E.K. Middleton:《气压计的历史》(*The History of the Barometer*),Baltimore,1964。
② 相关研究的出色综述,参阅 L. Giard:《智识的责任》(*Le devoir d' intelligence*);M. Biagioli 的书评[评论 U. Baldini 的 *Legem impone subactis* 以及 W.A. Wallace 的《伽利略、耶稣会士、中世纪亚里士多德学说》(*Galileo, the Jesuits, and the Medieval Aristotle*)]对相关问题有明晰的论述,参阅《耶稣会科学,文本与历史之间》(*Jesuit Science Between Texts and Contexts*),载 *Studies in the History and Philosophy of Science*,V.25(4)1994,第 637—646 页。

间都相当稳定。① 换言之,耶稣会教育制度的显著特征在利玛窦的学生时代尚未完全定型。此外,罗马学院在耶稣会教育系统中颇为独特。本章不仅讨论耶稣会的数学课程、欧几里得几何学在"知识框架"中的地位,也涉及耶稣会士对数学的态度。鉴于耶稣会具有很强的团体认同,自然需要考虑入华会士的整体取向。例如,1615 年,即汉译《几何原本》出版后的第八年,中国教团的上司、日本省区会长卡尔瓦罗(Valentim Carvalho)驻节澳门,下令禁止在中国境内传授数学和哲学。② 尽管禁令很快失效,却也一度令《几何原本》的译者徐光启不知所措。由此,我们可以清楚地看到,向中国介绍科学的事业充满矛盾,耶稣会内部亦存在不同意见。

一 "教育使团"

1540 年,利玛窦出生前 12 年,耶稣会(Societas Iesu)经教皇训谕批准正式成立。依纳爵建会的主要目的在于应对宗教危机,巩固天主教会,即所谓"反宗教改革"(Counter-Reformation)。③尽管意在守旧,然而在许多方面耶稣会都大有创革,对宗教成规多有改易。最为重要的是,耶稣会放弃了修道院式的生活理念,转而积极投身世俗生活,以此彰显主荣。④ 耶稣会士无需在修道院定居,不必共同参加日课,没有统一着装

---

① 参阅 S.J. Harris:《耶稣会意识形态与耶稣会科学》(*Jesuit Ideology And Jesuit Science:Scientific Activity In The Society Of Jesus*,*1540—1773*),博士论文,未出版,University of Wisconsin,Madison,1988,UMI order number 8901168,第 293 页;U. Baldini,*Legem impone subactis:Studi su filosofia e sciienza dei Gesuiti in Italia*,1540—1632,Rome:Bulzoni Editore,1992,第 10 页。

② 邓恩(George Dunne):《从利玛窦到汤若望:晚明的耶稣会传教士》(*Generation of Giants:The Story of the Jesuits in China in the last Decades of the Ming Dynasty*),Notre Dame,1962,第 124 页。

③ H. Outram Evennett:《反宗教改革》(*The Spirit of the Counter-reformation*),Cambridge,1968,第 5 页。

④ 这绝非意味着不重视精神生活。著名的《精神修炼》(*Spiritual Exercises*)来源于冥想技艺与苦修训练的发展,可以追溯到中世纪晚期的新灵修运动(*devotio moderna*)以及方济各会士(Franciscans)与加尔都西会士(Carthusians)的修行传统。

的要求,①也抛弃了苦行戒律。②

种种改革创新之处都可以在《耶稣会宪章》(Constitutions,下文简称《会宪》)中找到详细解说。《会宪》与《精神修炼》(Spiritual Exercises)及《学事规程》构成了耶稣会的基础性文件。这几种文件由依纳爵亲自编撰,几经修改形成定本。《会宪》详细规定了修会的组织机构与人员编制,很快付诸实践,而高度发达、控制严密的组织结构也适应了人员数量的迅速增长。总会长(Superior General)坐镇罗马总掌大权,修会的分支迅速扩张到了世界各地。作为会士的居住地与见习修士的受训地,教区(Residence,例如《几何原本》的汉译即在北京教区完成)是修会最基本的行政单位。教区隶属会省(Province),由省会长(Provincial)统辖。修会通过严密的通信系统保证各分支的统一和有效控制。从中国寄出的年度报告(Annual Letters,下文简称《年信》),以及其他名目的大量书面报告构成了极其丰富的(当然也是含有偏见的)信息来源。③　省会长(或副省会长)详细记录每位会士的能力和动向,负责一年一度的人员分配和工作安排。④　驻中国的传教士就常有教区间的调动,也往往被指派特殊任务,诸如翻译科学典籍。

耶稣会之所以获得惊人的成功,大概应归功于它的规章制度:一方面极为严密详细,另一方面也具有非常强的适应性。如此多功能、军事化的组织足以胜任任何事业。

与其他业务一样,耶稣会的教育事业因时代的需要和机遇而不断发

---

① 故而,耶稣会士进入中国后的最初 15 年能够选择穿着僧服。
② Evennett,前书,第76—77 页。
③ 关于这类资料的简述及评论,参阅钟鸣旦(N. Standaert):《杨廷筠——明末天主教儒者》(Yang Tingyun: Confucian Scholar and Christian Convert in Late Ming China),Leiden:Brill,1988,第74—79 页。(中文版:香港圣神研究中心译,北京:社会科学文献出版社,2002,第93—97 页——译者)
④ 对该评价体系及其功能特点的详细论述,参阅 Adrien Demoustier,S.J.:《根据耶稣会章程对职位和运作能力的评价》(La distinction des fonctions et l'exercise du pouvoir selon les règles de la Compagnie de Jésus),载 Luce Giard 编:《耶稣会与文艺复兴》(Les jésuites a là Renaissance),第3—33 页。

展逐渐成形。教育很快成为该会最重要的活动领域之一，同时促进了修
会的扩张。回顾起来，"向教育进军"的选择是如此显而易见，然而，"教
育青年，赢得未来"的决策并不在耶稣会最初的计划之中。

神职人员应接受良好的训练，这是特伦托会议(Council of Trent，意
在回应新教的挑战)达成的共识。教士的愚昧无知，很容易成为新教攻
击的把柄，被视为造成教会不利处境的主要因素之一。① 另一方面，14
世纪以降，市政当局与民间力量也开始推动建立世俗化的中等教育机
构，然而，这些学校远远不能满足市民阶层不断增长的教育需求。促使
耶稣会投身教育的决定性事件大概是所谓墨西拿(Messina)试验，②继海
外传教、贵族的牧灵工作之后，教育事业由此成为耶稣会的宗教使命。
1547 年，西西里(Sicily)的墨西拿(时在西班牙治下)邀请依纳爵派遣耶
稣会士主持当地教育，许诺提供衣食住房作为交换。次年，当地政府即
任命耶稣会士管理九个班级，而学校也很快就办得有声有色。到了 1550
年，墨西拿已有条件开设一所初学院。以西西里的经验为起点，耶稣会
在各地教育界攻城略地，通过竞争，掌控中等教育，不时投身公开辩论，
显示其智慧高人一等。③ 大多数情况下，他们都取得了成功，不少城市争
相邀请耶稣会主办当地的公立教育。④ 市民团体或王公贵族的捐赠成为
学校的运转资金。一批寄宿学校相继成立，专门招收具有贵族背景的学
生。⑤ 各地原有的教育机构则对耶稣会心存敌意，这种情况在高等教育
领域尤为明显。⑥

除了为市民与贵族阶层提供教育服务，对于提升神职人员的知识水

---

① Grendler，P. E.：《意大利文艺复兴时期的学校教育：1300—1600》(*Schooling in Renaissance*
Italy，1300—1600)，Baltimore，1989，第 333—337 页。
② 前书，第 364—365 页。
③ 前书，第 368 页。
④ Harris，第 244 页。
⑤ Grendler，第 368 页。"王公贵族和社会团体的捐款是当年耶稣会的两大财政支柱。"
⑥ 例如，与帕多瓦的大学(Ateneo)发生激烈争执，1592 年当地遂禁止耶稣会公开授课，1606 年
后的 50 年中(1606—1656)，威尼斯共和国全境查禁耶稣会；16 世纪末，法国也出现了取缔耶
稣会的浪潮。详见 L. Giard，*Le devoir*，第 19 页，注释 9。

平和宗教信仰,耶稣会也承担了很大一部分任务。修会管辖着米兰(1565)和罗马(1566)地位显要的神学院。罗马日尔曼学院(*Collegio Germanico*)则由耶稣会罗马学院负责,专门培训德籍修士,而这批修士注定要成为对抗新教的急先锋。①

依纳爵逝世(1556),莱内斯(Laynez)继任总会长之时,教育已然成为修会的主要业务。因此,耶稣会士自身必须接受高水平教育。学力和才华甚至成为一项基本条件,决定申请人是否能够获准成为见习修士,并最终通过漫长的见习考验。旧式修会仅安排一年的见习期,这段时间里也没有学习任务。而只有度过长时期的考验才能成为耶稣会士。② 最初的两年,见习修士要与亲友断绝往来,训练自律精神,培养谦卑的态度、适宜的举止、严格的服从。③ 随后便进入了极为重要的研修阶段(*scholastate*),前后学习三年哲学、四年神学,在此期间,如见习修士能力不足,未能达到相应进度,便有除名之虞。后文会具体讨论相关课程,这里要补充的是,研修阶段之后,见习修士往往还需在耶稣会公学试教一段时间,而完成以上全部任务,晋铎之后仍有长达一年的最后考验期。④

耶稣会教育系统的形成与整个欧洲教育模式的变迁相为表里,很难分辨出哪些特色为耶稣会所独有,在中等教育领域更是如此。即便是耶

---

① Aldo Scaglione:《人文教育与耶稣会学校系统》(*The Liberal Arts and the Jesuit College System*),Amsterdam/Philadelphia:Benjamins Paperbacks,1986,第 59 页。

② Evennett,第 78 页。

③ Harris,第 47 页。

④ 同上,第 48 页。这一系列任务是成为神职助手(spiritual coadjutors)与在会神甫(fully professed)的必要条件。此外,修会的第三类成员称为在俗助手(temporal coadjutors),地位和受训程度也相对低些。

　　[耶稣会成员总体上分为四个等级:见习/初学修士(*novices*)、在俗助手(*temporal coadjutors/lay brothers*)、神职助手(*spiritual coadjutors*)、在会神甫(*fully professed*),后三等称会士。见习修士完成两年初学,被允许发初愿(神贫、贞节、服从)。通过这一仪式,发愿者被认为已献身修会并在会内生活,获得在俗助手资格,也可选择进行研修,继续深造(前后约 13 年)。最终完成神学研究并通过考试者可晋铎并成为神职助手。而只有经过第二次发愿(服从教宗及其他五愿),才能成为"在会神甫",加入修会的核心团体"在会神职"(*societas professa*),而修会的其他成员,不论修士还是神甫,都称"助手"(*coadiutores*)——译者]

稣会教育机构的某些军事化特征,例如将班级分为十人组(*decuriae*)、设立组长(*decurio*),以及重视竞争,都是 14 世纪末以降的教育革新派,诸如共同生活兄弟会的创设。① 耶稣会独具一格之处在于学生无时不受规章的约束。从天亮起床到按时就寝,详尽的条例控制着日常生活。档案、信件的保存管理也有《文书守则》(*ratio scribendi*)加以规范。② 1599 年成型的著名指南《学事规程》直接诉诸教育的程序化和标准化。其根本标准意在惠及受训者及其同胞的灵魂。③ 某种意义上,前期的学习全部是最后四年神学研修的准备工作,以期功德圆满。

1. 利玛窦的修会教育

就数量而言,面向中等教育的公学(college)是耶稣会最为重要的教育机构。1552 年 10 月 6 日,利玛窦生于罗马西北的山城马切拉塔(Macerata),该地时属教皇国直辖。天时、地利,再加上利玛窦出身望族,又是十三个子女中的长子,这些因素使他有机会进入当地刚刚开办的耶稣会公学。马切拉塔的耶稣会公学成立于 1561 年,作为第一批学生,利玛窦在此学习读、写以及基础拉丁文,而他的老师不过两年会龄。④ 耶稣会公学一般教授语法、文学、修辞,三门科目依次各修一年。⑤ 这多少有些类似中世纪的"三艺"(*trivium*),不过文学代替逻辑,后者的学习推迟到大学阶段。此外,语法课也并不是死记硬背语法规则,而是通过大量古

---

① Scaglione,第 12—13 页。

② 同上,第 65 页。Scaglione 也谈到《会宪》"规矩指示太过繁琐,即便是依纳爵最亲密的同伴也感到困惑难解,不易记省。"(第 66 页)。

③ 《会宪》:"修会教育的最终目的(标准),在于借助主的恩宠,惠及修习者及其同胞亲友的灵魂。无论是一般情况,还是针对个人的特殊情况,修习哪些科目、钻研到何种程度,都是由上述标准决定的。"见 Saint Ignatius of Loyola, *The Constitutions of the Society of Jesus*, *Translated*, *with an Introduction and a Commentary*, *by George E. Ganss*, *S.J.* (The Institute of Jesuit Sources),St. Louis,1970.

④ FR I,第 102 页。

⑤ Scaglione,第 70 页。

典文选的研习,进行诱导式的人文教育。修辞被赋予了相当显著的地位,这门学问在中世纪不受重视,而人文主义者则复兴了"辩诘之艺"(art of discourse),将其推上了舞台的中心。15、16 世纪的修辞学复兴,直到近年才受到研究者的关注,对于这一现象的影响与机制,我们的认识还远远不够。不过有一件事情非常清楚:亚里士多德、西塞罗(Cicero)、昆体良(Quintilian)的修辞学著作以及相应评注版本,在文艺复兴时期一印再印,数量惊人。① 利玛窦的修辞学入门读物必定是耶稣会士塞浦路斯人苏亚雷兹(Soarez)的《修辞学的艺术》(*De arte rhetorica*),此书 1562 年出版,很快便成为反宗教改革天主教界的标准教材,此后的 173 年中,在 45 座欧洲城市印行了 134 版。卡尔波那(Ludovico Carbone)撰有一部《神圣的演说家》(*Divinus orator*),②正如书名所示,修辞学的玄机远不止"能言善辩"而已。罗马学者以希腊学术为基础,发展出完整的演说理论以及一般性推理原则,解释心智如何工作。这类有关"辩论术"的著作,首先是昆体良的《雄辩术原理》(*Institutio oratoria*),其次是西塞罗的作品,在耶稣会中影响极大。对于入华耶稣会士而言,说服反对者的技能无疑非常重要。在某种意义上,欧几里得几何学也具有类似的功能。

16 岁时(1568),利玛窦受父命前往罗马学习法律。在罗马,他加入了圣母领报会(*Congregazione dell'Annunziata*),一个隶属于耶稣会的平信徒团体。③ 1571 年,利玛窦正式申请加入耶稣会,就此结束了法律学业,继而转入四年前开办的奎里纳尔(Quirinal)圣安德烈(St. An-

---

① B. Vickers:《修辞与诗学》(*Rhetorics and Poetics*),载《剑桥文艺复兴哲学史》(*Cambridge History of Renaissance Philosophy*),第 715—746 页,第 723 页。部分统计数据(第 721 页):西塞罗的修辞学作品,1477—1600 年,255 版;昆体良的《雄辩术原理》(*Institutio oratoria*),1500—1600 年,130 版。
② L. Carbonius, *Divinus orator, vel de rhetorica divina libri septem*, Venice:*Apud Societatem Minimam*,1595.
③ FR I,第 102—103 页。德礼贤误写作 1578 年。

drea)初学院。① 见习修士必须首先通过为期两年的"经历考验",这意味着断绝与外界的联系,投身灵修,从事各种卑下的差事,诸如充当医院的仆役。该阶段的目的,在于培养服从的能力,考察申请人的动机,检验其是否适应耶稣会的生活方式。1572 年 9 月 17 日,利玛窦开始在罗马学院(*Collegium Romanum*)学习,由此开始了研修阶段,接受长期深入的智知教化(intellectual *Bildung*)。②

罗马学院创建于 1551 年,最初是向穷人无偿提供宗教教育的机构。很快,罗马学院一变成为耶稣会教育系统的皇冠。1556 年,学院经教皇授权获得了大学资格,受命培养耶稣会的知识精英。此时的罗马学院与一般的大学并无根本差异,然而罗耀拉有意不开设四学院中的法学院与医学院。它的艺学院和神学院则提供了相当齐备的课程,同时具有某些鲜明的耶稣会特色。哲学科目的学习为期三年:第一年逻辑,第二年自然哲学,第三年形而上学。常规的数学课程与自然哲学同年讲授。

罗马学院的讲义、手册,尚有大量印本、抄本传世。如此,当年有何科目,内容如何,也留下了清晰的图像。利玛窦入学后的第一年尚属预科,修辞学是主要课业。哲学课程始于 1573 年下半年,这意味正式的数学老师当是巴托罗缪·利奇(Bartolomeo Ricci)。我们也会看到,利玛窦跟随克拉维乌斯获得额外的数学训练。③

华莱士(W. Wallace)对第一年逻辑学课程的详细研究显示,伽利略

① FR I,第 103 页。

② 《新生名册》(*Codex novitiorum*)明确记载了利玛窦的入学日期,见德礼贤(FR II,第 557 页,注释 1)。他的哲学课程开始得要晚一些。最初一两年属于预备阶段,修辞学仍是最重要的科目。

③ 最完整的罗马学院教授名录,见 Baldini, *Legem impone*,第 568—570 页。不过,利玛窦在校期间的师资名单多有缺漏。假如利玛窦的哲学课程始于 1573 年,其正式的数学老师当是 Bartolomeo Ricci,如始于 1574 年,则会进入克拉维乌斯的班级。至于此数年间何人担任哲学教师则付之阙如。德礼贤列举了利玛窦的若干师长:院长(Rector),先是 Vincenzo Borni,后由 Ludovico Maselli 继任;教务主任(Perfect of Studies)Giacomo Ledesma;修辞学教授 Martino De Fomari,Orazio Torsellini;逻辑学教授 Lorenzo Romano;自然哲学教授 Antonio Lisi;形而上学教授 Giacomo di Croce;数学教授克拉维乌斯。(FR I,第 103—104 页)

在比萨大学执教期间(1589—1591)使用了瓦利乌斯(Paulus Vallius)
1587—1588 学年在罗马学院教授的讲义。① 尽管瓦利乌斯的课程已在
利玛窦毕业十年之后,不过 16 世纪后期的逻辑学教育并没有很大变化。
除了波菲利(Porphyry)的《引论》(*Isagoge*),课程的主要内容是全本的亚
里士多德《工具论》(*Organon*):《范畴篇》(*Categories*)、《解释篇》(*De
interpretatione*)、《前分析篇》(*Prior Analytic*)、《后分析篇》(*Posterior
Analytic*),至于《论辩篇》(*Topics*)与《辨谬篇》(*De sophisticis elenchis*)
则讲授得比较简略。② 第一年的学业自"认识的工具"开始,掌握理性分
析的利器,由此准备完毕,学生便将面对第二年的亚氏《物理学》与数学,
以及第三年的形而上学。

这样的课程安排绝非任意为之,而是数百年长期发展的结果,在这
个过程中,亚里士多德的著作已然整合为涵盖一切知识的庞大体系,被
视作"全部知识所在"。更有甚者,亚氏的全部作品还被看成统一的整体,
"仿佛一日写成"。③ 研习亚氏学说的方法乃是经院式的提问辩难
(*quaestio*):就亚氏的本文提出问题,继之以谬误的回答,同时提供论据
加以支持,再行引经据典作出正确的回答。汉译《几何原本》的评注部分
甚至也出现了这种特殊的论述方式(假想的对答),被冠之以相应 *re-
spondeo* 的汉字("难曰"、"答曰")。经年累月,文本材料被重新编排,以
期更为适应课堂教学(*cursus*)。

尽管课程名为逻辑,但其领域、目的与近代形式逻辑大为不同。鉴
于此事与欧几里得几何学颇有牵涉,有必要仔细考察该科目的内容。

---

① W. A. Wallace:《伽利略的知识资源:罗马学院的遗产与伽利略的科学》(*Galileo and his
Sources:The Heritage of the Collegio Romano in Galileo's Science*),Princeton,New Jersey:
Princeton University Press,1984.
② Wallace:《伽利略的知识资源》(*Galileo and his Sources*),第 10—12 页。
③ Dennis Des Chene:《自然哲学:晚期亚里士多德主义与笛卡儿学派》(*Physiologia:Natural
Philosophy in Late Aristotelian and Cartesian Thought*),Cornell University Press,1996,
第 9 页。

这里的逻辑学涉及心智如何认知，具有某些心理、语言以及形而上学的性质。逻辑学说与亚里士多德的《论灵魂》(De anima)关系密切，后者是针对灵魂的自然哲学讨论。[1] 亚氏认为，逻辑是支配"灵魂各个部分"的艺术，是"思想的引导"(directio ingenii)，[2]这又与关于心智的"生理学"学说有关。[3] 推理被视为头脑中某种物质能力的运用，逻辑可以解释心智如何认知事物。[4] 根据这种理论，知识源自对客观世界的感觉经验："理智所获，必先经过感觉"。[5] 人类的理智恰恰能够完美的认识外部世界：心智可以准确地反映实在，换言之，实在完全可知，[6]心智有能力理解"实在"本身(ens reale)。[7] 无疑，就耶稣会信奉的亚氏哲学而言，"实在"的构成已为预先决定(后详)。

21

客体经五种感官(眼、耳等等)知觉，形成静态的、具体的表象，以这类形式(species)为心灵感知。[8] 通过理性的综合，表象经由想象(phantasia)成为形象，并保存在记忆之中。[9] 想象所生产的形象是思想的原料，罗马修辞学者极为注重形象所能唤起的感情。他们认为，演说者的

---

[1] W. A. Wallace：《伽利略，发现与证明的逻辑》(Galileo's Logic of Discovery and Proof：The Background and Content of His Appropriated Treatises on Aristotle's Posterior Analytics)，Dordrecht：Kluwer，1992，第 35 页。

[2] S. Gaukroger：《笛卡儿的逻辑》(Cartesian Logic：An Essay on Descartes's Conception of Inference)，Oxford，1980，第 46 页。

[3] 除了前述瓦利乌斯(Vallius)的课程，与此处摘要极为类似的内容同样出现在另两种权威教本中：托勒图斯(Franciscus Toletus)的《亚里士多德辩证法导论》(Introductio in dialecticam Aristotelis，1561 年成书，1576 年初印；托勒图斯于 1559—1560 年在罗马学院讲授逻辑学)与丰塞卡(Pedro Fonseca)的《辩证法导论八卷》(Institutionum dialecticarum libri octo，1564)。这两种教材直到 17 世纪中期仍然常常重印。参见 Wallace，Galileo and his Sources，第 8—9 页。瓦利乌斯的讲义后经增订于 1622 年出版。

[4] Wallace 引 Valla-Carbone 语，见 Galileo's Logic，第 45 页。

[5] 前书，第 38 - 39 页。

[6] Jonathan Lear：《亚里士多德：理解的渴望》(Aristotle：the Desire to Understand)，Cambridge，1988，第 230 页："人类与世界，二者仿佛相因而设。"

[7] Wallace，Galileo's Logic，第 34 页。

[8] 前书，第 39 页。

[9] 前书，第 39—40 页。

力量,在于运用生动、具体、鲜明的形象,唤起公众的感情,达到说服之目的。① 罗耀拉的"精神修练"与之颇为相似,它要求参与者将全部感官知觉专注于《新约》中的场景。耶稣会数学对几何学的特殊重视,亦与"想象力"的关键作用有关。② 当然,几何学的优越地位也关系到对数学之主旨的认识(后详)。

　　形象仅是思想的基础,它将进一步与意向、理智、知的记忆三者构成的理性上层结构产生作用。逻辑从属于理智,理智则具有两个方面。首先,由想象而成的形象构成了动性理智(agent intellect)的原料。动性理智依靠其天赋理性(*lumen naturale*)去除认知对象(客体)的特殊性和具体性,汲取一般性与抽象性,产生非物质客体,即"理性形式"(*species intelligibilis*)。③ 继而,为把握、理解"理性形式",受性理智(receptive intellect)要对其进行三步处理:抽象出个别概念(概念化);组合连接两种概念(形成判断);最后将"命题"排序,形成分析推理。前两步处理在语言上的反映,即形成由主、谓两项(term)以及系词(copula)组成的命题。 *22*
因此,这样的三步处理完全符合亚氏逻辑学的基本元素:项、命题(或曰前提)、三段论(即 syllogism,大前提、小前提、结论)。亚里士多德的逻辑著作也被视为与此三者分别对应:《范畴篇》—"项"、《解释篇》—"命题"、《前分析篇》—"三段论";《后分析篇》与《论辩篇》则在更广的层面上讨论推理问题。逻辑学也正是按照以上篇目次序讲授。④ 如此,三段论既然

①　参见 S. Gaukroger:《笛卡儿:思想传记》(*Descartes: An Intellectual Biography*),Oxford,1995,第121—124页,该作者认为笛卡儿"清晰而独特的思想"与上述观念存在联系。笛卡儿曾就学于拉弗莱齐(La Flèche)的耶稣会公学。

②　Gaukroger,前书,第123页,明确指出,笛卡儿之偏爱"高度形象化的表达模型"(即其学说的典范),与他所接受的耶稣会教育有关。

③　参见瓦利乌斯的逻辑课程,Wallace, *Galileo's Logic*,第61页。

④　三段论于耶稣会哲学影响甚巨。若干事例显示,耶稣会曾强迫其论敌运用三段论进行论证,尽管耶稣和使徒并不晓得用三段论讲道。H. Schüling:《十六及十七世纪初的公理化方法》[*Die Geschichte der axiomatischen Methode in 16. und beginnenden 17. Jahrhundert (Wandlung der Wissenschaftsauffassung)*],Hildesheim/New York (Georg Olms Verlag),1969,第84页,所述1601年耶稣会与路德宗在雷根斯堡(Regensburg)的辩论即是一例。

是推理的最终基础，那么在该系统之中，心智便是制造三段论的机器。

《论辩篇》与《分析篇》乃是《工具论》的冠冕。《分析篇》讨论如何获得"必然真的知识"（*scientia*），《论辩篇》则针对最高目标为取得"或然知识"（*opinio*）的情况，必须通过论证说服对手。以上两种推理方式的差异造成了不小的混乱，围绕着什么才是正确的科学方法产生了大量争论。不过，《后分析篇》确乎树立了当时科学推理的标准，后文还会谈到这个问题。

《范畴篇》与汉译《几何原本》颇有牵涉。《范畴篇》给出了十个范畴：实体（substance）、数量（quantity）、性质（quality）、关系（relation）、地点（place）、时间（time）、位置（situation）、状态（state）、主动（action）、被动（passion），"与其说是逻辑不如说是形而上学"。① 利玛窦与徐光启正是采用了第二项范畴"数量"（*quantitas*，几何），作为译本标题的主要概念。（傅泛际译义，李之藻达辞的《名理探》将"十伦"分别译作：自立体、几何、何似、互视、何居、暂久、体势、得有、施作、承受——译者）对现代研究者而言，《范畴篇》是一部相当难以捉摸的作品。亚里士多德探究的到底是语言表达，还是表达所指的实体？看来很可能是后者。② 这种理论根据能够述说（或回答）具体个体或"特殊实在"种类的谓项（或问题）进行分类。诚然，该学说探索了一般词项的定义或本质的表述，影响深远。较为准确的评价也许是："《范畴篇》主要根据词项，对其所指进行分类，而无论这些词项在句子中是主项还是谓项。"③

从文化差异的角度可以看到一个很有意思的问题。亚里士多德似乎是以各类语言表达式之间语法的差异作为划分范畴的基础的，换言之，他的假定是，古典希腊语语法直接反映了世界的真实结构。推理、辩

---

① William Kneale 和 Martha Kneale：《逻辑学发展史》（*The Development of Logic*），Oxford：Clarendon Press，1984（修订版，1962 年初版），第 25 页。该书作者评论道："很难理解（亚氏著作的古代）编辑者何以将《范畴篇》编入《工具论》……此外，尽管《范畴篇》的理论严格地说与逻辑无涉，仍然对逻辑学产生了重大影响，不过并非全然有益。"

② Kneale 及 Kneale，前书，第 25—32 页。

③ 前书，第 29 页。

论方法对于特定语言结构(如拉丁语)的依赖,也可能造成传教士与中国人言谈往复间的障碍。[①] 我们将在后文中看到,欧几里得几何学也被改造,以适应亚氏哲学的框架。

二　克拉维乌斯与数学振兴

打下逻辑学基础后,生徒便进入第二年的自然哲学研修,同时开始学习数学。克拉维乌斯对耶稣会数学影响至深,差不多是他一手创设了耶稣会学校的整套数学课程。数学能在 1599 年《学事规程》定本中获得相对显著的地位也当归功于他。罗耀拉本人对数学并无特殊兴趣。《会宪》对数学仅是一笔带过:根据有益修会目标的原则教授。[②] 耶稣会起初没有现成的数学课程,修会中数学文化的形成,一方面是 16 世纪意大利数学发展的反映,另一方面则特别依赖于罗马本地(罗马学院)的师资训练与教学资源。

16 世纪的意大利,数学研究分散于各地相对独立的地理、文化环境中,彼此之间联系甚少。[③] 众所周知,一个显著的进展便是应用数学的重要性大大增加。14 世纪晚期以降,在商业发展直接刺激下,大批算塾(*scuole di abaco*)应运而生,对算术和代数的演进产生了深远的影响。算塾大多为民间私立,也有一些隶属政府和大学。除簿记外,这些机构还教授如何运用印度—阿拉伯数字。教科书也越来越多地涉及代数问题。尽管耶稣会的数学课程终归需要介绍一些算塾讲授的知识,但是这

24

---

① 参看谢和耐:《中国与基督教》末章"语言与思想",讨论了印欧语言与汉语的结构差异在传教士与中国人之间造成的误解。

② *"Tractatibur logica , physica , metaphysica , moralis scientia , et etiam mathematicae , quatenus tamen ad finem nobis propositum conveniunt ."* 此条是对 1550 年版《会宪》原本的增补。*Monumenta Pedagogica* I,第 283—285 页;Krayer,第 16 页,注释 47.《会宪》第四部分收录有相关会宪编制的内容。

③ 详见 M. Biagioli:《意大利数学家的社会地位》(*The Social Status of Italian Mathematicians*,1450—1600),载 *History of Science* 27(1989),第 41—95 页。

类内容并非重点所在。

工程师、制图者、建筑师、土地测量员、画家,诸如此类的专业人员对几何学的需求日益迫切。随着作战方式的变革(15 世纪末开始使用大炮,建造棱堡),弹道学与筑城术也对几何学提出更为专业的要求。许多佣兵队长(*condottiere*)都雇用了数学家,甚至亲自学习几何。1537 年,《原本》第一种方言版本(1543)的译者塔塔利亚(Niccolo Tartaglia,1499/1500—1557)在其《新科学》(*Nova scientia*)中提出了计算弹道的几何方法。《新科学》扉页上的著名版画描绘了"知识城堡",城堡大门的守卫者正是欧几里得。这也象征了几何学在理论与应用方面日益增长的重要性。[①] 对那些在耶稣会公学读书的贵胄子弟来说,投身军旅是自然的出路,耶稣会当然不能无视应用几何的训练。

彼时大学中的数学课程还是《后分析篇》和《物理学》的附庸,笼罩在亚里士多德哲学之下。此外,几何学在医师—星占家与天文学者的训练中也有一席之地。尽管各大学的具体情况多有不同,不过几何的教学往往止于《原本》前四卷或前六卷,再加上一些球面天文学知识。意大利北部的某些大学逐渐设置了数学教授职位,讲授高级课程。然而,欧洲的大学对数学存在抵触亦非罕见,正如我们所知,这一时期的数学进步多发生于大学门墙之外。[②] 数学在罗马大学(La Sapienza)(1303 年,教皇 BonifaceVIII 签署了在罗马建立教育学院的法令,创建了罗马"La Sapi-enza"大学,亦称"罗马大学"——译者)同样处于边缘地位。[③] 直到 1602

---

① 版画的书影及解说,见 Stillman Drake 和 I. E. Drabkin:《16 世纪意大利力学》(*Mechanics in Sixteenth-Century Italy*),The University of Wisconsin Press,1969,第 18—19 页。

② 英格兰的伊丽莎白一世登基后,数学科目自剑桥大学校规中取消,以利修辞学之便。西班牙人文主义大师 Juan Luis Vives 也曾对过多地研习四艺(*quadrivium*)提出警告。Brian Vickers:《捍卫修辞学》(*In Defense of Rhetoric*),Oxford,1988,第 182—183 页。

③ U. Baldini:《克拉维乌斯与罗马的科学活动》(*Christoph Clacius and the Scientific Scene in Rome*),载 G. V. Coyne,S. J.,M. A. Hoskin 及 O. Pederson 主编:《格利高里改历四百周年纪念文集》(*Gregorian Reform of the Calendar. Proceedings of the Vatican Conference to Commemorate its 400th Anniversary 1582—1982*),Vatica City,1983,第 141 页。

年,唯一的数学教席仅在特殊情况或节假日才举办演讲。某些重要的数学家,比如帕乔利(Luca Pacioli)和卡尔达诺(Cardano)倒也偶尔出任该职。直到 17 世纪,罗马大学的数学课程仍然仅包括《原本》第一卷,以及那本著名的球面天文学简明手册,萨克罗波斯科(Sacrobosco)的《论天球》(*Tractatus de sphaera*)。与其他意大利城邦相比,16 世纪的罗马对科学、技术研究并未给予政府或制度层面的支持。尽管如此,某些枢机主教和教皇个人对数学还是颇有兴趣,尤其致力于搜罗抄本,充实藏书,以裨利用。另外,一些修会也在会院内部教授数学。[1]

以伽利略的伟大成就为顶点,力学的进展几乎完全源自大学之外似乎不相往来的两个"学派"。其一活跃于意大利北部,成员包括塔塔利亚、卡尔达诺、本尼蒂提(Benedetti),他们在某种意义上继承了中世纪"重量的科学",既重实用同时也有着强烈的理论兴趣。康曼迪诺(Federigo Commandino,1509—1575)与德尔蒙特(Guidobaldo del Monte)则是乌尔比诺学派(school of Urbino)的代表人物,偏向从古典作品寻求灵感,尤其推崇阿基米德。当然,阿基米德的著作亦为前一派学人精研深究。[2]

克拉维乌斯无疑知道这两个学派。克氏将他的拉丁版《原本》初版题献给西班牙国王查理五世的侄子——萨伏伊(Savoy)大公菲利贝蒂(Emanuele Filiberti,1528—1580)。菲利贝蒂是著名的艺术与科学的保护人,在他的统治下,皮埃蒙特(Piemont)成为欧洲国际关系中重要的一环(隔离新教势力的缓冲地带)。[3]位于都灵的宫廷门客云集:画家、建筑 *26*

---

[1] U. Baldini,第 140—141 页。

[2] Drake 和 Drabkin,前书,第 13 页以下。

[3] 关于 Emanuele Filiberti,见《意大利名人传记辞典》(*Dizionario Biografico degli Italiani*),卷四十二,Rome,1960,第 553—566 页,附有详尽的文献书目。耶稣会与菲利贝蒂的往来始于 A. Possevino 出使皮埃蒙特。见 M. Scaduto:《A. Possevino 出使皮埃蒙特:加尔文派宣道与天主教复兴》(*Le missioni di A. Possevino in Piemonte. Propaganda calvinista e restaurazione cattolica 1560—1563*),*Archivum Historicum Societatis Iesu* 28 (1959),第 51—191 页。克氏《原本》的第二版(1589)题献给了菲利贝蒂的继任者,萨伏伊大公 Charles Emmanuel I。见 Wallace,*Galileo and his Sources*,第 137 页。

师、军事工程师、人文主义者、科学家。前文提到的本尼蒂提(Giovanni Battista Benedetti,1530—1590)便是作为数学家和工程师,长期在都灵供职(1566—1590),曾为大公讲授《原本》。① 本尼蒂提的治学取向,融理论几何与仪器制作(如日晷)为一体,与克拉维乌斯甚为相似。克氏虽然批评本尼蒂提关于日晷(理论与实践)的著作有欠精密,但还是参考该书完成了自己的《晷表图说》(Gnomonices)。② 入华耶稣会士也为中国官员和文人学士制造日晷,并因此获益匪浅。

菲利贝蒂对振兴萨伏伊、推进高等教育寄予极大期望。克拉维乌斯的献书行为很有代表性——借助科学著作通问示好,寻求权势人物的恩泽。那些藏书宏富的诸侯王公常常鼓励赞助刊印希腊数学著作,教皇与枢机主教亦是如此。克氏规划数学课程所依傍的教育体系乃是人文主义文化的产物,克氏本人也翻译了两种古典数学著作(欧几里得与塞奥多西),这一切都与所谓"数学复兴"密不可分,罗斯(Rose)对"数学复兴"有详细生动的论述。③ 那些究心数学的人文主义者,或者说古典学养深厚的数学家翻译了大量希腊数学著作。16 世纪末,阿基米德、阿波罗尼乌斯、帕普斯、丢番图、托勒密的作品都已出现了基于最佳底本的拉丁译本。学者们的工作并不局限于原著的校勘复原,他们更在先哲止步之处一展身手。特别由于阿基米德作品的刺激,几何学的应用范围扩展到了某些传统上属于自然哲学的领域。

在重建希腊数学传统的过程中,有两个人最为重要。其一是前文提及的乌尔比诺学派的康曼迪诺。1530 年起,康曼迪诺一度担任教皇克莱门特七世(Clement VII)的私人秘书(cameriere secreto),并为教皇讲授

---

① Clara Roero:《本尼蒂提与 16 世纪都灵的科学氛围》(Giovanni Battista Benedetti and the Scientific Environment of Turin in the 16ᵗʰ Century),Centaurus,39 (1997),第 37—66 页。Benedetti 的生平与事业,亦可参阅 Drake 和 Drabkin,前书,第 31—41 页。

② Roero,前书,第 52 页。

③ P.L. Rose:《意大利数学复兴》(The Italian Renaissance of Mathematics: Studies on Humanists and Mathematicians from Petrarch to Galileo),Geneva,1975。

《原本》。后转往枢机主教拉努奇奥·法内西(Ranuccio Farnese)麾下任 *27*
职。① 他翻译的拉丁版阿基米德作品以及帕普斯《数学汇编》(*Collectio Mathematica*)以精审著称,享有盛名。在克拉维乌斯版《原本》发表前两年,康曼迪诺刊布了自己翻译的《原本》,并获得了教皇格里高利十三世的版权特许(*privilegium*)。② 1550 年以降,康曼迪诺长期居住在乌尔比诺,为当地宫廷服务。

另一位"数学的复兴者"是西西里的毛罗利科(Francesco Maurolico,1494—1575)。此公对耶稣会的数学课程也产生过重要影响。墨西拿再次成为因缘发端之处。罗耀拉最初的同志之一纳达尔(Jeronimo Nadal)曾是巴黎大学的数学教授,1548—1552 年,担任墨西拿公学院长。纳达尔为 1552 年度教学计划设计了为期三年的数学课业,要求学生深入研习一系列最新文献。③ 尽管这个计划最终未能实现,不过墨西拿的数学教育水平仍然相当之高。罗马学院首任数学教授,克拉维乌斯的前任托雷(Baldassare Torres)也是毛罗利科的友人。托雷担任西西里的西班牙总督德威加(Juan de Vega)的私人医生时,恰逢毛罗利科在为德威加的儿子教授数学,二人由此结识。1553 年托雷返回罗马,毛罗利科的数学论著由此为耶稣会同人所知,而毛罗利科正在为出版无门发愁。④ 1569 年毛罗利科致耶稣会总会长博尔吉亚(Francesco Borgia)的信件显示,他曾将一部数学手稿寄付岁马。⑤ 同年,毛罗利科被任命为墨西拿耶稣会公学的数学讲师。在耶稣会的急迫要求下,他为修会的数学家编写

---

① 关于康曼迪诺,见 Rose,前书,第 185—221 页;Drake 和 Drabkin,第 41—44 页。
② 前书,第 205 页。
③ A. Krayer:《耶稣会数学课程》(*Mathematik im Studienplan der Jesuiten*),Stuttgart,1991,第 24—26 页。
④ Marshall Clagett 主编:《中世纪的阿基米德》(*Archimedes in the Middle Ages*)卷三,Philadelphia,1978,第 761 页。毛罗利科生平,见第 749—770 页。毛罗利科与耶稣会的关系,见 Mario Scaduto S. I.:《数学家毛罗利科与耶稣会》(*Il matematico Francesco Maurolico e i Gesuiti*),*Archivum Historicum S. I.*,18 (1949),第 126—41 页。
⑤ Scaduto,前书,第 134—137 页。

了一部"对基督徒大有用处"的讲义。① 毛罗利科与克拉维乌斯也有书信往来。1574 年初，克拉维乌斯授命前往墨西拿，用了好几个月的时间帮助年过八旬的毛罗利科完成上述讲义。同年，克拉维乌斯出版了拉丁版《原本》。② 毛罗利科（最著名工作或是复原阿波罗尼乌斯《圆锥曲线论》）将自己的若干稿本托付给了克拉维乌斯。这些作品不仅对克拉维乌斯本人产生了重要影响，也使克拉维乌斯的圈子成为传播散布毛罗利科数学思想的源头。③ 需要注意的是，毛罗利科复原传统数学文献的方法与乌尔比诺学派有所不同，在他看来，首要的目标并非校勘上的完美，而是数学上的一致性，因此重写或增补原文在所不惜。④ 克拉维乌斯版《原本》也并非是单纯的翻译而已。

1553 年离开西西里后，托雷来到罗马学院，成为首任数学教授。据乌尔比诺学派的成员，最早为数学家群体作传的巴尔迪（Bernardino Baldi，1553—1617）记载，托雷是康曼迪诺的密友。⑤ 他曾将自己收藏的一部重要抄本，拉丁版的阿基米德《论浮体》（*On Floating Bodies*，穆尔贝克的威廉译）借予康曼迪诺。这说明托雷调阅过梵蒂冈图书馆的藏书。

---

① 1569 年 Vincenzo Lenoci 致信 Francesco Borgia，请求后者帮助出版这部作品。该计划未能实现。见 Scaduto，前书，第 135—137 页。

② 克拉维乌斯 1574 版《原本》使用了若干毛罗利科自己推导的证明（*Scholia* to I. 6—8，Clavius 1574，f. 85r—87v，）。更有趣的是，对照该版中对比例问题的处理，毛罗利科的手稿中也有一份讨论比例的专论。克拉维乌斯在墨西拿的公学讲授了《原本》五、六两卷。见 Scaduto，前书，第 134 页，注释 24，第 139 页。

③ 在耶稣会的帮助下，1575 年印行了两种作品。但是直到 1611 年，毛罗利科论光学的重要论著才在其侄子的压力下得以出版。克拉维乌斯作为保管人寻求遗著出版的角色也不免引起后人的怀疑，似乎存在剽窃抄袭的迹象。见 Rosario Moscheo：《毛罗利科的〈阿基米德〉：巴洛克时期一段复杂出版轶事的缘起、发展与结局》（*L'Archimede de Maurolico：Genesi，sviluppi ed esiti di una complessa vicenda editoriale in età barocca*），载 Corrado Dollo，*Archimede. Mito Tradizione Scienza*，Florence：Olschki，第 111—164 页，第 118 页，注释 13。该作者注明，他的另一篇文章讨论了相关文本证据［《文艺复兴与伽利略科学之间：毛罗利科史料与研究》（*Francesco Maurolico tra Rinascimento e scienza galileiana：Materiali e richerche*），Messina，1988］，笔者未能检阅此文。

④ Clagett：《中世纪的阿基米德》（*Archimedes in the Middle Ages*），第 749 页。

⑤ 关于 Baldi，见 Rose，前书，第 243—279 页。

克拉维乌斯的活跃时期始于 1570 年(康曼迪诺卒于 1575 年),他延续了耶稣会与乌尔比诺学派的友好关系,特别是和德尔蒙特(1545—1607)颇有交情,后者也是伽利略的朋友和赞助人。德尔蒙特有关固体重心的著作(*Liber Mechanicorum*,1577)最为有名,其探讨了阿基米德未完成的课题(阿基米德只处理了平面的重心)。克拉维乌斯跻身权威人士后,他的通信者中又增加了不少声望甚高的科学界名流。

克拉维乌斯 1538 年生于班贝格(Bamberg)[①],1555 年经罗耀拉本人批准加入耶稣会。据与克氏同时代的传记作者巴尔迪记载:在科因布拉大学读书期间,亚里士多德《后分析篇》中的众多数学例证引起了克氏的莫大兴趣,由此投身数学研究。[②] 另外,按巴尔迪的说法,克拉维乌斯乃是自学成材。[③] 此说未必可靠。1555—1560 年克氏读书时,著名的葡萄牙天文学家、数学家努涅斯(Pedro Nuñez)正在科因布拉任教。尽管尚无确实证据,但是克拉维乌斯听过努涅斯的讲座还是颇有可能的。[④]

1563—1612 年,除了几次短期出访,克拉维乌斯始终在罗马学院任教。起初,他的数学水平还比较有限。然而,通过广泛的阅读,日积月

---

① 不少研究者接受 1537 年为克氏的生年,可参见葛诺伯(E. Knobloch):《克拉维乌斯(1538—1612):生平与著作》[*Sur la vie et l' oeuvrede Christophore Clavius* (*1538—1612*)],载 *Revue d' Histoiredes Sciences* 41 (1989),第 331—356 页。不过,根据巴尔迪 1589 年所写的传记,克氏生于 1538 年 3 月 25 日 (Guido Zaccagnini,前书,第 334 页)。有关克拉维乌斯生平最详细的解说,参阅 M. Lattis:《哥白尼与伽利略之间》(*Between Copernicus and Galileo*),Chicago University Press,1944,第 1—29 页。

② Bernardino Baldi:《数学家列传》(*Vite de' Matematici*),edited by Guido Zaccagnini,*Bernardinò Baldi nella vita e nelle opere*,2e ed.,Pistoia,1908,第 335 页:"Alle matematiche comincio Cristoforo ad attendere,come intesi da lui,con l'occasione degli studij della Posteriora d'Aristotile,perciocchè,essendo quell libro molto ricco d'essempij matematici,egli desideroso di ben intendergli si pose per sè stesso senz'altro aiuto di maestri ad affaticarvisi di maniera che in queste professiono egli afferma d'essere,come dicono i greci,autodidascalo." 参阅 F. A. Homann:《克拉维乌斯与欧氏几何的复兴》(*Christophorus Clavius and the Renaissance of Euclidean Geometry*),载 *Archivum Historicum Societatis Iesu* 52 (1983),第 233—246 页。

③ Bernardino Baldi,第 335 页。

④ 见 Baldini,*Legem impone subactis*,第 181 页,注释 31。

累,克拉维乌斯几乎掌握了当时能够接触到的古典、中世纪数学的全部内容。[①] 努力自学的成果部分体现在教学当中,另一方面,自 1580 年起,克氏被任命为经书缮写室主任(*scripter*),出版论著和教科书也随之变得相当方便。作为教皇委任的两位天文专家之一,克氏参与了格里高利改历(1582 年完成),他的名望很大程度由此而来。那些卷入中国改历活动的耶稣会士,对于格里高利十三世改历引发的激烈争论一定相当熟悉。

30 在克氏执教的早期阶段,创建数学课程、提高数学学科的地位是其工作重心。他的大量作品几乎全部针对教学之需。[②] 对最早出版的《原本》以及《萨克罗波斯科〈论天球〉评注》两书,克氏终其一生,不断加以增订,推出新版。无论是从教学的角度,还是从数学"根基"的角度,以上两种作品都可以说是整个课程的入门读物。克拉维乌斯为 1574 年版《原本》冠以长篇序论《数学学科导言》(*In disciplina mathematica prolegomena*)。1612 年,克氏去世前不久出版的五卷本《数学丛编》(*Opera Mathematica*)再次采用这篇序文作为整部文集的导言。由此可见,经过了多产的岁月,克氏的数学观可谓一以贯之。

1. 克氏《原本》的《导言》

《导言》的风格在"数学复兴"传统中相当常见,但有几个问题特别值得注意。对数学的颂词占了一定篇幅,宣称数学极度重要,通过学习、应用数学无论个人还是社会都可获得巨大利益。在徐光启的帮助下,利玛窦将这段文字巧妙地编译为汉语,转用于《几何原本》的序言(《译几何原本引》)。[③] 克拉维乌斯列举了令人眼花缭乱的证据,说明为什么应该研

---

① 据 Knobloch 统计,克氏的作品中引用了 140 位天文学家及数学家的论著。参阅 E. Knobloch:《克拉维乌斯的生平与著作》(*Sur la vie et l' oeuvre de Christophore Clavius*),第 334 页。

② 克氏一生出版了 21 部论著,在去世前不久汇为五卷本《数学丛编》(*Opera mathematica*)。

③《译几何原本引》,见附录一。

究数学、为什么数学是最高贵的学问之一。数学毋庸置疑的可靠性被视为最有力的论据加以强调。不过,这篇序文的某些论点也带有些许火药味:不谙数学,何谈哲学!许多人自称亚里士多德派,却曲解原典,把先师遗教弄得一团糟。对于这些"亚氏门徒"而言,数学不啻为最佳的解毒剂。甚至神学(*sacrae littera*)也离不开数学,掌握一定的数学知识是领悟经文的必要条件。此外,在绘制自然界的图景、制造各类实用机械方面,数学也是不可替代的工具。

> 总而言之,我们可以看到,天主与自然那令人敬畏的作品——整个世界——无处不受(几何学的)恩惠与赠礼。①

数学还为形而上学研究预备了"心灵之眼",借此方可面对真理炫目的光芒。克隆比(A. Crombie)注意到柏拉图哲学对《导言》有强烈影响,尤为显著的是,克氏多处援引"神圣的柏拉图"(*divinus Plato*)支持其论点。② 31
此外,与传播福音有关而值得一提的,乃是数学的说服力。不只是数学证明令人信服(*vis demonstrationum*),利用数学的技艺,无需言辞,自有其服人之力,譬如阿基米德保卫锡拉库萨(Syracuse)发挥的种种招术,令国王希罗(Hieron)大为叹服:

> 自今日始,阿氏之言,莫敢有疑!③

正如利玛窦从中国寄予克拉维乌斯的书信所言:

---

① Clavius 1574, *Prolegomena*; *Hoc denique ingens Dei, & Naturae opus, mundum, inquam, totum, mentis nostrae oculis, munere ac beneficio*.

② A.C. Crombie:《数学与柏拉图主义:以耶稣会教育方针以及 16 世纪意大利大学为考察对象》(*Mathematics and Platonism in the Sixteenth-century Italian Universities and in Jesuit Educational Policy*),载 Y. Maeyama 及 W.G. Saltzer 主编, *Prismata*: *Naturwissenschafts-geschichtliche Studieen*, Wiesbaden: Franz Steiner Verlag, 1977, 第 63—64 页。

③ *Ab hac die, quidquid dixerit Archimedes, illi credendum est*. 关于这则阿基米德故事, 见 Morrow, *Proclus*, 第 51 页。E.L. Dijksterhuis:《阿基米德》(*Archimedes*) 1956 年初版, 1987 重版(收录 W.B. Knorr 所作文献解题), Princeton, 第 24—25 页, 论述了古代关于阿基米德天象仪的哲学、神学(apologetical-theological)性质的讨论。

宣教者所言真实无欺方能赢得人们的信任,而这种信任正是信仰天主的基础。[①]

尽管克拉维乌斯乐于引用柏拉图,不过亚里士多德著作才是他服膺的权威。1484 年,费奇诺(Marsilio Ficino)翻译的拉丁文柏拉图对话集出版,大大增进了人们对柏拉图的了解。相比之下,直到 14 世纪末,欧洲学者只能读到四篇拉丁文"对话"(足本和节本各两种)。[②] 虽说柏拉图主义在某些人文主义者的圈子中颇为风行(en vogue),不过,克拉维乌斯《导言》中的柏拉图哲学可以追溯到明确的出处:新柏拉图主义哲学家普罗克洛斯(Proclus,410—485)为《原本》第一卷所作的评注。直到 1533 年,第一部排印本希腊文《原本》(editio princeps)出版,作为附录的普罗克洛斯评注才得以为学界广泛使用,但此版文字仅据一种抄本录出,讹夺甚多。巴罗齐(Francesco Barozzi,1537—1604)参校数种抄本后,编定了评注的新版本,在帕多瓦大学讲授,1560 年又翻译出版了评注的拉丁文本。[③] 克拉维乌斯频繁征引的正是巴罗齐的译文(iuxta interpretatione)。作为欧几里得《原本》唯一完整传世的古典评注,普罗克洛斯的文字影响深远。这也反映在《导言》的第二个层面:解说《原本》的性质、目的、方法。普罗克洛斯参考过欧德莫斯(Eudemus)的《几何学史》(History of Geometry,已佚),他的评注几乎是欧几里得之前几何学历史的独家史料。学者们由此了解到希腊数学的历史发展,结束了中世纪时期的茫然状态。普罗克洛斯时常征引前辈笺注家,也往往提到亚里士多德、阿基米德、阿波罗尼乌斯、波西多尼乌斯(Posidonius)等人的看法,展现了希腊数学丰富多样的图景。普氏的主要兴趣在哲学方面,故而列举了有关数学的不同哲学观点,包括"怀疑派"批判意见的某些细节,以便进

[①] Baldini 及 Napolitani:《克拉维乌斯书信集》(Clavius:Corrispondenza),第198—199 页。

[②] James Hankins:《文艺复兴时期的柏拉图》(Plato in the Renaissance)(两卷本),Leiden,1993,卷一,第4—5 页。

[③] 本书第四章简要论述了《原本》的版本源流。

行反驳。① 对于《原本》中的许多技术性问题,他的认识亦胜过前人。关于《原本》的性质与目的,普氏也提出了新见解。这些都促进了对文本的批判性考察。

《导言》改编为《译几何原本引》的过程中,利玛窦与徐光启略去了大部分哲学、技术性质的内容。除了传教士口头评论,唯有这篇《译几何原本引》直接向中国读者介绍了欧几里得几何学的目的与意义。

2. 数学的逆境

《导言》为什么会带有争论的色彩? 我们可以从克拉维乌斯的另一份文稿中找到重要线索。1582 年耶稣会总会长邀请罗马学院的教授们就各学科的教学状况发表意见②,克拉维乌斯借此良机向同人宣扬数学对修会的积极作用。③ 克氏的报告书为后世了解 1599 年版《学事规程》如何经过耶稣会的内部争论最终成型提供了独特的视角。

首先,克氏在报告中指出,与哲学或神学教授相比,数学教授的地位低人一等:

> 现在,学生看不起这些科目,认为"数学"不值得重视,甚至毫无用处。理由很简单,教授们应邀出席的公共活动从来没有数学教师的份儿。④

33

第二,克氏对修会内低下的数学水平表示遗憾。他写道,在与"杰出人士的座谈和会晤中",一旦碰到涉及数学的话题:

---

① 参阅 Morrow：*Proclus*,第 28—29 页。
② *Monumenta Paedagogica* 卷七,第 109 页,系年。文本见第 115—117 页。
③ 标题为：*Modus quo disciplinae mathematicae in schois Societatis possent promoveri*。近年刊于 *Monumenta Paedagogica Sociedtatis Iesu* Volume VII,第 115—117 页,构成 *Monumenta Historica Societatis Iesu* 第 141 卷。这篇文献的主要部分已由 A. C. Crombie 译出,前书,第 65—66 页。
④ Crombie 英译 (第 95 页)。

我们的人必定瞠目结舌，惭愧莫名。这种情况屡见不鲜。

第三，报告清楚地显示，增进修会的声望与荣誉是克氏据以提升数学学科的核心论点。

基于同样的理由，哲学教师应该具备起码的数学水平，以免陷入类似的难堪境地，令修会蒙羞。①

最后，克拉维乌斯抱怨道，许多教授的数学知识极度贫乏，更有甚者，竟然劝阻学生不要研习数学：

教师在私下谈话时本该激励学生，教导他们学习这些科目的益处，而不是给他们泼凉水，然而这几年的情况恰恰相反。②

可见，利玛窦踏上中国大地之时，数学的重要性并没有得到耶稣会内部的一致认可。

关于耶稣会教育中的数学，克赖尔（A. Krayer）的近著得出的结论是：该学科仅占次要地位。③ 按照他的看法，除了克拉维乌斯等少数耶稣会数学家，修会中人大都将数学视为不甚紧要的玩意儿。④

克赖尔通过研究耶稣会的内部档案得出了上述论点。⑤ 1576 年耶

---

① Crombie 英译（第 95 页）。

② *Monumenta Paedagogica* VII，第 117 页：*Expediret etiam，ut magistri in privatis colloquiis discipulos hortarentur ad has scientias perdiscendas，inculcando earum utilitatem et non e contrario eos ad earum studio abducerent，ut plerique superioribus annis fecerunt.*

③ A Krayer，同上书，第 3 页：*zweiterangige Materie*。

④ Krayer，第 41 页：*All seinen Argumenten zum Trotz war die Mathematik für die meisten seiner Mitbrüder wohl eher eine Kuriosität，kaum von Nutzen für die übrigen Wissenschaften und bestenfalls geeignet als Zierde für die Gesellschaft.*

⑤ 相关文献载于 *Monumenta Paedagogica*，收录了耶稣会课程起源的档案文件和其他原始资料。已有七卷整理出版。详细版本信息：*Monumenta Paedagogica Societatis Iesu. Edidit，ex integro refecit novisque textibus auxit Ladislaus Lukács S. I.* Vol. I：1540—1556，Rome，1965. Vol. II，III：1557—1572，Rome，1974. Vol. IV：1573—1580，Rome，1981. Vol. V：*Ratio atque institutio studiorum Societatis Iesu*（1586 1591 1599），Rome，1986. Vol. VI：*Iudicia Patrum，in provinciis deputatorum ad examinandum rationis studiorum*（1586），Rome；Vol. VII：*Collectanea De Ratione Studiorum Societatis Iesu*（1588—1616），Rome，1992. 以上卷帙构成 *Monumenta Historica Societatis Iesu* 的 Vol. 92，107，108，124，129，140，141。

稣会罗马省大会期间议论纷纷：数学科目竟有师资无以为继的危险。[①]
1553 年的《耶稣会大学规范》(*Ordo lectionum et exercitationum in Universitatibus S.I.*)尚且规定数学学习为期两年有半。罗马学院的 1558 年版《学务指南》(*Ordo studiorum*)已减至两年。到了 1566 年，《罗马学院章程》(*Gubernatio Collegii Romani*)仅要求一年的数学学习。[②]

　　克拉维乌斯 1593 年前后撰写了《关于数学的说明》(*De re mathematica instructio*)，仍在抱怨数学非常不受重视，同时提议改善数学教师的待遇。[③] 年代相近的另一篇文献是克氏为 1593/1594 年耶稣会第五次大会准备的演说辞。[④] 该文强烈呼吁大力振兴修辞学、希腊语、希伯莱语以及数学，这四门学科不仅能为耶稣会带来巨大的荣耀，也将成为对抗新教徒主要的手段。

> 单凭"学识博雅的盛名"便能在千里之外的广大人群中树立崇高的威望。无论信仰动摇者，还是身陷异端者，都会回心转意。仅此一条理由就足以说服他们：众多的饱学之士一致赞同者，必是真理所在。[⑤]

在这篇演讲中，克氏也对修会的课程设置表示不满，认为除了神学外，许多科目教授的知识平庸浮浅。他提议，四所主要的耶稣会学院，即 [35]

---

① Krayer，第 28 页。同一段引文中亦告诫哲学教授不应在学生面前公然藐视数学。

② Krayer，第 28—29 页。《耶稣会大学规范》(*Ordo Lectionum*) 系 Olaves 所作。关于另两种文献，参见 *Monumenta Paedagogica* II，载 *Monumenta Historica Societatis Iesu* 107 (1974)，第 15 页，第 179 页。

③ 文件的编年见 *Monumenta Paedagogica* VII，第 109 页，引文见第 117—118 页。第 117 页："[...] *mathematicae studia, quae pene iam negligebantur,* [...]."

④ *Discursus P. Christophori Clavii de modo et via qua Societas ad maiorem Dei honorem et animarum profectum augere hominum de se opinionem, omnemque haereticorum in literis aestimationem, qua illi multum nituntur, convellere brevissime et facillime posit*(《克拉维乌斯演说：论一高效易行之办法，于人心章显主荣，于学界摧撼异端，于修会赢取令名》)。系年考订见 *Monumenta Paedagogica* VII，第 109 页。文本见第 119—122 页。

⑤ *Qua una et sola re tantum auctoritatis apud multos homines remotissime degentes acquisivit, ut eos vel haesitantes in fide catholica retinuerit, vel ingressos haeresim revocaverit eo solo persuasos argumento, quod existiment, viris tam doctis, tam multis, tam unanimi consensu asseverantibus, ignorationem veri inesse non posse.* (p.119).

罗马、米兰、科因布拉及巴黎的教育机构,分别针对雄辩术(修辞)、希腊语、希伯莱语、数学成立一所高等研究院,各自从十个会省中挑选出十名学员,配备最优秀的教师,进行为期四年的学习,"这将为修会赢得无穷的荣光,试想一下,十个会省将会得到十名修士,理解、运用希伯莱语近乎完美,没有哪个犹太人或基督徒可与之比肩。同样地,十个人的希腊语、十个人的数学、十个人的拉丁文演说,个个精湛之极,连他们的敌手也必须承认基督徒中无人可及。"①

利玛窦就学罗马学院之时,克拉维乌斯的努力尚未充分开花结果。不过,我们也将看到,借助克氏研究院设想的初步形式,利玛窦得到了额外的数学训练。②

三 亚里士多德哲学语境中的数学

哲学教授声称数学不是科学(science)——克拉维乌斯在前引文献中如此抱怨,颇为引人注目。③ (本节中出现的 science,对应希腊文 *episteme*,拉丁文 *scientia*,意味着系统化的、分门别类的、普遍有效的知识,而非近代意义上的自然科学,故视具体情况译作"科学"、"学科"或"知识"。参阅汪子嵩等《希腊哲学史》第三卷"亚里士多德",人民出版

---

① *Quod esset ornamentum infinitum Societatis*, *habere decem homines per decem provincias dispersos*, *qui tam exacte intelligerent*, *scriberent*, *et loquerentur hebraice*, *ut nullus vel indaeorum*, *vel christianorum illis par existemaretur*. *Similiter decem graecos*, *decem mathematicos*, *decem oratores latinos tam insignes*, *ut inimicorum etiam iudicio emineant totius christianitatis reliquis*. (p.121).

② U. Baldini,《克拉维乌斯与罗马的科学活动》(*Christoph Clavius and the Scientific Scene in Rome*),载 G. V. Coyne, S.J., M. A. Hoskin and O. Pederson ed., *Gregorian Reform of the Calendar. Proceedings of the Vatican Conference to Commemorate its 400th Anniversary 1582—1982*, Vatican City, 1983,第 137—169 页,论及克氏最有名的学生都是 1590 年之后受学的。

③ *Modus quo disciplinae mathematicae in scholis Societatis possent promoveri*:希望哲学教师有所克制,他们的质疑——诸如宣扬数学算不上科学,没有证明,仅是事物的抽象——不但对理解自然界的事物毫无帮助,还在学生面前贬低了数学科目。(Crombie 翻译)

社,2003 年——译者)这种说法反映了 16 世纪中期有关数学的学科地位的激烈争论。亚氏哲学对知识的划界在总体上支配着数学研究,众所周知,中世纪时期,这种情况严重制约了数学在自然研究领域的应用,而 16 世纪的争论也正是由此而来。[1] 亚里士多德的自然哲学(概念、解释原则)垄断了对自然现象、宇宙运行的理解,而数学仅是起描述作用的工具。到了 16 世纪,随着数学愈发重要,加之传统观念开始受到认真的质疑,原本等级分明的"任务分工"也引起了许多争议。举例来说,克拉维乌斯通过几何学(未测出视差)论证了 1572 年仙后座方位出现的是一颗新星,而非彗星,尽管他将这一现象解释为神迹,还是直接触动了亚氏哲学的基本信条(月上区诸天不存在变易)。

直到 17 世纪末,精致复杂的神学—哲学体系始终是耶稣会一切知识活动的基础。在一种以亚氏思想为根底的基督教哲学的笼罩下,全部知识领域被整合为空前连贯有序的等级体系。[2] 该体系赋予数学的意义很大程度上决定了数学的范围,而关于数学推理的性质是什么的概念,也必须与预先设定的理论模式保持一致。

《耶稣会宪章》规定,神学上遵从圣托马斯,哲学上遵从亚里士多德。正如那句著名的比喻:哲学是"神学的婢女"(*ancilla theologiae*)。[3] 不过,16 世纪的亚里士多德主义也呈现出多样化的面貌,《会宪》简单明了的规定随之遇到严重问题。[4] 首先,大量新发现的古典文献,不仅使其他

---

[1] 关于中世纪试图扩展数学范围的努力,见 M. A. Molland:《拓展数学的疆域》(*Colonizing the World for Mathematics the diversity of medieval strategies*),载 E. Grant 和 J.E. Murdochy 主编:《数学在中世纪科学和自然哲学中的应用》(*Mathematics and its Applications to Science and Natural Philosophy in the Middle Ages*),Cambridge,1987,第 45—69 页。

[2] 对等级体系指导原则的总体介绍,见 Baldini,*Legem impone subacitis*,第 21—24 页。

[3] 这一要求毫不含糊。例如 1565—1570 年间有关如何执行该要求的文件:*De Artium Liberalium Studiiis*,载 *Monumenta Paedagogica* II,第 253—255 页。

[4] 研究 16 世纪思想史的一位名家建议使用复数的亚里士多德主义。见 Charles B. Schmitt:《亚里士多德与文艺复兴》(*Aristotle and the Renaissance*),Cambridge (Ma),1983,第 10 页和各处。

古代哲学流派为人所知,也丰富了亚氏作品的评注种类。第二,教授亚氏哲学的环境也在逐渐变化。意大利的一些大学中,世俗化的亚里士多德主义得到发展,往往含有来自阿维洛伊(Averroës)的异端思想,阿维洛伊在对亚氏著作的评注中提倡"二重真理说",为哲学与神学的分离开辟了道路。这类新思想也流入了罗马学院,16 世纪 60 年代早期,哲学教授贝尼托·佩雷拉(Benito Pereyra,1535—1610)坚称,亚里士多德不承认上帝的意志(*divine providence*)、否定灵魂不朽。① 实际上,在罗马学院内部,如何调和哲学与神学的争论持续了近三十年。② 直到 16 世纪末,以著名的科因布拉(*Coïmbra*)评注的出版为标志,亚氏全书获得了新的综合,消弭了修会内的分歧。形而上学理论支持了"综合论"的成立,"综合论"有两个相互关联的方面关系到数学。其一,在经院哲学(托马斯主义)意义上,用于分析实体与感受的概念本身也是独立于意识之外的客观存在。③ 其二,实在的各个门类,从最具普遍性的"是"的概念开始,下推至思想、角度这类非物质的概念,再到有形的自然物质,无不在金字塔式的结构中占据独立的位置。虽然亚里士多德主义本有此说,但是耶稣会哲学家大大细化了这套观念,将其发展得非常精致复杂。

佩雷拉在《自然知识原理大全》(*De communibus omnium rerum naturalium principiis*,1562,1576)一书中提出,数学并不产生知识,④数学的必然性来自(对象主体)"数量"可为感觉直接把握的简单性。佩雷拉的观点在罗马学院的门墙内激起了所谓"数学的必然性问题"。其根源在于前文提到的疑难之处:根据亚里士多德哲学的"知识分类",数学

---

① C.H. Lohr:《耶稣会亚里士多德主义与 16 世纪形而上学》(*Jesuit Aristotelianism and Six-teenth-century Metaphysics*),载 H.G. Fletcher 编:《"传统":E.A. Quain 纪念文集》(*Parado-sis:Studies in Memory of E.A. Quain*),New York,1976,第 203—220 页。

② Lohr,前书,第 211—212 页。

③ 见 Baldini,*Legem impone subactis*,第 29—30 页。

④ *Mea opinio est, Mathematicas disciplinas non esse propie scientias*,(Pereius 40),Schüling,第 133 页,注释 94。

与自然哲学到底是何关系。这场争论可以追溯到著名哲学家亚历山德罗·皮科洛米尼（Alessandro Piccolomini）1547 年发表的《论数学的必然性》（*Commentarium de certitudine mathematicarum disciplinarum*），这篇专论攻击了以下权威解释：根据亚氏原著及其古代、中世纪评注者的解说，按照《后分析篇》的论述，数学通过最可靠的一类三段论，即证明的三段论（*demonstrationes potissimae*）产生必然性的知识。皮科洛米尼就此指出，数学的证明根本无法从亚氏哲学的四因说得到支持，① 数学知识的必然性仅仅来源于抽象、简单、有序的对象主体。关于争论的具体细节，有大量研究文献可供参考，此处不必多谈。② 笔者只想讨论一下有关数学特性的概念，某些问题不仅在欧洲引发争论，也随欧几里得来到了中国。要知道，科因布拉的耶稣会哲学家亦主张数学不是一门真正的科学。③ 关于数学的争论在观念的大变革中扮演了重要角色：数学化的自然观取代了亚里士多德主义的自然哲学，欧氏几何取代了亚氏逻辑成为科学推理的典范。④ 17 世纪的沃利斯（Wallis）、霍布斯

38

---

① "分别言之。一、不具备动力因（*causa efficiens*）——数学是运动的抽象；二、不具备目的因（*causa finalis*）——数学没有目的；三、不具备质料因（*causa materialis*）——数学没有质料，尽管有概念物，但这是形式而非质料；四、不具备形式因（*causa formalis*）：甲、只有当中项（middle terms）是主项的定义或属性时，才是真正的形式，而数学并非如此，例如，分析《原本》卷一命题 32，可知外角既非三角形的定义也非其属性。乙、中项不是其作用的直接因（*causa immediata*），而是其作用的属性，数量即如是。丙、主项的属性并非对应唯一的中项，不同的中项都可用于同一属性的证明。"Schüling，第 45 页。

② 有关该主题的文献目录，见 Paolo Mancosu：《亚里士多德逻辑与欧氏几何》（*Aristotelian Logic and Euclidean Mathematics：Seventeenth-Century Developments of the Questio De Certitudine Mathematicarum*），载 *Studies in History and Philosophy of Science*，23.2，1992，第 241—265 页，第 242 页，注释 2。近期研究参阅 A. Pace，*Le Matematiche e il Mondo：Ricerche su un dibattito in Italia nella seconda metà del Cinquecento*，Milano：Francoangeli，1993。

③ Schüling，第 44 页。

④ Hermann Schüling 对该主题有先驱性的研究，见《16 世纪至 17 世纪初公理化方法的历史（科学观的转变）》（*Die Geschichte der axiomatischen Methode in 16. und beginnenden 17. Jahrhundert，Wandlung der Wissenschaftsauffassung*），Hildesheim/New York：Georg Olms Verlag，1969。

(Hobbes)、巴罗(Barrow)、伽桑狄(Gassendi)等人都对此发表过意见。[①]
比如,牛顿的老师巴罗于 1665 年撰文肯定数学的必然性,"那些诡谲的
先生们竟然仍不承认数学学科是真正的科学,可以通过真正的证明获得
知识。"[②]在巴罗看来,数学证明乃是最完美的证明。正是在这种观念的
推动下,数学的地位发生了显著的转变,代替亚氏逻辑,成为科学使用的
新语言。

数学是否符合《后分析篇》的论述,是否有资格作为真正的学科(科
学)乃是彼时科学方法论之争的关键所在。[③]《后分析篇》提出的标准是:
所谓科学,乃是建构必然性知识的证明的科学。几何学即被标举为科学
的范例之一。该标准交融了逻辑学与形而上学的特性,要求科学知识的
证明,一方面符合三段论形式,另一方面从属于研究对象的本体地位。
棘手的是,亚氏的哲学文本存在严重问题,很多段落"混乱费解",从整体
上看,前后矛盾比比皆是。[④] 有一种根本性的批评意见:亚氏的理论未能
讲明如何获得新知,《后分析篇》提出的方法论只适合那些已获得的知
识。进一步说,亚氏著作中的研究方式与他声称的方法论并不相符,至
于欧几里得的《原本》就更加谈不上这套规矩了。

克拉维乌斯在《导言》中解释了为什么在一切艺学(*artes*)中唯有关
注"数量"者才是真正的科学:

> 总而言之,正如亚里士多德在《后分析篇》第一卷中论证的那
> 样,这类学科的特性、价值与任务,在于从必然的、预知/在先的原理
> 出发,通过证明推导而获得知识。数学家从不采用未经证明,不能
> 确定的知识。在这类学科里,无论是曾经传授的,还是将要传授的

---

① Paolo Mancosu,前书,第 243 页及各处。
② 转引自 Mancosu,第 263 页。
③ 对 16 世纪有关正确科学方法之争的经典研究,见 Neal W. Gilbert:《文艺复兴时期的方法
  论》(*Renaissance Concepts of Method*),New York,1960。
④ N. Jardine:《伽利略的真理之路与逆推论证》(*Galileo's road to Truth and the Demonstra-
  tive Regress*),载 *Studies in the History and Philosophy of Science*,7(1976),第 277—318 页。

知识,都是经过证明、得到承认的知识。数学家仅是解释了前人未能写出/推导出的结论。其他门类的艺学往往并非如此,我们看到,未经证明、未能解说清楚的论据常常被随意引证。①

按照亚里士多德的观点,科学研究的目的是获得必然无误的知识。获得新知的可能性问题是他讨论的重点。真正的科学知识应能说明事物必是其所是的真实原因。"先在知识"(praecognitio)是构建新知识的基本前提,因为证明离不开作为出发点的"先在知识"。② 然而,证明的初始前提(原理)不能是经过证明获得的,否则推溯前提会导致无穷后退。

"知识的分类"是亚里士多德的重要思想。唯有所谓的理论知识,也就是形而上学(第一哲学)、数学、自然哲学三门学科才是客观的真知。尽管中世纪时期的亚里士多德主义有其发展变化,但是理论知识的三分法并未受到实质性的触动。③ 将知识如此分类绝非单纯为了方便,而是关系到知识(science)概念的根本问题。每门科学(学科)都有特定的对象主体(研究领域),即"种",以及无需证明的基本原理(first principle)。"种"与初始原理不能跨越自己的学科领域而应用于其他学科。该体系只允许"次级学科"(sub-alternated science)使用其上级学科的原理。数 *40* 学学科(mathesis mixtae)便有若干次级分支,即所谓的 scientiae mediae。例如,光学从属于几何学,可以使用几何学的推理来证明光学自身的原则。更重要的是,因为光学这类次级学科属于数学领域,故而没有能力处理自然哲学领域的问题。

作为一种证明的知识,数学包括三个要素:(1) 基本原理;(2) 载体

---

① Clavius OM I,第3页。参见 F. A. Homann:《克拉维乌斯与欧氏几何的复兴》(C. Clavius and the Renaissance of Euclid Geometry),第238页。给出了该段落的部分译文。

②《后分析篇》的开头,亚里士多德即说明一切科学皆依赖于先在知识。

③ 有关分类体系,见 J. A. Weisheipl:《自然、范畴、科学的分类》(The Nature, Scope, and Classification of the Sciences),第461—462页,载 D. C. Lindberg 主编:《中世纪科学》(Science in the Middle Ages),Chicago,1978,第461—482页。

性的"种";(3) 意义受到肯定(归属于"种")的属性。[1] "种",也就是学科的对象主体(研究领域)构成了知识分类的基础。因此,数学的对象主体便是下一个重要问题。

1. 数量

耶稣会哲学以唯实论为基础,故而数学被视为对先在实体的描述,数学来自物理实体,相对后者而言是第二性的实在。[2] 数学的对象主体是数量。数量这个概念可以从不同的角度加以理解。比如,前文亦提及,罗马学院的逻辑学课程讲授《范畴编》意义上的数量。作为《工具论》的内容,数量这一范畴属于心智认识世界的工具之一。然而,精神性的范畴也以某种方式存在于物质性的外部世界。自然哲学的研究对象是物理实体,因此也可从物质层面理解数量,即可感数量(*quantitas sensibilis*)。至于物质与数量究竟是何关系就大有争议了。笛卡儿甚至将数量等同于外延。与此同时,数量的概念还对天主教的核心信条之一"圣餐变体说"(transubstantiation)具有关键作用。[3]

除了自然哲学家,数学家自然也要研究数量。克拉维乌斯的《导言》遵循四艺(*quadrivium*)传统,将数学学科分为算术、几何、音乐、天文。四个分支的共同点在于研究数量。数量自身则被分为离散的数量与连续的数量。几何学研究静止、连续的数量;天文学研究运动、连续的数

41

---

[1] 《后分析篇》(*Posterior Analytics*),A. 10.76a31—36,76b11—16。参阅 Ian Mueller:《亚里士多德论几何》(*Aristotle on Geometrical Objects*),载 *Archiv für Geschichte der Philosophie* 52 (1970),第 156—171 页。

[2] Baldini, *Legem impone subactis* ,p.10: *come descrizioni di essenze preesistenti* .

[3] 关于圣餐礼(Holy Communion),特伦托(Trent)会议肯定了以下教义:面包可感的偶在属性(sensible accidents)隶属于数量,在数量所固有的质料与形式一并缺失的情况下,(圣餐)面包的数量仍会奇迹般地保持不变。("quantity of the bread is miraculously sustained by in the absence of the matter and form in which it naturally inheres, and sensible accidents of the bread attach themselves to it.")见 Sennis Des Chene, *Physiologia*: *Natural Philsophy in Late Aristotelian and Cartesian Thought* ,1996: Cornell University Press,第 98 页以下。

量;算术研究离散的数量,也就是数;音乐则处理数与数的配合,达到谐音之效果。① 在《译几何原本引》中,利玛窦与徐光启大体也是如此向中国读者介绍数学学科的。②

克拉维乌斯同时援引革弥努斯(Geminus)的观点给出了另一种分类形式。③ 即,基于"心智的世界"与"感觉的世界"的严格区分,极具超越性与根本性的几何与算术没有质料,只存在于头脑(心智)中(*in intellectilibus*),而星占术、透视法、测地学、音乐学、机械学、计算学(Logistics)等科目皆具备质料,故而属于感知世界(*in sensilibus*)。④《导言》的第三段解释了数学学科的地位:

> 数学学科的研究对象据信与可感质料相分离,然而实际上又隐伏在质料中,因此,数学显然介于形而上学与自然哲学二者之间。让我们思考一下这三门学问的研究对象,正如普罗克洛斯(Proclus)的正确意见,形而上学的研究对象不依赖任何质料,无论是物理实在还是抽象概念。相比之下,自然哲学的研究对象则完全与质料结合在一起,无论是物理实在还是抽象概念。数学学科的研究对象脱离了一切质料,但同时来自具体事物本身。因此,数学学科显然介于形而上学与自然哲学之间。假如根据证明方式的可靠性判断哪门知识更为高贵、优越,数学无疑将独占鳌头。⑤

---

① OM I,第 3 页。

②《译几何原本引》也使用了四分法,但是对第二级分区的描述与克拉维乌斯略有不同。一方面,几何和算术是物体的抽象,另一方面"或二者在物体,而偕其物议之,则议数者如在音相济为和,而立律吕乐家,议度者如在动天迁运为时,立天文家也。"见附录 一。

③ 关于两种分类方式,比较 Morrow, *Proclus*,第 29—35 页。

④ Clavius OM I,第 a2—a3 页: *Volunt itaque praedicti auctores, scientiarum Mathematicarum quasdam in intellectilibus duntasat ab omni materia separatis quasdam vero in sensilibus, ita ut attingant materiam sensibus obnoxiam, versari.*

⑤ P. Dear 给出了这段文字的英译,见 *Jesuit Mathematical Science and the Reconstruction of Experience in the early Seventeenth Century*,载 *Studies in History and Philosophy of Science* 18(1987),第 133—175 页,笔者对译文稍有改动。

42 这种思想似乎意味着数学的研究对象体现在具有质料的具体事物中,但是心智在此并不考虑其物理属性。众所周知,亚里士多德不同意柏拉图的观念,认为不存在独立的"理念"/"相"(a realm of ideas)。在数学哲学的意义上,亚氏否认存在分离、独立的数学客体。知识(包括数学知识)的获得都是以感觉世界为起点的。数学知识是经过抽象而获得的,即从具体事物中抽象出数学的属性(形式)。属性(形式)不可能独立存在:数和形之类的属性从可感质料中抽象出来,仍然需要归属于某些东西。亚里士多德将这类东西称为概念质料(*materia intelligibilis*),与可感质料(*materia sensibilis*)相区别。① 概念质料即数学属性(形式)的载体。"概念质料是纯粹几何形式的承载者,而概念质料与几何形式是经过抽象而获得的。"②数学家的所作所为,用亚里士多德的话说,是从概念质料"分离出(数学的)各种属性"。③亚氏哲学体系中,质料是界说(definition)不可或缺的一部分,因此,概念质料的假设必不可少。至此,概念质料也就成了数学的"种"(genus)。托马斯·阿奎那便将概念质料等同于数量。④

上述理论又在新柏拉图主义的影响下发展出"三阶形式抽象"学说。具体而言,自然哲学通过单个的实体,考察普遍性质;数学自可感质料提取属性,集中讨论概念质料层面的问题;而形而上学则比前两门知识更进一步,抽象出最普遍、最真实的知识。⑤

总体而言,几何学在亚氏哲学语境中乃是一种"描述性"科学:即描述当下的感知世界,几何概念并不是纯粹的精神结构,而是属于物理世

① Stephen Gaukroger:《亚里士多德论概念质料》(*Aristotle on Intelligible Matter*), *Phronesis* 25.2 (1980),第187—197页。

② Gaukroger,前书,第189页。

③ Mueller, *Aristotle on Geometrical Objects*,第168页。

④ 见 Des Chene,第116页,转引 Toletus 的文字。

⑤ James A. Weisheipl:《自然、范畴、科学的分类》(*The Nature, Scope, and Classification of the Sciences*),载 D. C. Lindberg 主编:*Science in the Middle Ages*, Chicago, 1978,第461—482页。

界的真实存在的实体。① 克拉维乌斯的《导言》将点、线排除在几何的对象主体之外,便是这种观念的反映。②

43

2. 三段论

另一方面,有关数学地位的争论涉及数学的证明方法。《原本》中的证明成为深入考察的对象,③同一命题(如第一卷命题 1:作等边三角形;命题 32:三角形内角和等于两直角)往往被反复征引,用以支持不同的论点。④ 普罗克洛斯评注的广泛流传使人们很快意识到存在不同类型的证明,而欧几里得的"初始原理"(公理、公设、定义)与亚里士多德的"初始原理"概念也并不一致。⑤ 不过,直到 1554 年,欧几里得与亚里士多德著作中术语概念的差异,才首先受到卡斯佩尔·波策(Caspar Peucer,1525—1602,维滕堡大学数学、医学教授)的认真关注。⑥ 此外,也有学者注意到《原本》的证明缺少三段论。按照亚氏哲学的基本概念,数学证明通过三段论完成,而三段论推理是获得科学知识的唯一途径。乍看之下,《原本》使用的证明方法与三段论几无相似之处。不过这对中世纪的学者而言并不是什么严重问题,因为当时尚未正确认识《原本》中定理与

---

① 参阅 Baldini, *Legem impone subactis*,第 32 页。

② Clavius 1574,Prolegomena:*Neque vero mirum alicui videri debet, quod cum tria sint genera magnitudinum, linea, superticies, & corpus, solum de duobus posterioribus extent propriae coontemplationes, ut diximus; non autem de lineis, vel etiam punctis.* 当然,这种观念与反对原子论的论点有关。

③ 克拉维乌斯的学生 Joseph Blancanus (Biancani) (1566—1624)颇有些创造性的想法,他的一篇讨论数学性质的论文总结了当时出现的各种异议。此文被收入一部有关亚氏数学的著作,于 1615 年出版,标题是:*Aristotelis loca mathematica ex universis ipsius operibus collecta et explicata... Accessere: De natura mathematicarum scientiarum tractatio, atque Clarorum mathematicorum chronologia...* Bononiae: Apud Bartholomeum Cochium. 1615,见 Wallace,第 141—148 页。

④ Schüling,第 53—55 页。

⑤ Schüling,第 55 页。

⑥ Schüling,第 59 页。Peucer 的著作名为:*Propositiones de causis liberarum actionum hominis ethicis et physicis, de differentibus in homine (ut vocant) potentiis, et de demonstratione, de quibus disputabitur 15. die Decembris*,Wittebergae,Joh. Crato,1544。

证明的关系。实际上,直到 16 世纪早期,学界依然普遍认为《原本》中的证明并非欧几里得本人所作,而是后世的编辑者,特别是 4 世纪赛翁(Theon)补充的内容。直到 19 世纪中期,赛翁的修订本都是世间流行的各版《原本》的基础(见第四章)。经过人文主义者的潜心校勘以及文本的新发现,《原本》的本来面貌逐步清晰起来。1551 年,约翰内斯·布托(Johannes Buteo)首先指出《原本》中的证明确属欧几里得的手笔,乃是全书不可或缺的组成部分。而就在几年之前(1545),仍然有人主张证明部分应被排除在外。① 在《导言》中,克拉维乌斯认为有必要重申,证明部分的归属确为欧几里得本人所作。

44

达绪波迪(Canrad Dasypodius)是最早注意到《原本》证明方法有其特殊形式的学者之一。达绪波迪与他的老师赫尔林(Chr. Herlin)合作,重新编写了《原本》前六卷的证明,②一方面贯彻普罗克洛斯的想法,将每个证明都分成六部分,另一方面尝试用三段论的形式表述这些证明。在他们看来,《原本》现存的证明形式,乃是赛翁大幅剪裁删省的结果。③ 而克拉维乌斯同样相信三段论法是数学证明的本质。《导言》这样写道:

> 任何问题或定理的证明方法都不止一种,对于各种证明,从原则上来说,唯有证明的三段论才是最根本的证明。我们将通过欧几里得的第一条定理阐明此理,其他命题同样适用,概莫能外。④

克氏继而具体讲解了如何用三段论形式完成第一条定理的证明,并断言

---

① 1545 年,希腊文与意大利文版《原本》的编者 Angelus Caianus 以非欧几里得原书内容为理由删去了图解与证明,见 Rose,第 185 页。关于这种版本,参阅 Steck,第 62 页。

② Conrad Dasypodius 和 Christian Herlinus, *Analyseis geometricae sex librorum Euclidis. Primi et quinti factae a Christiano Herlino:Reliquae una cum commentariis, et Scholiis perbrevibus in eosdem sex libros Geometricos:a Cunrado Dasypodio*, Iosias Rihelius, 1566.

③ Schüling,第 42 页。

④ Clavius OM I,第 9 页:*In quolibet autem problemate, ac theoremate plures demonstrationes continentur, & non una tantum, quamvis ultimus syllogismus demonstrativus solum concludat id, quod in initio demonstrandum proponitur, ut declarbimus in prima Euclidis propositione, & in caeteris omnibus manifestum erit.*

一切数学定理皆可通过类似方式加以改写,数学家不这么做,只是为了让证明更加简捷明了罢了。①

三段论乃是证明之核心,这种思想长期为人尊奉。但也有少数学者指出几何学的证明绝非三段论。帕特里吉奥(Francisco Patrizio,1529—1592)明言,在数学著作中寻找三段论徒劳无益。拉莫斯(Petrus Ramus,1515—1572)无疑是最著名的批评者,他对亚里士多德的批判走得如此之远,甚至声称证明本身也当在清除之列,应改用定义和二分法(dichotomous division)这些科学"工具"取而代之。②

拉莫斯几乎终生都在巴黎任教。③ 在圣母学院(College de l'Ave Maria)讲授哲学多年后,1544 年,拉莫斯因其反对亚氏学说的言论受到处分(1547 年该判决被撤销),继而改行教授修辞和数学,1545 年升任 de Presles 学院院长,同年出版了自己编辑的欧几里得《原本》。④ 1551 年,随着被任命为王家学院[日后的法兰西学院(*Collège de France*)]钦定讲座教授,拉莫斯的声望与日俱增。1559 年,他再次开始讲授数学。对数学的潜心精研成果丰硕,仅 1569 年出版的《几何》(*Geometria*)⑤就有 27 卷之多,其他数学著作亦复不少。《几何》一书很有影响,除再版三次(1580,1599,1627)外,还有六种节选本、三种翻译本(1590,1622,1636)、

45

---

① *Ut atem videas,plures demonstrationes in una propositione contineri,placuit primam hanc propositionem solvere in prima sua principia,initio facto ab ultimo syllogismo demonstrativo. Si quis igitur probare velit triangulum ABC,constructum methodo praedicta,esse aequilaterum,utetur hoc syllogismo demonstrante.* [...] *Non aliter resolui poterunt omnes aliae propositiones non solum Euclidis,veram etiam caeterorum Mathematicorum. Negligunt tamen Mathematici resolutionem istam in suis demonstrationibus,eo quod brevius ac facilius sine ea demonstrent id,quod proponitur,ut perspicuum esse potest ex superiore demonstratione.* 引文根据该书第一版,后出的版本措辞上略有改变,大意并无不同。

② Schüling,第 88—90 页。

③ Verdonck,J. J.:《拉莫斯与数学》(*Petrus Ramus en de wiskunde*),Assen:Van Gorcum,1966。

④ Heath I,第 104 页;Verdonck,第 419 页。据 Verdonck,此书现仅存一孤本,内容包括公理、定义、15 卷本的全部命题,没有证明步骤,底本是 Zamberti 的拉丁译文。

⑤ *P. Rami arithmeticae libri duo:geometriae septem et viginti*,Basel,1569.

若干评注本。① 17 世纪末译成汉语的一部讲解欧氏几何的作品也带有某些拉莫斯数学思想的烙印(见第九章)。这本书可以说完全偏离了欧几里得的证明方法。拉莫斯相信,对知识进行适当的排序即可达到效果,相比之下,证明显得多余无用。他编辑的《原本》不仅变更了命题的顺序,还删除了证明。②

身处数学在大学中备受冷遇的时代,拉莫斯像克拉维乌斯一样,坚定不移地支持数学教育。拉莫斯呼吁学校安排一年时间修习数学,高度赞扬这门学科的重要意义。③ 但是,作为克拉维乌斯的前代人物,他仍然相信《原本》的证明是赛翁的增补。对欧几里得如此严重的误解,很大程度是缺乏善本所致。需要注意的是,拉莫斯通过与一些著名数学家的紧密合作发展出自己的数学思想,尽管受到这样或那样的批评,但是没有人怀疑拉莫斯对数学方法的思考缺乏洞见。④ 无论如何,拉莫斯版《原本》出版 16 年之后,他本人才开始研习《原本》中的证明!⑤ 拉莫斯也是最早提议用数学推理代替传统逻辑课程的学者之一,就此而论,他对 17 世纪科学范式从亚氏体系向数学模型的转换发挥了先驱作用。

直到 19 世纪后期,形式逻辑得到高度发展,才足以对欧几里得的数学证明进行全面的逻辑分析,这时人们领悟到数学推理竟能引发出重要的逻辑演绎法。尽管亚里士多德的三段论推理严密,备受尊敬,但它毕竟是一种特殊的"词项逻辑",其中的逻辑变量是个别的词项(如:人,理性动物)。在数学中,谓项归属于某个主项的情形极为少见,而亚氏三段论也没有探讨对象之间的关系以及假定性陈述。对数学推理进行逻辑

---

① Verdonck,第 225—231 页。两种英译本,一种 Snellius 作注的荷兰语译本。

② Verdonck,第 320 页。

③ Verdonck,第 332 页。

④ Verdonck,第 378 页。他在数学方面的同事首先是佩纳(Pena) 和福尔卡德(Forcadel);又,前书,第 378—381 页,Verdonck 举的例子很能说明问题,在拉莫斯的时代,不少几何学著作对欧几里得方法的理解严重不足。

⑤ Verdonck,第 38—39 页。据传拉莫斯在不理会证明的情况下记住了《原本》的全部命题。

分析起码需要一种命题逻辑,以命题为变量,按照推理规则演绎(斯多葛学派最早探究了这个问题),以及相应的量词理论。[1] 用托特(I. Thót)的话说,三段论所能说明的,最多不过是某类特定对象的属性同时亦为其子类所有,只能产生无谓的特殊结论(*banale Partikularisationen*)。[2]

16 世纪,人们已逐渐认识到《原本》与亚氏哲学在方法上存在重大差异。进入 17 世纪,数学不仅摆脱了亚氏哲学的束缚,更代替后者成为新的研究范式。[3] 相对外界而言,耶稣会内的亚里士多德主义则更为持久顽强。

四 克氏门下

《译几何原本引》中所谓的"丁先生",大概是从克拉维乌斯的德语姓氏 Klau 化出的。[4] 在利玛窦笔下,"丁先生"乃是欧几里得以来最伟大的数学家。中国读者没有理由怀疑利玛窦的说辞,实际上 16 世纪末输入 47 的西方数学也就是克拉维乌斯的数学。

一般而言,克拉维乌斯在数学上并没有重要的原创贡献。[5] 克氏在数学史上的意义主要来自其他方面:数学教师、倡导者、通行教科书的作者,与学界的许多重量级人物常年通信,交换信息,促进了数学的发展。[6]

---

[1] 见 Jan Lukasiewicz:《亚里士多德的三段论》(*Aristotle's Syllogistic from the Standpoint of Modern Formal Logic*),Oxford:Clarendon Press,1951,特别是第 45 页以下,第 130—132 页。

[2] I. Thót:《亚里士多德著作中的平行线问题》(*Das Parallelproblem im Corpus Aristoeli-cum*),载 *Archive for History of Exact Sciences* 3 (1966),第 249—417 页。

[3] 可参看前引 Schüling 的研究。

[4] 他的拉丁化姓氏 Clavius 是由拉丁语 clavus(钉)而来的。参看史景迁:《利玛窦的记忆之宫》,第 144 页,在讨论利玛窦的记忆术时联系到了这个双关语。

[5] 克氏作品的概说,见 Eberhard Knobloch:《克拉维乌斯的著作及其知识来源》(*L'oeuvre de Clavius et ses sources scientifiques*),载 Luce Giard 编:*Les jésuites*,第 263—283 页。

[6] 个案研究,如 E. C. Philips:《格利高里大学档案馆藏克拉维乌斯神父信札》(*The correspondence of Father Christopher Clavius S.J. preserved in the Archives of the Pont. Gregorian University*),*Archivum Historicum Societatis Iesu*,VIII (1939),第 193—222 页。另可参见 U. Baldini,《克拉维乌斯与罗马的科学活动》(*Christoph Clavius and the Scientific Scene in Rome*)。

克拉维乌斯的几名学生日后也成了受人尊敬的数学家,不过没有哪位以富有创新精神著称。同代人中,施凯利格(Joseph Justus Scaliger)和韦达(François Viète)都对克拉维乌斯的数学、天文造诣不以为然。① 不过,他们的"恶语"多带有感情因素,毕竟参与历法改革让克氏得罪了不少人。无论如何,克拉维乌斯确实没有利玛窦在序言中说的那么伟大。②

今天的读者如能一阅《数学丛编》,必会留下深刻印象。数千页巨大的对开纸满是精心绘制的图解,一个又一个命题用晓畅的拉丁文写成,论证步骤一丝不苟,定理、公理引注详明。希腊、阿拉伯以及当代的天文学家、数学家的大量评注(scholia)亦为广泛征引。读者还会注意到,这套书主要是在讨论天文学以及天文仪器的制造(特别是日晷)。

克拉维乌斯首先是位数理天文学家,天体运动的几何模型以及天文观测的理论研究是他的主要兴趣。葛诺伯(Knobloch)一针见血地指出,《数学丛编》的扉页插图生动地体现了这一特色。画面中除了耶稣、圣母以及克氏本人外,还刻画了象征几何学与天文学的两个人物形象。③ 下部的四幅小图表现了新、旧约中与天文有关的故事,包括上帝将日头停止在空中、命令太阳后退的两个场景,这也是反对哥白尼学说时常用的神学论点。④ 克氏画像的下方刻有一行经文:"愿主予我真知,仰窥星象、俯察四时"。⑤ 插图透露了这样的信息:克氏研究数学的主要动机在于捍卫传统天文学。

48

---

① Scaliger 骂他是"大腹便便,头脑愚钝的畜生"。见 Knobloch, *Sur la vie et l'oeuvrede Christophore Clavius*, 第333页。

②《译几何原本引》,见附录一。利玛窦谓《原本》卷十四、十五乃克氏所作,这个说法亦言过其实。

③ E. Knobloch:《克拉维乌斯——一位介于古代与哥白尼之间的天文学家》(*Christoph Clavius-Ein Astronom zwischen Antike und Kopernikus*),第123页以下。

④ 出自《约书亚书》(*Joshua*) 10,12—13,《列王纪》(*Kings*) 20,9—11。另外两个小图分别是伯利恒的星空以及上帝与诺亚订约的彩虹。前书,第124—125页。

⑤ 拉丁文作:*Dedit mihi Deus ut sciam anni cursus et sellarum dispositiones*。据 Knobloch,题铭从《所罗门智训》(*Wisdom*) 7,17—19 化出。

克氏著作中未直接涉及天文学者，包括《代数》(*Algebra*，1608)、《实用算术概要》(*Epitome arithmeticae practicae*，1583)、《实用几何》(*Geometria Practica*，1604)，讨论平面(rectilineal)、球面三角学的作品各一种，以及他的拉丁版《原本》。① 不过，《原本》说到底仍是其天文学著作不可或缺的基础。事实上，欧几里得几何学正是作为一切数学学科的门径输入中国的。

即便是《实用几何》、《实用算术概要》这类参考手册多少也涉及一些偏重理论性的代数问题。② 至于应用几何学，特别是天文仪器、测量工具的制造，之所以特别受重视，很大程度上是相关学科在意大利迅猛发展的反映。此外，耶稣会必须考虑那些以军职为志向的学生，讲授相应的实用技术。再者，向达官显贵献殷勤少不了厚礼，精美的仪器能够换来恩主的庇护。耶稣会士在中国用上了欧洲的老办法。当然，培养传教士天文观测的能力，以便日后从各地收集必不可少的观测数据，或许也在克拉维乌斯的考虑之中。晚年的克拉维乌斯早已在罗马学院获得了稳固的地位，此时他拒绝了一份邀请：指导葡萄牙海军完成一项庞大制图计划。③ *49*

克拉维乌斯在天文学上支持托勒密体系，坚决反对哥白尼体系和怀疑论。④ 克氏又是一位"唯实论者"，他相信天文学理论能够反映宇宙的真实状态，而不是像许多人以为的那样，仅是方便计算的工具性假设。对他而言，诸如本轮、偏心圆这些数学模型原则上真实表现了物理实在。⑤

---

① 《数学丛编》的内容概述，见 Eberhard Knobloch, *L'oeuvre de Clavius et ses sources scientifiques*，载 Luce Giard 编：*Les jésuites*，第264—265页，该文遗漏了《实用几何》(*Geometria Practica*)。

② Knobloch, *Sur la vie et l'oeuvre de Christophore Clavius*，第351—352页。

③ 见 Baldini, *Legem impone subactis*，第576页。

④ 有关克氏天文学的详细研究，参前引 J. Lattis：《哥白尼与伽利略之间》(*Between Copernicus and Galileo*)。

⑤ 对克氏天文学中"唯实论"因素的分析，见 Nicholas Jardine：《近代唯实论的形成》(*The Forging of Modern Realism: Clavius and Kepler against the Sceptics*)，载 *Studies in History and Philosophy of Science*，10 (1979)，第141—173页。

作为格里高利改历委员中的两位科学界人士之一,克拉维乌斯直接参与论战,为新历辩护。① 而他终身不渝的一大的"使命"则是改良托勒密体系,力图将其置于稳固的科学基础上,并能与新的观测记录保持一致。② 克氏原本计划撰写一部大著作《行星理论》(*Theoricae planetarum*),求得技术性问题的解决。这部大书之所以流产,固然有事务纷繁、时间不足的因素,根本原因还是计划本身存在难以克服的困难,接连出现的天文数据以及他人新作的出版都令原计划难以为继。一份传世手稿保存了克氏构想的新理论。最有意思的是,根据巴尔迪尼的分析,手稿写于 1577 年,原是 1576—1577 学年的教案,而利玛窦此时正在罗马学院读书。③ 克拉维乌斯必定为自己的研究班(special class)用上了这份材料,利玛窦、富利伽蒂(Giulio Fuligatti)和瓦雷里奥(Luco Valerio,1552—1618)这几个进入第三年哲学研修的学生都参加了他的课程。④

利玛窦到达中国后仍与瓦雷里奥保持通信。1580 年,瓦雷里奥离开了耶稣会,原因不详。但在老师克拉维乌斯的激励下,他的数学研究颇有成就,代表著作为《论固体重心》(*De centro gravitatis solidorum*

50 *libri tres*,1604)。⑤

1. 利玛窦的数学训练

克拉维乌斯期望建立数学研究院,利玛窦尚在罗马学院的时候,已有机会学习一些高级课程。1576 年 8 月 23 日,罗马学院院长致耶稣会

---

① 关于历法改革,见 Baldini:《克拉维乌斯与罗马的科学活动》(*Clavius and the Scientific Scene in Rome*)。

② 同上书,第 153 页。详见 Baldini, *Legem impone subactis*,第 127—133 页。

③ Baldini, *Legem impone subactis*,第 132 页。

④ Baldini,前书,第 132 页。手稿有两个部分,分别讨论日、月运行理论。Baldini 在附录中发表了日行理论的内容。

⑤ 关于 Valerio 的数学研究及克拉维乌斯对他的影响,参见 P. D. Napolitani, *Metodo statica in Valerio*,载 *Bollettino di Storia di Scienze Matematiche* 2.1 (1982),第 3—173 页。

总会长的书信提到克氏在学院中开设了研究课程(*accademia*)。①

由此可见,虽然那份有关建立数学研究院的提案写于 1593 年,然而,某种形式的数学研究班,起码是面向聪慧学生的特殊课程,早已出现了。利玛窦正式的数学老师大概并非克拉维乌斯,而是巴托罗缪·利奇(Bartolomeo Ricci),但他也参加克氏的研究班,学习额外的课业。克拉维乌斯制定的课程表《数学教育大纲》(*Ordo servandus in addiscendis disciplines mathematicis*,1579/1580)保存至今,内容广泛。② 可以想见,利玛窦应修习过其中不少科目。当然,这份教学提纲或许超出了利玛窦实际学习的内容。正如巴尔迪尼所言,通观此件,可知克氏的数学著作基本上是教学参考书。课程纲要如下(笔者省略了若干细节,完整版本参阅巴尔迪尼的著作):

(1) 欧几里得《原本》前四卷,用克氏译本(*iuxta interpretationem meam*),省略评注和增补。按,对于评注,徐光启和利玛窦大都没有译出。

(2) 实用算术。提供一部简编(*brevi compendium scribemus*)。即日后出版的《实用算术概论》(*Epitome arithmeticae practicae*,1583),而此书亦有汉译(即《同文算指》——译者)。该科目当时的教科书应系弗里西乌斯(Gemma Frisius)的《实用算术简易方法》(*Arithmeticae practicae methodus jacilis*,Antwerp:G. Bontius,1540)或施蒂费尔(Mi-

---

① Ugo Baldini 和 Pier Daniele Napolitani,*Per una biografia di Luca Valerio:Fonti edite e inedited per una ricostruzione della sua carriera scientifica*,载 *Bollettino di Storia delle Scienze Matematiche* 2.1 (1982),第 3—151 页,第 14 页,注释 41。

② 编入 *Monumenta Paedagogica* VII,第 110—115 页。Baldini 发表了这份内容广泛的课程表,见 *Legem impone subactis*,第 172—175 页。Monumenta Paedagogica 注该文件日期为 1581 年,Baldini 考其作于在 1579—1580 年间。(亦可参阅 Romano Gatto,*Christoph Clavius' Ordo Servandus in Addiscendis Disciplinis Mathematicis* and *the Teaching of Mathematics in Jesuit Colleges at the Beginning of the Modern Era*,载 *Science and Education*,Vol. 15,No. 2—4. (March 2006),第 235—258 页。附录《大纲》全文——译者)

chael Stifel)的《整数算术》(*Arithmetica integra*, Nürnberg, 1544)。[①]

51　　(3) 简要学习萨克罗波斯科《论天球》(*Sphaera*)或其他天文学入门要籍以及宗教历法计算必需之方法。

　　(4)《原本》第五、六卷，用书如前。

　　(5) 练习使用"矩度"(geometrical square)、象限仪(astronomical quadrant)，如果有条件，再加补充其他测量仪器。按，克氏于此亦有简短专论。参用菲奈乌斯(Orontius Finaeus)、弗里西乌斯(Gemma Frisius of Peuerbach)等人的著作。

　　(6)《原本》第七至十卷，也可选用奈莫拉利奥(Giordano Nemorario)的《算术》(*Arithmetica*)或毛罗利科(Maurolico)《算术二书》(*Arithmeticorum libri duo*, Venice, 1575)替代之。若课时不足，可大幅减省。

　　(7) 代数。需编写专论(克氏《代数》，1608 年出版)。同时参考施蒂费尔(大概是《德意志算术》(*Deutsche Arithmetica*, Nürnberg, 1545)第二部分《未知数》(*Die Coss*)、舒贝尔(Joannes Scheubel)《代数简编：摘自数学奇观》(*Algebra compendiosa facilisque descriptionqua depromuntur magna arithmetices miracula*, Paris：Cavellat, 1552)或佩尔捷(Peletier)的著作。如无迫切需要，该科目可推迟讲授。

　　(8)《原本》第十一至十六卷。如时间不足，则只授第十一、十二卷，同时应保留第十三卷定理 10 及其评注、同卷定理 9 的逆命题，以上为理解三角学(*sinuum scientia*)不可或缺之要义。但不是每一卷《原本》都需按原书编排顺序学习。原因是，虽然按部就班的学完并非不可能，但是过多的几何证明难免让学生感到乏味，拘泥顺序并不可取。

　　(9) 一部三角学专论(*de sinubus*)兼及表格之使用。此书尚需编写，做详尽阐述。

[①] 也有可能使用 Michael Stifel (ca. 1487—1567)的《整数算术》(*Arithmetica integra*, 1544)和 Peter Apian (1495—1552)的《算术》(*Rechnung*, 1572)。参见 Carl B. Boyer 和 Uta C. Merzbach：《数学史》(*A History of Mathematics*), New York, 1989, 第 2 版，第315 页。

（10）塞奥多西(Theodosius)《论天》(*Spherical Elements*)，使用毛罗利科译本。

（11）一部球面三角学概论、阿波罗尼乌斯(Apollonius)《圆锥曲线论》(*Conica*)前 14 个定理。以上内容为星盘制作所必需。概论尚需编纂。

（12）星盘。参考毛罗利科的纲要编写教材。

（13）介绍所用类型的日晷。将写成简短专论。按，实际上，克氏有关日晷的著作最为详尽。

（14）地理学。尚未写出。同时参考弗里西乌斯的著作。

（15）学习测量面积与体积。需编写。同时参考菲奈乌斯。或可加入一篇关于等周图形(Isoperimetric Figures)的专论，在此之前需学习阿基米德《论圆的度量》(*De mensura circuli*)。又，兼习欧几里得《论图形的剖分》(*On the Division of Figures*)、萨克罗波斯科《论天球》中讨论等周图形的内容。

（16）透视画法，并讲解聚火镜(Burning Mirror)。需编写。聚火镜根据奥伦提乌斯(Orontius)翻译的阿基米德著作。　*52*

（17）各类天文现象(*Phaenomena*)及天文学问题，理解有关第一推动者(First Mover)的整个学说。或可兼习努涅斯(Petrus Nonius)对日落时刻之研究。需编写。

（18）关于行星运动的专论，参以阿方索星表(Alphonsine Tables)或其他星表。之前需学习天文分数(Astronomical Fractions，即六十进制的分数)。

（19）理论音乐学(Speculative Music)，根据斯塔浦楞西斯(Fabrus Stapulensis)的著作。之前需学习奈莫拉利奥(Nemorarius)的算术。

（20）阿基米德的部分著作。通过一部评注本讲解。按，这个计划未能实现，不过《实用几何学》讨论了一些阿基米德作品的内容。

（21）希罗(Hero)、帕普斯(Pappus)、亚里士多德等提出的机械学问题。概论有待编写，未能实现。

(22) 塞壬努斯(Serenus)关于圆柱体截面的某些命题。

假如利玛窦从头到尾学完这套课程,也就接触到了当时能够学到的大部分数学知识。尽管如此,这份课程清单还是显得颇不平衡。制造、使用天文仪器特别受重视。阿基米德与阿波罗尼乌斯仅是讲个大概。代数也不在优先考虑之列。机械学则没有涉及中世纪晚期的文献。[①] 克拉维乌斯从来没有为机械学编写讲义,看来他对这门学问兴趣不大。

利玛窦或许同样修习过托勒密天文学的高级课程。不过,在从中国发出的书简中,利氏坦言对于天文学的技术性问题所知有限,呼吁派遣专家来华协助改历。再者,利玛窦翻译《几何原本》之时距他接受数学训练已有 30 年之久了。

克拉维乌斯与利玛窦师生关系的紧密程度也是个问题。利玛窦写给克拉维乌斯的书信只有两封保存下来,其中仅是顺带提到数学。第二封信中,利玛窦对克氏寄赠《论星盘》表示感谢,并说中国学者见到该书无不惊叹;又提到自己制造了一具石质日晷,并将印有日晷铭文的拓片寄予克氏,希望后者也能看到耶稣之名已然为夷人(Barbarian)的国度所知,铭文通过太阳与天主的类比以及对时光瞬息消逝的告诫,宣扬了天主的观念。[②]

上述课程提纲在出炉之时可以说相当先进,从此沿用了很长时间。直到 16 世纪末,克拉维乌斯的作品仍然是入华耶稣会士数学训练的基本教材。然而,经过 30 年的岁月,这套课程已然有些过时了。

2. 耶稣会数学的局限

从克拉维乌斯开始,欧氏几何便是耶稣会数学的根基所在,这种特

---

① Baldini 强调了这个问题(*Legem impone subactis*,第 182 页,注释 35)。不应忽视,中世纪晚期的机械学与亚里士多德的自然哲学颇相凿枘,前者对后者的终结起到了重要作用。

② TV,第 241—243 页(letter nr. 27)。该信及其注释也可见 Ugo Baldini 及 Pier Daniele Napolitani:《克拉维乌斯书信集》(*Christoph Clavius: Corrispondenza*),(Reprint),Pisa,1992,第 29—30 页。

色一直保持到 17 世纪中后期。之所以如此,需要考虑当时的学术氛围,什么样的数学符合耶稣会知识体系的要求。处于严格的亚里士多德哲学笼罩下的数学,很自然地偏向欧氏几何传统。这不仅因为欧几里得古老而权威的地位,也是由于欧氏几何的思维方式极为符合亚氏哲学的概念框架。在数学的各门类中,欧氏几何最接近三段论推理。同时,正像巴尔迪尼与东布尔(Dhombres)指出的那样,在耶稣会中,数学的另一重要部门代数却备受冷落。[①] 虽然克拉维乌斯晚年编写了一部《代数》(*Algebra*,1608),但此书影响不大,也没有什么新鲜内容,[②]不过用作辅助教材。韦达的代数学很早就传到了罗马学院,克拉维乌斯竟然对代数学的最新发展无动于衷,这多少有些令人奇怪。例如,与克氏相熟的盖塔尔多(Marino Ghetaldo)就深受韦达新方法的影响。1600—1605 年,盖塔尔多还在克氏的鼓励下出版了自己的数学著作。再比如,后来去中国传教的邓玉函(Johannes Schreck)(见第六章),南下意大利(1603)之前,曾当过韦达的学生。[③] 尽管存在接触,但是新兴的代数学并没有对耶稣会圈子产生持久影响。1638 年,那不勒斯数学家因佩里亚利(Davide Imperiali,? —1672)致书罗马友人,请求帮助寻找一部韦达的代数学作品。结果得到以下答复:罗马的任何一家图书馆,包括耶稣会神父们的图书馆(*los Padres de la Compania*)都找不到这本书,甚至连听说过 algebra 这个词的人也没有几个。唯一能凑数的只有克拉维乌斯的《代数》,"除

54

---

① 见 Baldini,第 32 页,第 54—56 页。讨论了几何相对代数占有优先地位,阿基米德方法(arichmedean approach)与阿波罗尼乌斯方法(apollonian approach)的对立,对无穷概念(infinetissimals)的排斥,概言之,基于空间视觉直观(spatial-visusal intuition)的方法,尤其受到偏爱。

② Dhombres,J.:《巴洛克时代的欧洲数学》(*Une mathématique baroque en Europe*),载 Goldstein,C.主编:《数学欧洲》(*L' Europe mathématique*,Paris: Maison des sciences del'homme),1996,第 162—181 页,第 159 页,注释 5。称该书为"*bien peu en phase avec la vitalite mathématique du temps*"(甚少与当时的数学进展同步)。

③ Baldini, *Legem impone subactis*,第 69 页,注释 73 和 74。

此之外,一无所有"(*et non plus ultra*)。[1]

　　总体而言,解析几何在意大利的传播也相当缓慢。[2] 在拉弗莱齐(La Flèche)的耶稣会公学,年轻的笛卡儿正是读着克拉维乌斯的著作学习数学,但是,笛卡儿参与创立的解析几何却没能影响到罗马学院。[3] 笛卡儿通过《方法论》(*Discours de la méthode*,1637)一书的附录《几何》(*La Géometrie*)具体证明其"新方法"的有效性。这种"新方法"与欧式几何存在着巨大的差异:不需要定义、公理、公设,也谈不上几何证明,由此打消了希腊数学的若干束缚,比如那个笨拙的比例理论。同韦达的目标一样,[4]笛卡儿的数学意在"解决问题"(problem-solving),而不是处理公理化的证明。在放弃演绎方法的同时,他相信自己发现了希腊数学家探索问题的方法,而希腊人把这个方法隐匿了起来,再展示出"聪明狡猾的演绎,证明毫无意义的真理"。[5]将数学看作发现新知的工具,视为活跃

55

---

① 见 Romano Gatto, *Un matematico sconosciuto del primo seicento napoletano*:*Davide Imperiali*,载 *Bolletino di storia delle scienze matematiche*,8.1 (1988),第 71—99 页。前引段落见于 Imperiali 致 Juan Frequet 信的转述,原件现藏那不勒斯国家图书馆(Biblioteca nazionale),编号 XII D 64。据 Gatto 考证,出自 Imperiali 之手。

② Pepe,L.:《笛卡儿〈几何〉在 17 世纪意大利的传播》(*Note sulla diffusione delle Géometrie di Descartes in Italia nel secolo XVII*),载 *Bolletino di Storia delle scienze matematiche*,2.2 (1982)。不过,笛卡儿的《几何》(*Géometrie*)最早传入意大利时,威尼斯地区的耶稣会数学家便有所引用。

③ 直到 1730 年,耶稣会内才出现一部介绍解析几何的作品。Dhombres,前书,第 163—164 页。

④ 关于 Viète 对数学问题的处理方式,见 H.J.J.Bos:《早期近代数学的传统与现代性》(*Tradition and modernity in early modern mathematics*),载 Goldstein 主编:*L'Europe mathématique*,Paris:Maison des sciences del'homme,1996,第 185—204 页。

⑤ Stephen Gaukroger:《笛卡儿》(*Descartes*),第 124—126 页。又,Gaukroger 详细讨论了笛卡儿有关数学方法的见解,特别是分析与综合的概念,值得一读,见《笛卡儿的逻辑》(*Cartesian Logic*:*An Essay on Descartes's Conception of Inference*,Oxford,1989),特别参见第 73—88 页。康曼迪诺 1589 年编辑出版了帕普斯(Pappus)的《汇编》(*Collectio*),他在该书中提出分析法是希腊人的不传之秘,并讨论了综合、分析两种方法的特点。对《几何》(*Géometrie*)的研究,参阅 H.J.J.Bos:《笛卡儿〈几何学〉的结构》(*The Structure of Descartes' Géometrie*),载 G. Belgioioiso 主编:《笛卡儿:方法与检验》(*Descaries*:*il metodo e i saggi*)(两卷本),Florence:Paoletto,1990,第 349—369 页。

的研究领域,这种观念与耶稣会的数学文化格格不入。① 借用东布尔的说法,耶稣会数学自有一套来自教科书传统的标准,可称之为"巴洛克式的数学"。②

教育构建了高度规则、统一的知识体系,数学作为该体系一部分传入中国。重要的是选择教授那些内在一致、无矛盾的知识,而欧式几何非常符合这种要求——在当时看来,这部权威的希腊著作展现了完美的理论。

虽然某些参与传播西方科学的耶稣会士也曾是克拉维乌斯高级班上的学生,但是入华传教毕竟还有其他优先任务。再者,他们到达中国的时候,学生时代早已过去,而学习汉语又要花费大量的时间。尽管钦天监的工作需要将理论知识应用于实践,不过这些耶稣会士说不上是活跃的数学家。

至于那些未曾亲炙克氏的学生,科学对他们来说大概不过是一种特殊的雄辩术、帮助讲道的百宝箱。这种情况与所谓"象征性的世界观念"有直接关联——大自然被视为"各种符号与隐喻的巨大集合"。③ 作为文艺复兴时期流行的思潮,将现象世界理解为隐喻系统的观念也是耶稣会文化中一项持久的特征,这在稍后的耶稣会科学家基歇尔(Athanasius Kircher)身上表现得尤为显著。④ 在具体的应用层面,通过宇宙模型证明造物主的存在对传教十分重要。"因小知大,因迩知遐",利玛窦在《译几何原本引》中如是说。

---

① 参看 Dhombres,前书,第 164—165 页:"... *il suffisait de bien établir ce que l'on savait déjà,et c'était dans ce seul but que l'invention devait travailler*."[很好地建立已知的(数学知识体系)已然足够,这是唯一的目的,而不必工于发明创造。] 又,第 164 页:"... *la nouvenauté,la découverte,n'étaient pas en mathématiques le but avoué des educateurs jésuites*."(……新知、发现,在数学上从来都不是耶稣会学者所承认的目的。)

② Dhombres,前书,第 156 页和第 160 页:"*une culture scientifique en fait qui participe de la culture baroque*."(科学文化,实际上是巴洛克文化的一部分。)

③ William B. Ashworth,Jr.:《天主教与早期近代科学》(*Catholicism and Early Modern Science*),载 D. C. Lindberg 和 R. L. Numbers 主编:《上帝与自然》(*God and Nature*),Berkeley(UCLA Press),1986,第 136—166 页。

④ 同上,第 156 页。

第三章　利玛窦、徐光启与晚明社会

　　1604 年对于汉译《几何原本》意义重大。是年徐光启中进士第,踏上了通向高级官阶的仕宦之路。留京任职令徐光启有条件与利玛窦密切合作,三年后完成的《几何原本》正是这种合作的产物。

　　进入中国后约四分之一个世纪,利玛窦已从寄居南海边陲的"不速之客"(外国人只有在非常特殊的情况下才能获准在明帝国定居)成为载誉甚隆的"西方智者"。利氏之学引起了人们很大的兴趣,官员学者竞相拜访他在北京的寓所。通过种种经历和各类信息,利玛窦逐渐形成了如何在中国传教(*expeditio Christiana*)的具体思路,这一方针亦为其他耶稣会士所遵循。耶稣会在欧洲使用的那套寻求保护人的办法正是其实现在中国传教的基本策略。传教事业不断面临威胁,一旦表现出过于强烈的宗教热情,或是过于公开地宣讲福音便会受到怀疑。若要取得较为稳固的地位,必须得到达官贵人的保护和支持。在中国,学者与高官之间(士大夫阶层)的关系网——较之 16 世纪的意大利更为紧密——可以解释为何会出现一种"连锁反应"。这类关系网正是西学东渐最为重要的渠道。在走向北京的漫漫长路中,利玛窦意识到,文人学士(*literati*)对他的科学知识更感兴趣,远胜天主教义。这在利玛窦寄往欧洲的书简

中表述得非常清晰——无论收信者是他的朋友、会中同人还是耶稣会总
会长(Jesuit General)。[①]

　　徐光启这样一位传统的儒家学者为什么会成为天主教徒？这里没
有一个显而易见的答案。[②] 这位晚明时期的士大夫,深受中国传统文化
的熏陶,为什么会为西方科学所吸引,不遗余力的译介西方科学？除了
考虑徐光启的家世生平之外,放宽眼界,观察一下晚明的文化气氛与知
识环境也能促进我们的理解,进一步认识在既定的社会环境下,哪些因
素决定了中国接受、改造欧几里得几何学的方式。正如许多当代学者所
认同的那样,万历(1573—1620)以降的晚明时期出现了中国历史上前所
未有的某些新鲜特色。

一　利玛窦:从澳门到北京

　　1577 年,利玛窦告别了罗马学院。根据 1494 年经教皇批准的托德
西拉条约(Treaty of Tordesillas),葡萄牙与西班牙划分了"新世界"的势
力范围,葡萄牙享有东方地区的保教权(*padroado*)。1578 年 3 月,利玛
窦乘坐葡萄牙商船从里斯本出发[此前他在科因布拉(*Coimbra*)的耶稣
会学院学习了九个月,可能进一步修习数学]。抵达印度后,利氏先是留
在果阿(Goa)及科钦(Cochin)的耶稣会住院,1582 年始前往澳门与罗明

---

① 汾屠立(P. Tacchi Venturi)编辑的利玛窦书信集远非完善,参阅《利玛窦神父历史著作集》
(*Opere storiche del P. Matteo Ricci s.j.*),两卷本, Macerata,1911—1912。关于此后各阶
段的传教事业,最重要的史料是《年信》(*Letterae Annuae*),《会宪》规定各教区每年向总会长
提交这类报告。许多《年信》都曾印刷出版。关于这类文献的史料价值,参阅钟鸣旦(N.
Standaert):《杨廷筠》,第 75 页以下。

② 参阅毕德胜(Willard J. Peterson):《他们为什么成为天主教徒？杨廷筠、李之藻和徐光启》
(*Why did they become Christians? Yang t' ing-yün, Li Chih-tsao, and Hsü Kuang-ch' i*),载
C. E. Ronan 与 B. B. C. Oh 合编:《东西交流:耶稣会士在中国,西纪一五八二年——七七
三年》(*East Meets West: The Jesuits in China, 1582—1773*),Chicago: Loyola University
Press,1988,第 129—152 页。(或见毕德胜、朱鸿林:《徐光启李之藻杨廷筠成为天主教徒试
释》,载《明史研究论丛》第 5 辑,江苏古籍出版社,1991,第 477—497 页。较之上述英文稿略
有删节改易——译者)

坚(Michele Ruggieri)会合。罗明坚本与利玛窦同船至印度,1579 年受印度传教区(彼时中国、日本尚隶属该辖区)视察员范礼安(Valignano)委派,前往澳门葡萄牙居留地,开创中国的传教事业。罗明坚首先设立了几条为后来者所遵循的基本原则,其中最要紧的便是努力学习中国语言和文化,以期最大程度地迎合中国礼仪习俗,与精英阶层建立联系。

罗明坚或许可算是第一位研习汉语的欧洲人。利玛窦达到澳门之前,罗氏已经获得了一些初步成果。葡萄牙人被允许一年两次溯珠江而上,至广州开市贸易,罗明坚随之同行。尽管商人晚间只能蜷宿舟中,罗明坚还是成功地结交了几位中国官员,三棱镜、钟表、天球仪等礼物自然派上了用场。传教事业初期,已出现西人擅长数学(天文)的传闻。①

在史景迁(Jonathan Spence)笔下,利玛窦的中国之旅乃是缓慢而坚定的北上京城之路。② 利玛窦与罗明坚一经获准留居中国,便离开澳门前往肇庆。1583 年 9 月 10 日抵达该地,一住六年。继而移居韶州,又是六年。前往南京并短暂逗留后,1595 年 6 月 28 日利玛窦到达南昌,是为"一大跃进"。第一次留居北京(1598 年 9 月 7 日抵京)的尝试失败后,1601 年 1 月 24 日,利玛窦终于实现了他的目标,此后的九年利氏生活在北京,直至 1610 年去世。

利玛窦进入中国的前一年,明朝最后一位铁腕政治家张居正病逝。万历初的十年间,大学士张居正执掌朝政。首辅之死宣告了明朝最后阶段的开始。万历皇帝一旦摆脱了张居正的指导监护,便尽现专制君主的放纵恣睢,长年拒绝上朝,不理政务。自明太祖朱元璋(1368—1398 在位)罢丞相、废中书省(行政机关,以丞相为首脑)以来,政府体系就失去了最高行政机构。翰林院大学士以皇帝的私人顾问身份组成内阁,尽管

---

① FR I,第 176—177,特别参见第 177 页,注释 9。
② 史景迁(J. D. Spence):《利玛窦和他的北京之旅》(*Matteo Ricci and the Ascent to Peking*),载 C. C. Ronan 与 B. B. C. Oh 合编:《东西交流:耶稣会士在中国,西纪一五八二年——七七三年》,第 3—18 页。

大学士在名义上并不高于六部尚书,但往往能够获得巨大的权力。朝廷权力分散,派系林立,相互倾轧,自张居正死后直到明亡未尝稍歇。与此同时,宫廷太监的势力稳步增长。神宗之孙熹宗一朝(1620—1627),太监头目魏忠贤竟然成为国家的实际统治者。朝中党争起伏,徐光启(晚年亦入阁为大学士)以及其他参与引进西学的人士皆遭波及,屡受连累。

肇庆,利玛窦在中国内地的第一处居所,位于广东西部,广州上游 150公里。16 世纪时,两广总督驻节该地。三次申请失败后,利、罗二人终于经新任长官批准,获得一块地产。他们向官府声称自己来自天竺国,也就是印度。① 讽刺的是,直到 1595 年,这两位传教士都是一身沙门打扮。② 此后不久,入华耶稣会士便公开与佛教为敌,对佛法、佛事的抨击驳斥不遗余力。故而,首次反天主教运动的出现亦是部分源于佛教徒的反击。 59

中国人将利玛窦等看成西来番僧,当作和尚对待。③ 传教士一旦企图摆脱这种身份,便与中国本土的宗教信仰发生冲突,引起当地人的怀疑,数次面临驱逐的危险。

利玛窦谈及,他在 1584 年绘制的世界地图为改善传教团的处境起到了关键作用。肇庆知府一见之下,即提议用中文出版该图并主动出资刊印。挂在客厅墙上的世界地图引起了人们的好奇,也带来了不少敬意。④ 通过回答参观者的提问,利玛窦得以讲解欧罗巴的情形,同时介绍

① FR I,第 180 页,注释 5。1595 年,利玛窦的文字中首次出现"欧罗巴"。

② 利玛窦用来表示 God 的词汇"天主",亦为佛教神祇(因陀罗 Indra)与道教神仙之名。参阅 FR II,第 186 页,注释 1。

③《利玛窦文集》(*Fonti Ricciani*)记载了不少这类事例。比如,准许他们建立教堂之处即是一块包括佛塔的空地。此塔原是应民众请求修造,用以镇护城邑免受河害。另见谢和耐(J. Gernet):《中国与基督教》(*China and the Christian Impact*),第 72 页以下。论及传教士如何受到佛教徒的欢迎。

④ 用利玛窦的话说(FR II,第 208 页):*E fu la migliore e più utile opra che in tal tempo si potera fare, per disporre la Cina a dar credito alle cose della nostra Santa Fede*.("在当时那种情况下,没有比这种法子更适合使中国接受基督的信仰了。")(《传教史》第 147 页。按,这是利玛窦解释改动地图,将中国放在中央位置的理由——译者);金尼阁的拉丁文本写道,正是世界地图"使得很多中国人落入彼得网中。"参阅加莱格尔(Gallagher)英译本,第 166 页。(《利玛窦中国札记》,中华书局,1983,第 180—181 页——译者)

一些基本的天文知识(甚或天主教义)。此外,制造日晷和天球仪的技艺也很快为他带来近乎"托勒密第二"的名声。①

尽管不无进展,1589 年,利玛窦等人还是被新任总督赶出了肇庆,此中缘由并不完全明了。② 无论如何,他们获准迁居韶州,在一处寺庙安顿下来。下车伊始,瞿太素便上门拜访。③ 瞿氏名汝夔(西文文献中以字"太素"知名),出身苏州名门,本是很有前途的士子,却放弃了举业。其父(曾任礼部尚书)殁后,瞿太素挥霍遗产,痴迷黄白之术。待家财散尽,便四处周游拜访父辈友好,依靠故旧关照维持生计——至少耶稣会士如此记述。近来据黄一农考证,瞿太素被逐出家门,乃因其与兄嫂有染。④

1589 年,瞿太素携妾室客居南雄(紧邻韶州),风闻利玛窦精通炼金术。早在传教士到达肇庆时就出现了这类谣言。明朝年间,长生不死的信仰以及对不朽之物的崇拜广为流行。⑤ 炼制外丹的修道秘技仍然颇有市场。⑥ 不仅如此,许多人还相信利用某种外国草药可以将水银变成白银。⑦

---

① 1595 年 10 月 28 日至某神父云:*Et nel vero per loro dire di essere un altro Tolomeo ...*("在这里我成了托勒密第二……",《书信集》第 178 页——译者)
② 利玛窦称,新总督想将他们的住所作为自己的生祠;传教士亦拒绝向其传授炼金术。参阅 **FR II**,第 277—278 页,注释 5。
③ 瞿太素 1605 年领洗。参阅 FR II,第 292 页。
④ 黄一农:《瞿汝夔(太素)家世与生平考》,载《大陆杂志》1994 年第 5 期。
⑤ 石秀娜(Anna Seidel):《张三丰》(*A Taoist Immortal of the Ming Dynasty:Chang San-feng*),载狄百瑞(De Bary)编:《明代思想中的自我与社会》(*Self and Society in Ming Thought*),New York,1970,第 483—531 页。众所周知,道教和一些道士对明朝前期的好几位皇帝影响非浅。不过,柳存仁(Liu Ts'un-Yan)认为:"尽管道教徒对明代政治影响甚巨,但是,我们没有理由认为他们的活动或思想对明代士大夫阶层有什么触动,无论直接还是间接的作用都可以忽略不计。"(参阅 *Taoist Self-Cultivation in Ming Thought*,收入狄百瑞编:《明代思想中的自我与社会》,第 291—330 页。)
⑥ 柳存仁,第 292—293 页。
⑦ 这种草药名曰龙仙香(FR II,第 240 页,注释 1)。由于当地人全然不解传教士的金钱从何而来,更是加剧了利玛窦等西人善于变汞成银的谣言。

怀着炼出银子的渴望,瞿太素前往韶州拜利玛窦为师①。然而,利玛窦传授的不是炼金法术而是西式算术与天文——教材即利氏随身携带的克拉维乌斯《萨克罗博斯科〈论天球〉评注》以及欧几里得《原本》第一卷。瞿氏还学习了几何测量以及日晷制作法。根据利玛窦的记载,这种集中学习持续了一年之久。②

瞿太素是位优秀的学生,才能出众,富有创造力。他为所学科目撰写了一系列注释,以此呈献给他的友人,还亲手制作仪器(如地球仪、星盘)。利玛窦明言,瞿氏喜欢为自己的文字绘制图解。③ 不仅如此,瞿太素还将欧几里得《原本》第一卷译成了中文。遗憾的是,他的这类文稿均已失传。

61

毫无疑问,利玛窦的教导不乏宗教内容。1595 年,小兄弟瞿太素致信利玛窦(保存在拉丁译文中),④谈到他根据利氏传授的数学知识编写了一本小书,在一所书院(*Collegium Literatorum*)中分赠文人学士。⑤此书看来是瞿太素独立完成的(信件开头提及二人已离别四载),⑥内容受到学者们的赞赏并成为讨论的话题。瞿太素向朋友们提到了欧几里

---

① 利玛窦写道(FR II,第 297 页):*La sua prima intentione, sebene la celò nel principio e dipoi egli stesso la confessò, era imparar da lui [Ricci] a far argento di argento vivo, di che era sparsa la fama esser artefice insigne*.("结交之初,瞿太素不愿泄露他的主要目的是想学习炼金术,当时有传言说利神父能制造白银。"《传教史》第 147 页——译者)

② FR II,第 297—298 页。

③ FR II,第 298 页:*E non solo fece ne' libri le figure di tutto quello que stava ne' nostri libri con le sue mensure, senza ceder niente alle nostre, ma anco fece molti stromenti [...]* "(瞿太素还用图解注释他的著作,那些图解绝不次于我们的工艺。"《传教史》第 206 页——译者)

④ 龙华民(Longobardi)在寄往罗马的信函中转载了该信。1605 年发表。参阅 Hay:《新编日本、印度、秘鲁书简集》(*De rebus japonicis indicis et peruanis epistolae recentiores*),Antwerp,1605。瞿太素信见第 919—920 页。

⑤ Hay,前书,第 919 页:*Hoc anno non habui, quo in studio me occuparem, quamobrem collectis & in ordinem redactis iis, quae V. R. me docuit, libellum confeci, evulgatumque Collegio Literatorum exhibui, quorum nemo fuit, qui non admiraretur, illique subscriberet, dicendo V. R. esse scinginum, hoc est, sanctum horum temporum.*

⑥ 前书,第 919 页:*Post digressum nostrum (à quo sine conspectu mutuo lapsi sunt anni quatuor) non fuit dies, quo ante oculos non statuerim eximiam R. V. virtutem.*

得对圆的定义，声称利玛窦传授的几何学原理乃得自天主（信中写作 *Thaiquu*），远胜迄今"吾国"学者的种种解说。① 最后，瞿太素提出，希望利玛窦拨冗订正这本小册子。

信中所谓 *Collegium Literatorum* 当指书院，是学者们聚会、讲习、讨论的场所。书院的出现与宋代新儒学（以 Neo-Confucianism 之名为西方读者所知）的兴起关系极为密切。1595 年，利玛窦在南昌时，也曾应邀访问一座书院，利氏谓之 *una Accademia di letterati*。② 毫无疑问，这就是大名鼎鼎的白鹿洞书院（White Deer Grotto Academy），"新儒学之父"朱熹曾在此讲学。若干重要思想家的积极提倡大大促进了书院数量的增长，这些机构也成为新儒学传播与发展的重要媒介。晚明时期，书院更是非常普遍的交流思想之所，贺凯（C. O. Hucker）谓之"整个知识界的时尚，风行一时"。③ 瞿太素在书院作数学演讲一事，说明书院确可成为传播新知的渠道。

耶稣会传教史的早期编纂者巴笃里（D. Bartoli）认为，瞿太素是开教事业中的关键人物。

> 神父们的德行和学识开始受到赞美，神父们最初得以见称于中国高官并获得尊敬，这些都该归功于瞿太素。此外，还要加上南京住院的建立以及不久后利玛窦神父第二次北京之旅所取得的渴望已久的成功。简而言之，对于我们的信仰，没有哪个偶像崇拜者能

---

① 前书，第 919—920 页：*Quibus ex principiis ductae de Thaiquu , hoc est , de Deo ratiocinationes excedunt , & longè superant omnium nostrorum literatorum commentationes .*

② 利玛窦谓之 Accademies，显然是比附意大利的学会。参阅 1595 年 10 月 28 日信件（TV II，第 174 页），又可参考 J. Meskill：《明代书院》（*Academies in Ming China*），Tucson, Arizona, 1982。

③ 贺凯（C. O. Hucker）：《明末的东林运动》（*The Tung-lin Movement of the late Ming period*），载费正清（J. K. Fairband）主编：《中国思想与制度》（*Chinese Thought and Institutions*），Chicago University Press, 1957，第 132—162 页。

够如此忠诚,办事如此得力,除非他是个(真正的)基督徒。①

1594 年初,利玛窦在韶州还有一次重要际遇。南京礼部尚书王弘海(1542 年生于海南岛,1565 年进士)因病南下返乡,途次韶州,听闻利玛窦精通数学,即上门拜访。负责修订历法的钦天监隶属礼部,王尚书希望利玛窦帮助校正明朝历法的错误。②

利玛窦马上意识到机不可失。4 月 18 日,怀着前往北京的打算,利氏启程离开了韶州,期望通过王弘海的关系,实现他的目标。③ 然而,日朝战争爆发引起的紧张局势使得此行空前艰难。借助一位军事长官的干预,利玛窦等人得到了前往南京的护照,这位高官认为传教士或许能令他的儿子摆脱抑郁症的折磨,故而主动结纳。④(一般认为此人是兵部尚书石星——译者)

长江南岸"虎踞龙盘"之地,大明的陪都南京给利玛窦留下了极为深刻的印象。1356 年,明朝的建立者朱元璋选定这块战略要地作为军事基地和未来的都城。朱元璋不仅建造了一座几乎全新的城市,还从全国各地调集数十万军民移居于此。⑤利玛窦见到的南京城大体仍是朱元璋的 *63*

① 巴笃里(D. Bartoli):《中华耶稣会史》(*Dell' De rebus japonicas indicis et peruanis epistolae recentiores Historia Della Compagnia di Giesu: La Cina, Terza Parte Dell' Asia*),Rome,1663,第 441 页:*Perciocche il primo credito di virtù, e di lettere, che i Padre havestero nella Cina, e il primo entrare in conoscenze, e in istima a' gran Mandarini, a lui il dovettero: e a lui la fondatione della Residenza in Nanchìn, e poscia il felice, e tanto desiderato riuscimento della seconda peregrinatione del P. Matteo Ricci alla Reggia di Pechìn: e per dir tutto in brieve egli idolatro non potea fare in servigio della Fede nostra, nè con piu leal cuore, nè con piu efficaci maniere, se fosse stato di professione Christiano.*
② FR II,第 326—327 页。1630 年,王弘海的养子领洗入教。
③ FR II,第 338 页,注释 5。
④ FR I,第 340 页。
⑤ 仅 1381 年一年,朱元璋便从苏州一带强征了大约 247500 人迁徙南京,以惩罚该地区曾经支持他的劲敌张士诚。参阅牟复礼(F. W. Mote):《元末明初时期南京的变迁》(*The Transformation of Nanking*),载施坚雅(G. W. Skinner)主编:《中华帝国晚期的城市》(*The City in Imperial China*),第 100—153 页。Stanford University Press,Stanford,1977。(见中华书局 2000 年版,第 112—175 页——译者)

建设成果。① 尽管永乐帝 1421 年迁都北京(建都规划很大程度上模仿了南京),南京仍然是第二首都,几乎保留了全套中央机构,负责管理至关重要的江南地区。南京的地位如此重要,既有经济因素——联结长江下游与中国北方及西部的经济、文化中心,亦有战略因素——最快捷的南北陆路交通线上的枢纽。

利玛窦论及南京守军约在四万以上。② 由于此地重要的军事、政治地位,利氏未能获准长期居留,而是被安置在江西省会南昌,并在那里受到了热烈欢迎。正是在南昌,利玛窦听从了瞿太素的建议,脱去僧服改穿士人的绸袍,其他传教士亦如此行事。在利玛窦的中文传记中,艾儒略(Giulio Aleni)强调了这次身份转换的重大意义。利玛窦与南昌上流社会频繁接触,他的天文知识与记忆术引起了当地官绅的莫大兴趣。利氏为总督制作了一支日晷,赢得了后者的好感。他还向一位驻南昌的亲王及其亲属赠送了地球仪、"世界地图"的副本、象限仪、西方绘画以及论友谊的小册子(《交友论》)。特别值得一提的是,世界地图与《交友论》取得了巨大的成功。③

同是在南昌,利玛窦进一步确认了欧洲学术的优越性。达雷利(F. D'Arelli)注意到,1595 年间,利氏自南昌发往意大利的几封信件中,突然提到了中国的天文学,对于这些"荒谬之说"(le cose absurde)非常不以为然。在描述了中国人关于天地形状与构造的各式观念以及对日月交蚀的种种解释后,利玛窦得出结论,中国的天文概念全然错误,他们感兴趣的不过是占星术(l'arte giudiziaria)而已。此外,他还谈到了中国人缺乏讨论道德哲

---

① 关于庞大的建设工程,参阅牟复礼,前书,第 133 页的评论颇有意思:"但除《实录》(Veritable Records)中称某工程开工……或竣工外,我们对实际建设过程几乎一无所知。我们确实知道开采了些石矿,还知道从别的府里迁来了上千户工匠,但却找不到建筑施工的记述或是有关规划、工程、原料以及其他要素的技术报告。负责历史纪录的中国人对于这些细节不感兴趣。"(中译本第 147—148 页,文字稍有改动——译者)
② FR I,第 351 页。
③ FR I,第 366—367 页。据德礼贤,利玛窦有时将礼物称作 cattiva,该词源于拉丁语 captivus(caught、emprisoned)。换言之,收了礼物,便欠下人情。(FR II,第 389 页,注释 1)

学的正确方法。^① 利玛窦了解到的中国天文学,大概是得自于与瞿太素的密切交往。鉴于佛教宇宙观在南昌知识阶层中甚为流行,文人学士的高论或许更加肯定了利玛窦对中国宇宙结构学说的"负面评价"。^②

1597 年,那位希望利玛窦帮忙修改历法的王弘诲官复原职,自海南北上。利氏借机同行上京。^③ 大运河上的旅行令人印象深刻,《开教史》用了数页篇幅予以记述。然而,尽管这次旅行到达了北京,但最终未能晋见万历皇帝。^④ 经人极力劝说,利玛窦退回南京,在 1599 年初安顿下来。随着朝鲜战事的结束,日本入侵的威胁相应解除,此时南京城的气氛远比利氏首次到达时宽松有利。利玛窦得以周旋于高层士大夫之间,参与活跃而精致的社交生活。

1599 年 2 月到 1600 年 5 月中旬的南京时期很值得注意。或许正是在此期间,翻译数学书籍作为利玛窦未来的一项事业逐渐明朗起来。有几个事件推动了这一进程。

首先,利玛窦作为数学家(天文学家)日益增长的声望引来了几位学生。^⑤ 其中之一是李心斋的门生。李氏是位举人,卖文为生,为了给自己天分有限的儿子博得一点声望,由他的学生代笔完成一部数学著作,换上其子的大名刊印出版。李心斋后来便将这位学生送到利玛窦处学习

---

① 参阅 Francesco D'Arelli, *P. Matteo Ricci S. J.: le cose absurde dell'astronomia cinese. Genesi, eredità ed influsso di un convincimento trai secoli XVI - XVII*,载 I. Iannaccone 和 A. Tamburello 编:《欧洲天文学传华史论集》(*Dall'Europa alla Cina: contributi per una storia dell'Astronomia*),Napels,1990,第 85—123 页。相关信件如下:1595 年 10 月 28 日,收信人不详(TV II,第 166—177 页,特别参见第 175 页);同日,致高斯塔神父(Girolamo Costa)(TV II,第 177—187 页);1595 年 10 月 4 日,致总会长阿夸维瓦(Claudio Acquavia)(TV II,第 187—213 页,特别参见第 207 页);1595 年 10 月 15 日,致高斯塔神父;1597 年 9 月 9 日,致帕西奥内神父(Lelio Passionei)(TV II,第 237 页)。

② D'Arelli,前书,第 96—98 页。指出瞿太素是利玛窦最重要的信息来源。

③ FR II,第 8 页,注释 5。

④ 相关描写有七页篇幅(FR II,第 17—23 页),谈到庞大的船只数量、运河的适航性、某些商业惯例、首都的供应补给等等。

⑤ FR II,第 44 页:…*col Padre, che aveva fama essere il magior matematico di tutto il mondo* …[(瞿太素)"伴随着被誉为全世界最伟大数学家的利神父……",《传教史》,第 294 页——译者]

数学。①

　　不少中国人对数学都怀有相当强烈的兴趣,利氏的另一位学生张养默便是一例。张氏受著名学者王肯堂派遣,拜利玛窦为师。利玛窦在南京会见过王肯堂的父亲,一位高级官员。② 王肯堂(1549—1613,1589 年进士)当时在翰林院任事,与后来徐光启翻译《几何原本》时的职位相同。③ 此人不仅精通医道,著有数种医书,亦深谙佛理。王氏致信利玛窦,表示利氏如北上京师,甚望拜师从游,奈何无法抽身往南京受学,故而派遣门生跟随利玛窦修习数学。由于发现中国数学缺乏坚实的基础,王氏期望求助于西法。④

　　传授数学不无宗教目的。利玛窦曾与张养默谈到传教士希望根除虚伪的偶像崇拜教派(即佛教),张养默言道没有必要与僧人辩论,传授数学足以解决问题。⑤ 从上下文看来,此处的"数学"可释读为"天文",利

---

① FR II,第 44 页:*Aveva un figliuolo puoco letterato, e per dargli qualche autorità, gli aveva fatto raccogliere un grande libro di cose di matematica a uno che sapeva di questo, e l'aveva stampato col nome del suo figliuolo.* "(为了给自己不善文墨的儿子树立声望,李心斋请一位谙习数学之人写了一部这方面的大书,换上他儿子的大名刊印出版。")下文(FR II,第 46 页)显示,这位 *uno che sapeva di questo*("谙习数学之人")乃是李心斋的门生。

② 王肯堂之父王樵(1521—1599),大理寺卿,曾任刑部右侍郎(FR II,第 40 页,注释 8)。

③ 翰林院庶吉士。未几,王氏转翰林院检讨,后任福建参政。

④ FR II,第 53—54 页:*Questo era un grande letterato, [...] e, avendo visto il puoco fondemento che aveva la matematica della Cina, procurava ridurla a qualche scientia metodica, e non poteva ritruovar modo conveniente. Et avendo grande desiderio di esser suo discepulo, se il Padre potesse ire a sua terra, perchè egli per varii respetti non poteva andare a ritrovarlo, e fratano mandava quel suo discepolo Ciamiammue per esser di assai bello ingegno, priegandolo che lo volesse insegnare.* "[王肯堂(顺庵)]是位大学者……他看到中国的数学没有基础,想编成有系统的学问,但找不到合适的方法。他知道了利神父的声望后,便写了一封非常诚切的信,表示如果利神父能到他住的地方,他极愿成为利神父的学生,但由于种种原因,他无法赴南京受学,故而先派来自己的学生张养默,因为此人天资甚高,亟望神父收其为徒。"(《传教史》,第 300 页——译者)

⑤ FR II,第 54 页:*E sapendo quest'huomo l'intentione de' Nostri che era d'estirpare la falsa setta degli idoli e seminare la vera di Christo benedetto, disse al Padre che non era necessario confutar la dottrina degli idoli, ma che solo attendesse a insegnare matematica.* "(张养默)知道了神父们来中国的目的是为了推翻偶像邪教,传播基督真道,便对利神父说:'不必费力反驳异端邪说,专心教授数学就够了……'"]

玛窦写道,许多人都嘲笑佛教学说:"关于自然及现世之事都如此荒谬,没有任何理由相信他们说的超自然和彼世之事。"①

66

张养默利用瞿太素的译本读通了《原本》第一卷。利玛窦写道,经过了这番课程,张氏奉欧几里得式的演绎推理为不二法门。② 尽管利玛窦有自己的如意算盘,但利氏确实相信欧几里得能为中国带来新的思维方法。这种方法可以帮助人们对可感知、可检验的实在获得最为真实的认识,而具备这一思维的天主教文化握有通往更高认识领域的钥匙。

王肯堂著述颇丰,其《郁冈斋笔麈》一书数次提及利玛窦,记述了利氏对日月交蚀的解说(附有图示)以及开方之法。③

钦天监之行是利玛窦在南京的另一重要经历。这次参观之后,利玛窦更加肯定中国天文学的专业水平远远不及欧洲。安置在南京城内一座小山上的青铜天文仪器确乎引人注目(南京鸡鸣山钦天监观星台,今北极阁——译者),利玛窦亦大为赞赏。④ 但是,他发现仪器安置的坐标与当地纬度不符,并推测这些仪器的制造者应是元朝时具有西方天文学知识的伊斯兰天文学家。

职业天文学家都不懂得天体运动模型——这无疑印证了利玛窦此前与士大夫交往中的见闻。他还谈到南京的天文学者缺乏才华,不学无

① FR II,第 55 页:*E nel vero così avenne che molti, imparate le nostre scientie di matematico, si risero della lege e dottrina degli idoli, dicendo che chi tanti errori dissero delle cose naturali e di questa vita, non è raggione che se gli dia credito nelle cose sopranaturali e dell'altro mondo.*("事实上,许多人学了我们的数学知识后,都嘲笑偶像教法和教理:关于自然及现世之事都有那么多错误,所谓超自然和彼世之事更令人无法相信。")

② FR II,第 55 页:*Questo huomo per se stesso intese il primo libro di EUCLIDE tradotto dal Chiuthaisu, e non voleva già udire altre raggioni che quelle que fussero al modo di Euclide.* ["(张养默)自己看通了瞿太素翻译的欧几里得《原本》第一卷,此后他只接受欧几里得式的证明。"《传教史》,第 301 页——译者]

③ FR II,第 50 页,注释 1 以及第 53 页,注释 4。[艾儒略《大西利先生行迹》(民国 8 年陈垣校刊铅印本,第 3 页正面)云:张养默叹曰"彼释氏之言……天地之可形象者尚创为不经之谈,况不可测度者,其空幻虚谬可知也。今利子之言天地也,明者测验可据,毫发不爽。即其粗者可知其细,圣教之与释氏孰正孰邪,心有辨者矣。"——译者]

④ FR II,第 56 页以下。

术(*di puoco ingegno e sapere*),只会依照成规进行推算,一旦不合天象,便声称上天示警云云。[1] 利玛窦并未提及是否曾与钦天监官员直接讨论天文问题,他的说法是否来自道听途说亦未可知。

67 1600 年 5 月 18 日,利玛窦启程离宁,踏上第二次北京之旅。一行人由水路沿大运河北上,不料途经山东时落入税监马堂之手,连续数月被扣留在天津。马堂是个气焰嚣张的太监,刚刚因横征暴敛激起民变,侥幸逃命。利氏的数学(天文)书籍被马堂没收。明朝法律禁止民间私习天文,也不允许私藏天文典籍——按利玛窦的说法,这条法律早就无效了。[2] 传教士们最终获准继续前往北京,书籍亦完璧归赵——幸亏办事的武官不识字,没看懂书箱上的封条。若非如此巧合,利玛窦大概也没有机会翻译《几何原本》了。[3]

1601 年 1 月 24 日,利玛窦抵达北京,次日送"贡品"入官。又经历了一系列困难,传教士们终于获准留居京城,并置办了一处住院。

李之藻(1565?—1630)可算是最早的"落网之鱼",尽管李氏直到1610 年,利玛窦去世前不久才领洗入教。我们对此人的家世背景所知不多。[4] 李之藻生于杭州府仁和县,祖上或出身行伍。早年接受传统的儒家教育,1598 年中进士,授南京工部员外郎,成为中层官员,次年调北京任职。

传记资料中尤可注意者,李氏年轻时就绘制过十五省舆图,详述中国地理。[5] 1606 年,任职工部期间,受命前往山东监修水利(打井浚泉、

[1] FR II,第 55 页。

[2] FR II,第 122 页:*sebene già non si guarda questu legge*.("现在已无人守此法律。")(《传教史》,第 345 页——译者)

[3] 利玛窦写道:*Senza de quali* [*the mathematical books*] *non avrebbe potuto far niente in questa materia*.("若没有这些书籍,在数学方面便一事无成了。")(FR II,第 122 页)

[4] 李之藻传略,参阅 ECCP,第 452—454 页。

[5] 此外,1588 年,李之藻(24 岁)重刻秦观(1049—1101)的地理著作《淮海集》,参阅 FR II,第170 页注释。[按,万历四十六年(1618)李之藻于高邮任上重刊《淮海集》。谓之"地理著作"显系误会。参阅方豪:《李之藻研究》,台北:商务印书馆,1966,第 64—67 页——译者]

开挖运河、更立闸堰）。① 此外还数次出任乡试主考。② 李之藻为西方科学所吸引,正是由于这些个人爱好与专业兴趣。

68

据利玛窦记载,1601 年李之藻在北京见到《山海舆地全图》(*Mappomondo*)即大为惊叹。③ 1608 年,《畸人十篇》付梓,李之藻作序,倡言他对利氏之态度如何由深相疑惑转为敬佩不已。④ 显然,利玛窦传授的科学知识起了关键作用。一旦了解到地球说这类新知,李之藻即在公干之暇钻研科学。⑤ 他的第一项工作就是扩大比例尺重刊世界地图,此图(《坤舆万国全图》)附有更为丰富的注释,解说天文地理。世界地图实际上也是重要的传道工具。利玛窦特别在这一新版本(第三版)中加入许多天文和数学内容(*delle cose matematiche*),用以证明大地乃是一球体——关于这个问题,在他看来中国的博学通儒无不大谬。⑥ 不论是根据几何学解释日月交蚀,还是介绍计算经纬度的数学方法,利玛窦的期望是,他的客人们,那些有学识的士大夫能够相信基督教学术的高超优越。"眼见为实"自有其说服力。在《利玛窦的记忆之宫》中,史景迁注意到"形象化的宣传"对于耶稣会传教具有重要意义,特别是语言有所不及、无法传达宗教观念的时候更是如此。在 1605 年发往罗马的书信中,

---

① 参阅黄兰英:《明代著名译著家李之藻》,收入许明龙编:《中西文化交流先驱》,北京:东方出版社,1993,第 76—85 页。该文引《康熙仁和县志》卷十七《治行》述李氏之功业(第 76 页注释)。1615 年,敕理河道工部郎中,在高邮治河,建坝筑堤(第 77 页,注释 5)。据德礼贤(FR II,第 312 页,注释 3 及第 169 页的注释),早在 1604—1605 年间,李氏就曾赴山东治河。
② 1603 年,任福建乡试主考。利玛窦提及,李之藻此行给考生出了有关数学的题目,"可见(李氏)究心用功之处":*E fra gli altri temi che diede per componere, fu uno di cose di mattematica, nel quale dava mostra di quello che aveva imparato*(FR II,第 312 页)。(汉译《传教史》卷五章三第 436 页漏译该段——译者)
③ FR II,第 169—70 页。
④ 参阅梁元生(Philip Yuen-sang Leung):《李之藻会通耶儒的探求》(*Li Zhizao's Search for a Confucian-Christian Synthesis*),载《明研究》(*Ming Studies*)卷廿八(1989),第 1—14 页。
⑤ FR II,第 171 页:*E così fece mloto stretta amicitia con i Nostri, desidrando di imparare questa scientia quanto le occupationi del suo offitio gli concedeva[no]*。("因此,他与利神父成了极亲密的朋友,希望在公余之暇,学习这些知识。")(《传教史》,第 370 页——译者)
⑥ FR II,第 171—172 页。

利玛窦谈到身边那本纳达尔(Jeronimo Nadal)的著作(《福音历史图集》)含有新约故事插图,作用之大超过《圣经》,"(许多道理)用言语交待不清,看画册便迎刃而解了。"①不难想见,宇宙的几何模型也可用来"证明"造物主的存在。

增订版地图的刊刻印制耗时一年有余,在此期间,李之藻热情高涨地研习数学。据《开教史》记载,李氏成了制作日晷和星盘的专家,全家上下都为制造仪器忙碌(*tutti quei del suo palazzo*)。他制作的日晷如此精美,"较之欧洲毫不逊色"(*sìbelle come i nostri Europei*)。②据前引1605年书简,利玛窦请罗马的朋友帮忙,将李之藻的礼物———一份图表,转呈"我的老师克拉维乌斯,(李氏)深表景仰"。③同时,利氏提出派遣一位精通天文(*buono astrologo*)的神父或修士(*alcuno padre o anco fratello*)来华服务,将大大有利于传教。④ 如果天文学者能够帮助修订历法(*emendare l'anno*),耶稣会士无疑将在中国获得巨大的声望(*grande reputatione*)。⑤

三年后,利玛窦再次致信耶稣会总会长,请求派遣胜任的天文学者,同时加送科学书籍。⑥ 为了证明讲授科学有益传教,他还将两本李之藻绘图的小册子随信一同寄往罗马,其中之一送给克拉维乌斯。这部天文学专著——《浑盖通宪图说》(*Diagrams and Explanations concerning the Sphere and the Astrolabe*)——根据克氏的名作《〈天球论〉评注》以及

---

① TV II,第283页(致阿耳瓦烈兹神父 Giovanni Alvarez S. I.,1605年5月12日):... *anzi poniamo avanti agli occhi quello che alle volte con parole non possiamo dichiarare*.(《书信集》,第301页——译者)

② FR II,第173页。亦可参前引1605年5月12日寄罗马信,利玛窦赞扬了李之藻的学习成果,提及李氏编译了几本书,即将出版。(FR II,第173页,注释1。)

③ TV II,第284页。

④ TV II,第284页:*E dico astrologo, perchè di queste altre cose di geometria, horiuoli e astrolabij ne so io tanto e ne ho tanti libri che basta.*("几何、日晷、星盘等,皆吾所谙习,亦有许多这类书籍可供参考。")(《书信集》,第301页——译者)

⑤ 前书,第285页。

⑥ FR II,第174页。

《论星盘》(*Astrolabium*)二书编译而成,与《几何原本》同年出版,印数不多。序文提及编写此书亦有修订中国历法的考虑。[①]

由此可见,修改历法的准备工作早于《几何原本》的翻译。请求朝廷起用耶稣会士参与修历大业的过程中,李之藻与徐光启一道发挥了关键作用。

李之藻何故皈依天主教?按毕德胜(Peterson)的分析:利玛窦世界地图展现的世界图景(模型),最先令李氏着迷。经过观测检验,李之藻很快确认了地形圆体以及相关天球结构的真实性,并将这些道理视作"不易之法",故而渐次接受了利氏的天学(包括基督教在内),同时认识到西学的普适性。[②] 全新的世界模型之所以令李之藻信服,乃因其合于"实学":该模型有形而具体,可以通过观测和计算加以实际检验。

李之藻入教如此之晚的一个主要原因是不愿出妾,而天主教严禁纳妾。许多奉教士大夫都承受着相当大的压力,不得不放弃某些传统礼俗。佛教尤其受到诅咒,信奉天主者必须抛弃、焚烧"偶像",以示战胜撒旦。这种文化冲突有时相当激烈,1602年领洗的李应试——教名保禄(Paul),便是一例。李氏善长风水星占之学(术数),相关藏书极为丰富,包括大量抄本。主要因为折服于西方数学与自然哲学,李应试决定入教。利玛窦写道,为了将教会禁止的著作全部付之一炬,清查藏书就花了整整三天时间。[③]

---

① 校订者郑怀魁序。郑氏,福建龙溪人,1595年进士。(FR II,第174页,注释)(按,《浑盖通宪图说》李之藻自序云"郑辂思使君,以为制器测天,莫精于此,为雠订而授之梓。"参阅朱维铮主编:《利玛窦中文译著集》,上海:复旦大学出版社,2001,第319页——译者)

② 毕德胜:《他们为什么成为天主教徒?杨廷筠、李之藻和徐光启》,第140—142页。

③ FR II,第261—262页。日朝战争期间,李应试出征任参军,指挥500名士兵;他在星占方面也很有名气(*Nel che era si famoso, che era chiamato da tutti e tenuto in grande stima*)。利玛窦指出了他在数学及自然知识上的许多错误之后,李氏也终于接受了福音真理(the Truth of the Gospel):*Pure, essendo egli di assai vivo igegno, et avendo visto [che] nello cose di matematica, nella quail era egli de' più dotti di questa Corte, et alter cose naturali, gli aveva il P. Matteo scoperte molte verità e toltogli grandissimi e molti evidenti errori, pure alfine si soggettò alle verità del Santo Evangelio renunciando a tutte le alter sette*(第262页)。(《传教史》,第415页——译者)

同年（1602），阳玛诺（Emmanual Diaz）与辅理修士倪一诚（Giacomo Niva）到达北京，补充了教团的力量。倪一诚生于日本，双亲是中国人（按，一般记载是中日混血，父亲系华人——译者）。曾师从耶稣会士尼古拉（G. Nicolao）学习欧洲绘画，1606 年晋升会士。

一年后（1603），利玛窦最重要的神学著作《天主实义》（*The Full Meaning of the Lord of Heaven*）出版。[①] 全书以中西学者间的对话体裁写成，"西士"立论说服了"中士"。其中讨论的天主教若干重要"奥秘"（*mysterii*），（全部）"可以为天赋的理性（*ragioni naturali*）所证明，可以为理性之光（*lumen naturale*）照亮"，这意味着"为人们接受其他依赖于信仰与天启知识（*scientia revelata*）的奥秘铺平了道路。"[②]

从传播西方科学的角度考虑，《天主实义》的重要性体现在两个方面。首先，作为亚里士多德论证模式的样本，此书诉诸"理性之光"证明中国宗教及宇宙观的谬误，说服读者承认天主教相应学说的正确性。为此目的，该书引入了亚里士多德的若干重要概念，诸如四因说、四元素、（本体论的）"是"（being）以及十范畴（ten categories），而数量（quantity，几何！）即是范畴之一。[③]（徐光启《刻几何原本序》云："《几何原本》者，度数之宗"；《译几何原本引》中，利玛窦称"几何"分为"数"与"度"，相当于四艺中的算术与几何——译者）第二，利玛窦引据中国经典，力图显示上古黄金时代的中国曾经同样依靠"理性之光"拥有天主教的某

[①] 英文本（中英对照），参阅蓝克实（D. Lancashire）、胡国祯（Peter Hu Kuo-chen）合译：《利玛窦〈天主实义〉》（*M. Ricci , The True Meaning of the Lord of Heaven*）（译文并导言；No. 72 in *Variétees sinologues*, new series），Taipei/Hong Kong/Paris, 1985。

[②] FR II，第 292—293 页：*Questo non tratta di tutti i misterii della nostra Santa Fede , che solo si hanno da dichiarare a' catecumeni e christiani , ma solo di alcuni principali , specialmente quelli che di qualche modo si possono provare con ragioni naturali et intendere con l' istesso lume naturale ; acciochè potesse servire a' christiani et a' gentili e potesse esser inteso in altre parti remote , dove non potessero cosi presto arrivare i Nostri , aprindo con questo il camino agli altri misteri che dipendono dalla Fede e scientia revelata...* 注意 *scientia* 一词的用法。

[③] 蓝克实，前书，第 192—193 页。

些基本观念,例如造物主的存在以及灵魂不死。按他的说法,这些神学知识保存在中国最古老的文献中,却因后世的曲解而隐晦不明,宋代理学家的影响尤为恶劣。后面的章节中,我们会看到,经过利玛窦的阐释,中国文明形成时期更为纯粹的儒家学说成为支持促进科学研究的绝佳论据。

二 元明改历与《原本》可能存在的早期译本

利玛窦在南京见到的天文仪器是在郭守敬(1231—1316)的指导下制作完成的。作为元朝太史院的重要成员,郭守敬参与创制了《授时历》,堪称中国 17 世纪之前最后一位伟大的天文学家。[1] 1262 年,经同乡前辈刘秉忠推荐,郭守敬以精习水利,擅长天算为忽必烈起用。作为水利专家,郭守敬不仅制定了开凿水道、治理河流的详细计划,还引入了新型的测量方法。徐光启继承了不少郭氏的治水理念。

郭守敬改历前(蒙元)行用的历法为耶律楚材所造。耶律楚材是蒙古君主麾下著名的中国谋士,先后为成吉思汗及忽必烈效命。[2] 早在1271 年蒙古改国号为大元之前,札马鲁丁等穆斯林天文学家就被招至大都,他们携带着波斯文书籍和天文表。1267 年,札马鲁丁将以西法撰成的《万年历》,与七件西式天文仪器一并进献大汗。1271 年,回回司天台

①关于郭守敬的生平及其科学工作,参阅何丙郁(Ho Peng‐Yoke):《郭守敬》(Kou Shou‐ching,1231—1316),收入罗依果(Igor de Rachewiltz)等编:《蒙元早期汗庭的著名人物》(*In the Service of the Khan: Eminent Personalities of the Early Mongol-Yüan Period (1200—1300)*),Wiesbaden:Harrassowitz Verlag,1993,第 282—299 页。
②1234 年蒙古灭亡金朝,承用金《大明历》,耶律楚材稍加增损。关于元初改历的详细讨论,参阅薮内清(Yabuuti Kiyosi)(Benno van Dlen 译并修订):《元明两代中国的伊斯兰天文学》(*Islamic Astronomy in China during the Yuan and Ming Dynasties*),载 *Historia Scientiarum* 7.1 (1997),第 11—43 页。(按,《元史·历志》,耶律楚材造《西征庚午元历》,"表上之,不果颁用。至元四年(1267),西域札马鲁丁撰进《万年历》,世祖稍行之。"谓《授时历》之前行用的历法经耶律楚材修订,未审何据——译者)

在上都建成,札马鲁丁任提点(即台长)。① 1276 年,南宋首都临安(今杭州)陷落,忽必烈即下诏开设太史局改治新历,郭守敬参预其事。"历之本在于测验,而测验之器莫先仪表",本此原则,郭守敬设计制造了十七种天文仪器,十三种留京(大都)使用,另四种"四方行测",用于野外测量。② 1279 年,壮观的大都司天台建成,司天台不仅安置着上述天文仪器,驻扎测候人员,也是太史院所在,并设有图书馆及印刷所,可编印历法和历书。元朝灭亡,大都太史院的天文仪器被运至南京,如此方为利玛窦所见。这些前朝遗物也给利氏的后继者汤若望(详见第六章)留下了深刻印象,汤若望称郭守敬是"中国的第谷·布拉赫"。③ 1719 年,耶稣会士纪理安(Bernard Kilian Stumpf)为取得制造新仪器的原料,将元代仪器连同它们的复制品一并熔化了。④

1280 年(至元十八年),《授时历》正式颁行,这是历法改革的一大成果。明代将《授时历》改名为《大统历》,几乎毫无改动地承袭下来。利玛窦入华时,明朝仍在使用这部历法。明太祖朱元璋(1368—1398 年在位)也保留了回回司天台。一些新型算法,诸如"弧矢割圆术",由郭守敬和他的同事们引入《授时历》。这些算法上的创新来自中国传统数学。⑤ 与此形成对比,正如利玛窦所言,郭守敬监造的天文仪器明显受到伊斯兰天文学的影响。⑥

波斯天文学者将若干工具书携至中国。14 世纪中叶编纂的《元秘书监志》保存了司天台 1273 年所藏 23 种"回回"书籍的清单,载有原作者波斯文名称的汉文转写以及书籍内容的简单说明。遗憾的是,由于著录

---

① 前书,第 13—15 页。
② 关于这些仪器,参前书,又何丙郁:《郭守敬(1231—1316)》,第 286—289 页;利玛窦《开教史》亦有相关描写。
③ 何丙郁,前书,第 299 页。
④ 前书,第 289 页。
⑤ 此法用于黄–赤道度数转换,属于普通三角学(prototrigonometrical),而非伊斯兰天文学采用的球面三角学。参阅薮内清,前书,第 13 页。郭守敬解释其演算方法的著作皆不传。
⑥ 参阅薮内清,前书,第 17 页。

信息相当有限,鉴定工作十分困难。通过比对稍晚编成的波斯—汉文音译表(明《回回馆译语》等书——译者),田坂兴道教授比较成功地辨读出一些条目。例如,清单第四条"麦者思的造司天仪式十五部"。"麦者思的"四字最有可能对应 al-Majisti 或 al-Mijasti(省略冠词 al),即托勒密大作的阿拉伯文书名(波斯化转写),也就是所谓《至大论》(*Syntaxis Megiste*, *Almagest*)。但是该书的卷数以及"造司天仪式"之说皆与《至大论》(十三卷)不尽相符,故而此处尚有疑点。

就本书的关注点而言,清单的第一条内容最有意思——"兀忽列的四擘算法段数十五部"。[①]"兀忽列的"或"兀忽列的四"无疑来自"欧几里得"的阿拉伯文(波斯文)读法:Uqlidis。后七字说明了内容和卷数(15)。可见其中涉及计算("算法"),而"段数"大概指几何。[②] 有鉴于此,该书可考定为欧几里得《原本》(其中也讨论数论),而且很可能是纳西尔丁(Nasir al-Din al-Tusi)1248 年完成的十五卷修订本(*Tahrir Usul Uqlidis*)。[③] 纳西尔丁(1201—1274)曾掌管伊朗西北部的马拉盖(Maragha)天文台,该台为旭烈兀攻陷巴格达灭亡阿拔斯王朝后所建。"四擘"二字

74

---

① 参阅田坂兴道:《伊斯兰文化传入中国的一个侧面》(*An Aspect of Islam Culture Introduced into China*),载《东洋文库欧文纪要》(*Memoirs of the Research Department of the Toyo Bunko*)卷十六(1957),第 75—160 页,第 100—101 页。(亦可参阅马坚:《元秘书监志回回书籍释义》,载《光明日报》1955 年 7 月 7 日。后收入《回族史论集》,宁夏人民出版社,1984——译者)

② 孙小淳教授向笔者指出,"段"字基本可以确定是指几何方法。(几何学意义上的)"段数"一词的出处尚需深入探讨。而"段"字作为量词,不仅用于计数物体,也表示时间或空间的单位。另外值得注意的是,阿拉伯文"几何"(*handasa*)一词最初的意思即(印度)计算法(numeration)。参阅 J. Woepcke:《论印度数字的传播》(*Memoire sur la propagation des chiffres indiens*),载《亚洲杂志》(*Journal Asiatique*)(6e serie)1(1863),第 502—514 页。

③ 这个 15 卷本文字上相当考究,很快成为伊斯兰世界最为流行的版本。参阅 Menso Folkerts:《欧几里得作品的迻译》(*Probleme der Euklid Interpretation*),*Centaurus* 23.3(1980),第 185—215 页。欧几里得阿拉伯文本以及评注的详细介绍,参阅 F. Sezgin:《阿拉伯文献学史》(*Geschichte des Arabischen Schrifttums*),卷五,Leiden:Brill,1974,第 105—115 页。1598 年,意大利的 Medici 印刷所刊行了阿拉伯文的纳西尔丁版《原本》的增订本(可能出自纳西尔丁的某个学生之手)。

尚未有确切的解释。李约瑟推测为音译,但此说并不可靠。① 另一种观点是,"四擘"大概是个技术性词汇(尽管未能确知其意),或作为独立的专名,或修饰"算法"一语。② 当然,"四"字仍然可能属于人名,③"擘"字又有"分开、剖裂"之义,因此"擘算法段数"或许可解释为"算数、几何之解说"。

尽管司天台似乎确实藏有欧几里得《原本》,但此书不太可能已被译成中文。那些"回回"书籍看来仅是"外国专家"波斯天文学者的参考书。

据《明史·历志》,元代已有回回历法之汉译。④ 洪武初年,又有一部分天文书籍被译成汉语。1382 年 9—10 月,明太祖诏翰林李翀、吴伯宗与穆斯林学者合作翻译回回历书。⑤ 其中传世的《回回天文书》是一部伊斯兰星占学作品(朱元璋对神秘科学情有独钟)。吴伯宗《译天文书序》

① 李约瑟(SSC,第 105 页)引用严敦杰的观点:"四擘"(*sibo*)可能代表阿拉伯语"原著"一词,但未给出阿文原字。李约瑟本人提出了两种假设:(1)"四擘"代表(Hi)sabi,来自 *Kitab Uqlidis fi al-Hisabi*(Euclid's Book on Calculation),一种《原本》可能存在的阿语异名;(2)"四擘"(李约瑟转写作 ssu-pi)源于 al-Sabi(即萨比教徒 Sabian),指代塔比·伊本·库拉(Thabit ibn-Qurra),另一种阿文《原本》的修订者,此人名字之前有时会冠以所属教派。然而,"四"字代表 Uqlidis 最后一个音节似乎更能说得通,李约瑟的假设未免迂远(对音亦有可疑)。
② 李俨、杜石然:《中国数学简史》(*Chinese Mathematics: A Concise History*),第 172 页。英译本将该目写作 *Four Cuts Methods for Periodic Numbers*,难以理解。"擘"本义为大拇指,引申为(用手指)弹拨琴弦(《汉语大词典》卷六,第 905—906 页)。阿拉伯语有种说法:*hisab al-yadd*(finger calculation),即"手算"(hand arithmetic),表示区别于印度系统的希腊—拜占庭传统算术。代数和三角学来自希腊一脉,在伊斯兰学术传统中的地位高于印度系统。参阅 A. S. Saidan:《*Al-Uqlidisi* 之算学》(*The Arithmetic of Al-Uqlidisi*),Dordrecht:Reidel,1978,第 7 页及第 14 页以下。(注意 Al-Uqlidisi——"the Euclidean"乃公元 10 世纪时人,切勿混淆)如此,"四擘"会不会是指"四则运算"呢?
③ 田坂教授认为,Uqlidis 的 s 音应是被省略掉了。未考虑"四"可能用作音译,盖因(对音)文例中多以其他汉字代表 s 音。
④ 薮内清,前书,第 18 页。《回回历法》有朝鲜本传世。(按,《明史·历志·回回历法》未言元代译出回回历法,薮内清此说不知何据。然俞理初《癸巳存稿》卷八"书元史历志后"即持此观点。又,朝鲜本《七政算外篇》载于《李朝实录》,系明初所译《回回历法》传入朝鲜后的改写本——译者)
⑤ 《明史》卷三十一《历志一》:"(洪武)十五年九月,诏翰林李翀、吴伯宗译回回历书。"伯希和(Paul Pelliot)推定下诏时间为 1382 年 10 月 24 日。参阅伯希和:《明代历史上的火者和写亦虎仙》(*Le Hoja et le Syyid Husain del' Histoire des Ming*),载《通报》(*T'oung pao*)卷三十八(1948),第 207—209 页,第 233 页。

记述了翻译这批书籍的前因后果，颇有趣味。① 首言"皇上奉天明命，抚临华夷，车书大同，人文宣朗"。② 继而追述大将军平元都时，获图籍数万卷，运之京师(南京)，藏诸秘阁。后官府检署，得"西域"书数百册。又引上谕，"迩来西域阴阳家，推测天象至为精密有验，其(五星)纬度之法，又中国书之所未备。"由是之故，诏西域天文家"回回大师"(Mohammedan prelate)马沙亦黑(原名或是 Shaikh Muhammed)③等人迻译"天文、阴阳、历象"之书。特别指示西人口授直述，以期中士笔录无失，并设立专门机构("局")总成其事。

76

元朝末年，马沙亦黑可能去过撒马尔罕(Samarqand)，后为元、明两朝服务。④ 此人精通汉语，翻译天文书之前，编纂过波斯—汉语字典。⑤ 明廷授马沙亦黑翰林院编修(具体时间不详)以示嘉奖。

北京的耶稣会士十分清楚明朝初年曾经出现过翻译西方天文书籍的计划。1611 年的《年信》(Annual letter)详细记述了此事。⑥ 同年，起用耶稣会士修订历法的疏章第一次上奏朝廷，熊三拔(Sabatino de Ursus)也开始学习中国历法。《年信》论及，元代曾有来自西方(ab occasu)的伊斯兰教徒(Mahometani)将有关"行星运动理论与应用知识"的天文典籍带入中国。这批文献未被翻译，一直保存在皇家图书馆。洪武皇帝(Hùm vú)右文崇学，欲行改历(Sinenses fastos)，命两位翰林——纪念此二人的石碑尚立于翰林院，"我们的保禄"(Paulus noster，即徐光启)

① 吴伯宗序文及其英译，见薮内清，前书，第 127—129 页。
②《中庸》XXVIII. 3:"今天下，车同轨，书同文。"(Now, over the kingdom, carriages have all wheels of the same size; all writing is with the same characters.)(理雅各:《中国经典》卷一，第 424 页)
③ 参阅薮内清，第 136 页。
④ 前书，第 134 页。
⑤ 1382 年，诏编《华夷译语》。参阅伯希和，前书，第 230 页。
⑥《年信》(Litterae Annuae)1611，金尼阁编，南京，1612，收入 Litterae Societatis Iesu e regno Sinarum Annorum MDCX & XI Ad R. P. Claudium Aquavivam eiusd. Societatis Praepositum Generalem，Mangium，第 85—294 页。

供职之所——与穆斯林学者通力合作,将波斯文典籍译为汉语。但是,此后 70 年间,仅译成有关"行星运动"的著作,其他书籍仍然深藏于秘府,无人使用。[1] 1629 年,徐光启的奏疏也提到本朝有起用西人译书的先例。[2]

那么,波斯文《原本》是否在明初所译天文书籍之列呢? 前引耶稣会《年信》所谓行星理论著作,大概是指钦天监监副贝琳于 1477 年修成的七卷本《七政推步》(*Calculation of the Motions of the Seven Planets*)。按《七政推步》(卷一末)跋,该书为明初所译伊斯兰历法(《回回历法》)的修订本。[3]《回回历法》无疑是吴伯宗、马沙亦黑时期的翻译成果,后贝琳加以修订增补。[4] 值得注意的是,跋文还提到《回回历法》的译者元统将原书的印度—阿拉伯数字运算("土盘")[5]改为中式运算("汉算")。综上所述,元明之际汉译《原本》大概并不存在,虽非绝无可能,毕竟尚无证据。

另外值得一提的是,永乐五年(1407),明朝为翻译各国语言专门设置了"四夷馆",内分回回(Persian)、西番(Tibetan)、西天(Sanscrit)、缅

---

[1]《年信》(*Litterae Annuae*)1611,第 161 页 : *Eos hùm vú cum reperisset , idemque omnis litteraturae esset avidissimus , cuperetque Sinenses fastos emendare ; iussit eos è Persiano sermone Sinicis characteribus legi , quo in opere , cum nonnullis Mahometanis qui plurimi toto regno reperiebantur , hodiéque reperiuntur , duo è Regio literatorum Collegio , quod hán lín yuén vocant insudarunt , quo in Collegio litteratorum Sinensium columina commorantur , in eoque hodie Paulus noster non infimo est loco ; sed quoniam illi ipsi qui hos libros detulerunt , in hoc opus incumbere minimè potuerant , iam enim anni prope septuaginta lapsi erant , ii solum qui de planetarum praxi tractabant , Sinico sermone prodierunt ; theoricae tractatus aliique de rebus Mathematicis nonnulli , sine usu remansere , & in haec usque tempora in bibliotheca Regia conservantur .*

[2] 徐光启谈到明太祖对穆斯林的书籍大为赞赏,命吴伯宗与马沙亦黑等人进行翻译。参见《徐光启集》下册,第 335 页。(按,崇祯二年七月二十六日《条议历法修正岁差疏》:"高皇帝尝得回回历法称为乾方先圣之书,令词臣吴伯宗等与马沙亦黑同事翻译,至今传用。"——译者)

[3] 贝琳跋原文及英译,参阅薮内清,前书,第 122 页。

[4] 薮内清,前书,第 137 页以下。

[5] "土盘"(dust-board)无疑来自阿拉伯(波斯)语,即在土盘或沙盘上写数码运算的印度算法。参阅 Saidan,前书,第 7 页以下。

甸(Birman)、女直(Jurchen)、高昌、百夷(云南少数民族语言)等八馆。①最初挑选了 38 名国子监生入馆学习译书,同时聘请了外籍教习讲授语言。该机构早期的教学活动相当严肃认真——特殊情况下,四夷馆生徒能够取得参加会试的资格,精通外语对考取进士颇有帮助。② 种种迹象表明,明朝初年,中国的大门仍然敞开,对外国的兴趣依旧存在。然而,到了 1580 年,四夷馆已是近乎名存实亡了。③

早在耶稣会士来华之前,《大统历》已频频发生差误。实际上,14 世纪之前,中国平均每 30 年就有一次改历,而《授时历》自 1281 年颁行一直用到了明末,从未进行修订。 78

明朝钦天监官员世袭制是搁置改历的一大原因。此外,《大明律》禁止私习天文,也造成一定影响。

15 世纪中期,由于月食预报失误,已有请求改历的疏章。1510 年之后,又有修订历法参数的奏议,然皆未获行。1595 年,明朝宗室、平均律的发现者朱载堉(1536—1611)上疏奏请改历,并提出新历的详细方案,但同样被束之高阁。④ 尽管如此,1597 年,朱氏还是刊印了自己的方案。1596 年,邢云路上书呼吁改历,钦天监对此极为不满,援引《大明律》严禁私习天文的条款,要求皇帝下诏停止有关改历的讨论。⑤ 直到 1629 年,邢云路才获得了新的机会,在徐光启手下参与历局工作,以西法为基础

---

① 该机构历史沿革的详细解说,参阅伯希和:《明代历史上的火者和写亦虎仙》,载《通报》(*T'oung pao*)第 38 卷 (1948),第 207—209 页。

② 伯希和,前书,第 227—229 页。

③ 伯希和,前书,第 237—238 页。

④ 毕德胜:《耶稣会士进入宫廷前明朝的改历活动》(*Calendar Reform prior to the Arrival of Missionaries at the Ming Court*),载《明研究》(*Ming Studies*)卷二一(1986),第 45—61 页。由于《大明律》的禁令,朱载堉必须自我辩护,解释何以未经官方授权私习天文。他的策略是强调天文历算有别于星占,辩称禁令本限于星占而已。后来徐光启几乎采用一样的说辞。参阅毕德胜,第 50 页。朱载堉还谨慎地声明,自己从未见过《大统历法》的具体内容(前书,第 51 页)。关于朱载堉的提案,参见《明史》卷三一,第 520 页。朱载堉传略,参阅 DMB,第 361—371 页。关于朱氏发现平均律,参阅李约瑟的 SCC,卷四,第 1 分册,第 220 页以下。

⑤ 毕德胜,第 54—55 页。

进行改历。(按,据今人考证邢云路 1626 年时已故去,不可能参与徐光启的改历——译者)

三　徐光启

1562 年 4 月 24 日(农历三月二十一日),徐光启生于南直隶松江府上海县。① 松江府位于扬子江以南、钱塘江以北、太湖以东的半岛,原是一片沼泽。由于进行了大规模的水利工程,并在半岛东缘筑起了一道海堤,该地区方才适合居住。② 清朝初年的上海县只是个十万人口的小地方,近代上海的勃兴再清楚不过地说明该地区蕴藏着巨大的扩张能量与经济潜力。此地的经济发展极大的依赖河道水网,船运是普遍的运输方式。③ 水路系统的扩大与长期养护都需要一套组织机构加以严密管理。④ 明代晚期,该地区设置了独一无二的塘长制度。⑤ 徐光启入仕后对水利的热切关注大概离不开早年的成长环境。

便捷的水运对于松江地区某些特色的形成至关重要,关于这一问题,已有不少研究从中国资本主义的兴起(商品经济的发展与生产专业化)角度进行了探讨。大批农民与城市手工业者,或业余或专业地从事棉纺,原料供应和成品收购完全依赖集镇市场。⑥ 制成的棉纱会被运至苏州的丝织作坊进行(半机械化的)深加工。徐光启对西方技术的兴趣或许与从小生活在所谓"资本主义萌芽"地区不无关系,尽管没有具体证

---

① 梁家勉编著:《徐光启年谱》,上海古籍出版社,1981,第 33 页。

② 尹懋可(Mark Elvin):《城镇与水道:1480—1910 年的上海县》(*Market Towns and Waterways: The County of Shang-hai from 1480 to 1910*),载施坚雅(Skinner)主编:《中华帝国晚期的城市》,Stanford,1977,第 441—473 页。(中译本第 527—564 页——译者)

③ 前书,第 444 页。

④ 前书,第 444 页。试图阐明"几个世纪以来如何发展起新的组织形式,监督江南棉花经济所依赖的水路的养护"。(中译本第 531 页——译者)

⑤ 前书,第 445 页。

⑥ 前书,第 444 页。尹懋可总结道:"结果就形成了一个依存于商人和市镇的商业化农村社会,人们可以在市镇里自由地从事原棉、皮棉、棉纱、棉布和基本食品的买卖。"(同书,第 446 页)

据确认这种联系。

通过徐光启的几篇短文,我们得以对他的早年生活略知一二。①

徐氏的高祖从姑苏迁居上海,曾祖家道中落,力耕于野。祖父弃农从商,家境渐宽,乃供其子(即徐光启的父亲徐思诚)进学读书。由于家门屡遭变故,特别是海盗的劫掠(所谓倭寇,16世纪连年侵扰东南沿海),　*80*　徐思诚只得"课农学圃自给",老母妻子纺绩"昕夕不懈"以贴补家用。②

海防弛废是上海受到袭击的主因之一。南宋、元代以及明朝初年的情况与此绝然不同,彼时中国的海军相当强大。1292年,华亭县北部的五个乡划出,设立上海县,置市舶司。有元一代,上海的商业贸易非常繁荣。1421年,明朝迁都北京,上海开始衰落,时隔不久,明廷下令禁海。进士人数的显著下滑,清楚地反映了该地区的衰落。③

明代后期,为防御外患,上海县城筑起了城墙。徐光启出生在上海城外,此时倭寇最为猖獗的时代(1546—1564)已临近尾声。1564年,戚继光平定了倭乱。尽管徐光启未尝切身体验战火纷飞颠沛流离的生活,但他的家人对此终身难忘。徐光启在《先妣事略》中提及,母亲非常担心他会卷入兵事,遭遇"邑中先达有以建言任事被斥"的命运,乃将儿子的兵书统统藏起。④ 然而,兵事终为徐光启日后关注的重点所在。《先考事略》告诉我们,徐光启的父亲对军事很感兴趣,同时博闻强记,"于阴阳医术星相占候二氏之书多所综通"。⑤

---

① 王重民辑校:《徐光启集》(全二册),上海古籍出版社,1984,第523—528页。
② 尚不清楚徐光启的父亲转而务农的具体原因,《先考事略》谓"课农学圃",从《论语》(13.4)化出,曾被解释为儒家对鄙事的不屑。
③ Linda Cooke Johnson:《上海:一个正在崛起的江南港口城市,1683—1840》(*Shanghai：An Emerging Jiangnan Port*, *1683—1840*),载Linda Johnson主编:《帝国晚期的江南城市》(*Cities of Jiangnan in Late Imperial China*),New York:State University of New York Press,第151—181页。
④《徐光启集》,第527—528页。
⑤《徐光启集》,第526页。按徐光启的意思,其父关心伪学(pseudo-sciences)、流连佛道是误入歧途,他谈到父亲晚年回归了正道,专意修身"事天"(served Heaven)。

1604 年,徐光启登进士第,时年四十。自八岁(虚岁)在龙华寺读书
起,徐氏已然踏上最终通向内阁辅臣高位的漫漫长路。① 十六七岁顷,徐
光启师从黄体仁,修习经史。黄氏私淑王守仁,致力心学。② 徐光启的努
力得到了回报,1581 年考取秀才。③ 随后的乡试却屡遭挫折,直到 1597
年才中了举人。在此期间,徐光启以教书为业。1596 年作为西席南游,
尝于韶州教馆。④ 恰逢利玛窦离韶,徐氏访之不遇(此前他已见过《山海
舆地全图》),但在小礼拜堂中受到了郭居静(Cattaneo)的接待。

次年,徐氏赴顺天(北京)乡试,中举人。他的试卷本已为阅卷官初
审摈斥。邻近放榜,主考官以不得满意者为恨,乃阅落卷,见徐氏之文,
大为赞赏,遂拔置第一。⑤

1597 年的主考官焦竑(1540? —1620)是晚明时期的重要思想家。
众所周知,明清两代(帝制中国晚期),座师(考官)与门生的关系非同寻
常。徐光启即尊焦竑为师。⑥ 这种尊敬多大程度上仅是出于礼数尚不好
说。二人相识之年,徐光启已 36 岁。除了 1611 年为焦氏文集所作的序
言,我们还可以见到 1619 年徐光启复焦竑的两封书札。⑦ 信中详述靖边
御戎之策:如何收复东北失地? 费用几何? 尽管同样忧心国是,焦竑在
思想上似乎并未对徐光启产生深刻影响。实际上,焦竑也并不赞同徐光
启信奉天主教(参见第六章)。

徐光启留在京城参加次年的会试,不幸名落孙山。1600 年,再次上
京赶考,路过南京时得以初会利玛窦。尽管仅是一次短暂的会晤,但在

---

① 龙华寺位于黄浦江西岸的龙华村。《徐光启年谱》,第 38 页。
②《徐光启年谱》,第 42 页。
③《徐光启年谱》,第 44 页。
④ 毕德胜:《他们为什么成为天主教徒? 杨廷筠、李之藻和徐光启》,第 145 页。
⑤ 徐光启未在本省考试有些不合常规。一种可能是花钱购买了名额。徐氏和他的学生一起上
　京赶考,笔者尚不清楚跨省考试需要何种正式手续。
⑥ 例如,《焦氏澹园续集》序中,徐光启称焦竑为"吾师"。
⑦《徐光启集》,第 445—447 页。

利玛窦看来,这件事开启了徐氏精神上的新进程,最终导致了信仰的皈依。[①] 1601 年,会试再次失利。1603 年徐氏拜访了南京的耶稣会住院,与罗如望(Da Rocha,1565—1623)探讨宗教问题。经过一周的教诲,徐光启领洗入教,教名保禄(Paul)。1604 年,徐氏第三次进京准备会试,时与利玛窦交游,二人也曾讨论数学。[②]

考取进士意味着官宦生涯的开始,徐氏 1604 年中第后,即选为翰林院庶吉士。翰林院负责起草诏书诰命,编修实录国史等事务。皇帝的老师与经筵讲官亦自翰林选出。这个部门实为高级文官的渊薮,远非单纯的秘书咨询机构。

庶吉士需入翰林馆学习,馆课包括拟作文辞典雅的疏章奏议表达政见。在课艺中,徐光启阐述了治国、安边、经济之方略。于贝勒(Monika Ubelhör)对此有专门研究。[③] 这些文字反映出徐光启以实际、合理为首要原则。[④] 格外值得注意的是,在许多方面,徐氏都受到王安石的启发。11 世纪时,王安石曾在国务、教育等领域大规模推行新政。而理学家(新儒学)对于这段历史的传统评介相当负面。

在徐光启看来,兵事与水利是国家的当务之急,为此他写了不少文章。1604 年顷,即指陈边防可危,建言加强军备,选练精兵,还特别强调了火器的重要性。[⑤]

83

徐光启极其关心水利,1606 年写成长文《漕河议》。[⑥] 大运河为国计民生所系,明朝后期却问题不断。徐氏的着眼点并不局限在运河本身,

---

① 毕德胜:《他们为什么成为天主教徒? 杨廷筠、李之藻和徐光启》,第 143—144 页。

② 事见利玛窦《译几何原本引》,参阅附录一。

③ 于贝勒(Monica Ubelhör):《徐光启及其对基督教的态度》[*Hsü Kuang-ch' i* (1564—1633) *und seine Einstellung zum Christentum*],载《远东学报》(*Oriens Extremus*)第 15 卷 (1968),第 191—257 页(第一部分);第 16 卷 (1969),第 41—74 页(第二部分)。

④ 于贝勒:《徐光启》,第一部分,第 255 页:*Sachlichkeit, Vernünftigkeit ist Hsüs oberstes Prinzip*.

⑤ 于贝勒,第 245—248 页。1604 年翰林馆课之一《拟上安边御虏疏》,见《徐光启集》,第 1—10 页。论火器之利,见第 5 页。

⑥《徐光启集》,第 19—36 页。于贝勒之讨论,见前书,第 232—238 页。

他将沿途水系、农业灌溉与调节运河水位相联系,加以综合考虑。① 徐氏以为自己提出的治水办法,多可见诸大禹(传说中的圣王,公元前 23 世纪)之行事。② 禹平洪水,划九州,《尚书·禹贡》有非常简短的记载。③ 徐氏谓"水学"即大禹之遗迹,进而反问,当今之世可有"颛门水学"者如郭守敬乎?④ 他反对天行旱涝关乎人事的说法,力主治水的基础在于系统的实地测量:勘测地形河势,计算高差,绘制地图。⑤

1603 年(此时尚未与利玛窦频繁往还),徐光启曾向上海知县送交一份讨论本地水道修治的详细方案《量算河工及测验地势法》。⑥ 他对中国传统数学的了解由此可见一斑(专门术语,比例、勾股法在测量中的应用)。我们不清楚徐氏从哪里学到这些知识,不过看来他早在接触耶稣会士之前,就对数学很有兴趣。⑦

84

徐氏关心水利的主要原因在于水利对于农业具有重大意义。《漕河议》谓治水、治田密不可分,犹如传说中的蛩、𧕙二兽形影不离。⑧ 徐光启深信农业为民生之本,确乎是位优秀的儒家学者。其改良物质生活的种种提案建议,无不集矢于农业问题。民众不得已舍田改业的现象令他感叹惋惜。众所周知,徐氏留心农事绝非空谈。编撰农书是其多年的事业。徐光启殁后,学生陈子龙刊行了徐氏的遗著——一部篇幅巨大的农业百科——定名《农政全书》。不仅如此,考中进士之前,徐光启已然开

---

① 大运河关系国家命脉,因此,除了抵御满人威胁的将领,管理运河的长官乃是"京城之外最有权势的职位。"参阅魏斐德(F. Wakeman):《洪业:十七世纪满洲人重建帝国秩序》(*The Great Enterprise*:*The Manchu Reconstruction of Imperial Order in Seventeenth-Century China*)(两卷本),University of California Press,1985,第 908 页。

② 参阅理雅各(Legge):《中国经典》(CC),卷三,第 92 页以下。

③ 民间信仰和神话传奇中,大禹的形象近乎于神明(或半神)。参阅白安妮(Anne Birrell):《中国神话导论》(*Chinese Mythology. An Introduction*),John Hopkins University Press,1993,各处。

④ 《徐光启集》,第 26—27 页。

⑤ 《徐光启集》,第 27—28 页。承蒙香港萧文强(Siu Man-Keung)教授提示笔者注意此文。

⑥ 《徐光启集》,第 57—62 页。

⑦ 文中以 360 度划分圆周,可见西方知识的影响。参见《徐光启集》,第 61 页。

⑧ 于贝勒,前书,第 236 页。

始尝试引种新作物,应用新型农业技术。

　　徐光启(第三次)来到北京后,与利玛窦时相过从。此时耶稣会已在北京城的中心地带(宣武门内)购置了一所新居。出入住院的访客,许多都是徐光启的朋友或同僚。参与讨论西方科学者,除了李之藻,还有叶向高这样的人物。[①] 叶向高(1559—1627),东林党人,先后两度任大学士(1607—1614,1621—1624),后来成为教团在福建的保护人,对西学兴趣甚浓。[②]

　　利玛窦《译几何原本引》述及,当时常与徐光启晤谈,其间提出《原本》之精、翻译之难等事。前文曾经讲过,多年之前,瞿太素译出了《原本》第一卷。显然,利玛窦并不认为瞿氏能够参与新的合作计划。尽管经过长期的深思熟虑,瞿太素终于在 1605 年领洗,但他毕竟远在南方。[③] *85* 最初,利玛窦联合几位重要官员,雇佣一位清贫而有名望的浙江文士(*literatus*),[④]留居耶稣会住院从事《原本》的翻译,然而合作并不成功。徐光启很快接手了翻译工作,正如利玛窦所言,唯有才智如徐光启者方能够承担这样的任务。[⑤]

　　从这个过程看来,翻译《原本》似乎是由利玛窦发起的。不过,据利氏《开教史》记载,徐光启首先提议翻译(西方的)自然科学著作:

---

① 叶向高传略,参阅 **DMB**,第 1567—1570 页。

② 《徐光启年谱》,第 82 页。叶向高与焦竑都曾参与修纂国史。部分由于史馆毁于火灾,修史工程不了了之。唯一的成品是焦竑名下的《国史经籍志》,其中即著录了伊斯兰历法《七政推步》。见薮内清,前书,第 137 页。

③ 瞿太素将所藏佛书付之一炬。而就在领洗前不久,他还正要刊印一种"偶像崇拜者的教义"(*una dottrina degli idoli*,参阅 FR II,第 341 页)。其兄瞿汝稷曾撰集一长篇佛书《指月录》,于 1602 年付梓(FR II,第 341 页,注释 8)。1605 年,瞿太素将 14 岁的儿子(1591 年生)带到南京,交给耶稣会的神父们,让孩子接受基督徒的教育(FR II,第 341 页。)。1605 年之后,瞿太素的热忱有所衰减,直到 1609 年他参加了新一期"精神操练"(FR II,第 490 页)。

④ 原文作 Ciangueinhi,德礼贤未能考出其人。(FR II,第 356—357 页)

⑤ *Ma il dottor subito nel principio si accorse di quello che il Padre gli aveva detto , che , se non fusse un ingegno come il suo , non avrebbe potuto menare al fine questa opra .* (FR II,第 357 页)

　　　　徐保禄博士,看来只是为了提高神父们和欧洲的威信,发扬天
　　主教,向利玛窦神父建议,翻译一些我们的科学著作,以此向该国学
　　者表明,我们的钻研是多么勤奋,论证的基础又是多么完美。由此,
　　他们将明白天主之道是多么有说服力,值得跟从。经过讨论,此时
　　此地,欧几里得《原本》乃是不二之选。中国人欣赏数学,但人人都
　　说看不到根本原则所在;此外,我们也打算单纯教授一些科学知识,
　　没有这本书一切都无从谈起,特别是此书的证明非常清晰。①

利玛窦还谈到,正是徐光启首先劝告他,刊印书籍是推进传教事业的唯
一方法。②

　　　　另一方面,《开教史》毕竟是写给欧洲读者看的。利玛窦或许希望得
到某种谅解——之所以在翻译数学书籍之类的俗事上花了许多工夫,完
全是为了传教的利益。无论如何,后面的章节中,我们会清楚地看到,翻
86　译《原本》的过程中,徐光启远不止是被动的"笔受"者而已。

四　明代知识生活的几个侧面

　　　　就现存文献而言,很难具体清楚地区分到底是西学的哪个方面首先
吸引了徐光启和李之藻。是因为醉心于"有益国家"的度数之学,随后才

---

① *Il DOTTOR Paolo , che pare che non pensava altra cosa che autorizzare i Padri e le cose della nostra terra per promover con questo più la christianità , pigliò conseglio col P . Matteo di tradurre qualche nostro libro di scientie naturali , per mostrare ai letterati di questo regno con quanta diligentia i Nostri investigano le cose , e con quanto begli fondamenti le affermano e provano ; da dove verrebbono a intendere che nelle cose della nostra Santa Religione non si er-ano leggiermente mossi a seguirle . E parlando di varij libri , si risolsero per adesso il miglior di tutti sarebbe tradurre i libri degli Elementi di EUCLIDE , perciochè la matematica era nella Cina stimata , e in esssa tutti dicono senza fundamento ; e noi volendo insegnare qualche cosa [a] parte e scientificamente , senza questo libro non si poteva far niente , specialmente per esser le demonstrationi di questo libro molto chiare* (FR II,第 356 页).

② TV II,第 276 页。致高斯塔神父(Girolama Costa)书,1605 年 5 月 10 日,提及徐光启: *dicendo questo essere l' unico mezzo per dilatare e stabilire la christianità nella Cina .* ("说这是唯一在中国传教和建立教会的方法。"《书信集》,第 291 页——译者)

上了基督教的钩？抑或是被西方文化与传教士的精神人格所感染，为了帮助远西友朋光大事业而投身科学的介译？徐、李二人所面对、所接受的西学是一个整体——天主教统合下的文化产物。[①] 正因如此，李之藻将自己编辑的西学丛书命名为《天学初函》(*First Collection of Writings on Heavenly Learning*)。这部1629年刊行的文献汇编广泛收录了传教士在中国学者协助下完成的各种作品，既有科学类的《几何原本》，亦有讨论宗教、道德问题的书籍。谢和耐(J. Gernet)注意到，其中没有任何一部作品专门讨论教义。同样值得注意的是，《初函》分为理、器二编，前者涉及哲学、道德以及一般意义上的文化，后者则收录科学、技术著作。[②] 新儒学(理学)的两个基本概念——理与器——充当了容纳西学的框架。

徐光启是一位虔诚的天主教徒，对此我们很难有所怀疑。徐氏的文字甚至强烈地暗示：科学和技术不过是修身事天之学这一崇高道德体系的副产品。[③] 基督教道德体系在他看来如此崇高完美，大半源于耶稣会士对欧洲的极度理想化——尽管"三十年战争"生灵涂炭，传教士们描绘的泰西全然一片祥和安宁。[④]

更为普遍的情况是，学者们虽然对西学颇有兴趣，但并没有转信天主教。在本书中我们会看到，相当多的儒家士大夫一方面排斥天主教，同时也接纳了西学中属于科学领域的某些部分。实际上，耶稣会士便有几处文字强调了这一事实——许多中国学者的兴趣仅在于西方的科学知识与仪器。利玛窦生前最后几年，王丰肃(Alfonso Vagnoni)曾谈及

87

①　参阅谢和耐的评论，《中国与基督教》，第27—28页。

②　前书，第70—71页。

③　比较于贝勒：《徐光启》第二部分，第69—70页。我们应该尽可能谨慎地区分徐光启本人的看法与他所表达的利玛窦的观点。

④　于贝勒：《徐光启》第二部分，第69页。讨论了这种理想化欧洲图景的重要意义。许理和(E. Zürcher)：《补儒：基督教与晚明中国的正统思想》(*A Complement to Confucianism, Christianity and Orthodoxy in Late Ming Imperial China*)，载黄俊杰(Chun-Chieh Huang)与许理和合编：*Norms and the State in China* (*Vol. XXVIII of Sinica Leidensia*)，Leiden, 1993，第71—92页。提供了若干晚明时期"西方想象"的生动事例。特别是第77—80页。

一位中国高官的皈依:

> 王丰肃神父提到,此人非常厌恶上帝(*ode di Dio*),毫无得救的愿望,故而决定进行诱导,(通过数学)取悦于他。皈依信仰的达官贵人(*i mandarini*)几乎都是受了数学的吸引。①

通观徐光启的一生,他并不是那个时代的特例。除了家乡的情况颇有特殊之处,徐氏的经历与寻常的士大夫并没有什么不同——依靠才智和机遇,通过最高级别的考试,进入官场。领洗信教并不阻碍仕途之路。徐光启晚年入阁为大学士,达到官位的顶点。正是徐光启所属的社会阶层成为传播西学的媒介,这个阶层既具有强烈的传统价值观,也为接纳新原理、扩展兴趣领域留下了足够的余地。

1. 文化氛围

一般说来,宋明理学(西方所谓"新儒学")是晚期帝制中国(明清时期)的主流思想。宋代学者对儒家经典的解释被尊为正统学说,程朱理学成为教育的基础。明太祖命令全国各府、州、县皆设官学,建立了官方教育系统,如此规模在中国历史上前所未有。官学几乎完全针对功名之需,学习内容局限于儒家经典,排斥其余。大户人家为培养子弟兴办的众多私塾同样以举业为中心。因此,一般的教育体系很难产生新思想,也不会成为传播新知的渠道。

那些最为重要的新思潮产生于主流之外。有明一代,知识传播的可能性大大增加。随着经济的强劲增长,识字率显著上升,士绅文化大为兴盛。大量文人学士游离官场,广结文社,或私下集会,或聚谈于寺院之中。书籍出版亦空前繁荣。

官方教育体系之外,书院是传播、发展新儒学最为重要的机构。书

---

① FR II,第494—495页。究系何人尚未考出。见第五章。按,此人系许乐善(1548—1627),见第五章136页(边码)脚注,又见黄一农《两头蛇》84页(上海古籍出版社,2006)。——译者

院一般拥有一座或一组建筑,以教师为中心指导学生,部分学生在院内常住。较为成熟的书院立有"会规"。名师往往会创办自己的书院。除了作为教育机构,书院也是"同志"集会之所,定期举行讲会(演讲、讨论)。这类集会通常具有宗教特征并伴以祭祀仪式。很大程度上,儒学的新形式如王阳明的学说即在书院中得以发展。王阳明对理学的新解释赢得了无数追随者,[1]他也将书院教育看作改善世风的手段。[2] 受朱熹的论敌陆象山启发,王阳明通过"良知"概念、人人皆可成圣贤的思想建立了"心学"学派。[3] 王学信徒往往倾心佛学,特别是禅宗思想。[4]

　　实际上,这个时期一系列的宗教、哲学思想都有所发展。朱熹尊儒学为正统,斥佛道为异端的严格标准已有相当程度的松动。道教仍然甚为流行,佛教也迎来了显著的复兴。[5] 捐助寺院成为"士绅社会的显著标志"。[6] 至明朝末年,大批士人出家为僧。[7] 寺院也是知识生活重要的场

89

① Meskill:《明代书院》,第 69 页。
② 王阳明将书院比作"勇武之军,可以振作衰弱的学校系统"(Meskill,前书,第 81 页)。[按,《王阳明全集》卷七《万松书院记(乙酉)》(上海古籍出版社,1992,第 252—253 页)云:"譬之兵事,当玩弛偷惰之余,则必选将阅伍,更其号令旌旗,悬非格之赏以倡敢勇,然后士气可得而振也。今书院之设,固亦此类也欤?"——译者]
③ 卜恩礼(H. Busch):《东林书院及其政治、哲学意义》(*The Tung-lin shu-yüan and its political and philosophical significance*),载《华裔学志》(*Monumenta Serica*)14 (1949—1955),第 1—163 页。
④ 荒木见悟:《晚明的儒教与佛教》(*Confucianism and Buddhism in the Late Ming*),载狄百瑞(De Bary)主编:《新儒学的展开》(*The Unfolding of Neoconfucianism*),第 39—66 页:"晚明佛教的复兴很大程度上源于王阳明的良知理论,后者破坏了理学的基础,超越了传统学说的框架……万历年间,以三位高僧为中心的佛教复兴,更多得益于王学的发展,而非任何佛教自身的内部演化。"
⑤ 有确实证据表明这一时期出现了佛教复兴。通过研究地方志与山志(monastic gazetteers),卜正民(Brook)得出了与艾伯华(Eberhard)一致的结论:1550—1700 年间是中国历史上兴建寺院最为活跃的时期之一,士绅捐赠非常慷慨。参阅卜正民:《为权力祈祷:佛教与晚明中国士绅社会的形成》(*Praying for Power. Buddhism and the formation of gentry society in Late-Ming China*),Cambridge Mass.,1993,第 181—184 页。
⑥ 卜正民,前书,第 160 页。
⑦ 士大夫大批出家始于崇祯时期(1628—1644),卜正民提及进士出家的事例最早见于 1637 年。前书,第 121 页。

所,集会、演讲、论道、赋诗,僧侣与士绅往来应酬,频相过从。[1] 不少爱好西学的士大夫亦与佛教关系密切。例如,与徐光启、李之藻同列"中国教会三柱石"的杨廷筠,信奉天主教之前即是热忱的佛教徒。[2] 还有好几位"被认作天主教徒"的士大夫均终生事佛。[3]

除了信仰的一面,某些佛教理论也唤起了人们的新兴趣。现今学界对明代佛教的评价普遍相当负面。有一种观点认为,除了大众化及居士佛教大有发展,佛教作为一种智知力量已然完全丧失生命力。[4] 此说亦不尽然,比如那位派学生师从利玛窦修习数学的王肯堂便重新发现了"唯识宗"——该宗特别强调逻辑推理。[5] 尽管唯识宗早在7世纪已传入中国,出现了汉译《成唯识论》(中土所获代表印度伟大逻辑传统的少数几种著作之一),然而该宗从未融入中国佛教的主流传统,近代之前《成唯识论》亦未入藏。降及晚明,唯识宗本已绝迹,突然被重新发现。王肯堂就为唯识学文献写了两部评注。佛教逻辑与推理性思维(Discursive Reasoning)的主要再发现者之一,同时究心于西方数学方法,这点颇值得注意。

堪与佛教复兴相提并论的是强烈的融合论(Syncretism)趋向。融合论在中国历史悠久,或是不自觉地借用概念、混一不同学派或宗教的原

---

[1] 卜正民,第94页。1549年,法会和尚来到南京引起了士林的关注,此事最早重现了士绅与僧侣的互动。

[2] 钟鸣旦:《杨廷筠》,各处,特别是第38页以下。

[3] 参阅黄一农:《扬教心态与天主教传华史研究——以南明重臣屡被错认为天主教徒为例》(*Why many Eminent Southern Ming Courtiers were Often Mistaken for Christians*),《清华学报》新24卷第3期(1994),第271—295页。

[4] 狄百瑞的观点,16世纪末的佛教复兴并非一场思想运动或哲学思潮。"首先,我确信绝不能说晚明佛教是17世纪一种充满生机的智知力量。"见《理学修养与17世纪"启蒙运动"》(*Neo-Confucian Cultivation and the Seventeenth-Century "Enlightenment"*),载《新儒学的展开》,第141—216页。

[5] 迟至近年,明末唯识学的"再发现"才受到关注。此处据释圣严:《明末佛教研究》,台北,1988。释圣严自《卍续藏经》检出晚明17位作者涉及唯识学的论著共107卷(列表见前书,第211—214页)。其中只有两人纯粹关注唯识学,王肯堂是其一。感谢杜鼎克(Ad Dudink)先生指点笔者注意释圣严的这部著作。

理,或是有意识地统合异相体系,形式多样不一而足。明代的融合论自有其新意。① 晚明思想的一种主导倾向认为,佛教与儒学在深层上本是一体,殊途同归,旨趣无二。林兆恩(1517—1598)即寻求三教合一。② 另有若干思想层面的尝试,欲将理学与佛学的差别减少到最小。③ 在某些人眼中,三教的差异仅是形式上不同,尽可努力使之融为一体。④ 徐光启的座师焦竑便具有智识、哲学意义上的融合论思想。尽管理学是其出发点,但他对朱熹的诠释持强烈的批评态度,被看作"对程朱正统的反叛"。⑤ 焦竑视经书为根本权威,儒家见"道"弘深,佛、道二家虽亦见"道",但皆有所不及。⑥ 他提出了一个重要的观点:经典的注疏不过前人的解释,研习经书必须以原典为归依。

尽管徐光启对佛教的态度与焦竑大为不同——大概主要是信奉天主的缘故——或许他也从座师那里得到了不少启发,进而重新解释宋儒的学说,根据原典本身寻求更为纯粹的圣人之教。

众多有意无意突破正统学说局限的尝试被某些现代学者视为"思想危机"的标志,这种气氛也为徐光启等士大夫接受基督教提供了机会。观念与信仰极强的流动性非常值得关注。作为异端思想的温床,书院这类私立机构也受到国家越来越多的干预控制。⑦ 1579 年,在大学士张居

---

① "晚明时期的融合论(Syncretism),无论强度还是意义,皆有其独特之处,尤其影响到儒学作为哲学的成立。"参阅钱新祖(Ch'ien,Edward T.):《焦竑与晚明新儒学的重建》(*Chiao Hung and the restructuring of neo-Confucianism in the Late Ming*),New York:Columbia University Press,1986,第 5 页。

② 前书,第 21—26 页。信仰上的调和为明太祖所认可,朱元璋数次公开宣称三教一体。

③ 卜正民,前书,第 72 页:"一些晚明士人纳释入儒的希望与努力是 16 世纪最后十几年中国思想体系中的一个独有的特征。"

④ 钱新祖,前书,第 14—15 页。

⑤ 前书,第 30 页。

⑥ 前书,第 181 页。

⑦ 例如,1520 年某位督学对书院山长的一系列指令。参阅 Meskill,前书,第 96—97 页。[检 Meskill 书,引文出自《郑廷鹄示白鹿洞主帖》,嘉靖三十一年(1552)江西提学副使郑廷鹄作。参《白鹿洞书院古志五种》,中华书局,1995,第 326—328 页——译者]

正授意下,以扰动民心、离经叛道的罪名,诏毁天下书院。① 1587 年,礼部上奏申诉举业文字中用佛家语。② 1597 年,徐光启乡试高中,他的考官(焦竑)却因录取者中有九名举子行卷使用佛教术语而遭到弹劾。③

　　旨在恢复儒家正统的最大努力同样来自书院。东林党以常州府无锡县著名的东林书院为中心,发展为遍布全国的庞大网络,以重整政教道德相期许。1604 年,顾宪成、高攀龙等人(大多为革职或降级的官员)在同名书院的旧址上建立东林书院。会约规定,每年举行一次为期三天的大会,每月举行一次小会。④ 东林运动的核心原则之一即"乖谬的哲学学说是政治道德败坏的温床",因此,纠正哲学(经学)上的错误即可带来政治上的道德复兴。⑤ 然而,随着东林运动不断获得政治影响力,也深深卷入党派斗争,政坛上的纠葛一直延续到明朝灭亡。

　　毫无疑问,许多倡导西学的人士同时也是东林书院的成员。之所以存在这种关联并非直接涉及东林书院的哲学思想或政治观点。首要的影响应是源于书院的人脉网络。在许多案例中我们都会发现,精英阶层中那些最为重要的纽带——亲族、乡党、同年、师生——将关注或提倡介译西方科学的人士联系在一起。⑥

　　作为晚明文化的一大特征,实学思潮对于引进西方科学至关重要。实学思潮是否与"思想危机"有关?知识阶层是否致力于推动社会、经济、技术的发展?这类问题大可讨论。不过,许多迹象,诸如大批实用书籍的出现(涉及农学、地理、实用数学),确实见证了日趋增长的"务实精

---

① Meskill,第 138 页。
② 卜正民,前书,第 343 页,注释 61。参见《神宗实录》第 183 卷,第 6 页(万历十五年二月戊辰)。
③ 钱新祖:《焦竑》,第 59 页。
④ 贺凯:《明末的东林运动》,第 142 页。
⑤ 贺凯,第 143 页。
⑥ 黄一农对西学士大夫间人脉关系的研究令人印象深刻,参见《天主教徒孙元化与明末传华的西洋火炮》,载《"中央研究院"历史语言研究所集刊》67.4(1996),第 911—966 页。关于晚明时期社会网络对捐助佛教的重要性,参阅卜正民,前书,第 213—217 页。

神";植物学作品中,首推李时珍(1518—1593)的集大成之作《本草纲目》;音韵训诂之学的发展也在日后成为清代考据学(焦竑常被视为先驱之一)的利器;至于批判地对待传统,重视实验的精神,已可见诸前述朱载堉的改历活动,朱载堉还严格测验自古相传的"候气说",证明其实为伪说;[1]大量经世类著作的出现同样值得注意。[2] 由此可见,对西方科学技术的兴趣全然符合实学思潮,至于徐光启用力农学,李之藻尽心地理,亦可思过半矣。上述种种发展或许相对独立于理学思想,不过也需为占据统治地位的意识形态认可,至少也是学者们深思熟虑的选择。我们将在本书第三部分看到,西方科学如何被纳入新儒学的概念体系。通过当事人自身的言论,分析他们对西学的反应之前,有必要简要讨论一下几个十分重要的术语,帮助说明彼时的语境。

2. 理学与科学

理学(新儒学)主要关注道德、伦理以及社会关系等问题。狄百瑞(De Bary)甚至认为,理学与其说是哲学体系,倒不如说是精神修养的方式。[3] 个人的最高目标是通过修身,投入全部的努力,达到圣人的境界,其动力来自"敬"的思想。[4] 尽管王阳明实验了新型的学说,但他在书院中的教导,其主旨与传统诉求并无二致。唯一的目的即是道德的觉醒。这里所要探讨的主要问题是:哪些观念与思想关系到自然现象的研究或因果推理。

理学思想中的一脉被现代学者称为"气的一元论"(monism of qi)。继罗钦顺(1465—1547)首倡其端,黄宗羲、顾炎武、颜元、王夫之、戴震等

[1] 黄一农:《中国传统候气说的演进与衰颓》(*The Evolution and Decline of the Ancient Chinese Practice of Watching for the Ethers*),载 *Chinese Science*(U.S.A.),第13期,第82—106页。
[2] 李约瑟对这些发展有所描述,偏重"科学方法"的显著进步。参见 SCC II,第145—149页。
[3] 狄百瑞:《启蒙运动》(*Enlightenment*),第153页。
[4] 前书,第155页,第164页。

著名学者都被归入这一谱系,而以上人物皆以重视"实学"著称。① 尽管
"气"是个极为复杂的概念,意义需视语境而定(往往不作翻译,基本词义
是空气、呼吸),但该词无疑具有"物质"这一层含义。朱熹认为理者"形
而上",气者"形而下"。与朱熹把"理"置于首位不同,"气的一元论"试图
将"理"还原为"气"。例如,黄宗羲写道:"天地之间只有气,更无理。[所
谓理者,以气自有条理故立此名耳。]"(见《明儒学案·肃敏王浚川先生
廷相》,中华书局 1985 年版,第 1175 页——译者)②罗钦顺走得更远,否
认"理"的实在性,将其归诸(理解)现实事物呈现方式的"名","理"不过
是"自然规律的代称"。③ ("理只是气之理……往而不能不来,来而不能
不往,有莫知其所以然而然,若有一物主宰乎其间而使之然者,此理之所
以名也。"见罗钦顺《困知记》续卷上第三十八章,中华书局 1990 年版,第
68 页——译者)无论如何,孕育这些思想的背景乃是有关人性的道德理
论,至于气的一元论如何影响了某种"唯物"哲学的兴起,并非显而
94 易见。④

　　前文数次提到的"实学"(常译作 concrete learning)更加值得注意。
这个词同样是理学的核心术语。就本书而言,其重要性来源于以下事
实:按现代标准属于科学、技术类的著作,在 17 世纪尤其被誉为有益"实
学"。此外,研究清代考证学兴起的学者普遍认为,晚明时期学者重视实

---

① 关于"气的一元论"(monism of *qi*),尤其参阅华蔼仁(Irene Bloom):*On the "Abstraction*
　of Ming Thought:*Some Concrete Evidence from the Philosophy of Lo Ch' in-shun*,载《理学与
　实学》(*Principle and Practicality*),第 69—125 页。另,焦竑与气的一元论之关系,见钱新祖:
　《焦竑及其对程朱正统的反抗》,第 242 页。
② 转引自狄百瑞:《启蒙运动》,第 196 页。
③ 华蔼仁,前书,第 84 页。黄宗羲还写道:理、气仅是人造的概念(名),从不同角度描述同一事
　物。(钱新祖:《焦竑》,第 245—246 页)("理气之名,由人而造,自其浮沉升降者而言,则谓之
　气,自其浮沉升降不失其则者而言,则谓之理。盖一物而两名,非两物而一体也。"见《明儒学
　案·学正曹月川先生端》,中华书局,1985,第 1064 页——译者)
④ 华蔼仁,前书,第 100—102 页。论及罗钦顺关于知觉能力的见解,谨慎地表述道:"一旦取消
　对感官经验价值及意义的限制条件,就经验论而言,至少一种不利条件就会接踵而至。"(第
　101 页)

学的风气,实为考证学之先声。① "实学"一词来自朱熹对《四书》之一《中庸》的短小解题,而儒生对《四书》以及朱熹注文无不烂熟于心。关于《中庸》的内容(用理雅各的话说,即 treats of the human mind),朱熹写道:②

> 其书始言一理,中散为万事,末复合为一理,"放之则弥六合,卷之则退藏于密",其味无穷,皆实学也。善读者玩索而有得焉,则终身用之,有不能尽者矣。

这里的"实学"概念同样具有强烈的道德、心理意味。当然,"实"字的基本含义与"空"或"虚"相对。虽然"实学"在宋代哲学家笔下的含义各不相同,但是这个术语经常用于对比佛、道二家的"空"。③ 换言之,他们将自己的哲学赋予"实学"的特性。儒家经典的研习构成了"实学"的根本。④ 久而久之,"实学"的意义有所扩展,王阳明的"实学"专指"行" (action),诸如习射这样的训练亦在其中。有部颇具影响的现代学术著作之所以选用"practicality"作书名,无疑也是为了表达"实学"这一多义术语的基本内涵。⑤ 降及晚明,所谓"实学"是指那些增进社会物质财富的实用之学。政略、经济、农业、水利、地理皆属于"实学",其含义无疑十分积极。⑥ 由此可见,利玛窦有充分的理由将自己期望最高的著作命名

95

---

① 艾尔曼(Benjamin Elman)认为,明末对实学的诉求是考证学("中华帝国晚期的话语革命")潮流的源头之一。参阅《从理学到朴学》(*From Philosophy to Philology*),第 42—49 页。

② 理雅各:《中国经典》,第 382—383 页。

③ 冈田武彦:《朱子学派的实学:山崎暗斋与贝原益轩》(*Practical Learning in the Chu His School: Yamazaki Ansai and Kaibara Ekken*),载《理学与实学》(*Principle and Practicality*),第 231—305 页。

④ "实学"一词的不同用法。见狄百瑞:《启蒙运动》。

⑤ 狄百瑞、华蔼仁合编:《理学与实学》。

⑥ 成中英:《实学:颜元、朱熹、王阳明》(*Practical Learning in Yen Yuan, Chu Hsi and Wang Yang-ming*),载《理学与实学》,第 37—67 页。言及:"首先,实学之'实'与'虚'相对,后者仅是文字章句玄思冥想之学。换个角度说,实学关注的是物(things)与事(affairs)以及事物的知(knowledge)与艺(technology)。实学是以社会实践、社会事务为目的的学问。"

为《天主实义》。①

　　最后,理学的另一核心概念为研究自然现象打开了方便之门,这就是出自《大学》的"格物"。众所周知,如何解释经文引起了理学家的激烈争论,任何一种译文都只是一种解释而已。理雅各的译文如下:

The ancients who wished to illustrate illustrious virtue throughout the kingdom, first ordered well their own States. Wishing to order well their States, they first regulated their families. [...] Wishing to be sincere in their thoughts, they first extended to the utmost their knowledge. Such extension of knowledge lay in the investigation of things.②

　　　　古之欲明明德于天下者,先治其国。欲治其国者,先齐其家。[欲齐其家者,先修其身。欲修其身者,先正其心。欲正其心者,先诚其意。]欲诚其意者,先致其知。致知在格物。

主要由于二程与朱熹的提倡,原本地位不高的《大学》上升为理学的基本经典。程氏兄弟将"格物"解释为"格,至也。物,事也",进而说"事皆有理,至其理乃格物也。"③朱熹谓"格物"乃"穷至事物之理"。④ 这一解释后来成为正统学说,其中"事"("人事")的重要性远胜于"物"。用葛瑞汉(A. C. Graham)的话说,对朱熹而言,"格物的宗旨是道德的自我

----

① 参见许理和的会议论文[詹嘉玲(C. Jami)筹办: *Hsü Kuang-Ch'i, Chinese Scholar and Statesman*"徐光启,中国学者与政治家",1995 年 3 月,巴黎。会议论文集即将出版。[已出版,詹嘉玲等编: *Statecraft and intellectual renewal in late Ming China*:*the cross-cultural synthesis of Xu Guangqi*(*1562—1633*),Leiden;Boston:Brill,2001——译者]
② 理雅各:《中国经典》,第 357—358 页。
③ 见《二程全书·河南程氏外书》,2.4a(四部备要本)。参阅毕德胜:《方以智西学考》(*Fang I-chih's Western Learning*),载狄百瑞编:《新儒学的展开》,第 369—413 页。比较葛瑞汉(A. C. Graham):《中国的两位哲学家;二程兄弟的新儒学》(*Two Chinese Philosophers:Ch'eng Ming-tao and Ch'eng Yi-chuan*),London,1958,第 74 页。
④ 毕德胜:《方以智西学考》,第 377 页。

发展"。①

"格物"或有可能意味着对自然世界的研究？王阳明对此不以为然。在著名的"格竹事件"中，王氏观察竹子，冀期格出道理，至于劳思致疾，乃悟理需向心中寻。他所理解的"致知"意味着领悟"良知"。（见《传习录》卷上三一八章——译者）

如此，虽然朱熹将"格物"解释为道德努力，不过其注文的措词并没有排除面向"自然哲学"解释的发挥余地。对徐光启等人来说，数学与科学无疑属于"格物"的范畴。②

3. 河图洛书

中国古代数学一向与天文、音律、占卜，或统称之《易》的宇宙论存在着紧密的联系。很大程度上，宋代的理学家复兴了汉代宇宙论的核心内容"天人感应"。这类力图赋予世界某些规则和模式的尝试并非不曾受到批判，亨德森（Henderson）的专著即专门讨论了 17 世纪"中国宇宙论的衰落"。③ 该主题太过宏大，此处不能细谈。不过，为了便于理解 17 世纪的中国评注者对西方数学的反应，笔者将通过一个例子，讨论"宇宙图式"与数学的关系。

翻开 1593 年刊行的一部明代数学著作，也就是程大位那本流传甚广的《算法统宗》，便可看到首篇的插图配有以下文字：④

97

> 数何肇？其肇自图、书乎！伏羲得之以画卦，大禹得之以序畴，
> 列圣得之以开物成务。凡天官、地员、律历、兵赋以及纤悉秒忽，莫

① 葛瑞汉：《中国的两位哲学家：二程兄弟的儒学》，第 79 页。
② 徐光启之孙徐尔默明确举出《几何原本》（而不是笼统地说西方科学）作为格物的典范："格物穷理之学有几何原本以析其微"（《文定公集引》，原刊徐尔默编：《徐文定公集》，已佚）。参见《徐光启集》，第 600 页。
③ 亨德森（J. B. Henderson）：《中国宇宙论的兴衰》（*The Development and Decline of Chinese Cosmology*），New York：Columbia University Press，1984。
④ 郭书春 II，第 1227 页。

> 不有数,则莫不本于《易》、《范》。故今推明直指算法,辄揭河图、洛
> 书于首,见数有原本云。

伏羲是传说中文明的创始人。相传黄河中跃出龙马,向伏羲献上河图。另有一个传说是,公元前 23 世纪,大禹治水时,见到了洛水中浮出的神龟,龟背上负有洛书。河图洛书被认为蕴涵着宇宙的秘密和自然的潜在法则。伏羲凭借河图,布画八卦(每卦三爻,阴爻—阳爻之组合),由此形成《易经》六爻(六十四卦)的基础。从数学上说,洛书只是一种幻方(见下图),横、纵、斜三个数相加都等于 15。实际上洛书是世界上已知最古老的幻方。[1] 河图与洛书大同小异,中心数字换为 10 而已。河图、洛书相辅相成,前者为圆图,象征天,后者为方图,象征地。

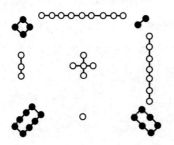

4	9	2
3	5	7
8	1	6

98

有位现代研究者写道,"河图,仿佛是绵长的溪水,贯穿了中国历史。"河图因为与其相关的一系列对应获得了重要意义,被看作具有辟邪功能的法宝,在典礼、仪式上大派用场。图像中的不同位置,联系着阴阳、五行、九州、八方等概念。不过最重要的,还是在于它与八卦的联系,而《易经》六爻六十四卦乃由八卦扩展而来。因此,河图在卜筮中扮演了非常重要

---

① 苏海涵(Michael Saso):《河图是什么?》(What is the Ho-T' u?),载《宗教史》(History of Religions)17(1978),第 399—416 页。关于河图,亦可参葛兰言(Marcel Granet):《中国文明》(La pensée chinoise),Paris,1934,第 173—208 页;查敏楼(Schuyler Cammann):《古代中国哲学中的三阶幻方》(Magic Square of Tree in Old Chinese Philosophy),载《宗教史》1(1961),第 37—80 页。

的角色。① 同时，《易》也是儒家学者专门研习的五经之一。《易》云：

是故易有太极,是生两仪。两仪生四象,四象生八卦。

Therefore in (the system of) the Yi there is the Grand Terminus (*Taiji*), which produced the two elementary Forms (*yi*). Those two Forms produced the Four emblematic Symbols(*xiang*), which again produced the eight Trigrams(*gua*).②

继而言河出图、洛出书,呼应"天垂象"。

《论语》、《诗经》、《礼记》、《易经·系辞》以及某些纬书(apocryphal literature)都曾提及河图洛书,或作为王权的标志,或作为卦象的表征。③ 尽管如此,河图、洛书现存最古图像的出现时间不早于宋代,理学家们借用河、洛之图以及太极图,传达其微妙的哲学思想。

最后需要一提的是,河图洛书也表明中国使用十进制的历史非常之古老。④

五　明代的数学

尽管一般而言明代的数学处于"衰落状态",⑤不过这种表述必须有 ₉₉其限定条件。利玛窦告诉我们,很多中国人都对数学大有兴趣,明朝也

---

① 关于六爻占卜的数理性质,参见 F. van der Blij:《〈易经〉六爻的排列组合》(*Combinatorial Aspects of the Hexagrams in the Chinese Book of Changes*),载 *Scripta Mathematica* 28.1 (1967),第 37—49 页。

②《易经·系辞》卷一第 11 章,沈仲涛(Z. D. Sung)译,上海,1935,第 299 页。

③ 苏海涵,前书,第 401—411 页。

④ 查敏楼,前书,第 40 页以下。

⑤ 李约瑟:SCC III,第 173 页,第 209 页。许多有关明代的概述都反映了这种根深蒂固的观点。

并不缺乏数学书籍。①《明史·艺文志》著录的数学著作亦复不少,其中便包括前文提及的《算法统宗》。这部卷帙颇大的作品于 1592 年刊行,流传极广。明代商业贸易的惊人增长刺激了社会对基本应用算术的需求。这一时期,好几位算学书籍的作者,诸如吴敬与程大位,皆是商人出身实非偶然。在这些算学著作的序言中,可见作者花费了很大力量收集材料,多年周游各地遍访名师,搜罗书籍。如果说"衰落"意味着水平的下降,那么确乎如此,明代人甚至没有接触到宋代数学家的伟大成就。最关键的是,前代的许多作品都近于失传,宋元间的代数方法"天元术"已无人理解("天元术"最早为金元时期的数学家李冶记载和使用——译者)。② 那些基于算筹而发展出的计算方法,也在明代迅速为算盘算术所取代。

古籍失传的情况可举《九章算术》为例,后面的章节会说明此书的重要性。《九章算术》成书于东汉前期(公元 1 世纪),保存了前代的数学文献。众所周知,此书对中国数学影响至深,确立了后世数学的发展方向。1084 年,距首部排印版《原本》在威尼斯问世前约 400 年,北宋秘书省刊行了《九章算术》,其中含有刘徽(约 263)注及李淳风(602—670)的注释。直到近 30 年来,刘徽的注文才得到透彻的研究,对中国传统数学的阐释与评价亦由此发生了深刻的变化。作为《九章》的注释,刘徽补充了大量精妙的解说,对算法的证明构成了《九章》的"本原"(the elements);刘徽论证细致、方法巧妙,种种改进皆在其中。③

100   利玛窦入华时,民间已见不到刘徽的注文。1770 年,在编修《四库全书》的过程中,戴震得以重构刘徽注,不过他的工作失误甚多。今天,对《九章算术》的校勘仍有大量研究出现,复原工作依靠的是以下几种

---

① 利玛窦:《译几何原本引》称,"窦自入中国窃见为几何之学者其人与书信自不乏",见徐宗泽:《明清间耶稣会士译著提要》,第 261 页。
② 李约瑟:SCC III,第 51 页。
③ 任何现代出版的中国数学史著作都会专门讨论刘徽的工作。

底本。

1213 年,鲍澣之翻刻了北宋秘书省刻本(1084)。15 世纪初《永乐大典》以九章名义将鲍氏的南宋刻本分类抄录,内容遂散在各处。《永乐大典》藏于秘阁,普通的学者自然无从参考。1261 年,宋元四大数学家之一杨辉编成《详解九章算术》,对《九章》逐条解说,精心推衍。降及清初,南京藏书家黄虞稷藏有一鲍刻本,然仅存前五卷。1678 年,梅文鼎曾在黄家翻阅过该本,第八章会讨论到相关问题。至于杨辉保存了《九章》大部分内容的《详解》,到明代仅残存后五卷,亦为私人收藏。如此,以上提到的三种版本——戴震辑《永乐大典》本、鲍澣之本、杨辉《详解》本——构成了复原《九章算术》的基础。[1]

那些卓越的宋元数学家的著作,命运之坎坷不下于《九章》。秦九韶的作品仅是通过《永乐大典》中的孤本流传至今。朱世杰的著作则依靠朝鲜刻本以及后来的日本翻刻本保存下来。[2] 李冶(1192—1279)著作的流传则与 17 世纪中国对欧氏几何学的接受出现了命运交叉之处。《测圆海镜》(*Sea Mirror of Circle Measurements*)是李冶最著名的作品,1248 年完成,约 30 年后刊行。尽管有了刻本,但流传非常有限。《四库全书》采进本出自私人家藏。阮元起初只能就四库本抄出此书,后来丁杰提供给他一部 14 世纪的抄本。1797 年,李锐汇校了以上两种抄本,现代版本由此形成。[3]

16 世纪中叶,浙江长兴人顾应祥(1505 年进士)见到一部《测圆海镜》,并于 1550 年出版了改编本《测圆海镜分类释术》。此书保存了《测

101

---

[1] 《九章算术》的版本源流,见 ECT[该节由古克礼(Christopher Cullen)执笔],第 21—22 页。

[2] 李倍始(U. Libbrecht):《十三世纪中国数学:秦九韶与〈数书九章〉》(*Chinese Mathematics in the Thirteenth Century: The Shu-shu chiu-chuang of Ch' in Chiu-shao*),Cambridge (Massachusetts),1973,第 6 页。李倍始还注意到,《古今图书集成》(1726)没有参引宋元数学家的著作。

[3] C. C. Gillispie 主编:《科学家传记辞典》(*Dictionary of Scientific Biography*),New York,1970—1976,卷八(1970),第 313—320 页。关于秦九韶著作抄本的命运,见李倍始,前书,第 44—53 页。

圆海镜》的大部分内容,增补了顾氏自己的注解。顾应祥官至刑部尚书,是明代数学家中身居高位的一例。① 《测圆海镜分类释术》被收入《四库全书》,馆臣指出,顾氏未能阐明李冶遗法。② 实际上,顾应祥删去了原书中的"细草"(algorithms),而"天元术"正在其中。后文我们将看到,徐光启了解顾应祥的著作,但他未能看到李冶的原书。

《九章算术》的内容并没有全部失传。若干例题与算法仍然出现在明代数学著作以《九章》为章节名的相应段落中。然而,对于推求过程的解释不是付之阙如便是非常简略。

最后需要谈一谈中国现存最古的数学文献《周髀算经》。③ 相关数学内容分散在上下两卷之中。所谓周公(约前 1050)与商高的两段对话展示了直角三角形特性及毕达哥拉斯定理(勾股定理);荣方与陈子的问答则讨论了通过表、影测量日高的问题。《周髀算经》的重要性主要来自后人的注释,3 世纪赵爽(字君卿)、6 世纪甄鸾(约 560)先后为此书作注,7 世纪时李淳风又作释文解注。赵爽补入的《勾股圆方图说》价值尤高,图示证明了毕达哥拉斯定理,图说则论述了直角三角形三条边的各种关系。

102

《周髀算经》的流传较《九章算术》幸运。1603 年,藏书家胡震亨刊行了《周髀算经》,稍早于《几何原本》的出版。

---

① 顾应祥传略,见 **DMB**,第 740—750 页。1517 年,顾氏任市舶司长官期间目睹了葡萄牙舰船的到来。王阳明在福建平叛时,顾应祥援助了火器。[参见顾应祥:《静虚斋惜阴录》。1517 年,顾氏任广东按察司金事并署海道事,接待了皮雷斯(Thomas Pirez)使团。——译者]
② "提要"见丁福保,卷一,第 578 页。
③ 《周髀算经》的内容与历史,详见古克礼(Christopher Cullen):《古代中国的天文学与数学:〈周髀算经〉》(*Astronomy and mathematics in ancient China：the Zhou bi suan jing*),Cambridge University Press,1996。

第二篇
翻　译

第四章　克拉维乌斯的 1574 年版《原本》

一　初步说明

关于欧几里得的生平目前所知甚少：他的时代在亚里士多德与阿基 米德之间，主持过亚历山大城的一所学校。基于这些零星的资料，后人推测：公元前 300 年左右，《原本》成书于希腊化时期的埃及亚历山大城。[①]

据《原本》十三卷所涉及的内容，可以肯定，此书包含了此前至少两个世纪的希腊数学成果。至于欧几里得是否扮演了将这些材料组织成一个公理化演绎体系的角色，则未可定论。《原本》之为《原本》，其结构的成型究竟是收集整理了前人已然铸成的演绎环链，还是反映了欧几里得本人的思想，至今难以确证。传世的版本并未提供有关此书用途以及

[①] 希思(T. L. Heath)英文版《欧几里得〈原本〉13 卷》(*The Thirteen Books of Euclid's Elements*，三卷本，New York，1956) (据 1908 年版平装重印)，以及最近维特拉克(B. Vitrac)法文版《欧几里得〈原本〉》(*Euclide：Les Eléments*)，附有 M. Caveing 撰写的"导言"；上册 ("导言"，1—4 册)，Paris，1990；下册 (5—9 册)，Paris，1994。提供了关于欧几里得及《原本》的详尽信息。特别是法文版吸收了自 Heath 版问世以来的大量研究成果。

写作动机的任何信息。如本书第二章指出,《原本》"前史"最重要的原始资料只有普罗克洛斯(Proclus)对《原本》第一卷的评注,不过其写作时间也已是《原本》成书七个世纪之后了。毋庸置疑,希腊数学的发展与希腊哲学联系紧密。然而,公理化方法的形成在多大程度上源于哲学家和数学家的积极"对话",却颇可争议。

　　《原本》的内容可粗略划分如下。前四卷以不使用比例理论的方式处理平面几何:卷一开篇给出定义、公理和公设,规定了平面几何的基础,并以毕达哥拉斯定理作为结束。卷二处理矩形几何。卷三为圆的几何。卷四讨论正多边形和圆的互容的作图。卷五为"量"(*magnitudes*)的比例理论。卷六使用了比例理论,进一步发展了平面几何。卷七到卷九致力于数论。而卷十,谑称"数学家背上的十字架"(the cross of the mathematician),专门讨论可公度和不可公度的线和面。卷十一可视为前六卷在三维空间的拓展。卷十二用"穷竭法"求圆、棱锥、球、圆锥体积。最后,卷十三构造了五种正多面体。按新柏拉图派哲学家普罗克洛斯的观点,构造这些"柏拉图多面体"正是此书的目的。在 13 世纪的许多手抄本中,欧几里得十三卷后还续有两卷:卷十四,作者许普西克勒斯(Hypsicles,约公元前 2 世纪下半叶);卷十五,部分内容可能是米利都(Miletus)的伊西多尔(Isidorus)的某个学生所作(公元 6 世纪);这两卷的内容主要由正多面体间的相互比较组成。[①] 克拉维乌斯将坎德勒(de Candalle)福瓦伯爵(François de Foix,1502—1594)的一篇专论添为卷十六,此卷以一种更为系统化的方式对五种正多面体进行了比较。

　　公元 4 世纪(约 360)亚历山大的赛翁(Theon)编辑《原本》,自中世纪起直到 19 世纪末,赛翁本是绝大部分抄本、译本、印本的源头。1883年以降,丹麦学者海伯格(J.L. Heiberg)编定的《原本》被学界视为标准

---

① 对于这两卷内容的概述,参阅 Heath HGM I,第 419—421 页。

版本,然而近些年来,海伯格在编辑过程中的取舍受到了严厉批评。①关键在于,海伯格使用的底本是佩拉德(F. Peyrard)19 世纪初在梵蒂冈图书馆发现的一个抄本(Vatican MS gr. 190),该抄本明显不同于赛翁本,海伯格认为该本更接近赛翁本之前的版本。

　　克拉维乌斯编辑的《原本》,也不例外地依赖赛翁的版本,不过,它的前六卷与海伯格版并无重要差异。② 当然,克拉维乌斯版是《原本》复杂的流传过程中的一环,同时,它在许多方面反映了时代和环境。因此,在以下几节,笔者将着重讨论作为汉译《几何原本》母本的克氏版本的一些显著特征。不过,首先需要简单总结一下欧几里得几何学与中国传统几何学之间的若干重大差异,这些差异并非互无关联。

　　(1) 最为明显也最为人熟知的差别当然是《原本》对数学材料的表述方式。欧几里得的《原本》由命题组成,这些命题依据"基本原理"通过逻辑演绎环环相扣;中国数学则关注算法。过去数十年间,尤其是自《九章算术》及其注释得到细致研究以来,对中国数学的认识益加深入。已可确认,这些注释中包含了精致的几何论证(arguments),甚至证明(proofs)。然而,"寓理于注"的形式排除了公理化方法,这也是不争的事实。尽管算法程序简洁统一,但从未将严格证明作为明确的目的。

　　(2)《原本》遵循纯几何方法,从跨文化研究的角度看,这同样是一个非常重要的特点。一般而言,数和量的严格区分是希腊数学的显著特征。某种程度上可能是由于希腊人关于数的概念的局限,此外,"不可公

---

① 海伯格 (J. L. Heiberg) 编辑,*Elementa*,五卷本,Leipzig:Teubner,1883—1888。Heiberg 的版本后由 E.S. Stamatis 校改再版:J.L. Heiberg (编辑),E.S. Staimatis (修订),*Elementa*,5 vols. in 6,Stuttgart:B.G. Teubner,1969—1977。关于对 Heiberg 编辑时取舍的批评性讨论,参阅 W. R. Knorr:《欧几里得的错误文本:评海伯格版本及其取舍》(*The Wrong Text of Euclid:On Heiberg's Text and its Alternatives*),*Centaurus* 38 (1996),第 208—276 页。
② 对于这些差异的考察,参阅 Heath I,第 54—63 页。

度"(incommensurable)量的发现也是一种原因,比如正方形的对角线和它的边是不可公度的。这种严格的区分在任何方面对数学的发展都未产生有利的影响,使得在 16 世纪晚期至 17 世纪,人们要付出相当的努力进行革新,才能重新将数与量统一起来。在中国数学中,几何的对象是某种"度量",总是与数相关:以数表示长度、面积或体积,并且算法就是数字的处理过程。此外,比例在中国很早就得到高度发展,自然被设想为可用数字表示的方式。

(3) 作图的惯例。根据公设"允许"的基本作图,《原本》中所有复杂的图形都严格遵循一定的程序作出。在中国,几何学基本对象(圆、立方、矩形)的存在被视作理所当然,甚至可以分割,再重新拼合为新的具有相同面积或体积的图形。

(4) 文本中对带有参照符号的图示的系统运用。在明代的数学文本中,图示使用仍然相当频繁,而且最古老的数学文本可能也伴有图示。至少有一部数学著作在正文中用符号表示图中的点。(按,可能指金元之际李冶的《测圆海镜》——译者)

(5)《原本》中某些概念的定义及其作用,比如角、平行和不可公度,在中国数学中并没有明确阐述。另一方面,中国数学中的一些图形在欧几里得几何学中亦未出现,比如某种立体(如《九章》"商功章"中的"羡除"——译者),以及圆中弓形的高(*sagitta*,"弧矢")。

除了上述几点,必须说明的是,从跨文化的视角来看,中国和希腊数学的差异有被过分强调的倾向。特别是为了强调所谓希腊数学的抽象性及其对于"感觉世界"的独立性时,尤其如此。毫无疑问,希腊人将确定性与逻辑严格性作为非常重要的要求,但这些概念并非等同于"抽象性"。对于柏拉图来说,数学的确是理念世界的完美形式;但在亚里士多德哲学的语境中,几何对象至多是真实可感对象的理想化,亦即真实可感对象的"潜在"状态。众所周知,欧几里得在《原本》的许多关键之处也要诉诸于感觉经验。可以确信:至少在 19 世纪末以前,对于大多数学家来说,几何学处理的对象是真实的空间,①对于 16、17 世纪的数学家而言也当然如此。希尔伯特的《几何学基础》(*Grundlagen der Geometry*)最终为欧氏几何学奠定了严格的公理化基础,从而将几何对象转化为某种完全不同的形式,只有在这之后,几何与空间直觉的关联才彻底分离。(在希尔伯特的公理化几何学中,几何始于不加定义的基本概念,只需指出它们之间的明确关系作为公理:点、线、面等概念不需要诉诸于空间直觉——只要指定互相之间的关系保持不变,我们可以用其他任何术语来替代它们三者,如希尔伯特所说:"桌子"、"椅子"、"啤酒杯"——译者)

二　《原本》的流传

利玛窦在《译几何原本引》中的介绍让人觉得该书似乎沿着一条不曾间断的链条从欧几里得一直传到克拉维乌斯手中。事实上,直到利玛窦在罗马学习前不久,欧洲人才获得了欧几里得著作的相对准确完整的版本。1533 年,《原本》的第一种希腊文排印本(*editio princeps*)在巴塞尔出版;众所周知,幸赖阿拉伯的数学传统,12 世纪末,《原本》的主要部分才得以译为拉丁文在欧洲流传。欧几里得著作的流传过程极为复杂。②以下仅作简短概述以见克拉维乌斯版本的历史背景。

1. 从阿拉伯文到拉丁文

《原本》得以通过阿拉伯文流传(这里的 Arabic 指"阿拉伯文"而非

---

① 参阅 H. Freudenthal, *Zur Geschichte der Grundlagen der Geometrie*. Zugleich eine Besprechung der 8. Auflage von Hilbert's *Grundlagen der Geometrie*, *Nieuw Archief voor Wiskunde* (4th series) 5 (1957),第 105—142 页。*p. 111*: *Aber kein Geometer oder Philosoph zweifelt daran, dass die Geometrie vom wirklichen Raume handelt und seine Eigenschaften untersucht*.

② 默多克(J.E. Murdoch):《欧几里得〈原本〉的传播》(*Euclid: Transmission of the Elements*),载 C. Gillespie 编:《科学家传记词典》(*Dictionary of Scientific Biography*),卷四,1971,第 437—459 页。第 437 页:"任何其他科学、哲学和文学著作,在从古至今的流传过程中,都没有被如此频繁地编辑过。"

地理意义上的"阿拉伯地区")始于哈贾吉(al-Haggag,约 786—833)的两次翻译,一次是在哈里发拉希德(Harun al-Rashid,786—809) 治下,第二次是在哈里发马蒙(al-Ma'mun,813—833)执政时期。后又经著名的希腊文献翻译家伊萨克·伊木·胡纳恩(Ishaq b. Hunain,卒于 910/911)重译。塔比·伊本·库拉(Thabit ibn Qurra,约 826—901)编辑了胡纳恩译文的另一版本。这些译作引发了对欧几里得著作集中而深入的研究,产生了大量的摘要、改编、评注以及种种阐释。

在西欧,希腊—罗马世界衰亡之后,欧几里得并未被全然遗忘。《原本》若干片段——公理、公设、定义以及前四卷的大部分论述——通过 6 世纪波依修斯(Boethius)的译文而留存下来。这些内容大多附入各种测量手册。实用几何知识亦在专业人员中代代相传。即便如此,到了 11 世纪,欧洲对欧氏几何的认知程度仍然十分低下,以至于坦纳里(Paul Tannery)将该世纪几何学史的首要特征归纳为"无知"。①

从 12 世纪上半叶起,情况开始转变,西班牙南部出现了译自阿拉伯文的拉丁版《原本》。虽然真正理解欧几里得尚待时日,但从那时起,翻译和修订《原本》的潮流不断增强。当时出现的拉丁译文有些基于哈贾吉的版本,有些则基于塔比编辑的伊萨克译本。影响最为深远的译本有两种,一是所谓阿德拉特本(Adelard II translation,1120),据哈贾吉第二次译本转译,二是坎帕努斯本(Campanus of Novarra,1260 年稍前),据阿德拉特本并参考若干阿拉伯文材料译出。② 但这些都不是完整的翻

---

① "这不是科学史的一个篇章,而是对无知的研究……"(*Ceci n'est pas un chapitre de l'histoire de la science*;*c'est une étude sur l'ignorance* …),见坦纳里(Paul Tannery):《科学纪事》(*Mémoires Scientifiques*),第五册:《中世纪的精密科学》(*Sciences exactes au moyen age*),Toulouse/Paris,1922,第 79 页。感谢林力娜(K. Chemla)提醒笔者注意到了那些误解。

② Murdoch:"欧几里得在中世纪:阿德拉特本与坎帕努斯本的显著特点"(*The Medieval Euclid:Salient Aspects of the Translations of the Element by Adelard of Bath and Campanus of Novara*),载 *Revue de Synthese*,IIIe Suppl. to Ns 49—52 (1968),第 67—94 页。第 69 页:"阿德拉特本是上述各重要版本的真正源头。"

译,故克拉杰特(M. Clagett)称之为"删节本"。①除了少数例外,它们都不含命题的完整证明,而仅仅指出证明需要用到哪些命题。坎帕努斯与阿德拉特的阐述几乎一样,但有所增补,利用了一些晚近的文献,比如奈莫拉利奥(Jordanus Nemorarius)的著作。

将《原本》改编为适用于学校的教材,是中世纪欧几里得几何学的一个总体倾向。读者常常被呼作第二人称,并被指导如何完成实际要求作图。增加公理和公设以填补推理中的缺陷。这些版本相对于希腊文本的一个明显优点是前后参照这种引用形式的出现,用这种方式指出每一步要用到上文中的哪条公理、定义或定理,这无疑是原希腊文本完全不存在的一个特点。另一特征涉及哲学范畴的讨论,提出了自然神学的种种问题,甚或激励以此证明神学真理。正如一位现代学者的简要评论:"几何学很重要,应加以讨论"[It (geometry) was something to be talked about]。② 对于基本原理,诸如无限和连续性的问题以及逻辑结构的讨论,也成了当务之急。写作的方式采用了经院哲学的"提问辩难"形式(quaestio-form),即相互问难。③

中世纪接受欧几里得几何学的另一个重要问题关乎对卷五定义 4 和定义 5 的误解(克拉维乌斯版及《几何原本》同卷定义 5 和定义 6)。这两条定义,一般归于柏拉图学院的成员,尼多斯(Knidos)的欧多克索(Eudoxus)。它们是卷五比例理论的核心,并逐渐构成了希腊几何学更

110

① M. Clagett:《中世纪译自阿拉伯语的拉丁文版欧几里得〈原本〉:兼论巴斯的阿德拉特本》(The Medieval Latin Translations from the Arabic of the Elements of Euclid, with Special Emphasis on the Versions of Adelard of Bath), Isis, 44 (1953),第 16—42 页,第 20 页以下。
② D.C. Lindberg 编:《中世纪科学》(Science in the Middle Ages)中 M.S. Mahoney 编写的数学章,Chicago,1978,第 162 页。关于中世纪数学的哲学要务,还可参阅 Murdoch,前书,以及 Murdoch:《中世纪的比例语言:希腊数学基础与新生数学技术互动的要素》(The Medieval Language of Proportions: Elements of the Interaction with Greek Foundations and the Development of New Mathematical Techniques),载 A.C. Crombie 编:《科学的转变》(Scientific Change),第 237—271 页,London,1963。
③ Schüling,前书,第 110 页。

高深部分的基础。对这两条定义产生的误解,部分源于一些抄本的定义
4 与正确版本不符。①第四节笔者将进一步讨论卷五中的定义。

第二章中已经谈及,跨越整个中世纪一直到克拉维乌斯,人们一般
认为欧几里得本人并未写出证明,这些证明是后来由赛翁以评注的形式
补充的。在 16 世纪早期的版本中,可以看到坎帕努斯与赛翁二人的评
注形成了鲜明的对比。②

2. 文艺复兴

默多克(Murdoch)指出,欧氏几何进入文艺复兴阶段有四个标志性
事件:③(1)1482 年,第一种排印本《原本》在威尼斯出版(使用坎帕努斯
13 世纪的拉丁译文);(2)1505 年,首次直接从希腊文翻译《原本》,译者
赞贝蒂(Zamberti)称坎帕努斯是"最鄙俗的翻译者"(*ille interpres bar-
barissimus*);④(3)1533 年,希腊文排印本(*editio princeps*)出版;
(4)1572 年,康曼迪诺(Federigo Commandino)拉丁文本出版。此外,可
能还要加上 1543 年塔塔利亚(Tartaglia)发表的意大利语译文。

16 世纪上半叶出现了这样一幅情景:坎帕努斯译文的拥护者和赞贝
蒂译文的信徒无休止地争吵,⑤同时两种译文又常常合订出版。有趣的
是,虽然赞贝蒂强烈地批评坎帕努斯——后者的译文充满阿拉伯文音译
和直译——但是赞贝蒂却不知道坎帕努斯本译自阿拉伯文。这恰是当
时欧洲对《原本》源流知之甚少的一个例证。⑥

---

① 关于这个误解,参考 Murdoch 的两篇文章——*The Medieval Language of Proportions* 以及
  Salient Aspects。
② Claggett,前书,第 19 页。
③ Murdoch,见《科学家传记词典》(*Dictionary of Scientific Biography*),卷四,第 448 页。
④ Rose,P. L.:《意大利数学复兴》(*The Italian Renaissance of Mathematics*),第 51 页。
⑤ 塔塔利亚(Tartaglia)——1543 年首先将《原本》译为现代语言——赋予其译本这样一个副标
  题:"欧几里得,根据两个传统",以此意指源自坎帕努斯和赞贝蒂。
⑥ H. Weissenborn, *Die Ubersetzungen des Euklid durch Campano und Zamberti*, Halle a/S.,
  1882,第 25 页。

三 克氏版《原本》

1572 年,即克拉维乌斯版本问世前两年,康曼迪诺出版了《原本》的拉丁译本。该版本体现了康曼迪诺深湛的学术造诣,开启了欧洲接受欧几里得的新阶段。康氏致力为古代科学典籍提供一个文字上完美可靠的译本,对人文学术大有贡献,嗣后的版本大都以此为根基,直到19 世纪仍将其奉为圭臬。作为欧几里得的翻译者,克拉维乌斯无疑致力于复原希腊数学原典,但他那广为传播而极有影响的译本在目的和视角上则与康曼迪诺版大有差别。如果利玛窦带到中国的是康曼迪诺本而非克拉维乌斯本,那么《几何原本》的很多重要细节将与今之所见迥然不同。

康氏大著在前,克拉维乌斯为何还要急于推出自己的版本?从克氏的序文(*Praefatio*,勿与导言 *Prolegomena* 混淆)可窥端倪。

首先,经验证明:没有欧氏几何,就无法理解阿基米德(Archime-des)、阿波罗尼乌斯(Apollonius)、塞奥多西(Theodosius)、梅内劳斯(Menelaus)、托勒密(Ptolemaeus),以及其他人成果的精髓。不幸的是,欧几里得本身却鲜有问津,更没有任何"入门导引"。坎帕努斯和赛翁对欧几里得著作个别章节给出了博学的评注,但坎氏承袭阿拉伯传统的所有观点,而"阿拉伯传统对欧氏著作重要部分的顺序和方法多有改动,甚至改变了命题的表述,这就破坏了原著的完整性而使其真正含义湮没不彰,第十卷尤为严重。"[①]赛翁的编辑则是讹误丛生,令人思维受挫,困惑不已。而当其他人尝试阐释欧几里得时,或只涉足前六卷;或虽评注全书,但"置古人原意不顾,代以新法评断,这些新法大都不甚严格可靠,亦

112

---

① Clavius, *Praefatio*: *Sed alter secutus in omnibus est traditionem Arabum, qui magna ex parte Euclidis ordinem, ac Methodum perverterunt, verbaque propositionum eiusdem locis non paucis immutarunt, ut verus germanusque auctoris sensus perdifficile possit intellegi; id quod maxime in* 10. *lib. perspicitur.*

不能简洁彻底地处理问题。"①乌尔比诺的康曼迪诺是一个例外,他以拉丁文恢复欧几里得本来的光彩,但也有几处明显偏离原意。

由此观之,克拉维乌斯似乎希望着力于语言文献大义,秉承人文主义精神,推出精确的文本。克氏写道:

> 如此杰出之士几被忽视,令人深为遗憾。大作灿然,而习者寥寥,精研其理者今日更难寻觅。盖因书中内容艰涩使人灰心丧气,且缺乏帮助读者免入歧途的入门导引。②

由是,克氏将"释疑解惑"引为己任。接着解释怎样做到这一点:对于前人增补的论证,尤其出于赛翁者,可省则省;但对于理解困难之处,则应详细解释,以求明晰。基于一些有说服力的理由,克氏在这里表达出他深信的观点:所谓赛翁增添的证明实际上乃是欧几里得的手笔——赛翁的编辑造成了其中的错讹——这已为普罗克洛斯所验证!③

然后是针对初学者的说辞,宣称他的版本可使数学学习更加有趣和有用:

> 可以相信,读者将感受到欧几里得更加容易有趣、便于应用,对初学者尤其如此。书中多处增加了不同的问题和定理,这些内容既

---

① 前书:... *relictis antiquorum demonstrationibus certissimis, propias alias, ac novas confinxerunt, quae plerunque non tam firmae sunt, neque rem ipsam simpliciter & absolute conficiunt.*

② Clavius OM I,... *vehementer dolebamus, tam insignem & illustrem auctorem à plerisque omnino negligi, à perpaucis vero pro dignitate tractari, ita ut vix hoc nostro seculo reperiantur, qui sedulam operam, ac studium in perdiscendis his elementis ponant; ob eam potissimum, ut arbitror, causam, quod difflcultate rerum, quas tractant, atque obscuritate deterreantur, nullumque habeant in hac re ducem, quem sibi citra erroris periculum sequendum proponant.*

③ Clavius OM I, Praefatio: *Demonstrationes aliorum, maximè Theonis, quas quidem ipsius esse Euclidis, non levibus argumentis adducti cum plerisque asseveramus, et Proclus etiam testatur, breviores, quantum per rei difftcultatem licuit, vel certè planiores, quando illud non potuimus, dilucidioresque reddere conati sumus.*

不乏味,也没有超出几何学的范围,其中部分取自普罗克洛斯、坎帕 113
努斯和其他作者,部分是本人(在 Mars 的帮助下)苦思的结果。欧
几里得的定义自然需要多予关注,尤其是那些晦涩之处,此外种种
难解的地方尽可能详加解释(很多内容经前人解释,已然偏离正道
而濒临绝境,种种谬误与几何学原理完全扞格不入)。其他内容读
者自己当能通解。①

克拉维乌斯可能夸大了前辈译者的缺陷,但毫无疑问,克氏意识到
了他与康曼迪诺的版本标志着欧几里得研究的显著进步。

克拉维乌斯对于《原本》流传的历史仍然多有曲解,尤其是涉及阿拉
伯文本的流传阶段时,他大肆宣泄人文主义者惯有的偏见。当然与前人
相比,克氏对文本的流传和阐释有着更为深刻的历史意识。也正是在康
曼迪诺和他的版本中,对于两个 Euclid 的混淆得到了更正:一位是写作
《原本》的欧几里得,另一位是与柏拉图同时代的麦加拉(Megara)的 Eu-
clid。

克拉维乌斯编纂新版还另有动机(*causa altera*),即实际应用。在
"致读者"(*ad lectorem*)的按语中,他解释说,与原有的大部头版本相比,
分为两卷易于翻阅,便于从一处带到另一处(*e loco in locum*)。《原本》

---

① 前书:*Ita enim , nostra sententia , Euclides facilius à studiosis , iis praesertim , qui ceu tyrones ,*
haec Mathematica studia nunc primum auspicantur , ac maiore voluptate , utilitateque cog-
noscetur , Praeter haec adiunximus multis in locis varia problemata , ac theoremata scitu non
iniucunda , neque à scopo Geometriae aliena , quae partim ex Proclo , Campano , aliisque auc-
toribus decerpsimus , partim propio (ut aiunt) Marte , assiduisque meditationibus ipsi confe-
cimus . Data insuper in hoc diligens opera , ut definitiones Euclidis , praesertim obscuriores , &
quae aliquid visae sunt habere difficultatis , (in quas plurimi , tamquam in scopulos quosdam
incidentes , à recto cursu deflexerunt , & in errores varios atque absurdos , prorsusque ab insti-
tuto disciplinae abhorrentes dilapsi sunt) dilucide atque perspicue , quoad eius fieri potuit ,
explcarentur ; id , quod harum artium studiosi facile iudicabunt .

是极其有用的著作,应当像手册(*enchiridion*)一样随身携带。[1] 利玛窦对此定然深表赞同!

克拉维乌斯的主要目的在于提供精确的文本使《原本》更易理解,如有必要则加以修改,使其更加切合实用。因此,教学乃是克氏版《原本》的核心——初版如此,第二版中则更为突出。除了几处显著的例外,克拉维乌斯增补的材料大都是针对学习者的附注。附注的首要目的不在于研究性的批评分析,相比之下,对古典、阿拉伯、中世纪以及晚近同代文献的引用占了很大分量,这也展现了克氏的博学。这类引文几乎都未进入汉译《几何原本》,但利徐二人采用了克氏的大量注解以及克氏自己加入的命题。而且,克拉维乌斯的版本给出了许多作图的简便方法,这些内容大都可在汉译《几何原本》中找到。

然而在某些方面,克氏的成果并非仅仅限于教学:若干评注对当时富有争议性的问题进行了讨论,一些特别的主题更有长篇专论。例如,汉译《几何原本》便继承了对"牛角"(horn-angle)性质的讨论,这是一个长期争议不休的问题。(所谓"牛角",即过圆周上一点的切线与圆周之间的"夹角"——译者)克拉维乌斯激烈地驳斥了佩尔捷(Jacques Pele-tier)的观点,后者于 1557 年编辑了《原本》的前六卷。克拉维乌斯在第二版中旧话重提,反驳了佩尔捷刚提出的论点。[2] 该问题在数学概念的

---

[1] Clavius 1574, *ad lectorem*: *Accessit editioni*: *Nam cum Euclides, propter singularem utilita-tem, instar enchiridii, manibus semper debeat circumgestari, neque unquam deponi ab his, qui fructum aliquem serium ex hoc suavi Matheseos studio capere volunt, in eoque progredi; id vero in hunc diem, exemplaribus omnibus maiore forma impressis, necdum factum videa-mus; hoc nostra editio certe, si nihil aliud, attulerit commodi, atque emolumenti. Sunt en-im hi nostri commentarii in universum Euclidem conscripti commodiore nunc forma, quam vulgo caeteri (id quod magnopere a nobis, qui nos audierunt, efflagitabant,) volumineque editi, ut facile iam queant, nulloque negotio, e loco in locum, cum res tulerit, ferri atque portari.*

[2] 完整的讨论参阅 L. Maierù, "'... in Christophorum Clavium de Contactu Linearum Apolo-gia'. Considerazioni altorno alla polemica fra Pélétier e Clavio circa l'angolo di contatto (1579—1589)",载 *Archive for History of Exact Sciences*, 41 (1991),第 115—137 页。

发展史中占有一席之地,不过整个争论充满着学术性的诘难,相关内容对《几何原本》的中国读者来说大概颇难理解。

　　总体而言,除了少量显著的例外,克拉维乌斯版本的正文部分忠实于希腊文《原本》,然而他的附注和短论则倾向于赋予原始文本以新的意义。① 1589 年克拉维乌斯出版了《原本》的第二版,其中包含了大量新材料。第二版的开篇概述了两个版本的主要差异。虽然《几何原本》从克拉维乌斯的第一版译出,但是对两个版本差异的简要考量也有助于揭示克拉维乌斯特别感兴趣的主题和内容。就前六卷而言,最值得注意的是:对平行公设的"证明";对比例理论的详尽讨论;源自希腊文献的逐点构成直线的描述;"割圆曲线"(*quadratrix*),依此可作一正方形与已知圆的面积相等。②

四　比例理论

　　16 世纪下半叶,欧几里得(抑或欧多克索)的比例理论成为关注的焦点,大部分数学名家都对比例理论有专题论述。比例日益增长的重要性表现在实用和理论方面。首先,比例是当时数学应用的基础与核心,伽利略(Galileo)就为自己发明的"军事比例规"(*compasso geometrico e militare*)深感自豪,它可以便捷地解决"当时可能提出的每一个实用数学问题"。③ 比例规后于 17 世纪 30 年代传入中国。其次,无论是应用于自然,还是发展新的数学方法,比例理论都为扩展数学领域构建了最重要的出发点。第三,欧几里得的比例理论直到新近才被完全理解。

　　戴克斯特(E. Dijksterhuis)在评注《原本》时引入了表示比的特殊符

① 参阅 Dhombres:《巴洛克时期的数学》(*Mathématiques baroques*),第 158—159 页。
② 参阅葛诺伯(E. Knobloch):《克拉维乌斯的著作及其知识来源》(*L' Oeuvre de Clavius*),第 274—275 页。
③ S. Drake:《工作中的伽利略:伽利略科学传记》(*Galileo At Work. His Scientific Biography*),University of Chicago Press,1978 (Dover edition,1995),第 45 页。

号,同时告诫现代读者不要把比看作真正的数。他强调说,现代读者无视希腊数学关于比与数的根本区别,则只能看到曲折冗长的分数计算,这正是"常常由惊讶萌生怨忿"的主要原因之一。另一方面,一旦不再固执地把比视为数,那么这些惊讶就会被一种强烈的钦佩感所取代:希腊数学家如此自信而有效地处理比例理论。[①] 从某种意义上,明清时代的中国读者与现代读者境遇相同:前已指出,传统中国数学对比与分数根本不作明确区分,[②]而分数计算则构成重要的"经典模式"。[③] 由于抄本的缺讹,欧几里得的比例方法令中世纪的编注者甚为困扰,当然,其他因素也不能忽视。

116　　《原本》有两卷处理比和比例:卷五与卷七。卷七考虑数的比和比例,卷五处理几何量(线段、面积等)的比和比例。前文所述对于数与量的严格区分使得比例必须分而论之:一类为数,一类为量。这种做法可能反映了《原本》内容的异源性:这两卷很有可能是几何学"前史"不同时期的成果。[④] 然而,重建《原本》之前的希腊数学史一直是备受争议的话题,一些学者甚至拒绝接受根据《原本》对其最终编写之前的历史所作的任何结论。[⑤] 卷七中可能来源更早的比例理论基于下述定义(卷七定义 20):

　　　　当第一数是第二数的某倍、某一部分或某几部分,第三数是第

_____

① E.J. Dijksterhuis:《欧几里得的〈原本〉》(*De Elementen van Euclides*),两卷本,Groningen,1930,卷二,第 62 页。
② 参阅林力娜:《分数——中国古代数学的标准模式》(*les fractions comme modèle formel en Chine ancienne*),载 P. Benoit, K. Chemla, J. Ritter 编:《分数的历史,历史的分数》(*Histoire de fractions, fractions d'histoire*),Basel,1992,第 189—208 页。
③ 前书,第 189—207 页。
④ 更明晰的论述参阅 B.L. van der Waerden:《科学的觉醒》(*Science Awaking*,即 *Ontwakende Wetenschap* 的英译),Groningen,1954,第 5 章和第 6 章。
⑤ 参见 Maurice Caveing 对 Benard Vitrac 论文的评论:《论欧氏〈原本〉比例处理的若干问题》(*De quelques questions touchant au traitement de la proportionnalité dans Les Eléments d'Euclide*),载 *Revue d'histoire des sciences*,47.2 (1994),第 285—291 页。

四数的同倍、同一部分或相同的几部分,则称这四个数成比例。①

在此定义中,"数"不能用"量"来代替,因为只有当可能找到一个"公度"来"度量"构成一个比的两个数时,这样的表述才有意义,换言之,这个定义只能用于可公度量。整数总是可公度的,因为有单位 1 度量它们。但对于几何量,除非它们可公度,否则这个定义就毫无意义。用于不可公度量的比例理论的创造一般被归于柏拉图学园的成员,尼多斯的欧多克索。他对几何量比例理论的改造见于《原本》卷五著名的定义 5(《几何原本》卷五定义 6),给出了比与比相等的标准,不管它们是可公度量还是不可公度量之比:

> 对第一与第三量取任何同倍数,又对第二与第四量取任何同倍数,如果无论第一与第二倍量之间是成大于、等于还是小于的关系,第三与第四倍量之间也有同样的关系,那么第一量与第二量和第三量与第四量具有相同比。

(用符号表示:$A:B=C:D$,当且仅当,对于任意整数 m,n,有:$nA>mB$,则 $nC>mD$;$nA=mB$,则 $nC=mD$;$nA<mB$,则 $nC<mD$。)②

《原本》卷五与卷七比例定义的双重概念在历史上引发了大量阐释。③ 阿拉伯的注释者们试图通过算术化的评注来重新诠释卷五中笨拙的定义 5。④ 对于许多注释者而言,比的相等性的定义带来的主要困惑是:在《原本》这个最精妙的希腊数学成果中,这一定义违背了它的"潜规则",即演绎体系必须建立在少数简单易明的概念之上。

如前所述,定义 5 的命运在中世纪因误译而变得扑朔迷离。阿德拉

117

---

① Heath II,第 278 页。

② Heath II,第 114 页。

③ 关于现代学者对上比例理论历史的不同解释和重建的最新的讨论,参阅 Vitrac EE,第 507—548 页。

④ 关于这些评注,参阅 E.B. Plooij:《阿拉伯数学家的评注:欧几里得,比的概念与成比例量之定义》(*Euclid's Conception of Ratio and his Definition of Proportional Magnitudes as Criticised by Arabian Commentators*),Rotterdam,1950。

特(Adelard II)与坎帕努斯版本的定义 4 皆有错误,这对卷五受到误解难逃其咎。[①] 默多克还谈及一个完全没有理解欧多克索定义的例子。在无法理解比的相等性这一关键定义时,为使比例理论仍有意义,后人另立比的相等性的标准,即用 *denominator* 的相等,来取代欧多克索的定义。这一概念取自算术,它宣称:若比的 *denominator* 相等,则比相等。[②] 而 *denominator* 的概念又与一条补充的定义"比的构成"(composition of ratios)相联系(见下文)。怎样理解 *denominator*?迄今未有公认答案。但也有睿智之士,比如布拉德沃丁(Thomas Bradwardine)和奥雷斯姆(Nicole Oresme),在将比例理论应用于自然哲学时很灵活地使用这个概念。它绝对是一个数值概念,赋予比一个数值,以标示之。(见下文)。

非但文本缺讹,卷五中所插入的大量材料多源自算术或音乐中有关比例的论述,这也可能是厌恶希腊人对数与量的严格区分,以及明显偏好算术程序的表现。[③] 坎帕努斯认为数更近于理智,不可公度性就像某种"重病"(*malatia*),使得卷五的原理难以理解。[④]

总的来说,卷五所论为对象之间的可公度和不可公度的比。但这些对象仅是(几何)量吗?抑或还包括数字、重量、时间等等?根据《原本》本身的证据判断,唯一可以肯定的是该理论应用于线段、平面和立体。[⑤] 然而亚里士多德等人尤其是普罗克洛斯的著作认为卷五可超越不同种

---

① 该定义是:Quantitates que dicuntur continuam proportionalitatem habere,sunt quarum eque multiplicia aut equa sunt aut eque sibi sine interruptione addunt aut minuunt。对此定义以及对欧多克索比例定义的命运的讨论,参阅 Murdoch:《中世纪的比例语言》(*The medieval Language of Proportions*)。根据 Murdoch 的观点,这个错误的翻译接着影响了对定义 5 的解释。

② 这个替代可能源自坎帕努斯,他将成比例数的通常定义(卷七定义 20)替换成:*Similes sive una alii eadem dicuntur proportones que eandem denominationem recipiunt*。而这是他从奈莫拉利奥(Jordanus de Nemorare)的《算术》(*Arithmetica*)(卷二定义 9)中沿袭来的。

③ 仍参阅 Vitrac EE,第 547 页。

④ Murdoch,前书,第 88—89 页。

⑤ Vitrac EE,第 529 页。

类量的差别。普罗克洛斯评注《原本》第一卷的两段序言中数处提到比例理论的某些方面属于"一般数学",故于几何与算术是通用的。[1] 自 16 世纪中叶普罗克洛斯的文本可得利用以来,所谓"一般数学"引起了关注。普氏用词何意尚不完全清楚,有时似乎暗示为包含其他知识的非常一般的知识,几乎与(本体论的)"是"的知识或逻辑本意相同,而在别处又似乎将其设想为一种高于几何和算术,但仍然是数学的知识,据其原理可衍生几何、算术、天文、光学等等。[2]

　　至于相关术语更要考虑,欧几里得在所有地方都是用希腊词 *megethos*——即与数相区别的(几何)量(*magnitudo*),所以卷五只适宜应用于"几何量"。中世纪的一些学者,比如坎帕努斯,在卷五中用 *quantitas* 取代了 *magnitudo*。[3] 受 16 世纪人文主义的影响,出现了更好的整理本,翻译也更加准确:赞贝蒂已经使用 *magnitudo* 而不是 *quantitas*。[4] 不过,康曼迪诺虽然使用 *magnitudo*,但在卷五的评注中明确宣称该卷的定理通用于算术、几何、音乐和其他数学学科。[5] 假定存在一般知识而比例理论构成了其中一部分,这也为耶稣会学者们所讨论。克拉普里(Crapulli)在对"普遍数理"(*mathesis universalis*)概念的研究中,对佩雷拉(Benito Pereira)颇费笔墨,此人曾涉入与罗门(Adrianus van Roomen,1561—1615)对数学确定性的争议。罗门在出生地鲁汶(Louvain)接受教育后,前往科隆(Cologne)的耶稣会学院学习哲学与数学,后来成为鲁汶大学教授,1593 年至 1607 年间在维尔兹堡学院(Academy of Würzburg)教授医学与数学,在《为阿基米德辩护》(*Apologia pro Archimede*,1597)一篇短论中,他直接引用了克拉维乌斯《原本》中的公理、定义和定理,这篇短论试图为后来更加细致的设计(从未完成)提供

---

[1] 特别参阅 Morrow:《普罗克洛斯》(*Proclus*),第 48—49 页。
[2] 相关评论段落参阅 Morrow:《普罗克洛斯》(*Proclus*),第 6,8,15—17,36 页。
[3] Crapulli:《普遍数理》(*Mathesis universalis*),第 16 页。
[4] 前书。
[5] Crapulli,前书,第 19 页。

一个范例——他用的词是 *specimen*——以展示"一般数学"看起来该是什么样。[1]他明确提到整个卷五都属于"一般数学",因为关于 *magnitudes* 的命题"只要遵循同样的证明规则,便可适用于任何 *quantitas*",而且"因为卷五所用的原理通用于任何的 *quantitas*"。[2] 利玛窦和徐光启则将 *magnitudo* 翻译成了相当于 *quantitas* 的中文词"几何"。

1. 克拉维乌斯与康曼迪诺:分歧点

1572 年,康曼迪诺直接从希腊文翻译《原本》,这才有了一个可靠的拉丁底本。希腊人的比例理论随之易于理解,比例理论的发展也并未就此停步。朱斯蒂(E. Giusti)指出,在意大利,康曼迪诺和克拉维乌斯各自的版本引发了两个传统。[3] 分歧的原因在于使用欧几里得比例理论的不同目的。概括地说,康曼迪诺文本的传统着眼于重建希腊比例理论,而克拉维乌斯文本的传统则与伽利略"学派"相关,在于改造欧几里得理论使其更适用于自然哲学。然而这并不意味着克拉维乌斯预见到了这种演变。他的做法在某种意义上与中世纪的传统相接,如下文所见,中世纪的若干特点在克氏身上得以保存。

朱斯蒂揭示,克拉维乌斯对卷五的核心定义作出了微妙而重要的调

---

[1] 相关段落见 Crapulli,第 209—241 页。Van Roomen 的《辩护》是对施凯利格(Joseph Justus Scaliger,1540—1609)*Cyclometrica elementa duo* 一书(莱顿,1594)的反应,后者除了错误地宣称已经解决了"化圆为方"问题,还激烈地攻击阿基米德。有意思的是,施凯利格的主要攻击目标是:阿基米德利用数和算术来处理几何问题(如"化圆为方"),Crapulli,前书,第 106—107 页;关于 Van Roomen 的章节见第 101—123 页。Van Roomen 怀着"普遍数理(*mathesis universalis*)"的概念,将"普适实用算术(*arithmetica practica universalis*)"看成"知识的工具(*organum scientiae*)"。

[2] Crapulli,前书,第 114 页,引 Van Roomen:*Si quispiam vero voluerit, hisce nostris adiungat totum quintum librum elementorum Euclidis. Nam omnes propositiones quae ibi traduntur de magnitudinibus, accomodare possunt cuivis quantitati, manente eadem omnino demonstrations formula. Quia principia quae in earum demonstrationem assumuntur omni quantitati sunt communia.*

[3] Enrico Giusti:《欧几里得学说的改良:伽利略学派的比例理论》(*Euclides reformatus: La teoria delle proporzioni nella scuola galileiana*),Turin,1993。

整,这正是分歧的根源。兹以康曼迪诺版为原文的标准,对照如下:[①]

	克拉维乌斯	康曼迪诺
3.	比是同类量之间在大小方面的某种关系。	比是同类量之间在大小方面的某种关系。
4.	比例是比的相似(*similitude*)。	两个量中任一量乘倍后能大于另一个量,则称这两个量之间有一个比。
5.	两个量中任一量乘倍后能大于另一个量,则称这两个量之间有一个比。	(比与比相等的定义)
6.	(比与比相等的定义)	具有相同比的量称为成比例的量。
7.	具有相同比的量称为成比例的量。	(较大比的定义)
8.	(较大比的定义)	比例是比的相似。

克拉维乌斯的定义 4,在康曼迪诺处是定义 8,而海伯格以"伪作"为由将其剔除。然而几部抄本都有此条,大都作为定义 8,措辞略有不同。加入此条的一个重要理由也许是:该定义所用希腊术语 *analogia*,在其他地方都没有清楚定义,而它却出现在定义 8 中("一个比例至少有三项")以及个别之处。[②] 希思的译文恰恰流露出他的困惑:

> 比例同于比。[如果两个比的关系(模式?)是相似的,那么就是"相同关系"比(=比例)。]

希思认为这个定义添入《原本》的时间当在赛翁本之后,出现在完全不合适的地方,而且"无疑取自于算术著作"。克拉维乌斯则可能是承袭坎帕努斯。[③]

朱斯蒂的解读是,克拉维乌斯将比例的定义置于如此核心的位

121

---

① 本表取自 Giusti,第 11 页。

② 参阅 Vitrac EE, I,第 47 页和第 59—60 页。

③ Heath II,第 119 页。Heath 指出有两种抄本及坎帕努斯将这个定义插入此处,即便是最好的抄本也在页边注有该条,另有两种抄本将其插于定义 1 与定义 8 之间的其他位置。

置——其核心性更由插入一段打断正文的专论得以强调——产生了有趣而重要的后果,引发了两种截然不同的诠释。① 原因在于克氏用一个不同的"比的相等"定义替换了欧几里得那条令人头疼的定义5。经过替换以及顺序的调整之后,克拉维乌斯的四条核心定义(定义3至定义6)整体呈现出一种"平行性"(parallelism),这支持了朱斯蒂的解读。康曼迪诺(和希思)版本的顺序是:从引入比的概念开始,然后用定义4特别说明什么是"同类量",接着是相等比和较大比的定义。而这些内容在克氏那里展开顺序完全不同:(1) 引入比的概念;(2) 将比例定义为比的相似(*similitude*);(3) 通过对"同类量"的仔细注解来澄清定义3;(4) 用"等倍量"更准确地注解比的相似。② [按,原著此处列有5条,但(1)与(4)相同。经作者确认(4)为衍文且(5)应为(4);改正如是。这四点依次相当于:比的定义,比例的定义,比的定义的进一步说明,比例定义的进一步说明。因此定义3至5与定义4至6显示出一种对称或平行,所以作者上文称"这四条定义整体呈现出一种平行性(parallelism)"——译者]

这样就将原来的定义5从核心地位剥离,使其仅成为一个说明,或仅是识别相等比的一个标准。后面将会看到,这个特征在中译本中表现得更加明显。朱斯蒂的解读实际上诠释了《几何原本》对此定义的处理实属有意为之,而不是误译(详见第五章)。

结果,比的相似性成为一个基本概念。这就提供了一种新思路:用一个简单的基本定义支撑整个比例理论,使之与数的比例容易和谐一致,而伽利略和他的后继者正是循此思路创造了适用于研究自然的比例理论。③

122 同时,克拉维乌斯的努力更符合亚里士多德的定义标准,后者要求

---

① Giusti, *Euclides reforniatus*,第10页: *due ben distincti ptrcorsi interpretativi*.

② Giusti, *Euclides reforniatus*,第12页。

③ Giusti, *Euclides reforniatus*,各处。

用谓词陈述一个(先在的)概念(如,比例)。"相似"一词强烈地指向亚氏观念。在这一点上,定义 3 尤为重要:

> 比是同类量之间在大小方面的某种关系。[①]

在克氏的拉丁版中,"某种关系"一词是 *habitudo*。他的解释是:两个量存在关系,可以用几种方法相比较,如比较颜色或温度。而当考量大小(即"第二量",*secundum quantitatem*)时,就存在了比。这一注释被译入中文版。必须指出:与正文不同,克拉维乌斯的注释所谈的是 *quantitates* 而不是 *magnitudines*。他对此声称:在某种意义上,其他对象也具有量的属性(*natura quantitates*),例如时间、声音、位置、重量、"能"(*potentiae*),等等,(同类之间)也可以有比。[②] 这样,比例理论就可应用于物理世界。

如此含糊的描述当然无助于定义,但却为不同的解释留下了空间。希思的注释专门讨论希腊术语的本义,论证它意谓"关于大小"。克拉维乌斯则多少想当然地认可这个含义,说其不是颜色、温度等,而是大小量的比。与此相关的是另一个现代注释者对于 *poia skesis* 中 *poia* 一词的讨论。[③] (希腊文 *poia skesis*,克氏拉丁文版译为 *habitudo*,希思英文版译为 a certain relation,本书译为"某种关系"——译者)维特拉克(Vitrac)指出:根据现代对卷五的理解,"某种关系"一词暗示了模糊性和不确定性。这反映出比例理论完善后的精妙之处:它允许不可公度量之间存在比。维特拉克指出,古代和中世纪的注释者将 *poia* 一词与亚里士多德的性质 Quality 范畴相联系,即与 *poion* 相联系。[④] 这样,该定义又能够暗示:比是量之间的关系,量根据自身性质可分为不同的种类。

[①] Heath II,第 114 页,以及他在第 116—119 页对此定义的注释。

[②] Clavius 1574,f. 145a

[③] Vitrac EE,II,第 36—38 页。

[④] 参阅 Vitrac EE,II,第 37 页:*l' interpretation est orientée dans la direction des catégorie aristotéliciennes.*

克氏在注释中指出,比与比例之间有一种相似性,比是两个量之间的比较,而比例是两个比之间的比较。① 亦即,比是两量之间的某种关系(*habitudo*),比例是两个比之间的某种关系(*habitudo*)。②比与比例都是某种关系,"相似性"(*similitude*)成为比例理论的核心概念。

接着,克拉维乌斯将比之间可能存在 *habitudo* 区别分类,③划分出不同的"中介"(*medietas*)比,即《几何原本》所说的"算数之比"、"量法之比"、"乐律之比"。④ *habitudo* 还作为关系的分类标准,其讨论的语境是亚里士多德的关系范畴。这样,两个比可以"相似",因为"相似"是一种关系,谓词"相等"在此语境中并不适用,利徐《几何原本》的一条注释声称"比例等"只能视为一种简略的说法。(《几何原本》卷五第十九界后有一句注释"比例同理,省曰比例等";另,《几何原本》亦将 ratio 称为"比例",将 proportion 称为"同理之比例"——译者)

一旦明白克拉维乌斯始终在关系范畴内讨论比,就可以明了:比与比例概念的基本"行为"(act)就是比较。⑤ 通过这一核心概念,定义 3 和定义 4("比"和"比例")紧密相联,构成了整个比例理论所环绕的轴心。进而,比的相似性概念在比的定义与比的 *denominator* 之间建起了一条重要的纽带。坎帕努斯就此宣称:当比的 *denominator* 相似时,比就相

---

① Clavius OM I,第 167 页:*Quemadmodum igitur comparatio duarum quantitatum inter se, dicitur proportio [ratio]; Ita comparatio duarum, vel plurium proportionum inter se, proportionalitas [proportio] solet nuncupari.*

② 前书:*Ut si proportio quantitatis A, ad quantitatem B, similis fuerit proportioni quantitatis C, ad quantitatem D, dicetur habitudo inter has proportiones, proportionalitas.*

③ 前书:*Multae autem habitudines proportionum, seu proportionalitatem (…) à scriptoribus, praesertim Boëtio; & Iordano, describuntur; inter quas primum semper locum obtinuerunt apud Veteres, Proportionalitas Arithmetic, Geometrica, atque Musica, seu Harmonica, de quibus paulo post dicemus.*

④ 至尼可马科斯(Nicomachus of Gerasa, *fl*. 100 AD)的时代,比的"中介"被分为 10 种类型,参阅 Heath HGM,第 85 页以下。

⑤ Clavius OM I,第 167 页:*Quemadmodum igitur comparatio duarum quantitatum inter se, dicitur proportio*(ratio;克拉维乌斯这里使用了中世纪的术语)*; Ita comparatio duarum, vel plurium proportionum inter se, proportionalitas* (proportio) *solet nuncupari.*

似。依托亚里士多德的关系范畴,在定义 3 之后克拉维乌斯以 *denominator* 为基础对比进行分类。[1] 依据不同"性质",将比分为十种类型。克氏的分类术语采自尼可马科斯(Nicomachus of Gerasa)的《算术引论》(*Introductio Arithemetica*),此人活跃于约公元 100 年左右。[2] 是书由波埃修斯译成拉丁文,收入其《算术》(*Arithmetica*)与《音乐》(*Musica*),这些术语便由此为中世纪学者所习得。1488 年《算术》排印出版,更是广为流传。[3] 斯特洛伊克(D. Struik)曾说这种分类"给人留下了笨拙和迂腐的印象",[4]然而,它却进入了《几何原本》,因此须多言几句。

124

克拉维乌斯将 *denominator* 定义如下:

> *denominator* 是一个数,它明确地表达一个量与另一个量的关系。[5]

在这个定义的注释中,克拉维乌斯解释说,*denominator* 可以是整数,也可以是分数(*numerus fractus*)。如果一个量是另一个量的几倍,所命之数则非常清楚:6 与 2 的比,命为 3,因为 6 是 2 的三倍。而一旦谈及不可公度量之比,问题便随之而来。尽管克氏第二版中对如何将 *denominator* 概念用于不可公度量之比有所明示,但也应指出一个重要事实:第一版中非常清楚地表示 *denominator* 可以是分数,并在示例中明确写成分数形式。在第二版中,在讨论比的时候,他指出不需要写成一

---

[1] 该篇专论见于克拉维乌斯 1574 年版本的第 145—152 页。必须指出的是:中世纪文本中,比被称为 *proportiones*。

[2] Heath:《希腊数学史》(*History of Greek Mathematics*)第一卷,第 97—105 页。

[3] Crapuli:《普遍数理》(*Mathesis universalis*),第 10 页。

[4] E. Crone,E.J. Dijksterhuis,R.J. Forbes,M.G.J. Minnaert,A. Pannekoek 编:《斯蒂文著作选》(*The Principal Works of Simon Stevin*)(五卷本),卷二《数学》(Vol. II:Mathematics,D.J. Struik 编辑),Amsterdam,1958,第 122 页。有趣的是斯蒂文(Stevin)也采用了克拉维乌斯的分类表。

[5] 克拉维乌斯给出的定义(Clavius 1574,f. 151r.):*Denominator ergo cuiuslibet proportions,dicitur is numerus,qui exprimit distincte,& aperte habitudinem unius quantitatis ad alteram*。努涅斯(Nuñez)使用了这样的表述:*numerus denominatrix*。

条横线上下各有分子分母的分数形式。① 但对于第一版的中国读者而言，他们把比书写成分数形式，必定受到克氏示意图的影响。②

标准文本的另一处歧义，也出现于 *denominator* 的概念：卷六有一疑为后人添加的定义：

> 希思：[某比被称作比的复合，当比的大小相乘得到这个(? 比，或大小)]

由此可见，希思未解其义，故其评注只得说："大小"相乘是一种于几何而言尚属未知的计算。③ 对此定义未作任何实质的解说，只是引用了一位早期注释者的观点："这是几何学中的两个瑕疵之一"。④

克拉维乌斯再次把比的"大小"(*quantitas rationis*)解释为 *denominator*。这一定义虽系后人添入，比的复合却是希腊数学的重要遗产。⑤《原本》只一处使用"复比"(*compounding of ratios*)这个术语，见卷六定理 23，谓之"两个(等角)平行四边形的比是它们边的比之复比"(见第五章)。(《几何原本》表述是："等角两平行方形之比例，以两形之各两边两比例相结"——译者)如同其他希腊数学著作那样，这一概念有着严格的几何意义。该定义为"复比"提供了一种数值解释，这也许得自天文学。赛翁在评注托勒密《至大论》(*Almagest*)第一卷命题 13 时，参引了这一

---

① Clavius OM I, p. 393: *Vides ergo operationes Arithmeticas proportionum ab operationibus minutiarum* [i.e. fractions] *nulla in re discrepare, nisi quod in proportionum necesse non est interponere lineolam inter numeratorem & denominatorem, quemadmodum in minutiis: Iam vero mulitipticationum proportionum à nobis praescriptam, quam auctores additionem falso nuncupant, cum proportionum compositione, de qua Euclides defin . 10. lib. 5. & defin . 5. lib. 6. egit, convenire, atque adeo compositionem illam Euclidis vere esse multiplicationem, non autem additionem, ut diximus hoc modo demonstrabimus.*

② 将所命之数写成分数形式的例子，参阅 Clavius 1574, ff. 151v—152r。

③ Heath II，第 190 页。

④ Heath II，第 190 页。

⑤ 对于希腊数学中复比之用法与功能，现代的阐释，见斋藤宪(K. Saito)：《欧几里得和阿波罗尼乌斯的复比》(*Compounded Ratio in Euclid and Apollonius*)，载 *Historia Scientiarum* 31 (1986)，第 25—59 页。

定义。[1] 复比被用于著名的梅内劳斯"截线定理"(transversal theorem of Menelaus),其中一比由另两个比复合而得。中世纪论著中以不同方式变换六个量之间的关系皆依此为据。[2] 而且它一旦进入中世纪论著,就在将数学用于自然研究上起到重要作用。[3] 如伽利略就借助复比定义处理诸如速率这类物理概念。克氏采用这个定义的原因很可能是它对天文学的实用性。无论如何,克氏版本的这个定义强化了比的数值解释,将比的复合视为与分数相乘等价,这在他的注释中表露无遗。

这样,克拉维乌斯的处理方法虽有成效,欧几里得的比例理论最终仍然显得繁杂冗余。随着代数学的发展——无疑受到了阿拉伯数学的影响——韦达(Viète)、费马(Fermat)、笛卡儿(Descartes)等人从根本上改造了比例理论:拆除数与量之间的藩篱,推进数学"算术化"(arithmetisation),将数与量结合在一起。事实上,数、量之分的消弭并非一蹴而就。斯蒂文(Simon Stevin)早在《算术》(L'arithmetique,Leyden,1585)中已不再区分有理数和无理数,但实数连续性的完整概念却花了很长时间才发展起来。[4] 比例理论是刺激分析方法得以发展的重要源泉,但其自身却有严重缺限。所要求的"同类性"(homogeneity)也许是

126

---

① Heath II,第 190 页。

② 关于复比的历史,参阅 Edith Sylla:《复比:布拉德沃丁,奥雷斯姆,以及牛顿〈原理〉第一版》(Compounding ratios. Bradwardine, Oresme, and the first edition of Newton's Principia),载 Everett Mendelsohn 编:《科学的传统和变革:科恩纪念文集》(Transformation and Tradition in the Sciences: Essays in Honor of I. Bernard Cohen),Cambridge,1984,第 11—44 页。

③ 例如 Bradwardine 的一条运动定律公式就是基于比的复合。关于中世纪学者尝试使用此概念以使比例理论适用于自然的研究,例见 A.G. Molland:《"默顿学派"的几何学》(The Geometrical Background to the "Merton School"),载 British Journal for the History of Science,4(1968),第 108—125 页。

④ B.L. van der Waerden 在其专著《代数学史》(A History of Algebra,Berlin/Heidelberg/New York,1985,第 69 页)引用了斯蒂文的两个至关紧要的定义:"数是用来表示任何事物大小的量"(Nombre est cela, par lequel s'explique la quantité de chacune chose),以及"数不是离散量点……不存在不合理性的、不规则的、无法解释的、或荒谬的数"(Nombre n'est point quantité discontinue.... Il n'y a aucuns nombres irrationels, irréguliers, inexpliquables, ou sourds)。

最大障碍:

> 一量乘倍后能大于另一量,则称这两个量之间有一个比。①

这意味着只有同种类的量(比如线段与线段等)之间可以形成比。例如,一个线段乘倍只能得到另一个线段,而不会产生一个平面,这是很清楚的。那么线段与平面之间就不能形成比。与此相关的是"维度"问题,两线段相乘的几何解释是形成了一个长方形,这样维度就提高了。类似地,平面和线段相乘产生立体,至此达到有形解释的限度。对高于 3 的幂次,无法给出几何解释。走出这个困境有几个必需的步骤,需要转化几何问题以适于代数处理。韦达在《分析引论》(*In artem analyticem isagoge*,1591)中试图将比例转化为代数等式,将比例称作"等式的构成",②是他第一个既使用字母表示未知数,又使用字母表示已知数,③但却深受同类性法则(*lex homogeneorum*)之困。奥特雷德(William Oughtred)的《数学之钥》(*Clavis mathematicae*,1631)又迈出了一步,引入了比例的一种符号记法。④ 但最关键的进展应归功于笛卡儿,他在《几何》(*Géométrie*,1637)中通过引入单位 1 重新定义线段的乘积:

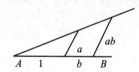

如上图,要把线段 a 乘以线段 b(= AB),在线段 a 上取定单位 1。然后如图构造两个相似三角形,那么 ab 由比例关系 $1 : a = b : ab$ 得出。这样,乘法的结果仍然是一条线段(而不是一个二维的对象),同类性得以

---

① Heath II,第 114 页。

② 参阅佐佐木力(Chikara Sasaki):《16、17 世纪比例理论的接受:兼论巴罗对分析数学的反应》(*The Acceptance of the Theory of Proportions in the Sixteenth and Seventeenth Centuries. Barrow's Reaction to the Analytic Mathematics*),载 *Historia Scientiarum*,29 (1985),第 83—116 页。该定义见于 Barrow 对其作品卷六第 16、17 章的修订。

③ Van der Waerden:《代数学史》(*History of Algebra*),第 63 页。

④ Sasaki,第 90 页。

保持。更高幂次的解释随即显而易见。

最后,沃利斯(Wallis)在《普遍数理》中将比例理论简化为代数运算 [*Mathesis universalis : sive Arithmeticum opus integrum* ,1657。沃利斯 从 1649 年起在牛津大学任萨维尔(Savilian)几何学教授,该书是他系列 讲座的结集],同时把此类运算提升到一个更高的层次,统一了数学的不 同分支,形成了量的一般理论。① 在这个体系中,任何量都可以和数关 联。同时,代数、或者分析方法,被名为算术(*arithmetic*),这样"算术"就 随之扩展,将今日所称的实数囊括其中。沃利斯的书中有一章包含对欧 几里得卷五的算术证明。② 隐晦的欧多克索定义被"商除"标准所取代: $a : b = c : d$,当且仅当 $a/b = c/d$,进而等价于 $ad = bc$ 。比例关系就 此让位于代数等式。

五　公设、公理、作图

《几何原本》中对公设和公理的处理方式十分有趣,值得单列一节。
这些公设见下表:

128

	希思	克拉维乌斯/汉译《几何原本》
1.	由任意一点到另外任意一点可作直线。	由任意一点到另外任意一点可以作直线。
2.	一条有限直线可以继续延长。	一条有限的直线可以继续延长。
3.	以任意中心和距离可作圆。	以任意中心和距离可作圆。
4.	凡直角都彼此相等。	给定任意量,可作另一比给定量大或小的量。
5.	一条直线和另两条直线相交,如果某一侧的两内角之和小于两直角之和,则这两条直线经无限延长后在该侧相交。	

---

① Sasaki,第 91—95 页。

② 第 35 章,*Euclidis Elementum quintum arithmeticè demonstrture*. 参阅 Sasaki,第 94 页。

137

克拉维乌斯的公设缺少标准本的第四和第五条公设,并添入了一条新的公设。"缺失"的两条公设可在克氏《原本》第一版的公理中找到,分别是公理 10 与公理 11。在第二版中为"证明平行公理",克拉维乌斯在原来的第九和第十条公理间加了两条公理。这样,在克氏第二版中,著名的第五公设变成公理 13。两个版本公理序号的不同,成为辨别《几何原本》的底本是克氏第一版而不是第二版的主要依据,因为利徐译本遵循了第一版的公理排序。(利徐《几何原本》卷一之首列"界说三十六则"、"求作四则"、"公论十九则"。"第十论直角俱相等"即公设 4;公设 5 对应于"第十一论",即"有二横直线或正或偏,任加一纵线,若三线之间同方两角小于两直角,则此二横直线愈长愈相近,必至相遇"——译者)

克拉维乌斯改变公设和公理编排的动机是什么?他所熟知的康曼迪诺版本对公理和公设的排序如常,而在中世纪更为知名的坎帕努斯版本同样给出了五条公设。克氏对坎帕努斯版本如此熟捻,甚至在自己的版本中还括注了各命题在后者中的相应序号。此外,希腊文初版中只有前三条公设。[1] 克拉维乌斯也加入一条公设,这足以说明克氏并不完全在意文献学上的精确性。

所谓基本原理($archai$)包括定义、公设和公理。但它们共有的特征与属性却是困惑之源,希腊时代即是如此。[2] 罗马学院的哲学家们仍深受困扰。

1560 年,人们得到普罗克洛斯《原本》第一卷评注本,发现其术语与欧几里得并不一致,也就是说,传世的版本之间互有差异。例如,在欧几里得的原文中,公理被称作 *koinai ennoiai*(共同概念),而普罗克洛斯使用的术语则是 *axiomata*。具有"基本原理"意义的术语"前提假设"(*hypothesis*)被用来代替"定义"(*definition*)。普罗克洛斯未能厘清公理和

---

① Vitrac EE,第 123 页,注释 301。

② 参阅 A. Szabó, *Anfänge des Euklidischen Axiomensystems*,载 *Archive for History of Exact Sciences* 1 (1960),第 37—106 页。

公设的区别,所给出的几种解释,无一能令人满意。① 关于克拉维乌斯对公理公设的调整,他自己的两处解说值得关注。② 其一,公设是针对几何的基本原理,而公理是与量相关的所有知识的共同原理。其二与对命题的双重划分有关,即:"问题"要求作出图形,"定理"要求证明性质,于是命题就被划分为"以作图为目的的问题"(*problemata end with Quod Erat Faciendum*)和"以论证为目的的定理"(*theoremata end with Quod Erat Demonstrandum*)。在此体系中,公理是证明之基,公设为问题之用。

在总结了几种观点后,普罗克洛斯指出所有的解释都不足以说明存世《原本》中的实际划分。③ 实际上,他几乎给出了补救方法。看起来他最同意革弥努斯(Geminus)的观点,即:公理乃所知之事,公设乃可作之事。④ 但普罗克洛斯指出这个标准不适用于第四与第五公设,因为这两条公设不涉及任何作为,⑤普罗克洛斯建议不要把它们作为公设,事实上,他还"证明"了它们。

从克拉维乌斯所作的编排上看,他似乎选择了革弥努斯的解释,为了克服障碍,克氏不惜将公设 4 和公设 5 剔出,移入公理的行列。唯一还要解释的是他所加上的第四条公设,因为它看起来并非是具体的作图。但若将革弥努斯的诠释放入亚里士多德的语境,则公设是为了保证

130

---

① 对《原本》中公设之目的所作的现代解释,参见 Vitrac EE,第 169—173 页。批判性的观点可参阅 A. Seidenberg:《欧几里得〈原本〉第一卷是否形成公理化几何?》(*Did Euclid's Elements, Book I, Develop Geometry Axiomatically?*),载 *Archive for History of Exact Sciences* 14 (1974—5),第 263—295 页。还可参阅 Heath I,第 124 页和第 195 页。

② 参阅 Wallace:《伽利略的逻辑》(*Galileo's Logic*),第 105 页以下。

③ 参阅 Morrow:《普罗克洛斯:对欧几里得〈原本〉第一卷的评注》(*Proclus: A Commentary on the First Book of Euclid's Elements*)第 140—145 页中关于公理与公设之区别的段落。

④ 第三种观点(归于亚里士多德)认为:公设是一个起点,不要求学习者无条件接受,但可以论证;而公理是不可论证的,但要求所有人都接受。(Morrow,第 143 页)

⑤ 参阅 Heath I,第 122—124 页。

事物的存在性,而问题能创造出更加复杂的对象。① 克氏增加的公设针对这种存在性。然而需要指出,亚里士多德的作图概念与现代的几何作图概念有许多重要的差别,其关键之处在于亚氏并不要求基本原理具有限制性。②

自古以来,时有新的公设以不同形式加入《原本》中的某一组基本原理,在中世纪时期尤为频繁。③ 这令人感到,几何学的基础缺失了某种重要的东西,即某种形式的"连续性公设"。④

克拉维乌斯所添加的公设 4 看起来像是卷五定义 4 与卷十定理 1 的混合。卷十定理 1 是:⑤

> 给定两个不等的量,如果从较大量中减去大于其一半的量,再从余量中减去大于余量一半的量,并且连续重复这个过程,则必将得到一个余量小于所给定的较小量。

可惜克拉维乌斯没有明言其动机。在《导言》里关于基本原理的长篇大论中,他似乎同意普罗克洛斯所提出的一种可能性,即公理适于所有知识而公设严格局限于几何学,但这显然又与他的实际选择不一致。克氏甚至还明确排除了公设因其几何性而区别于公理的可能,因为他评注说,一些公理事实上也是几何性的。⑥

131   这种调整过的编排给中译本造成了有趣的后果,所有四条公设一致使用了"求作"一词,其字面意思是"按照要求去做",这个词被用作名词,表示公设。拉丁文可以使用不同的动词(*ducere* , *producere* , *describere* ,

---

① K. von Fritz, *Die Arxai in der griechischen Mathematik* , *Archiv fur Begriffsgeschichte* 1 (1955),第 13—116 页。

② 参阅 Vitrac EE,I,第 121—124 页。

③ 参阅 Murdooch:*Salient Aspects* ,第 92—93 页。

④ 参阅 Vitrac I,第 191—194 页。众所周知,直到 19 世纪,《原本》的公理化结构才遭受深刻的批判。尤其是在希尔伯特的《几何学基础》问世并提出一种新的公理体系以后,《原本》演绎结构中的许多缺陷才可能得以完全暴露。

⑤ Heath III,第 14 页。

⑥ Clavius 1574,f. 20v.

sumi posse),相比之下,汉译的用词显得十分贫乏,但它却道出了一个关键之处:①显然,所有四条公设都可以归诸于(要)做某事! 而且,所有该类型的命题都一致使用同样的表述:"求作"。不过,这样的翻译也给公设抹上了强烈的"实用"色彩。上文已经提及,克拉维乌斯版本在标准文本上增加的内容中,丰富的实用指导是其显著的特点。在克氏版本中,这些内容都以标题"应用"(*Praxis*)区别于正文,然而在利徐的译本中,却没有这样清楚的划分。虽然实用方法以一个独立的术语("**用法**")为引导,但如何将其与正规欧几里得式的作图进行区分,却从未说明。特别考虑到大多数增加的作图方法都比欧几里得的做法更加便捷,因此对于那些未明就里的人说来,总的影响是很容易觉得欧几里得原文所给出过程过于繁复,全无必要。

最后值得一提的是,克拉维乌斯在 16 世纪末还扮演了这样一个角色:在为"割圆曲线"(*quadratix*)辩护时,他试图"允许"将不限于使用直尺和圆规的作图也当作正确的、合于规则的几何作图(相对于机械制图而言)。② 这些讨论以及他对平行公设的"证明",都没有被收入汉译《几何原本》。③ 不过他对"割圆曲线"的论述后来还是由艾儒略(Giulio Aleni)传入了中国(见第六章)。

---

① 笔者翻译克拉维乌斯的第四条公设时,使用了《几何原本》中的措词,克拉维乌斯并没有用 *constructions*("求作")这个词。(作者对此条公设所作的英译文是:Given one magnitude to construct another magnitude either greater or smaller than the one given ——译者)

② 参阅 H. J. M. Bos, *Johann Molther's "Problema Deliacum"*, *1619*, 载 M. Folkerts 和 J. P. Hogendijk 编:《数学遗珍:中世纪与近代早期数学史研究——纪念 H. L. L. Busard》(*Vestigia Mathematica. Studies in medieval and early modern mathematics in honour of H. L. L Busard*),Amsterdam,1993,第 29—46 页。

③ 关于克拉维乌斯的"证明",可以参阅 B. A. Rosenfeld:《非欧几何的历史:几何空间概念的发展》(*A History of Non-Euclidean Geometry: Evolution of the Concept of a Geometric Space*),1988,第 93—95 页。

第五章 《几何原本》

一 版本问题

第三章中提到,瞿太素在 1589—1590 年间翻译了《原本》第一卷,译文是否存世迄今未有发现。[1] 利玛窦与徐光启将其编入自己的译本也并非没有可能。第一卷的译文基于克氏 1574 年的版本,这点应无疑问,盖有公理的个数和顺序为证(见第四章)。1607 年时,克拉维乌斯的后续版本(1589;1593)在北京已可得到(1590 年时瞿太素不可能见到 1589 年的第二版)。利、徐可能将第二到第六卷的译文续于既已存在的第一卷译文之后。但是,《几何原本》不含克氏在第二版中添加的任何内容,例如对"化圆为方"的讨论,以及卷一中加入的对平行公设的"证明"。所以,利徐续瞿太素译文的可能性极低。而且,若果真如此,瞿太素当应被列为译者之一。

一本现代书目列有 1595 年在南昌发行的《几何原本》。[2] 这或许是

---

[1] FR I,第 298 页 (N262) 及注释 2。

[2] Max Steck:《欧几里得文献目录》(*Bibliographia Euclideana*),Hildesheim,1981,在 nr. III. 106,即 1595 年条下:*Ki ho youen pen*. (*Sex primi libri Euclidis*);*ed. NAN TCHANG FON*。Steck 的信息源自更早的书目:Pietro Riccardi:*Saggio di una bibliografia Euclidea*,载 *Memorie della R. Accademia delle Scienze dell'Istituto di Bologna*;Serie quarta,tomo 8,1887,第 405—523 页。

指瞿太素的译本,因为利氏本人以及其他所有文献都未提及任何早于1607 年的译本。

1606 年夏秋之交,利徐二人开始了他们的翻译。如第三章所提,任务一开始分派给了另外一人,"保禄博士(Doctor Paul)的挚友",当年的一位进士。这个"清贫而有名望的浙江文士"由一位官员(*mandarin*)支付薪酬,留居耶稣会的北京住院做翻译,同时向庞迪我(Diego de Panto-ja)教授中文。① 这次合作不知何故并不成功,不久徐光启就来协助利玛窦,利氏直言说,唯有才智如徐光启者方能堪此重任。②

利徐二人的方法令人想起佛经的翻译:口译笔受。③ 每天徐光启完成翰林院的功课后,他们就开始翻译,一连几个小时,持续了大约六个月。④ 1607 年 5 月付印之前,"凡三易稿",⑤一再修订。⑥ 利玛窦在他的《开教史》中记道:徐光启热情高涨,希望完成所有十五卷的翻译:

> 他想要译完全书,但是神父(利玛窦)想致力于其他对传教而言
> 更合适的事情,还想让徐得到一些休息,就告诉他最好先看看前面
> 几卷为中国士大夫接受的情况如何,然后视乎情况再完成后面各卷

---

① FR II,第 356—357 页。德礼贤(D'Elia)未能确定这个学者的身份,利玛窦所记的名字是 *Ciangueinhi*(第 356 页,注释 8)。关于这位官员(*mandarino grave*),利玛窦未给出更多的信息。

② FR II,第 357 页:*Ma il dottor Paolo subito nel principio si accurse di quello che il Padre gli aveva ditto, che, se non fusse un ingegno come il suo, non avrebbe portuto menare al fine questa opra.*

③《徐光启集》,第 75 页;许理和(E. Zücher):《佛教征服中国》(*The Buddhist Conquest of China*),第 31 页。

④ FR II,第 357 页:*E cosi si risolse egli stesso a pigliarla molto a petto, e venira a nostra casa ogni giorno, spendendo tre o quattro hore col Padre in questo essercitio...*

⑤ 利玛窦的序言,参阅徐宗泽,第 262 页。

⑥ 德礼贤(D'Elia)根据利玛窦信札推定了翻译工作起讫时间,1606 年 8 月或 10 月到 1607 年 2 月或 4 月(FR II,第 358 页,注释 2),付印日期在 1607 年下半年之前(FR II,第 359 页,注释 4)。

的翻译。①

实际上,前六卷可单独成篇,为平面几何学专论。前六卷的独立版本在欧洲也不为少见。另一方面,中译本多处援引未译各卷中的那些定理,这说明利玛窦可能真的想译完全书。但后文将看到,一些清代数学家,比如梅文鼎,非常关切遗留未译各卷的情况,甚至怀疑是利玛窦故意不译。

《几何原本》第一版印数大概很有限,主要用于馈赠友人。刻版藏于北京耶稣会住院,也有人前去自行翻印。② 北京图书馆存有一部。③《天学初函》收入了1611年的第二版,略有修订。徐光启为此写了《题几何原本再校本》:④

> 是书刻于丁未岁,板留京师。戊申春,利先生以校正本见寄,令南方有好事者重刻之,⑤累年来竟无有,校本留寘家塾。暨庚戌北上,先生没矣。遗书中得一本,其别后所自业者,校订皆手迹。追惟

---

① FR II,第 359 页: *E voleva egli passare avanti traducendo tutto; ma il Padre, e per volersi occupare anco in altre cose più proprie alla christianità, e per lasciarlo scansare alquanto, gli dissé che prima provasse quanto accetti erano ai Cinesi letterati questi primi libri, dipoi finirebbono di voltare gli altri.* (利玛窦《译几何原本引》也提到此节:"……止,请先传此,使同志者习之,果以为用也,而后徐计其余。"——译者)

② FR II,第 361 页。

③《北京图书馆古籍善本书目》,15156,子部,第 1299 页。该版有韩应陛(?—1860)跋文。原为华亭韩应陛(原书作 Han yinglu,误——译者)所有,现藏北京图书馆。参阅黄云眉《明史考证》第三卷,北京:中华书局,1984,第 929 页。感谢詹嘉玲(Catherine Jami)提供该版的部分复制样本。第二版的改动无关紧要,只在文字上略有润饰。利玛窦在写于 1608 年 8 月 22 日的信中称他送了两部给总会长,两部给克拉维乌斯,两部给高斯塔神父(Girolamo Costa)。他还寄出了一份序言的译文,但未能寄达(FR II,第 358 页,注释 2)。杜鼎克博士未能在罗马的档案馆中找到上述六个副本中的任何一部。

④《徐光启集》,第 79 页。

⑤ "南方"指上海,徐光启在那里为父守制。其父逝世的日期是在第一版的手稿完成与付印之间。直到 1610 年利玛窦逝世后徐光启才回到北京,因此二人分开后一直未能再见。"好事者"语出《孟子·万章上》。又,"戊申春利先生以校正本见寄……"一句德礼贤译作"利玛窦见到我的校本,后将其寄回": *Nella primavera del 1608 il Sig. Ricci rivide un esemplare corretto (da me), che poi mi rimandò nel sud con l'ordine...*(第 198 页)

籧灯函丈时,不胜人琴之感。① 其友庞熊两先生遂以见遗,庋置久之。辛亥夏季,积雨无聊,属都下方争论历法事,余念牙弦一辍,行复五年,恐遂遗忘,因偕二先生重阅一过,有所增定,比于前刻,差无遗憾矣。续成大业,未知何日,未知何人,书以俟焉。吴淞徐光启。

德礼贤(D'Elia)对这段文字的解读是:存在两份修订稿。第一份是徐光启丁父忧期间校改,然后呈利玛窦核准,后者于 1608 年 1 月将该本寄还徐光启,同意在上海刊印,此稿后存徐家。第二份由利玛窦亲校,后在利氏遗稿中发现,经过徐光启、庞迪我(De Pantoja)和熊三拔(De Ursis)的润饰,加入徐氏再校本"题记",于 1611 年付印。②

据徐光启第四孙徐尔默说,徐光启此后继续修润文稿。徐尔默 1665 年为其子女撰写了第三版题记,③文中提到徐光启在 1611 年后又对第二版进行修订,加入了许多注释。④ 根据徐尔默的记载,该修订版曾寄到西方由博学之士将其祖父修订的版本与原本进行了仔细的核校,断定与原文协调一致!⑤徐光启真的曾经将这部文稿寄送罗马以求允准刊印(*imprimatur*)？ 因为西文文献皆未提此事,我们只能猜测有西人读过该修订本。不管怎样,第三版从未刊印:徐尔默称该版被"重加装潢藏弃家塾"。⑥

---

① "籧灯函丈":犹言深夜请益切磋。

② 见德礼贤,*Presentazione*,第 198 页,注释 95。哥伦比亚大学史密斯(David Eugene Smith)数学文库与东京静嘉堂文库存有 1611 年版的手抄本。C.H. Peake:《略论近代科学之传入中国》(*Some aspects of the Introduction of Modern Science into China*),*ISIS*,22 (1934—1935),第 173—219 页,第 181 页注释 17。郝师慎(L. Van Hée,):《欧几里得著作的汉文版与满文版》(*Euclide en chinois et mandchou*),*ISIS*,30 (1939),第 84—88 页。除了讲到 1611 年版本外,还提到了一个 1615 年版本(第 88 页),但这是一个错误。他可能误读了徐光启的话而下结论说第一次重新编辑的手稿已毁于水渍。

③ 这篇《跋几何原本三校本》近年被收入一套影印的徐光启著译集。苏步青主编:《徐光启著译集》,上海,1983,无页码。

④ 前书:"今此本中仍多点窜,又辛亥以后之手笔也。"

⑤ 前书:"译本曾转寄西土,彼中学人谓经先公订正之后,较之原文翻觉屈志,发疑心计成数,以此知先公之于数学出自性成,特借西文以发皇耳。"

⑥ 前书。

1611 年版后被收入《天学初函》,《初函》本列出了该书的"考订校阅"者。[①] 五人名单中,许乐善是一位进士,徐光启的同乡,来自今上海附近,[②]周炳谟和姚士慎与徐光启同入翰林,这是一个杰出的校阅"团队"!《天学初函》所收与 1611 年版本相同,因此考订校阅的应是 1607 年第一版,这也更符合徐光启与周炳谟、姚士慎在 1604 年至 1607 年间共事这一事实。

许多人都是在《天学初函》刊行后才读到《几何原本》。[③] 后来收入《四库全书》的《几何原本》,也是两江(江苏、江西)总督采自《天学初函》进呈。一些书目中还提到了崇祯年间(1628—1644)的一种重印本。[④]

此后,欧几里得在中国的版本分为两种走向,其细节留待合适的章节加以讨论。一方面,到了 17 世纪末,出现一种新的《几何原本》删节本;另一方面,有几种《几何原本》假借其名,其实是以其他文献为底本。

[①] 李之藻编:《天学初函》(四),收入吴相湘编:《中国史学丛书》。第 1947 页"考订校阅"者名单如下:云间(松江县)许乐善;锡山(常州府,位于大运河畔,今无锡)周炳谟;南海(今广州附近)张萱;齐安(湖北黄冈县)黄建衷;檇李(浙江平湖)姚士慎(1604 年进士)。许乐善(字修之,号惺初,江苏华亭人,隆庆五年进士)之孙娶了徐光启的孙女 Candida Xu(嫁许姓,遂名许甘弟大,甘弟大系教名——译者)(FR II,第 253 页,注释 3)。徐光启 1625 年曾为许乐善《适志斋稿》作序(《徐光启年谱》,第 153 页,亦参阅下一条关于徐光启与基督教关系的注释)。周炳谟(字仲观,号念潜),附见《明史·文震孟传》(《徐光启年谱》,第 75 页,注释 19)。姚士慎(字仲合,号岱之)的传记可参阅《安雅堂稿·姚司寇传》。1965 年影印版《天学初函》许多地方已无法辨识,有几页含有蝇头小字的注释(例如第 2161、2079、2205、2279 页),大多数是指出某定理是前一条定理的逆定理。

[②] 第三章提到,许乐善也许是因对数学(《几何原本》)的兴趣,由起初的厌恶转为皈依基督教。德礼贤在 FR II 第 494 页,将一奉教的许姓通政司官员考为钱塘(今杭州附近)许胥臣(第 494 页,注释 2)。不过,据史传记载,万历三十七年(1609)(?月)丁酉,许乐善被擢为南京通政司使(《国榷》卷八十一"万历三十七年",第 5012 页)。FR II 第 497 页(据金尼阁)提及这个许姓官员居于南京官邸,许受洗时(1610 年末或 1611 年初)所取的教名是 John(FR II,第 499 页)。非常感谢杜鼎克提供此条信息。

[③] 例如梅文鼎就从《天学初函》中读到《几何原本》,见其《几何补编》序言,《四库全书》795 卷,第 579 页。

[④] 例如,郭正昭编:《中国科学史目录索引》,台北,1974,编号 1605,1607(第 191 页),俱存"中央图书馆"。

这里姑且谈谈南怀仁(Ferdinand Verbiest)"御前进讲"所用的一种满文译本。众所周知,康熙帝对西方科学有着特别的兴趣,南怀仁在一封信中写道,康熙要将《原本》译成满文。[1] 即便这个翻译成为现实,也不可能在 1675 年前完成,那时南怀仁尚未掌握满文。裴化行(H. Bernard-Maitre)提到南怀仁奉旨翻译的时间在 1673 年左右,[2]此说不仅可能日期有误,而且南怀仁是否作过这样的满文译本也疑点重重。[3]目前所知情况是:南怀仁于 1685 年 8 月寄往欧洲的信[4]中提到了一个汉文新版,信中他宣称皇帝想要一个新的汉文译本并指派他负责修订。[5] 该计划也许曾经开展,但并未完成。

18 世纪 70 年代,《几何原本》以最精致的形式收入卷帙浩繁的皇家大典《四库全书》(编于 1773 年至 1781 年间)。尽管采用的是《天学初函》本(即 1611 年版),图表的绘制却细致精美,另外,四库本省略了原刻中的句读。

《几何原本》的传播情况颇难确说。如同对待其他翻译作品一样,耶稣会士和他们的教友也许将它作为礼物赠出。1616—1617 年"教难"期

---

[1] Noel Golvers:《耶稣会士南怀仁的〈欧洲天文学〉:原文、翻译、注释及评述》[The Astronomia Europaea of Ferdinand Verbiest , SJ. (Dillingen , 1687). Text, Translation, Notes and Commentaries],(《华裔学志》, Monumenta Serica Monograph Series XXVIII), Nettetal, 1993, 第 99 页。

[2] 裴化行(H. Bernard – Maître)《欧洲书籍的中文改编本:文献编年。一、自葡萄牙人抵粤至法国传教士驻京, 1514—1688》(Les adaptions chinoises d'ouvrages européens : bibliographie chronologique . I.-Depuis la venue des Portugais à Canton jusqu'à la Mission française de Pékin (1514—1688)),《华裔学志》Monumenta Serica (10), 1945, 第 1—57 页, 第 309—388 页。(此文有中译:《欧洲著作之汉文译本》,冯承钧译,载《西域南海史地考证译丛六编》,中华书局,1956 年。商务印书馆 1995 年重印,载《西域南海史地考证译丛》第二卷——译者)

[3] Golvers,前书,第 266 页,注释 100。

[4] 致 Charles de Noyelle 的信,载 H. Josson 及 L. Willaert 编:《南怀仁信札》(Correspondence de F. Verbiest), Brussels, 1936, 第 488—495 页。

[5] 前书,第 490—491 页:Euclidem nostrum , id est sex priores libros quos ego iam a 12 annis circiter illi explicueram , charactere et idiomate sinico in lucem iterum edere meditatur , phrase sinica aliquantum emendata et sensu clarius explicato ; meque revisorem constituit .

间留下的一份南京耶稣会住院财产清单中,记有《几何原本》十二部。①
几家私人藏书目录中也有《几何原本》,如著名的宁波天一阁。藏书家祁
承㸁收藏了一部《几何原本》。② 赵琦美收藏了两部。③ 著名书画家、东
林党人董其昌(1555—1636)也藏有《几何原本》。④ 1588 年,董其昌曾与
徐光启结伴上京参加乡试,董氏不仅是徐光启的座师焦竑的友人,亦与
瞿太素家有通世之好。⑤ 因此,上面所提到几部副本中,有些很可能是作
为礼物的赠书。

138 　　1865 年,曾国藩在金陵资助出版了《几何原本》全十五卷,为此书的
出版史划上了句号。(此指文言译本,1990 年又有现代汉语译本问
世——译者)新教传教士伟烈亚力(Alexander Wylie,1815—1887)与当
时中国最优秀的数学家李善兰(1811—1882,字壬叔,浙江海宁人)合作
翻译了第 7 至第 15 卷。李善兰 15 岁时就读通了利徐的译作,并对仅译
前六卷深感遗憾。1852 年李善兰为躲避太平天国的战火移居上海,在那
里结识了伟烈亚力。二人开始(从 Playfair 的英译本)翻译后九卷(按,
John Playfair,1784—1819,苏格兰数学家,著有 *Elements of Geometry*,
1795。关于伟烈亚力与李善兰译《几何原本》后九卷的底本,有多种观
点。最近徐义保考证后九卷系据 1570 年 Henry Brilingsley 的英译本译
出,其文是:《欧几里得〈几何原本〉后九卷的初次汉译及其底本》,*The*

---

① 杜鼎克(A. Dudink):《〈南宫署牍〉(1620)、〈破邪集〉(1640),与西方关于"南京教难"(1616—
　1617)的报告》(*Nangong shudu*(1620), *Poxie ji* (1640) and Western Reports about the Nanking
　Persecution (1616/1617)),《基督教在晚明中国》(*Christianity in Late Ming China*; *Five Stud-
　ies*),莱顿大学未发表论文,Leiden,1995。
② 参阅李万建等编:《明代书目题跋丛刊》(上、下),北京:书目文献出版社,1994,第 1017 页。
　感谢杜鼎克博士提供这一信息。
③ 前书,第 1448—1449 页。关于赵琦美,参阅 DMB,第 138—140 页。
④ 前书,第 1525 页。
⑤ Carringlon Riely,C.:《董其昌生平(1555—1636)》(*Tung Ch'i-ch'ang's Life*,1555—1636),
　载何惠鉴(Wai-Kam Ho)编:《董其昌的世纪,1555—1636》(*The Century of Tung Ch'i-ch'-
　ang. 1555—1636*),Kansas City:The Nelson-Atkins Museum of Art,1992,两卷本,第 387—
　457 页。亦参阅《徐光启年谱》,1588 年目下。

first Chinese translation of the last nine books of Euclid's Elements and its source,载 *Historia Mathematica* 32,2005,4—32 ——译者)。断断续续工作了四年,1855 年译稿初成,他们找到一位数学家韩绿卿(?—1860)出资印刷。①1859 年译本出版,但太平军战火遍燃江南,印出的副本几无存留,印版亦毁。(按,原书称"所幸印版未毁",但曾国藩《几何原本序》记有"松江韩绿卿尝刻之,印行无几,而版毁于寇。"征询作者同意后特此修正——译者),"军阀"曾国藩便将新译文与利徐旧译合刊,并署检作序。

二 术语与行文

1.《几何原本》题名的含义

长久以来,人们都认为题名中的"几何"是 *geometria* 中 *geo* 的音译。② 然而"几何"一词仅在《几何原本》翻译后才与数学的一个分支 *geometry* 牵上联系,《几何原本》的译者绝对无意参考意大利文或拉丁文词汇 *geometria* 而定其名。底本的书名中根本不存在 geometry 一词(何况卷七至卷九是数论),中文发音在当时也与现在不同,"几"如今是 *ji* 的发音,但当时读作 *ki*。实际上,李之藻和傅泛际(Furtado)合译的《名理探》就将 *geometria* 音译为"日阿默第亚"。③ 最确凿的证据就在《几何原本》开篇:

> 凡造论,先当分别解说论中所用名目,故曰界说。凡历法、地理、乐律、算章、技艺、工巧诸事,有度有数者皆依赖十府中几何府

① 感谢韩琦教授指出韩绿卿与此前的韩应陛是同一人。
② 最近 F. Massini 仍然持此观点,其《现代汉语的成立,及其向国语的发展,1840—1898》(*The Formation of Modern Chinese Lexicon and Its Evolution Towards a National Language*, *The Period from 1840 to 1898*),谓"几何"兼顾音译,一方面"借用拉丁语 *geo* 的发音",一方面"表示了多少的意思"。(*Journal of Chinese Linguitics*, *Monograph Series nr. 6*),1993,第 58 页。
③ 李之藻与傅泛际(Furtado)译:《名理探》卷一,第 8 页。感谢钟鸣旦(N. Standaert)教授为笔者提供这条参考信息。

属;凡论几何,先从一点始,自点引之为线,线展为面,面积为体,是名三度。

139 　　可见,"几何"本义与 geometry 无涉,系指亚里士多德的"数量"范畴,即亚氏《范畴篇》中十范畴之一。如第二章所论,克拉维乌斯将数学看作是处理"数量"(de quantitae agitur)的知识,"几何"显然是数学学科的统称(包括几何学、算术或数论,也包括"混合数学学科",如天文学、机械学和光学等)。以上所引正是传统的亚里士多德式的知识框架,在此框架中,部分数学关乎数(number),部分关乎度(manitude),也正是以这个框架为基础,数学学科被划分为"四艺"(quadrivium)。尽管"几何学"(对"几何"的研究)一词的现代用法即指 geometry,然而起初的含义却可回溯至亚里士多德而更为广泛,它涵盖了数学学科的所有领域。"几何"的含义很快就更为狭窄,仅指 geometry。虽有别的译作以"几何"严格指称geometry,[①]但最可能还是由于《原本》只有前六卷得到翻译。

　　在《译几何原本引》中,利玛窦和徐光启解释了量如何分为离散的量(数)和连续的量(度):[②]

　　　　几何家者,专察物之分限者也,其分者若截以为数,则显物几何众也;若完以为度,则指物几何大也。

若据第二章所论"概念质料"的思想来解读这段描述会很有意思:如果质料被"截割",就得到数,而几何形体则构成了连续有界的"整块"概念质料。

140 　　利徐遵循克拉维乌斯的《导言》(prolegomena),依照革弥努斯(Geminus)的数学分科,声称:尽管"数"与"度"都在抽象的范畴内进行研究

----

① 例如《历法西传》(1644 年之前),此书为汤若望(Adam Schall)所编,先后收入《崇祯历书》、《西洋新法历书》(该书区分了"几何家"和"数学家"这两个术语,因此在此书中"几何"当仅指 geometry。(《四库全书》789 卷,第 769 页)
② 徐宗泽,第 259 页。

("脱于物体而空论之"),但对"数"的研究建立"数法家"一支,即算术(或数论);而对"度"的研究则为"量法家"一支,即几何学。"量法"的字面意思是"测量的方法",在此专指几何学。这种译法当使其本义多有丢失。虽然 geometria 本义的确是"测地",但众所周知,自古希腊几何学发展以来,该词的首要含义系指演绎几何学,已不再是计算面积和体积的算法,而中文术语("**量法家**")则强烈意味着实地测量。含义的变化也许会导致对《几何原本》内容的不同解读,这个可能性不能预先排除。数学也被统称为"度数之学",意为"对度(或量)和数的研究"。

在上一引文中,"几何"一词的用法也有其基本含义——"多少?"("几何大"、"几何重")"几何"一词在中国传统数学中可谓"无处不在"。《九章算术》的大多数问题都是这样的形式:首先给出"已知",然后问所求的量。最后一句总是:问某某几何?即"求某某量是多少?"不管对象是数、重量、价格,还是几何对象,答案总是一个数字,在几何对象中,通常是线段的长度或面积、体积。① 在引用乘法表时,问句是:"九九几何?"如葛瑞汉(A.C. Graham)写到:与"几何"相应的范畴是"数",但后来扩展到诸如软硬之类的性质。② 这个术语也出现在古典文献中。③ 尽管笔者尚未见到它被用作名词的例子,但古文中这个词从问词转为名词亦非难事,如英文中的 *how much* 与 *the how-much*。

数学著作中对"几何"的定义见之于程大位《算法统宗》(1592,见第 *141* 三章):"几何与若干相同"。对于"若干"他又说,"一为数始,十为数终,未算难定"。这个定义似乎是指某一未定之数"若干"。它绝对指今日所

---

① 汉字"幾"在理学和天学中是与"易经"相关的一个非常重要的概念,常常被解释为"潜在影响",以及指现象尚未可感时的最初表现形式(现象的最初状态)。然而这个涵义很难在复合词"几何"中找到。

② 葛瑞汉(A. C. Graham):《关系范畴与问题形式》(*Relating Categories and Question Forms*),载于 *Studies in Chinese Philosophy and Philosophical Literature*,New York,1990,第 360—411 页。

③ 除了葛瑞汉(引《管子》、《庄子》及其他)和《汉语大词典》(引自《史记》)给出的例子外,还可以举出两例:"南北顺椭,其衍几何?"(屈原《天问》),以及《左传·襄公三十一年》中"孝伯曰:人生几何? 谁能无偷? 朝不及夕,将安用树?"

称的离散的量。①

很清楚，"几何"一词是对"数量"的翻译，但在《几何原本》卷五中，利玛窦和徐光启也用它来翻译"度"（*magnitudo*，现代汉语术语翻译为"量"），该术语严格限指"连续的量"。后文进一步讨论卷五的定义时，笔者对此再予细说，事实上，在 16 世纪的欧洲，比例理论常常被视作既包含几何又包含代数的一般理论。这种理论所讨论的对象不是"度"，而是（一般的）"量"（*quantitates*）。（亦可参阅第四章）例如：《崇祯历书》中罗雅谷（Giacomo Rho）编译的《比例规解》（*Explication of Proportional Dividers*，1630），将所有数学问题都转化为比例问题，然后转化为"句股"，即"毕达哥拉斯定理的运用"。②

在著名的反基督教文集《破邪集》中，有两处提到《几何原本》，其中之一挑出书名中"几何"二字，斥为荒唐。作者的佛教背景十分明显，嘲讽道："几何者盖笑天地间无几何。"③

"原本"一词的基本含义是"根"或"源"。其引申义可指文本的原始版本，也可能有"参考书"的含义，这与克拉维乌斯提供一本几何学手册的意图吻合。但利玛窦和徐光启选择"原本"作为书名最可能是对 elements 一词的诠释，他们解释说：该书名为"原本"，是因为它"明几何之所以然"，其中"所以然"意即"理由"（reason），或照字义说："事物本身是这样的缘由"。虽然如此说明极为简要，但多少与克拉维乌斯在其导言中对 elements 的解释相一致，而这正是沿袭普罗克洛斯的观点：elements 是一系列基本命题，要想理解阿基米德和阿波罗尼乌斯等人的著作，就必须先知道这些命题，这可与学习字母表相类比（希腊"原本"一词 *stoicheia*

---

① 这两个定义出现在《算法统宗》开篇"用字凡例"中。本书下文对此著作的引文均采自《古今图书集成》，该定义见《算法统宗》第一卷第 9a 页。

② 影文渊阁《四库全书》788 卷，第 317 页："总命之曰几何之学，而其法不出于比例，比例法又不出于句股"。

③《破邪集》，4：37b. 3—10。

也可以指字母表)。^① 克拉维乌斯又在导言中的另一处将 elements 比拟为实用数学知识的源泉(*fontis*),并认为 elements 可以决定宇宙的结构。^② 另一方面,本书第三章所引程大位《算法统宗》中说:"河图"与"洛书"是数学的"原本"("轫揭河图、洛书于首,见数有原本云")。^③ 因此在某种意义上说,《几何原本》就是要为数学"正本清源"!

2. 问题和定理

为使读者对《几何原本》有一总体印象,笔者首先完整引述两则命题及其证明:一则是"问题",另一则是"定理"。为了尽可能减少此二命题之证明所依赖的命题数量,以及尽可能减少此二命题与其他命题之交叉引用,笔者选择了卷一开篇部分的两则命题:

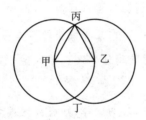

第一题:于有界直线上求立平边三角形。 *143*

法曰:甲乙直线上求立平边三角形。先以甲为心,乙为界,作丙

---

① 克拉维乌斯 1574 年版《原本》导言 6b 页,对比普罗克洛斯:要构词造句,必先有简单且不可分的基本元素,即所谓 sloicheia。几何学中亦有某些基本定理,作为后续各命题的起点,构成命题的组成部分并为诸多性质的结合提供证明,称之为 elements。(Morrow, *Proclus*, 第 59 页)

② 前书:*Ex his etcnim elementis, veluti fonte uberrimo, omnis latitudinum, longitudinum, altitudinum, profunditatum, omnis agrorum, montium, insularum dimensio, atque divisio, omnis in caelo per instrumentas syderum observatio, omnis horologiorum sciotericorum compositio, omnis machinarum vis, et ponderum ratio, omnis apparentiarum variorum, qualis cernitur in speculis, in picturis, in aquis, el in aere varie illuminato, diversitas manat. Ex his, inquam, elemntis machinae totius huius mundana inventum medium, atque centrum, inventi cardines, circa quos perpetuo convertitur, orbis denique totius explorata figura, ac quantitas ...*

③《算法统宗》导言部分,参阅《通汇》(数学卷)(郭书春编)卷二,第 1227 页。

丁乙圆。次以乙为心,甲为界,作丙甲丁圆。两圆相交于丙,于丁。末自甲至丙,丙至乙,各作直线。即甲乙丙为平边三角形。

论曰:以甲为心至圆之界,其甲乙线与甲丙、甲丁线等。以乙为心,则乙甲线与乙丙、乙丁线亦等。何者?凡为圆,自心至界,各线俱等故。(界说十五)既乙丙等于乙甲,而甲丙亦等于甲乙,即甲丙亦等于乙丙。(公论一)三边等。如所求。凡论有二种,此以是为论者,正论也。下仿此。

其用法不必作两圆。但以甲为心,乙为界,作近丙一短界线;乙为心,甲为界,亦如之。两短界线交处即得丙。

诸三角形,俱推前用法作之。详本篇廿二。

第五题:三角形,若两腰等,则底线两端之两角等。而两腰引出之,其底之外两角亦等。

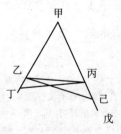

解曰:甲乙丙三角形,其甲丙与甲乙两腰等。题言甲丙乙与甲乙丙两角等。又自甲丙线任引自戊,甲乙线任引至丁,其乙丙戊与丙乙丁两外角亦等。

论曰:试如甲戊线稍长。即从甲戊截取一分,与甲丁等,为甲己。(本篇三)次自丙至丁,乙至己,各作直线。(第一求)即甲己乙,甲丙丁,两三角形必等。何者? 此两形之甲角同,甲己与甲丁两腰又等,甲乙与甲丙两腰又等。则其底丙丁与乙己必等,而底线两端相当之各两角亦等矣!(本篇四)又乙丙己与丙乙丁两三角形亦等。何者? 此两形之丙丁乙与乙己丙角既等;(本论)而甲己、甲丁两腰各减相等之甲丙、甲乙线,即所存丙己、乙丁两腰又等。(公论三)丙丁与乙己两底又等。(本论)又乙丙同腰。即乙丙丁与丙乙己两角亦等也,则丙之外乙丙己角与丁之外丙乙丁角必等矣!(本篇四)次观甲乙己与甲丙丁两角既等,于甲乙己,减丙乙己角;甲丙丁,减乙丙丁角,则所存甲丙乙与甲乙丙两角必等。(公论三)

增:从前形,知三边等形,其三角俱等。

这里仅指出以下几点:

- 图中的字母被代之以天干,即一组循环列数日期和时间的汉字。《几何原本》全书都以此系统替换原书的字母标注。当天干不足用时(在更复杂的图中)则借用十二地支,再不够时又取"八卦、八音"。又如梅文鼎还用二十八宿的名称来作标注。然而这些名称在排印时并没有用不同字体与其他汉字相区分,这使得中文本较拉丁文本更不易读,因为拉丁文本中这些字母印为大写且周边留空。

- 对基本原理或已证定理的引用,在《几何原本》相应位置印为较小字号,这也是全书统一之体例。

- 笔者重加句读(原书个别标点有误,与"明清本"核对后择善而从,此不一一指出——译者)。与其他版本不同,《几何原本》(以及《天学初函》本)第一版中含有句读,上面引述的定理5在原书中形式如下:

三角形.若两角等.则底线两端之两角等.则两腰引出之.其底之外两角亦等

上已提及,《四库全书》的编者删除原刊本的句读,造成的符号"串",

给理解带来不少困难。例如"甲乙丙丁戊己",究竟是表示甲乙、丙丁、戊己三条线段,还是表示甲乙丙、丁戊己两个角,唯有读完整个段落才能理解,这须得瞻前顾后往复阅读,同时还要对照图形。不过,通常副本的第一个读者都会用毛笔添加标记,在合适的地方断句,这样第二个读者就轻松多了。实际上,北京图书馆所存《几何原本》第一版副本除原来印刷的句读外,还含有在合适处进一步断句的墨笔圈点。

- 请注意用来引入假设的复合词"试如",这个词在标准辞书中无法查到。所以它要么不甚常用,要么是译者新造。字面上的意思是"尝试,如果"(try, if),但根据上下文,很清楚它的意思是"假定"(suppose that)或"设想"(imagine that),这个词也见于下面的情况:例如在定义 2 之后的注释,让读者"想象"一个平面。"试如"这个词贴切的翻译或许是"设想在这样的情况下"(imagine the situation that)。①

为了便于对译文进行更详细的语言学方面的讨论,兹先对不同的语言范畴进行分类:

(1) 几何学专门术语

a. 对象的名称(三角形、垂线等)和属性;b. 描述几何作图的动词(作一垂线等),允许创造新图形或改变已给图形;c. 某些更复杂更长的表述,但仍属于纯粹的几何术语,指示对象之间的关系(A 平行于 B)。

(2) 整合证明方法的词汇

a. 几何学论述中不同"要素"的名称:定义(definition)、公理(axiom)、公设(postulate)、命题(proposition)、证明(proof)、系论(*porism*),归谬(*reductio ad absurdum*)。

b. 表达特定数学或逻辑概念的单词或短语,如"任选"(at random choose 或 *et sic deinceps*)。

c. 具有逻辑/结构功能的语汇,联结句子或短语并确定它们之间的关系。

---

① 该注释解释直线是什么:"试如一平面光照之有光无光之间不容一物是线。"(第 565 页)

(3) 自然语言   *147*

所有几何学对象的术语表见本章附录。

定义(*Definition*)

"界说"(现代术语:定义)是一个新词,依词源而译(etymological translation),显然取 *definire* 的词根 *finis*(界限)之意而衍出新词"界说",字面的意思是"分界之说"。艾儒略《几何要法》(见第六章)解释:"界者:一物之始终。解篇中所用名目,作界说。"[1]这样,"界说"用来解释"名"的含义。"名"在中国古代语言哲学中是一个重要的术语,在墨家学说中尤是。[2]

"界"字可能引起混淆,原因在于它不仅是"界说"的简称,还指图形的周界或线段的端点。这样,"界"既是几何学概念,又抽象地指概念间的"界限"。

在一个既没有肯定系动词(否定词"非"具有系动词功能),又没有定义"传统"的语言中,如何讨论定义,这颇为有趣。[3] 文言文中常见赋予定义的语言结构是:"*A* 者 *B* 也"。但这一结构在《几何原本》中并不常用,书中常用的句式是:"*A* 为 *B*",甚或可见"*A* 谓 *B*"。《几何原本》中还有几处,指示词"是"起系动词作用(例如卷一定义 3)。在对译文的注释中,笔者的关注点是定义如何在恰当的位置被提出。

汉语中,与定义最为相关的前驱当见于《墨经》,但徐光启在翻译《几何原本》前不大可能对此有所研习。

名词性定义,即作为缩略语或惯例使用的某一定义,在中国传统数学中由来已久。例如,《算法统宗》(1592)开篇即是"用字凡例",说明行

---

[1] 艾儒略:《几何要法》,1.1b。

[2] 参阅葛瑞汉:《晚期墨家逻辑》(*Later Mohist Logic*),第 32 页以下;《论道者:中国古代的哲学争论》(*Disputers of the Tao*),第 150—155 页。

[3] 葛瑞汉对于西方语言与汉语文言之间的区别,作过十分有趣而富有启发性的讨论,参阅《中国哲学中的是非与有无》(*Shi/Fei and You/Wu in Chinese philosophy*),载 *Studies in Chinese Philosophy and Philosophical Literature*,第 322—359 页。

148　　文中常见术语的含义。① 在该书第一章《句股》中又先列"句股名义"。②
但是,这种定义概念对于亚里士多德传统熏陶下的学者而言显然是不充
分的,在他们看来,定义一个概念意味着抓住本质。

　　这一新术语并未被后世广泛采纳,不过至少有一个例外。改良派学
者马建忠的著作以二十三界说开篇,同时也定义了"界说"这个术语
本身。

　　在其他汉译西方文献中,还可以看到定义的其他别名,比如"题"(见
下页)。

公设(*postulates*)

　　见后文。

公理(*axioms*)

　　译名"公论"(现代术语:公理),意在将"common notions, *notiones an-
imi communes*"翻译为"共同主张"。不过"公论"③事实上意味着类似某种
"公共看法",或者被用于为历史人物定论,即此人该被褒扬还是该被谴
责。因此,它似乎更应该是希腊词 doxa 的译名,意指相对于真知的(可能
犯错的)公众想法。《名理探》中也使用了这个词,傅泛际与李之藻的这
部著作出版于 1631 年,是科因布拉(Coimbra)大学著名的逻辑学课本的
改写本。该书用"公论"来翻译 *predicabilia*,共有五种,即"宗"(*genus*)、
"属"(*species*)、"殊"(*differentiae*)、"独"(*proprium*)、"依"(*accidens*),统称
"五公"。④ 这样它就指可对事物作何断言,或者说,可通过定义对事物进
行分类的方法。利玛窦和徐光启注明:"公论者不可疑"。

---

① 《算法统宗》,1:8a—9b。

② 《算法统宗》,9:11a。

③ 《汉语大词典》给出的第一个义项是:公正或公众的评论。(我们可以不考虑第二个也是最后
　一个义项,因为它明显基于《几何原本》所要求的它应具备的涵义。)例如黄宗羲就以"民众舆
　论(vox populi)"之意使用这一词汇。参阅 Lynn A. Strove:《黄宗羲》(*Huang Zongxi in con-
　text*),载 *The Journal of Asian Studies*,47—3 (August 1988),第 503—518 页。

④ 参阅对《名理探》的简介,徐宗泽,第 193 页。台湾商务印书馆《人人文库》(王云五总编)第
　384 号(二卷本)。

在《译几何原本引》中,利玛窦用另一个词来指 axiom:"彼士立论宗旨惟尚理之所据"——学者建言立论的宗旨,只遵从有理有据的论说。① "宗旨"也许是一般意义的"基本原理"而不仅限于公理(axiom)。另外,译作"公论"并没有很好地传达公理作为"自明真理"的含义。② 批评"公论"作为 axiom 译名的另一个理由是:它很容易与证明(proof)的译名"论"相混淆,因为将它简称为"论"也是很自然的事情,事实上,《几何原本》在"第一论"等处的确将"公论"简称为"论"。③

命题(*proposition*)

"题"(现代术语:命题)——本义指"前额"——基本含义是"主题"、"题目"或"标注",引申为"引出话题"、"提议"。因此将 proposition 翻译为"题"并无大碍。不过有些情况下,"题"这一术语还在更宽泛的层面上用来指"命题的陈述"(enunciation)。用"题"来表示"命题陈述"也许可以解释为什么在其他一些译作中"题"也被用来表示"定义",例如邓玉函(Schreck)与徐光启合译的《测天约说》(收入《崇祯历书》)。④

证明(*proof*)

"论"字本身广泛地用于各种场合。它最一般的含义是"议论,分析或说明事理",但还可用以表示"判决"、"校订"、"研究"、"推理",因此,将其含义延展至"数学证明"当无可厚非。⑤ 另一方面,一个含义如此广泛的字很容易导致读者难以把握到底是什么使得数学证明区别于其他形式的论述:一经证明即不再需要讨论(无法反驳)。有一处,利玛窦不正

---

① 紧接着是"弗取人之所意"——"不取决于个人的私意"。
② 自非欧几何创立以来,axiom 的涵义就不再局限于"自明真理"。
③ 《几何原本》,第 518 页以下。
④ 参阅《四库全书》788 卷,第 172—177 页。例如,最初几"题"给出了椭圆、螺线、相交线、平行线等定义。在透视理论中,还可发现一个"题"为"定义"的例子,该定义是,陆海一并(被视)为(完美)球体,而地球被视为空中一点。
⑤ 朱熹将"论"注解成"伦":"论,伦也,言得其伦理。"《汉语大词典》也给出了几个"论"字意为"道理"["道"的"原型"(pattern),类似"本性/自然"(nature)]的例子。在佛典中,"论"字(梵文 *sastra* 的汉译)一般指"(对宗教经典的)注释"(*exegenis*)。

式地使用"证"字(卷五定义 12 注释),也许这是一个更好的(但也是更难的)译法,尽管它强烈地具有"确凿证据"(concrete evidence)的内涵。梅文鼎的著作中有一些使用"证"字表示"证明"的例子。

葛瑞汉提供了一些早期哲学文本中使用"论"字的信息。他写道,这个术语在《墨经》中可能指称一种学说的名称,用于讨论如何关联"名"与"实"的知识。① 在这个语境中,"论"则意味着"分类",指"将事物以其恰当关系安排的相关思想和讨论",然而文本残缺甚多,此说尚不足以定论。② 有趣的是,葛瑞汉还说,墨家使用"辩"来表示接近严格证明的那种论述,"就二选项进行争论确定何者为真"。③ 庄子并不在争论的意义上使用"论"字,尽管对他来说,"论"具有"分门别类"的重要意义。④

《几何原本》中也有"论"字表示不同意思的例子。除了作为"公论"的简称以外,它还被用来表示引理(lemma ,见卷四末注释),还被用来表示定义(的阐释)。

在《天问略》序言中,熊三拔(De Ursis)为 *demonstratio* 引入了一个中文术语"指论"(通过指示来讨论)。这个术语的字面解释是:利用模型或图示来讨论某事物。⑤

归谬(*reductio ad absurdum*)

反证法(proof by contradiction,拉丁文 *reductio ad absurdum*)值得给予特别注意。这种证明形式由于两个原因而成为特别有趣的例子。首先,16、17 世纪的欧洲,这种证明形式仍然被人怀疑,许多人认为它比直接证明低级,克拉维乌斯甚至为一些反证法命题补充了直接(ostensive)证明;其次,间接证明是"反事实思维"(counter-factual thought)的一种实例,始于假定欲被证明为真的对立面成立,然后以该(错误)假设为前提

---

① 葛瑞汉:《论道者》(*Disputers of the Tao*),第 147 页及第 167 页。
② 前书,第 167 页及第 189 页。
③ 前书,第 167—169 页。
④ 前书,第 189 页。
⑤ 对于这个术语有如下解释(徐宗泽,第 279 页):"如以手指物示人,举目即得,名为指论"。

进行演绎推理。常有人评论说汉语缺乏表达反事实讨论的可能性,但是哈布斯迈耶(Harbsmeier)即举出过文言中反事实叙述的几个例子,这表明汉语完全可能构建这类句子。①

《几何原本》中,引出反证法的句式通常是:"如云不然",或"若云不然"——"如果说不是这样"(即:如果说定理不为真)。或者用与求证相反的陈述来替代"不然"(如云乙丙与戊己不等)(卷一第四题)。然后用"即"[或"即令"(卷一第四题)]引出假设,然后循演绎链推至矛盾。矛盾的出现有两种方式,一种是明确陈述,例如卷一第四题中:"是两线能相合为形也,辛仿此"[这样两直线就能围出面积(与公理 12 矛盾):因此这必定有误];或者用反问的方式,例如卷一第六题中:"此二说者岂不自相戾乎?"(这两个陈述难道不冲突吗?)

利徐二人这样解释"反证法"(卷一第四题注):"此以非为论者驳论也"(这是一种以错误为基础的证明,是一种辩驳证明)。与"驳论"相对的是"直接"证明:"正论"。

证明的细分(*subdivision of proofs*)

普罗克洛斯认为,完整的论证应包含以下要素:

(1)命题陈述(enunciation, *protasis*)。

(2)设定(setting-out, *ekthesis*):它"标示出自身给出的条件(关系、数据等),并事先采用这些条件为研究所用。

(3)定义或规范(definition or specification, *diorismos*):它"分别清楚地声明要求的是什么"。

(4)作图或辅助手段(construction or machinery, *kataskeue*):"为满足要求所作的补充"。

(5)证明(proof, *apodeixis*)

---

① 何莫邪(C. Harbsmeier):《文言句法》(*Aspects of Classical Chinese Syntax*),London/Malmo,1981,第 232 页,第 253—254 页,第 272—287 页。

（6）结论（conclusion, *sumperasma*）："回到命题陈述，确认已证"。①

这六个要素并非缺一不可，但其中命题陈述、证明和结论最为重要，普罗克洛斯认为这三个要素不可或缺。

克拉维乌斯并未清楚区分证明的不同部分。命题的陈述以不同的字体置于证明之前，证明的不同部分只能用标示词来分辨：*sit*（"有、存在"，引出设定），*dico*（"说"，引出定义或规范），*Igitur*（"因此"，引出结论）。最后一句是 *quod erat demonstrandum*（"此即所证"，用于定理）或 *quod erat faciendum*（"此即所作"，用于问题）。在命题 1 之前克氏解释说：对于任何问题，都得考虑两件事：根据题设要求作图；证明作图正确。类似地，在大部分定理中也要考虑两件事：支持证明的作图，以及正确的证明。②

152　　利徐二人则细分命题的不同部分，其分法与普罗克洛斯相同。对于问题，有"法"（方法）和"论"（证明），这两个字总是引出新的段落，因此肯定意味着一种正式的细分。在定理中，有"解"（解释或分析）和"论"（证明）。译者似乎：（1）将"设定"与"定义规范"缩并为"解"；（2）对于定理并未独立分出"作图"；（3）对于问题省去了"设定"与"定义规范"部分；（4）没有明确指出"结论"，虽然它的确以回述命题的形式存在；（5）没有相当于 QED 的表述（但有相当于 QEF 的表述）（QED 即 *quod erat demonstrandum*；QEF 即 *quod erat faciendum*——译者）。③

细分本身不甚重要。然而利徐二人的选择既然未沿袭克氏，那么又是以什么为基础的呢？这个问题颇有意思。他们是否还有其他底本？利玛窦是否参考了某些讲稿？或者说他是否将从逻辑学和修辞学课堂

---

① 引自 Heath I，第 129 页。

② Clavius 1574, f. 21 v.：*In omni problemate duo potissimum sunt consideranda, constructio illius, quod proponitur, et demonstratio, qua ostenditur, construcionem recte esse institutam. ... Haec etiam duo reperiuntur fere in omni Theoremate. Saepenumero enim ut demonstretur id, quod proponitur, construendum est, ac efficiendum prius aliquid, ceu manifestum erit in sequentibus.*

③ 与 QEF 相当的表述是"如所求"，有时稍有变化。

上习得的知识应用于几何学？例如，耶稣会学院的经典教本，其形式是讲解片断，首先是"论点"（*argumentum*），接着是"解释"（*explanatio*）与"修辞"（*rhetorica*）。[1] 这似乎与"题"、"解"、"论"颇为对应。值得注意的是：傅泛际(1587—1653)和李之藻翻译的《寰有诠》(1628)对文章段落也进行了同样的细分。《寰有诠》的底本是亚里士多德《论天》（*De Caelo*）的耶稣会科因布拉学院教本，其题材与风格都与《原本》迥异。《寰有诠》分为十五个部分，每个部分都有"古"（古代文本的片断，即亚氏文本的片断）、"解"（解释）和"随论"（接下来的讨论），"随论"有时候还被进一步细分。[2]

在证明中常常要区分不同的情形，这可能会发生在证明的不同阶段。如果分支在证明开始时出现，那么就将"解"以及相应的"论"编序："先解……次解……末解……"；"先论……次论……末论……"

但分支也可能在证明中需要作图时出现。这时的表述就不那么严格，以指出不同的情形，如下例（第 584 页）："观甲点若在丙之外则……或甲在丙之内……"字面上的意思是"观察，如果点 A 在点 C 外侧，那么……"；"或者，点 A 在点 C 内侧……"。用数学语言说就是"那么点 A 或者位于点 C 外侧，或者位于点 A 内侧。首先令其为外侧，则有……最后，令其为内侧……"

对于省略证明的专有表达是"以后俱如是"（*et cetera*）。

153

系论（*porism*, *corollary*）

普罗克洛斯认为，在《原本》中，"由证明过程导出，与所证定理相关，同时无须加以讨论，这种定理"，被称为"系论"（*porism*, *corollary*），即如推演知识时的附带收获。[3] 换句话说，它是"源自定理证明或问题解决的附

---

[1] Gaokroger：《笛卡儿》（*Descartes*），第 49 页。

[2] 涉及《寰有诠》的论述，均依据韩琦会议报告论文，会议主题是："数学科学史：葡国与东土"（*História das Ciências Matemáticas*：*Portugal e o Oriente*），Arrábida（Portugal），2—4 November 1995。

[3] Heath I，第 134 页。

带结论,并非直接的要求,无需任何附加劳动即顺便出现"。① 因此它是随着定理的证明,而几乎不需要再作进一步证明便得到的另一定理,它与所求证的定理有着紧密"联系"。也许正是由于这个原因,在《几何原本》中它被译作"系"(关系、连接)。

一般性,任意性和关联性(*generality , randomness and relation*)

对于《几何原本》的译者而言,部分词汇选定译名的难题,在于"一般性"的表达。例如,公设1称无论所选为何点,"从任一点到任一点"可作直线。它被译作"自此点至彼点",字面的意思是"从这个点到那个点",照此译法,表述的一般性是否真正得以传达? 类似地,对于公设3,仅称"以点为心",然而应当译作"以任一点为心"。"此"(这)、"彼"(那)、"他"(其他)这些词也有助于更精确地陈述几个量之间的关系:"此两几何各倍于彼两几何"(这两个量与那两个量扩大相同的倍数)。这个方法遍施于卷五。有时它的叙述相当冗长,不过反倒比原文还更精确,因此便有:"*此两几何之比例,与他两几何之比例等,而彼两几何之比例,与他两几何之比例亦等,则彼两几何之比例,与此两几何之比例亦等*"(如果这两个量之比等于其他两个量之比,其他两个量之比也等于那两个量之比,那么那两个量之比也等于这两个量之比)。常常也对不同的量分别标序,详见对译文的注释。

与一般性问题相关的是任意性问题:要选择一个点,当然是任意选择;要延长(作)一直线,但多长无所谓;要无限重复一个操作,等等。此外还有更复杂的情况,比如为了继续进行证明,需要在两个选择中任取其一,但无论作何选择,都得到相同的结果。对于"要把一个线段分为两段,从中选择一段,不论是选较长一段还是选较短一段,都不会造成(结果的)区别",其表述为(第655页):"*任用一分线如甲丙*",随之注以小字"*不论甲丙为长为短分*"(任意使用一个部分,如 AC,不管 AC 是较长的

---

① Heath I,第278页。

部分还是较短的部分)。①

• 在定理和定义的说明中,常常用到"凡"字。这非常重要,因为克拉维乌斯的拉丁文本甚少用专门的词汇使得陈述具有一般性。"凡"字常被译为 in general,这显然不够有力,因为"凡"字是用来提出一个"在所有情形下均无例外"的观点。此外,"凡"字并非一个普通的量词,它涵盖了整个句子。最好的译法也许是:in all cases。

• 《几何原本》当然也是一个研究逻辑关系词汇使用情况的样本,因为逻辑关系本身是证明的核心。《几何原本》中常用的逻辑关系词有:

既……,即……(as…,therefore…)

盖……,故……(as…,therefore…)

值得注意的是,几种文言语法著作中,都没有提到"既"这个小品词有"提出原因"这一义项。② 有意思的是我们可以看到用不同的汉字来表示不同范围内的并列(and),如同使用不同形式的括号一般,以下是为随便拣选之一例(第724页):

> 即丙戊偕戊丁矩内直角形及己戊上直角方形并与己戊戊乙上两直角方形并亦等。

> (因此,以 CE 和 DE 为两边所构成的矩形面积加上以 EF 为边的正方形面积,也等于分别以 FE 和 EB 为边的两正方形面积之和。)

在这个句子中,使用了几个关系词,都表示并列,但涵盖的范围不同。

155

三 定义

下文先引汉译《几何原本》,随之是希思英文版《原本》的相应条目,

---

① 方中通(详见下章)表述为:"任用一线或甲丙"(《四库全书》802 卷,第 558 页)。
② 例如蒲立本(E. G. Pulleyblank):《古汉语语法纲要》(*Outline of Classical Chinese Grammar*),Vancouver,1995。(中译本,语文出版社,2006)

笔者自己对中文的英文"直译"则放在括号里。[按,本章及附录引述《几何原本》的定义及命题,还附上了译者对希思版引文的现代汉语译文,供读者参考。为了便于比较,调整顺序为:《几何原本》引文(楷体)、原作者对此引文的英译(小括号内)、希思英文版相应内容、希思版引文的现代汉语译文(中括号内),请注意:原作者有时未引用希思版,有时未提供自己的译文,因此特以字体或括号区分。现代汉语译文参考了兰纪正、朱恩宽《欧几里得〈几何原本〉》,句式和用词间有改动,恕不一一注明。——译者]

卷一

界说三十六则(定义 36 条)

1. 点者无分

(A point: it has no parts.)

A point is that which has no part.

[点是没有部分的。]

用来翻译 point 的汉字"点",意思实际上是 dot,它是一个显明的实体标记,而不是指一个无维度的几何对象。龙华民(Longobardi)在宗教著作《圣教日课》(1602)中把这个字作为用圣水划十字的动词(点圣水)。①

• 与之相比,例如在一部几何著作的 17 世纪荷兰文译本中,译者偏好用拉丁词源的术语而不是找荷兰语的近义词。例如,译者宁愿用直接来源于拉丁文的 punt (point) 而不用 *slip* (dot)。②

• 利徐二人给点下了另一个定义,将其描述为没有长度、宽度、厚度("无长短广狭厚薄")。克拉维乌斯的拉丁译文对点的定义实际上和欧几里得的定义等价,因为他将 *part* 解释为 *dimension*,故其定义可以认为就是

---

① 参阅裴化行:《欧洲书籍的中文改写本:文献编年》(*Les adaptations*),第 320—321 页,第 40 条《圣教日课》简要解释了几个汉语宗教词汇。
② 巴蒂斯(Pardies)《几何要旨》(*Elemens de la Geometrie*)的荷兰文译本,Hoorn,1690。

"点无维度"(a point is that which has no dimension),①这表明点是非物质性的,因为物质无限可分。有趣的是,《墨经》里对点的定义也是"无厚"(without thickness,或 dimensionless)。② 此外,还用"端"表示点,但这仅限于表示线段起始的几何点(如长度的起点)。③

• 中文定义的直译是:"A point:it has no part",或者"A point:there are no parts"。这种描述并没有真正表现出定义的思想,仅仅陈述了"点"的一种属性。它缺乏这样的思想:只有这一对象——排除其他所有对象——可以被认为是点(点的原始定义仅是一个小圆,这里不作细究)。用"也"字结尾,是将属性与对象结合在一起的一种语气更强的语法结构,例如:"点者,无分者也"。定义方式如下,如果用 A 表示需要定义的对象,用 B 表示定义属性,那么定义句式为:A 者 B。还会看到如下形式:AB、AB 也、A 为 B、A 是 B、A 谓 B。

在《墨经》里,最通用的给出定义的术语是"A 者 B 也",其中"也"、"者"是引出定义的功能性小品词。④

2. **线有长无广**

(A line has length:it does not have breadth.)

A line is breadthless length.

[线是没有宽度的长。]

此定义的形式是 AB,没有小品词。

• 注释说:平面上光与影的分界形成线。对此又补充说:

真平真圆相遇,其相遇处止有一点。行则止有一线。

---

① Clavius 1574,第 1 页:*Quae quidem definitio planius ac facilius percipietur, si prius intelligamus, quantitatem continuam triplices habere partes, unas secundum longitudinem, alteras secundum latitudinem, et secundum profunditatem, altitudinemve alteras.* (为了使定义更加明白易懂,须先认识连续量由三个 parts 组成:其一取决于长,其二取决于宽,另一取决于深或高。)
② 葛瑞汉:《晚期墨家逻辑》(*Later Mohist Logic*),第 302 页。
③ 前书,第 302 页及第 310 页。
④ 前书,第 140 页。

(If the truly flat and the truly round meet each other, the meeting place [consists of] merely one point. When [a point] moves there is just one line.)

以点的移动(*fluxus*)来定义线一般归于普罗克洛斯,尽管亚里士多德曾有暗示[见《论灵魂》(*De anima*)I. 4,409 a4]。[1] 关于球与平面接于一点的说法源自中世纪亚里士多德学说对几何学的论述。亚里士多德有数例以此示意"数学接触"与"物理接触"的区别,后者无法限于一点。[2] 克拉维乌斯并没有给出这个例子,由此可见利玛窦使用了克拉维乌斯版《原本》以外的材料。

• 请注意"止"的意味要比"仅"(only)和"只"(merely)强烈得多,这里试图表达的含义是"仅此一点"(*exactly* one point)及"仅此一线(*exactly* one line)。

157

3. 线之界是点

The extremities of a line are points.

[线的边界是点。]

此定义的表述形式为"*A* 是 *B*",指示词"是"似乎被用作系动词(*copula*)。然而,在原文中,被定义的是"点"还是"线之界"并不清楚,与此定义 6 类似)。希思对这两个定义作了特殊对待,并不像对其他定义那样用粗体来指示被定义项。另一方面,维特拉克认为被定义项是"线之界"(定义 6 中则是"面之界")。产生此种分歧的背景乃是亚里士多德对于将点定义为"线之界"的批评。希思将欧几里得的表述解释为对亚里士多德批评的反应。据此观点,定义 3 并不是一个真正的定义,而只是在此前定义的两个概念之间,即在"点"与"线"之间,所建立起的一种联系。这样,希思认为这个定义并没有给出新概念,此例中的"是"就起不到一

---

[1] Heath I,第 159 页。

[2] 参阅 P. Tummers, *Albertus (Magnus)' Commentaar op Euclides' Elementen der Geometrie* (2 vols.),Nijmegen,1984 (Ph. D. thesis),I,第 100—101 页。大阿尔伯特(在几何学方面)对亚里士多德的评注。

个系动词的作用,而更像是现代汉语中的"就是"(指示同一性)。而若依维特拉克的解读,此句提出了一个新的概念"线之界",那么这的确是一个定义,如此"是"字就起到了系动词的作用。① 克拉维乌斯遵循了上述第二种解释,因为他注释说并非所有的线都有端点。②

• 《墨经》中也有将"是"用作系动词例子,其句型为"A 是 B 也",指示同一性关系或类属关系。③

4. 直线止有两端。两端之间,上下更无一点

(A straight line has only two ends[?] ; above and below those ends there are no other points.)

A straight line is a line which lies evenly with the points on itself.

[直线是一线:其上各点均匀平放于自身。]

此定义因晦涩不明而倍受责难。众多注释者均未解其意,直线的概念实在如此简单而无法用更简单的术语来解释。希腊文原著的文法措辞又加重了注释者们所遇到的问题,按古希腊文语法,对原文至少可以有两种不同理解,希思将其分别表述为 the straight line lies in the same way as its points 和 the straight line lies symmetrically for (or through) its points。④ 希思采用了后一种理解,微有调整。克拉维乌斯的拉丁译文是:" *Recta linea est , quae ex aequo sua interiacet puncta* ."为了解释这句话,他说直线"在两端间均匀拉伸",或者"在直线中,没有任何点从这个或者那个方向、向上或向下偏转而跳离端点间。"(. . . *quae aequaliter inter sua puncta extenditur , hoc est , in qua nullum punctum intermedium ab extremis sursum , aut deorsum , vel huc , atque illuc deflectendo subsultat* .)⑤克拉维乌斯所用的动词 *inte-*

158

---

① Heath,I,第 165 页及 Vitrac EE,第 153—154 页。亚里士多德(Aristotle, *Top*. VI,4,141 b 1—7)批评该定义的理由是:它用后出现的概念(线)定义先出现的概念(点)。众所周知,在亚氏哲学中,线与点的关系十分复杂又非常重要。
② Clavius 1574,第 2 页。
③ 葛瑞汉《晚期墨家逻辑》第 157 页。不过此用法仅限于 A 与 B 均为 verbal units 的情况。
④ Heath 沿袭了 Max Simon 的理解(Heath I,第 167 页)。
⑤ Clavius 1574,第 2 页。

riacere[“平放于……之间”(lie *between*)]使得定义中的 *sua puncta* 可被理解为仅指端点。这种理解又可以使上一条定义进一步得到强调。克拉维乌斯可能遵循了普罗克洛斯的理解(亦有引述),后者用 *ex aequo* 来指直线正好占据了它的两个端点间的空间距离。[①]

如此这番之后,观乎汉译,首先可见“端”字,其义此前并未提及,亦未定义。它在此处似乎只能表示“端点”(end-point)而非他意。不过,为何要称“直线止有两端”仍然不甚明了,因为曲线亦不多于两端。另一种理解是取“止”之本义,即“停在”或“留驻于”,这便可以暗示直线恰存于其两端之间,若该句真乃此意,那它也未免过于隐晦不明。还应注意到:此定义的措辞不同于与它相类的定义 7。

• 在注释中,利徐二人又给出了其他几种直线定义:

> 两点之间,至径者,直线也。稍曲,则绕而长矣。

(The shortest way between two points is a straight line. If it is slightly curved it is already a deviation and a longer way.)

这是阿基米德的直线定义。然后是柏拉图的直线定义,它借助了视线的概念:

> 直线之中点能遮两界。

(The middle point(s) of a straight line can cover the two extremities.)

最后指出距离均用直线来测量(“凡量远近皆用直线”)。

5. **面者,止有长、有广**

159 (A surface has length and breadth only.)

A surface is that which has lengthand breadth only.

[面只有长度和宽度。]

后补充说“凡体之影极似于面”,又说,面是“无厚之极”。还有:“想

[①] 参阅 Heath I,第 166—167 页;Morrow,第 88 页。

一线横行所留之迹即成面也",这又对应于"(点)行则止有一线"。

- 在中国传统数学中,也用"面"来表示图形(比如三角形)之边。①

6. 面之界是线

The extremeties of a surface are lines.

[面的边界是线。]

对定义 3 的说明亦可用于此定义。

7. 平面:一面平在界之内

(A flat surface is a surface that is situated flatly within its limits.)

A plane surface is a surface which lies evenly with the straight lines on itself.

[平面是一面:其上各直线均匀平放于自身。]

在传世欧几里得《原本》以及克拉维乌斯版《原本》中,此条定义与定义 4 在表述方式上是一致的。利徐二人对此定义的译法与定义 4 大为不同。定义 7 的表述方式更符合欧氏与克氏的原述,将 *ex aequo* 翻译为"平"(evenly)。

- 随后又另给出定义,或许是解释。首先是中间线能够遮蔽端线("平面中间线能遮两界");其次是在一平面上循任何方向可作直线("平面者诸方皆作直线");最后,又给出平面所能唤起的"实体"直觉:

> 试如一方面,用一直绳施于一角,绕面运转,不碍于空,是平面也。

("不碍于空",四库本同此,《天学初函》本、"明清本"作"不碍不空"——译者)

(Suppose that on a square surface a straight rope attached to a corner is turned a-round over the surface. If it [meets] no obstruction nor empty space, the surface is flat.)

---

① 例如《算法统宗》3.5b。(中国传统数学用"面"表示"边"早见于《九章算术》,"少广章"开方术称"若开之不尽为不可开,当以面命之"——译者)

克拉维乌斯在这里将平面比作一片大理石。

8. 平角者:两直线于平面纵横相遇交接处

(A plane angle is the meeting place of two straight lines meeting each other from different directions in a plane.) [A 者 B]

A plane angle is the inclination to one another of two lines in a plane which meet one another and do not lie in a straight line.

[平面角是在一平面内相交但不在一条直线上的两线之间相互的倾度。]

请注意,利徐此处说"直线",而欧几里得(及克拉维乌斯)只说"线"。因此利徐的定义与卷三命题 16(希思版编号)矛盾,该处称角由直线或曲线相交而成。并且,若加"直"字,"于平面"便是多余。此外,欧几里得自己也补充了"不在一条直线上"这一条件,相当于指出相交两线应为直线。① 对一示意图中两曲线所成之角,利徐二人在注释中否认该形为角,但克拉维乌斯则接受这样的角。

• 一个与"倾度"(inclination)概念有关的语言学问题,值得玩味。这就是组合词"纵横"的含义,该词的字面意思是"竖直与水平"。尽管这个词的含义不至于狭窄到仅指互相垂直的两个方向,但两条交角很小的直线能否被称为"纵横",就大有问题。无论如何,与欧几里得原文一样,该定义排除了曲线角。串连两个相反意义的汉字,所组成的词表示一个抽象概念,这在汉语中十分常见。

• 按照利徐的遣词,角实际上是指两直线相交处,但这种说法含糊不清,甚至错误。难道两直线相交的那个点能被称为角吗?若非如此,"处"的范围又是多大?如此遣词也使得欧几里得的角度概念晦涩不明,其本义乃是两线之间的"倾度"构成角。

• 一般认为,中国传统数学中并没有对应于 angle 的词汇。② 此说

---

① Heath I, 第 176 页对此解释如下:看起来,尽管欧几里得实际上想定义一个直线角,但经进一步考虑,作为对共所承认的曲线角的让步,他又将"直线"修改为"线",同时将定义分为两条。
② 例如:李俨、杜石然:《中国数学简史》英译版(*A Concise History*),第 194 页。

需作限定,因为在程大位的《算法统宗》(1592)中,出现了"角"的术语。这个字的本义是"动物的角"——比如牛角——实际上是一象形字。由此引申出"角落"、"棱角"(非数学意义上的 angle)的含义。在程大位的著作中,它被用于指多边形,比如"三角形"(实际上指等边三角形),或简称"三角"(该简称也可用于等腰三角形),以及"六角形"(实指正六边形)。① 依中国古算之惯例,这些术语所指乃实形(此例中,指三角形的"田")。

9. 直线相遇作角,为直线角

(Straight lines meeting each other and forming an angle constitute rectilineal angles.)

And when the lines containing the angle are straight, the angle is called rectilineal.

[当包含角的两线为直线,该角叫做直线角。]

此处是句型"A 为 B"第一次出现。在这里开始使用新的句型是恰当 161 的,因为这个定义属于一种新的定义类型(名词性定义),这种定义只是将某一抽象概念赋予某一简短方便的名词,否则该概念就需要用较长的文字来描述。不过,有些出乎意料,译者并未选用同音词"谓"(被称作,be called)。而"为"字意即"等同于"(constitute),或"被认为是"(consider as),较之原文多少有些过度。

• 注意:主动态的陈述"作角",即"作出一角"(make an angle),以及"为直线角"意即"构成一直线角"(form a rectilineal angle)。

• 利徐注曰:"本书中所论止直线角,但作角有三等",即"直线角"、"曲线角"和"杂线角"。这便与上一定义的注解矛盾(彼处认为曲线角非角)。确实,第一卷只讨论了直线角,但是第三卷命题 16(希思版编号)则讨论了杂线角。这种对角的处理令人不能满意之处还在于:定义 9 成了多余之物(若如上一定义所说,角必须由直线构成,那么就没必要再定义一个"直线角")。

---

① 《算法统宗》,3.3a (图);3.5b (图文);3.10a,10b,11a,11b (文)。不应排除此种可能:这些图示文字(比如"三角形")是后人所加。文中表述为"三角田"。

10. 直线垂于横直线之上,若两角等,必两成直角,而直线下垂者,谓之横线之垂线

(A straight line hangs down on [falls on] a horizontal . straight line; if the two angles are equal the two necessarily form right angles and the straight line hanging down is called the perpendicular of the horizontal line.)

When a straight line set up on a straight line makes the adjacent angles equal to one another, each of the equal angles is right, and the straight line standing on the other is called a perpendicular to that on which it stands.

[当一直线立于另一直线上,形成相邻两角相等时,相等的两个角都称为直角,所立直线称为另一条直线的垂线。]

显然,《几何原本》未译"相邻(adjacent)"。原文的确有些冗余:既然此定义所构之形是一直线"立于"另一直线之上,则必成二角。当然,定义原文也意图涵盖垂线于交点处继续延长的一般情形,如此则形成四个角,那就有必要详细说明所考虑的是哪两个角。

• 另一个有趣的问题是关于"横"与"垂"的含义。"横"的基本含义是"水平",而"垂"字指"悬挂"。但这两个字在多大程度上包含了互相垂直的情况呢?例如,是否能够把一条竖线,也称为"横"?"垂"字的两种用法也给令人困惑:它可以表示某直线仅以未定角度交于另一直线;而有的时候则意味着"垂直"。用日常用语来创造抽象的技术词汇显然要求某种"延伸想象"!

162 • 还请注意"两"(两者皆,in both cases)被用作副词。

11. 凡角大于直角,为钝角

(In general angles greater than right angles are obtuse angles.)

An obtuse angle is an angle greater than a right angle.

[钝角是比直角大的角。]

此处系"凡"字首次使用,意指一般性。尽管这个词通常被译为"大体而言",但它在这里的功用是量词:所有(All)角。

12. 凡角小于直角,为锐角

(In general angles lesser than a right angle are acute angles.)

174

An acute angle is an angle less than a right angle.

[锐角是比直角小的角。]

在此定义后,《几何原本》注曰,就上述三个定义而言,直角只有一个("直角一而已"),而其他类型的角都互不相同"乃至无数"。这几乎是一个哲学陈述,比"所有直角皆相等"还要意蕴丰富。

• 亦解释如何用符号来标识角(例如"甲乙丙")。

13. 界者,一物之终始

(A boundary:the end or beginning of a thing.)

A boundary is that which is an extremity of anything.

[边界是任何物体的边缘。]

"界"字此前用为"定义"(definition),即"界说"的简称,此处用同一个字来表示边界(boundary),显然是考虑了拉丁词汇 *definitio*。而"界"字在定义 3 和 6 中已经被用来表示"端"(extremity):使用未经定义的术语有违体例,不过欧氏原文即是如此。

• 此定义后解释说只存在三种"界":点为线之界,线为面之界,面为体之界。但体不能是任何物之界(即:只有三维)。

14. 或在一界,或在多界之间,为形

(Either between one boundary or between more boundaries is a figure.)

A figure is that which is contained by any boundary or boundaries.

[图形是一个边界或多个边界所内含。]

注意"间"字既可以表示"之内"(within),又可以表示"之间"(between)。而在注释中,圆周被称为"平圆",与下一定义中表示圆周的术语不同。实际上,在中国传统数学中,"圆"字主要指圆周。以语法上看:"边界所内含"(that which is contained by a boundary)被简单地称为"在一界之间",整个短语用作名词性主语。

163

15. 圆者,一形于平地,居一界之间。自界至中心作直线,俱等

(A circle:a figure on a flat ground contained within one boundary;all the lines

175

made from the circumference to the centre are equal.)

A circle is a plane figure contained by one line such that all the straight lines falling upon it from one point among those lying within the figure are equal to one another.

[圆是由一线所包含的平面图形：其内某点与线上各点连成的直线都相等。]

从字面上说，"于平地"的意思其实是 on the flat earth，"居一界之间"的意思其实是 dwelling within one boundary。这些是非常具体的形象，"地"的意思是"土地"。译者又犯了逻辑错误：使用了尚未定义的术语（"中心"，即圆心，是下一条定义对象）。

上文已指出：传统上，"圆"表示"圆周"。"圜"有两种意思，读作 huan 时，表示"围绕"(encircle)，读作 yuan 时，本意是"天"(heaven)。①

• 根据《几何原本》的定义，圆实际上指圆周内含之盘。利徐注释说，"外圆线为圆之界，内形为圆"。瞿太素在致利氏的一封信中提醒说：他的朋友们认为，圆仅指圆周。②

• 接着又给出了一个"生成性"定义："圆是一形，乃一线屈转一周复于元处所作"。③

16. 圆之中处为圆心

(The middle place of the circle forms the heart of the circle.)

And the point is called the centre of the circle.

[而且这个点称为圆心。]

请注意此形象非常具体："中处"。

---

① 《汉语大词典》第三卷，第 670 页。
② 瞿太素在 1596 年致利玛窦的信中提出，经与其他学者（或许在某一书院中）讨论了利氏所教之后，他们指出圆由线构成，而利玛窦却说线只是边界，圆是边界内含之图形：*Omnes hi literati ex linea circulum faciunt , sed doctrinae V . R . convenienter , ex linea fit circuli terminatio ,& circulus in ipsa consistit .* Hay, De rebus japonicis, indicis et peruanis epistolae recentiores, Antwerp, 1605，第 919 页。亦可参阅裴化行：《利玛窦对中国科学的贡献》(*Matteo Ricci's Scientific Contribution to China*) (Edward Chalmeis Werner 译)，Connecticut，第 51 页。
③ 参阅 Heath I，第 185 页。

17. 自圆之界作一直线,过中心至他界,为圆径。径分圆两平分

(The straight line made from the boundary of the circle passing through the centre to the other boundary is the diameter of the circle; the diameter divides the circle into two equal parts.)

A diameter of the circle is any straight line drawn through the centre and terminated in both directions by the circumference of the circle, and such a straight line also bisects the circle.

[圆的直径是过圆心且在圆心两边被圆周截得的任意直线,而且这样的直线也将圆平分。]

"他界"(the other boundary)这一说法当然不自洽,因为圆只有一 *164* 界。另外,"平"字既可表示"平面"(plane)又可表示"等"(equal)。

18. 径线与半圆之界所作形为半圆

(The figure made by the diameter line together with the diameter of the semicircle is the semicircle.)

A semicircle is the figure contained by the diameter and the circumference cut off by it. And the centre of the semicircle is the same as that of the circle.

[半圆是直径与其所截圆周包含的图形。半圆心和圆心相同。]

也许是难于表达"直径所截之圆周",定义使用了半圆的概念来定义半圆。

19. 在直线界之中之形为直线形

(A figure within a rectilineal boundary is a rectilineal figure.)

Rectilineal figures are those which are contained within straight lines, trilateral figures being those contained within three, quadrilateral those contained within four, and multilateral those contained within more than four straight lines.

[直线形是直线包含的图形,三边(角)形是三条直线包含的图形,四边形是四条直线包含的图形,多边形是比四条更多的直线包含的图形。]

这里用"中"字取代了"间"字。"形"的基本含义的确是"轮廓"或"形体",引申意则具有深刻的哲学内涵。"形而下"取自《易经》,却是新儒学

177

的重要概念,它意味着"物理形式之下的事物"。①在哲学语境中,它以有形具体与"形而上"相对。

比较希思本与利徐译本可发现,就定义对象而言,直到定义 19 都是一致的。从定义 19 到定义 32,则有所不同,这是由于克—利徐将欧几里得的个别定义拆分成几条定义。欧几里得的定义 19 一次性定义三边形、四边形和多边形,而克—利徐则用第 20、21、22 分别定义这三个概念。类似地,欧几里得的定义 20 定义了等边三角形、等腰三角形和不等边三角形,而它们在克—利徐版本中则是定义 23、24、25;欧几里得的定义 21 一次性定义直角三角形、钝角三角形、锐角三角形,而克—利徐版本则将该定义拆分成定义 26、27、28。

20.在三直线界中之形为三边形

(20. A figure between the boundaries [consisting of] three straight lines is a three-sided figure.)

21.在四直线界中之形为四边形

165 (21. A figure bounded by four straight lines is a four-sided figure.)

22.在多直线界中之形为多边形

(22. A figure bounded by several straightlines is a many-sided figure.)

23.三边形,三边线等,为平边三角形

(Trilateral figures, [of which] the three side-lines are equal, are to be deemed e-quilateral triangles.)

Of trilateral figures, an equilateral triangle is that which has its three sides equal, an isosceles triangle that which has two of its sides alone equal, and a scalene triangle that which has its three sides unequal.

[三边(角)形中,等边三角形是三边都相等的三角形,等腰三角形是只有两边相等的三角形,不等边三角形是各边都不相等的三角形。]

---

① 这是陈荣捷(Wing-Tsit Chan)的译法,见其《中国哲学文献选编》(*A Source Book in Chinese Philosophy*),Princeton,1973(首印 1963),第 786 页。

注意,同一句中的"等"与"平"二字都表示"相等"。

· 关于术语"三角形",请参阅笔者在定义 8 后的说明。

· 汉语文言中,多于两个汉字组成的词汇相对少见。三个或更多个汉字的词汇,比如此定义,以及上述定义 20 至 22,或许会被认为是比较笨拙的表达方式。"三角形"可能会依字面意思被理解成"有三个角的图形"。在行文中,"三角形"常简称为"角形"。

24. 三边形,有两边线等,为两边等三角形

(24. A three-sided figure with two sides equal is a two-sides-equal triangle.)

除了"角形",等腰三角形也被称作"圭",原指这种形状的田地。①

25. 三边形,三边线俱不等,为三不等三角形

(25. A three-sided figure with all three sides unequal is a tree-fold unequal triangle.)

《算法统宗》有例称不等边三角形为"斜圭",而五边俱不等之五边形被称为"五不等"。②

26. 三边形,有一直角,为三边直角形

(26. A three-sided figure having one right angle is a tree-sided right-angled figure.)

21. Further, of trilateral figures, a right-angled triangle is that which has a right angle, an obtuse-angled triangle that which has an obtuse angle, an acute-angled triangle that which has its three angles acute.

[而且,直角三角形是有一个直角的三角形,钝角三角形是有一个钝角的三角形,锐角三角形是有三个锐角的三角形。]

这种三角形即中国传统数学中的"勾股形"。值得注意的是,利徐二人对此定义的注释完全不提相应的中算术语,对此他们显然进退两难:若想有助于中西数学的融合,必然应将 right-angled triangle 译为"勾股形";但是,译作"勾股形"又会破坏欧几里得定义的概念框架,在这一框架中,right-angled triangle 是"亚种",应从属于"种"——triangle,故需译

---

① 例如《算法统宗》3.5b。
② 前书,3.10a。

为某某角形。

27. 三边形,有一钝角,为三边钝角形

(27. A three-sided figure having one obtuse angle is a tree-sided obtuse-angled figure.)

"钝"字的意思是"不锋利",其形旁"金"指兵刃等物。

28. 三边形,有三锐角,为三边各锐角形。凡三边形,恒以下者为底,在上二边为腰

(28. A three-sided figure with three acute angles is a three-sided each-angle-acute figure;In general in three-sided figures, what is underneath should always be taken as the basis, and the two sides on top as the legs.)

注文所谓"恒以下者为底,在上二边者为腰"显然与原书不符。克拉维乌斯写道任意边皆可为"底",而欧几里得原文中对"底"与"腰"并未作区分。

29. 四边形,四边线等而直角,为直角方形

(29. Of four-sided figures those which have four sides equal and the angles right are right-angled square figures.)

22. Of quadrilateral figures,a square is that which is both equilateral and right-angled;an oblong that which is right-angled but not equilateral;a rhombus that which is equilateral but not right-angled;and a rhomboid that which has its opposite sides and angles equal to one another but is neither equilateral nor right-angled. And let quadrilaterals other than these be called trapezia.

[四边形中,正方形是既等边又全直角的四边形;长方形是全直角但不等边的四边形;菱形是等边但没有直角的四边形;斜方形是对边和对角都相等,但既不是四边全等也没有直角的四边形。其余的四边形称为不规则四边形。]

此处利徐又将一个定义拆分成数个。注意"方"字本身就是表示正方形的传统术语。在汉译中,后文几乎总是如此使用"方"字。

30. 直角形:其角俱是直角,其边两两相等

(30. A right-angled figure:all of its angles are right angles, its sides are equal in pairs.)

尽管"直角形"字面上可能被理解为任何含一个或多个直角的多边形,此概念的定义仅指"长方形"(rectangle)。值得注意的是:该定义中并没有使用小品词"者",这样一来此句就更像是一个定理:四角皆等,则边两两相等。还要注意这里又使用了"是"字。 167

31. 斜方形:四边等,俱非直角

(31. A slanted square figure has four sides equal and none of its angles right.)

这个定义的汉译似是而非,因为"方"字通常仅指正方形,于是"斜方形"意蕴"非方之方"(an unsquare square)。当然,此译法的意图是想表达:起初为正方形,尔后变形为等边平行四边形。《算法统宗》称等边平行四边形为"梭形"。[①]

32. 长斜方形:其边两两相等,俱非直角

(32. A elongated slanted square figure has its sides equal in pairs and none of its angles right.)

这实际上定义了一个平行四边形,但是在后文中,却称为"平行方形"。欧几里得并未单独定义平行四边形,也许是由于至此尚未定义"平行","平行四边形"(parallelogram)这个术语首次出现是在命题 23 中(Heath I,第 325 页),亦参阅利徐定义 35。

33. 以上方形四种,谓之有法四边形。四种之外他方形,皆谓之无法四边形

(33. The above four kinds of square-like figures are called regular four-sided figures. Other figures outside these four kinds are all called irregular four-sided figures.)

克拉维乌斯在此处定义了 trapezium("无法四边形"),和希思定义 22 一样,他将 trapezia 定义为不能归入上述任何一类的四边形。不过根据希思的看法(Heath I,第 190 页),trapezium 一词被理解为有且仅有两边平行的四边形,这在定义中并未明确。利徐二人也许觉得没有必要为

---

① 前书,3.7a.

不规则四边形专造一个名称。

34. 两直线于同面行,至无穷,不相离,亦不相远,而不得相遇,为平行线

(Two straight lines in the same plane, [that,] proceeding to the limitless, do not depart from each other nor succeed in meeting each other, are evenly proceeding lines.)

Parallel straight lines are straight lines which, being in the same plane and being produced indefinitely in both directions, do not meet one another in either direction.

[平行直线是这样的两条直线:它们在同一平面内,向两个方向无限延长,无论在哪个方向都不相交。]

这个定义的性质与此前所有定义皆不同,因为它明确关注对象间的关系。利徐定义对原文稍有改动,缺少了"向两边"。利徐仅考虑了一个方向,但通过既考虑相遇又考虑相离而得到了补偿,而原文只需要考虑两线之相遇。

- "平"字这里的意思与在上一定义中不同,表示"总是保持相同的距离"。

- 注意汉语词汇"平行"隐含运动意味。

- 汉译表述说两线行"至无穷"(to the limitless),暗示了存在无穷远处。希思指出,希腊文中相应的词汇是一个副词,说两线"无限地"(indefinitely)延长。① 众所周知,在射影几何中,平行线在无限远处必相交。

35. 一形,每两边有平行线,为平行线方形

(35. A figure that has parallel lines at each two sides is a parallel-lines square figure.)

这是平行四边形(*parallelogram*)的第二个定义。上已提及,该定义未见于欧几里得原书。克拉维乌斯将其添入并注释说该形见用于卷一,而且有了这个定义(以及他出于同样目的添加的定义36)的帮助,许多命题的证明会更加容易。在卷六中,平行四边形被称为"平行方形",并常

----

① Heath I,第 190 页。

常被简称为"方形"。

36. 凡平行线方形,若于两对角作一直线,其直线为对角线。又于两边纵横各作一平行线,其两平行线与对角线交罗相遇,即此形分为四平行线方形。其两形有对角线者,为角线方形。其两形无对角线者,为余方形

(36. In general, in a parallelogram, if in two opposite angles a straight line be made, that straight line is a diagonal [opposite angle line]. If, furthermore, horizontally and vertically each one line is made parallel with respect to two sides, such that these two lines cross and meet at the diagonal, then this [the original] figure has been divided into four parallelograms; the two figures containing the diagonal are the diagonal square figures [the parallelograms about the diameter]; the two figures that do not contain the diagonal are called the remaining square figures [complement].)

克拉维乌斯将上述定义插入此处,是因为欧几里得在卷一命题 43 (希思版编号)中定义了这些对象,该命题是:在任意平行四边形中,对角线平行四边形的补形彼此相等。(Heath I,第 340 页)该定义要传达的意思如下:

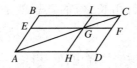

如果在平行四边形 ABCD 中作对角线 AC,并且 EF//AD,且 HI//CD,EF 与 HI 与对角线交于同一点 G,那么 AEGH 和 GICF 被称为对角线平行四边形("角线方形");EBIG 和 HGFD 是补形("余方形")。

没有图解,就很难弄清术语所指。请注意,此处又使用了"横"与"纵"的扩展义:它们可互相在任何方向形成任何倾度,即使两线近乎平行。

• 请注意倒置的语法结构"其两形有对角线者"(those two figures that have the diagonal),取代了"其有对角线两形",将"其两形"置于句首可能是为了强调。

求作四则[Postulate ("required to do" 4 items)]

总论见第四章第五节,以下仅关注一些语言上的细节。

希思:以下各条作为公设(Let the following be postulated):

1. **自此点至彼点,求作一直线**

(From this point to that point it is required to construct a straight line.)

To draw a straight line from any point to any point.

[从任一点到任一点作直线。]

这里以具体的指称表达一般性(任何点):从这儿(此)到那儿(彼),即任意选定的位置。

2. **一有界直线,求从彼界直行引长之**

([Given] a straight line with extremity it is required from that extremity to prolong it proceeding straight.)

To produce a finite straight line continuously in a straight line.

[将一有限直线在一直线上延长。]

"引长之"字面意思是"将其延长","直行"的字面意思是"径直前行",因此,笔者理解"直行引长之"的意思就是"在直线(方向)上将其延长"。

• "继续"一词并未被清楚译出,但"引长"一词,即"延长"或"伸展",强烈蕴涵了继续行进的意味。

3. **不论大小,以点为心,求作一圆**

(No matter the size, with a point as centre it is postulated to make a circle.)

To describe a circle with any centre and distance.

[以任意圆心和距离作一圆。]

此处用"不论"来指示一般性:"不管是什么大小",或"任何大小"。但就汉译而言,并未指出可以任意点为圆心。

170

184

• 希腊文中没有"半径"(radius)一词,只用"距离"(distance)。^① "距离"此处被译为"大小"。

(4) That all right angles are equal to one another.

[所有直角都相等。]

(5) That, if a straight line falling on two straight lines make the interior angles on the same side less than two right angles, the two straight lines, if produced indefinitely, meet on that side on which the angles are less than the two right angles.

[如果一直线交于另两条直线在同侧所形成的两内角小于两直角,那么如果无限延长那两条直线,则它们将在所成两内角小于两直角的这一侧相交。]

(以上(4)(5)两条在原书中为公设,在克—利徐本为"公理"——译者)

4. 设一度于此,求作彼度,较此度,或大,或小

(Given one magnitude here to construct another magnitude either greater or smaller than the one given.)

利徐为说明此条定义的内涵所作的注释颇为有趣。这是《几何原本》中唯一引用中国古典文献之处,语出《庄子》:

或言较小作大可作,较大作小不可作。何者? 小之至极,数穷尽,故也。此说非是,凡度与数不同,数者可以长不可以短,长数无穷,短数有限,如百数减半成五十,减之又减,至一而止,一以下不可损矣。自百以上增之,可至无穷,故曰可长不可短也;度者可以长亦可以短,长者增之可至无穷,短者减之亦复无尽。尝见《庄子》称"一尺之棰,日取其半,万世不竭。"^②亦此理也,何者? 自有而分,不免为有,若减之可尽,是有化为无也;^③有化为无犹可言也。令已分者更复合之,合之又合仍为尺棰,是始合之初,两无能并为一有也,两无

171

---

① Heath I,第 199 页。

② 引自《天下》篇:"一尺之棰,日取其半,万世不竭。"(A stick one foot long, if you take away a half every day, will not be exhausted for a myriad ages.)[葛瑞汉:《庄子·内篇》(*Chuang-Tzu: The Inner Chapters*),London,1981,第 284 页].

③ 注意反事实推理(the counter-factual):"若减之可尽是有化为无也"。

能并为一有不可言也。①

可见,引文目的是为了说明古希腊数学的核心原则:单位的不可分割性,以及度(连续量)与数(离散量)的区别。上一章已经说过,这条公设乃克拉维乌斯所添加。

在解释什么是公设时,利徐的说法极其简略:"求作者,不得言不可作"。② 而未涉及哲学内涵或说明公设之目的。而且,将 postulate 译为"求作"并非没有疑义。

首先,单纯从语言角度讲,这个词由两个全是动词意义的字构成,看起来这样的组合很难作为一个独立的名词术语。汉译《几何原本》全书几乎都以"求"简称,但对术语的译法问题并无帮助。③ 而且,在许多问题类型的命题中,如果命题陈述要求作图,则"求作"这一复合词的两个字却完全以各自的独立意义存在。就此仅举一例,如(希思版编号)卷一命题 11:

一直线,任于一点上,求作垂线

Heath:To draw a straight line at right angles to a given straight line from a given point on it.

[由已知直线上一点作一直线与已知直线成直角。]

这样一来,公设和问题之间就不存在措辞上的正式差别,而"求作之法"这一词组在书中随处可见,其意不过是作图的实际"操作"。事实上,这使得公设的地位湮没不彰,以梅文鼎为例,他说过:《几何原本》只给出了将一条线段分为中末比的方法("**求作之法**")。④

另一个重要且有趣的问题是,中国传统数学中"求"字有其专门含

172

---

① 这条注释当然与亚氏物理学中连续量无限分割有关,这在中世纪引发了大量评注。这个原理最重要的后果是排除了物质的原子概念。
② 感谢马若安教授(Martzloff)更正了笔者原先对此句的错误翻译。
③ 如"第一求"(first postulate)等等。
④ 见《几何补编》序言,《四库全书》795 卷,第 579 页。

义,与《原本》所指不尽相同。在《九章算术》中,它仅在一个问题需要数值解时被使用。例如,当给出直角三角形两边(长度)时,所提的问题是计算第三边,就使用"求"字。后面我们将看到,徐光启在他的一个几何学短篇中使用这个字时,完全没有意识到它在欧氏几何学语境中与在中国传统数学语境中的区别。

公论十九则[Common notions ("common sayings" 19 items)]

1. 设有多度彼此俱与他等,则彼与此自相等

(Suppose there are several magnitudes,these ones and those ones [or "this one and that one"] each equal to another,then these ones and those ones are equal to each other.)

Things which are equal to the same thing are also equal to one another.

[等于同量的量彼此相等。]

注意翻译中所用"度"字,即量(magnitude)或连续量(continuous quantity),"数"则被排除在外。按理说似乎应译作"几何"(量的总称),因为对于公理而言,特别是此条公理,应视为通用于整个数学领域。不过,克拉维乌斯通过调整公理和公设,将几条严格限于几何学的公设列为公理。克氏还对数论诸卷(卷七至卷九)专门设列一套公理。这也许可以解释为什么汉译将"数"排除在外,而不用"几何"一词。

• "设"字的使用。《几何原本》中该字的意义常为"已知"(given),而这里则可能用于表示假设,修饰整个条件从句:假设"这些量等于同一量"。在下一条公理中,则没有用"设"字。

2. 有多度等,若所加之度等,则合并之度亦等

(There are several magnitudes equal;if the added magnitudes are equal then the whole magnitudes are also equal.)

If equals are added to equals,the wholes are equal.

[等量加等量,总量相等。]

这里用"若"提出假设,即"如果":如果所加的量相等。

• 请注意"总量"的表述:"合并之度",意为"合在一起的量"。

　　3. 有多度等,若所减之度等,则所存之度亦等

(There are several magnitudes equal;if the magnitudes taken away are equal then the magnitudes remaining are also equal.)

If equals be subtracted fromequals,the remainders are equal.

[等量减等量,余量相等。]

　　4. 有多度不等,若所加之度等,则合并之度不等

(Given several unequal magnitudes,if the magnitudes added are equal,the totals will be unequal.)

　　海伯格将此条及随后三条公理视为伪作而摈弃。①克拉维乌斯的公理共 19 条,即使排除那两条"公设",仍然比欧几里得的五条公理还多 12 条。如前章所言,添加公理是中世纪时期的显著特征。不过克拉维乌斯版所添加的公理多数来自更早的(中世纪前的)材料。一些添加的公理显然多余,它们可以很容易地从欧几里得的公理中导出。②

　　5. 有多度不等,若所减之度等,则所存之度不等

　　(If from a number of unequal magnitudes equal magnitudes be subtracted,the remaining magnitudes will be unequal.)

　　6. 有多度俱倍于此度,则彼多度俱等

　　(If a number of magnitudes are all double of this magnitude those magnitudes are all equal.)

　　如克拉维乌斯所言,卷一命题 47 及卷三命题 20(皆为希思版编号,Heath I,第 224 页;Heath II,第 49 页)的证明使用了此定理。

　　• 注意中文指示词("此"与"彼")的作用。公理 1 的内容与此类似,但遣词有别。这里没有用公理 1 所使用的"他"和"自相"。

---

① Heath I,第 223—224 页。

② 例如,利徐版公理 6 可以很容易地从他们的公理 1 及公理 2 中导出。关于添加公理情况的综述参阅 Heath I,第 223—234 页。希思提到了(Heath I,第 223 页)利徐版公理 4、5、6、7 属于主流传统。

7. 有多度俱半于此度,则彼多度亦等

(If a number of magnitudes all are half of this magnitude, then those magnitudes are all equal.)

8. 有二度自相合,则二度必等

(There are two magnitudes; if they coincide with each other, then the two magnitudes are necessarily equal.)

4. Things which coincide with one another are equal to one another.

[能彼此重合之物是全等的。]

这个"全等公理",也许出自伪托,[1]招致了许多争议。因为它的使用方 *174*
式——尤其在卷一命题4中(希思版编号)——清楚表明其意在于把一个
对象置于另一个对象之上,这样就在基本的层面将运动的概念引入了几何
学。众所周知,希腊哲学家认为几何是关于静止对象的知识,与感官世界
相分离,故而欧几里得在好几处似乎刻意回避重合方法。[2]

• 注意汉字"必"的使用。这使得句子像一个结论,尽管公理应有定
义的特征。

9. 全大于其分

(The whole is greater than its part(s).)

中文含有整体大于其部分之意,因为"分"可以是复数。

10. 直角俱相等

(All right angles are equal to one another.)

这是欧几里得第四条公设。如上所说,克拉维乌斯认为它不涉及
"建构动作"而将其归入公理。

11. 有二横直线,或正,或偏,任加一纵线,若三线之间同方两角小于
两直角,则此二横直线愈长愈相近,必至相遇

(Given two horizontal straight lines, either upright or slanted, and at random one

---

① Heath I,第225页;Vitrac EE I,第182页。
② 前书,第225—226页。

vertical line is added, if the two angles on the same side between the three lines is smaller than two right angles, then those two horizontal lines, the more they be prolonged, the more they will approach each other, and they will necessarily meet.)

此即著名的欧几里得第五公设,克拉维乌斯也将其归入公理。它所表达的内容如下:

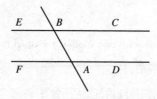

175　　　设有两条直线 *FD* 和 *EC*,第三条直线 *BA* 与之相交(如图所示),无论是角 *DAB* 与 *CBA* 之和小于两直角(180 度),还是角 *FAB* 与 *EBA* 之和小于两直角,如果无限延长两直线,则两直线必在两角之和小于两直角的那一侧相交。

定义中的"纵"与"横"二字,使得中文表述多少有点问题。实际上,线的"方向"如何无关紧要。的确,如前所述,这两个字并不表示"绝对水平"和"绝对垂直"。二者放在一起使用时,仅表示两个不同的方向,但两方向要有多大的区别才能满足"纵横"的要求?而且,此条公理中涉及三个方向,而两条线为"横"则强烈暗示它们(几乎)平行。表述显得缺乏一般性,加之所谓第三条线或"正"或"偏",就总体而言让人觉得:这是在测定两条似乎平行的直线是否真的平行。

12. 两直线不能为有界之形

(12. Two straight lines cannot form a figure with a boundary.)

这条公理自古便常见添列。希思断定此为后人所添而将其剔除,他认为此句源自卷一命题 4 的证明:"如果……底 BC 就与底 EF 不重合,那么两直线就围成一空……"(Heath I,第 232 页)。注意"有界之形"确属冗余:据定义 14,"形"必有界。

13. 两直线止能于一点相遇

(13. Two straight lines can only meet in one point.)

添加这条公理颇有意思。欧几里得演绎体系中最大的缺陷之一就 176
是直线与直线、直线与圆相交时，其交点的存在性问题。如希思所言：
"《原本》的特点之一，是用作图的方法证明具备某种性质的图形之存在
性。"①通过直线与圆的相交作图产生新的点，而这些点又决定了新的直
线，如此等等。然而这些点的存在性，在《原本》中并未有公设保证（除了
第五公设，但这只是个特例）。克拉维乌斯所添加的公理——阿拉伯注
释者亦是如此——虽不足以弥补裂缝，但至少对于线与线的相交作了
交代。②

14. 有几何度等，若所加之度各不等，则合并之差与所加之差等

(14. Given some equal magnitudes, if the magnitudes added to them are unequal
the difference between the wholes will be equal to the difference between the magni-
tudes added.)

此条及下一条公理出自帕普斯(Pappus)，但被普罗克洛斯摒弃，因
为它们可以从真正的公理中直接得出。公理 16 及公理 17 只是对这两
条公理稍作变化。③ 实际上，克拉维乌斯对这四条公理作了证明！当然
这些证明引自普罗克洛斯。对克氏来说，基本原理的首要目的显然是教
学性的：为便于教学他增添了许多基本原理。

• 特别注意"几何"一词这里表示"一些"。很难解释为什么前面的
公理还使用的"多"字，这里却突然被"几何"所取代。在卷五中，"几何"
常用来表示"量"(quantity)，其中包括"度"(magnitude)。这样就使得
"有某量与某度相等"成为可能。

15. 有几何度不等，若所加之度等，则合并所赢之度与元所赢之度等

(15: Given some unequal magnitudes, if the magnitudes added are equal, the mag-
nitudes by which the sums exceed will be equal to the measure by which the original

---

① 前书，第 234 页。
② 前书，第 232 页，克拉维乌斯之前所添加的公理。
③ 前书，第 224 页。克拉维乌斯在他的注释里也确认普罗克洛斯从帕普斯(Pappus)那里习知这
些公理。

magnitudes exceed.)[If we have A and B, with A-B=D, then (A+C)-(B+C) is also D.]

注意对于"某甲超出某乙之度"的表达:"所赢之度",它源自中国古算。《九章算术》的第七章为"赢不足"。此公理可以更简洁地翻译成"和之所赢等于原量之所赢"。

16. 有几何度等,若所减之度不等,则余度所赢之度,与减去所赢之度等

(Given some equal magnitudes, if the magnitudes subtractedare unequal, then the magnitude by which the remaining magnitudes exceed [one another] isequal to the excess of the removed parts.)

17. 有几何度不等,若所减之度等,则余度所赢之度,与元所赢之度等

(Given some unequal magnitudes, if the magnitudes taken away are equal, then the excess of the remaining magnitudes will be equal to the excess of the original magnitudes.)

18. 全与诸分之并等

(The whole is equal to the sum of its parts.)

此条为克拉维乌斯添加。(Heath I,第 232 页)

19. 有二全度,此全倍于彼全,若此全所减之度倍于彼前所减之度,则此较亦倍于彼较

(Given two whole magnitudes, and this whole is double of that whole, if the magnitude that is taken away from this whole is double of the magnitude that is taken away of that whole, then the difference between these two is also double the difference between those two.)

卷二定义

1. 凡直角形之两边函一直角者,为直角形之矩线

(In general, in a rectangle, the sides containing a right angle are [function as] the "carpenter square-lines" of the rectangle.)

Any rectangular parallelogram is said to be contained by the two straight lines containing the right angle.

[(任意)两邻边(均)夹直角的图形称为直角平行四边形。]

此例颇为有趣,它引用中国传统几何对象的名称取代了欧几里得的术语。木工的矩尺,简称"矩",形如半个长方形。"矩"是非常重要的传统符号,有着宗教和神秘主义内涵。它由长方形的两边构成,可以想象这两边"包容"整个长方形。定理中"所函"常用为被动,意指"包围"或"围住"。①

2. 诸方形有对角线者,其两余方形任偕一角线方形为磬折形

(All square figures having diameters: the two complements and any of the "diameter squares" form a gnomon.)

And in any parallelogrammic area let any one whatever of the parallelograms about its diameter with the two complements be called a gnomon.

[在任何平行四边形面中,其对角线上的任一小平行四边形与它的两个补形一起被称为拐尺形。]

用来翻译 gnomon 的是一个传统术语"磬"。"磬"是一种石制打击乐器,形似矩尺。在《九章算术》中,用来表示 gnomon 的术语是"股实之矩"。"余方形"与"角线方形"在卷一之始已有定义。请注意原文说的是一般平行四边形,而汉译则仅限于长方形。

• 这里用"诸"而不是用"凡"来表示"一般"或"所有"。"者"字的功能并不明晰,它似乎强调这样的理解:"在有对角线的长方形中"。难道

178

---

① 克拉维乌斯写道:*Omne parallelogrammum rectangulum contineri dicitur sub rectis duabus lineis*, *quae rectum comprehendunt angulum*.(OM I,第 82 页)他还对 contained 作了有趣的解释,把长方形(平行四边形)看作是保持两边夹角不变,一边延另一边运动所得(第 82 页)。他还讨论了长方形与乘法的密切关系,声称长方形是其两边之积的观念与乘法类同(*Habet autem comprthensio haec parallelogrammi rectanguli sub duabus rectis lineis angulum rectum continentibus*, *magnam affinitatem cum multiplicatione unius numeri in alterum*)(第 83 页)。

这暗示说并非所有长方形都有对角线? 此句是否意指已经画上了对角线的那些长方形?

卷三定义

1. 凡圆之径线等,或从心至圆界线等,为等圆

(Always, if the diameters of circles are equal, or if the lines from the centre to the periphery are equal, the circles are equal.)

Equal circles are those the diameters of which are equal, or the radii of which are equal.

[等圆就是直径或半径相等的圆。]

对半径的表述相当笨拙。不过,希腊人的确没有使用专门术语来表示半径(Heath II,第 2 页)。克拉维乌斯将其称为 *recta ducta ex centra*(第 105 页),但也使用 *semidiametrum*。利徐二人也常使用"半径"(half-diameter),这也是一个中国传统数学术语。(拉丁文 *recta ducta ex centra* 即是 "从心至圆界线", *semidiametrum* 就是 half-diameter,利徐二人遵从克拉维乌斯的表述——译者)

在此定义的注释中,利玛窦解释说:"三卷将论圆之情,故先为圆界说,此解圆之等者。"请注意"论"和"解"这两个重要词汇,在这里有其特殊意义。

2. 凡直线切圆界,过之,而不与界交,为切线

(Always, a straight line touching the boundary of the circle and passing it, but not crossing it, is a tangent.)

A straight line is said to touch a circle which, meeting the circle and being produced, does not cut the circle.

[当直线与圆相遇,延长后不与圆相交,称直线与圆相切。]

注意 touch 译为"切",而 cut,即与圆周相交从圆周外跨入圆周内,译为"交"。"与圆相切"的线叫"切线",这很难让人觉得不是循环定义。如果"切"意味着"不割",那就没有必要进行定义。盖因未能准确理解希腊

179

文,克拉维乌斯的拉丁文本也存在循环定义问题。① 不过,当我们注意到汉译所定义的是不同的概念时,这种循环性就消失了。希思的表述定义了"(直线)与圆相切"的概念,而汉译定义则可认为是为"与圆相切的直线"提供了一个简洁的术语。当直线不"割"圆时,就特定为"切"。

3. 凡两圆相切,而不相交,为切圆

(Always, two circles touching each other but not cutting each other are touching circles.)

Circles are said to touch one another which, meeting one another, do not cut one another.

[两圆被称为相切,当它们相遇而不相交。]

这里又是用"切圆"的定义取代"两圆相切"的定义。"切"既表示"接触"又表示"相遇",克氏拉丁文版此处仍含糊不清。② 有趣的是在汉语口语里,不存在这种模糊性,因为当读作第四声时,"切"的意思是"接触",而读第一声时的意思是"切割"。

4. 凡圆内直线,从心下垂线,其垂线大小之度,即直线距心远近之度

(Always, with regard to straight lines in a circle, the perpendicular dropped from the centre, is the measure of the distance of the straight line to the centre.)

[4]: In a circle straight lines are said *to be equally distant from the centre* when the perpendiculars drawn to them from the centre are equal.

[圆内直线被称为与圆心有相等距离,当从圆心到这些直线的垂线相等。]

[5]: And that straight line is said to be *at a greater distance* on which the greater perpendicular falls.

[圆内直线被称为与圆心有较大距离,当从圆心到此直线的垂线较长。]

克拉维乌斯(第 106 页)将希思版定义 4 和 5 合并为一条定义。③ 利徐译本似乎遗漏了后半部分(希思定义 5),也许是因为前文没有定义"等 *180*

---

① 前书:*Recta linea circulum tangere dicitur, quae cum circulum tangat, si producatur, circulum non secat.* 亦参阅 Heath II,第 2 页,他分别翻译为 meet 和 touch,以转达希腊文的微妙区别。

② 前书:*Circuli se se mutuo tangere dicuntur, qui sese mutuo tangentes, sese mutuo non secant.*

③ 前书:*In circulo aequaliter distare à centro rectae lineae dicuntur, cum perpendiculares, quae à centro in ipsas dicuntur, sunt aequales. Longius autem abesse illa dicitur, in quam major perpendicularis cadit.* (OM I,第 106 页)

距",但定义了从圆心引出的线。在注释中,利徐解释说,选择垂线来定义距离,是因为它最短(与克拉维乌斯相比,他们没有引用卷一命题19),且最短线只有这一条。

- "度"此处显然意味"度量"。还请注意"下"字用作动词:"下垂线"。

5. 凡直线割圆之形,为圆分

(Always, the figure of a straight line cutting a circle is a "circle part".)

[6]: A *segment of a circle* is the figure contained by a straight line and a circumference of a circle.

[弓形是一直线与一段圆周所围成的图形。]

这里用中国传统数学术语"割圆"来翻译 cut。此例中,圆被想象成可以切割的盘。请注意汉译字面并未充分传达原义,因为没有提到圆周。不过,术语"割"的传统含义可能足以转达准确的含义。

6. 凡圆界偕直线内角,为圆分角

(Always, the angle within the circumference and a straight line is the angle of a circle segment.)

[7]: An *angle of a segment* is that contained by a straight line and a circumference of a circle.

[弓形的角是由一直线与一段圆周所夹的角。]

希思(Heath II,第4页)认为这个定义也许是几何学发展史更早阶段的某种残余。这种曲线与直线的夹角在卷三命题16中再度出现。

利徐的短注中有一个错误,"杂圆"应为"杂角"(克拉维乌斯:*angulus mixtus*)。(《天学初函》本、四库本误为"杂圆","明清本"已更正为"杂角",见《通汇》卷五,第1201页——译者)

7. 凡圆界任于一点出两直线,作一角,为负圆分角

(Always, [If you] from a random point on the circumference of a circle produce two straight lines making an angle, it is an angle "shouldering a segment".)

[8]: An angle in a segment is the angle which, when a point is taken on the circumference of the segment and straight lines are joined from it to the extremities of the straight line

which is the base of the segment, is contained by the straight lines so joined.

[取弓形圆周上一点,连接它与弓形底线两端点,连成的两直线的夹角是弓形角。]

利徐译文字面上的意思是"肩负弓形的角"(负:shouldering)。请注意他们没有提到弓形之底这条线段,这的确无关紧要。此条与上条定义所引入的术语在拉丁文中用(弓形一词)不同格位来区分(*segmentiangulus* 与 *in segmento angulus*),而利徐则是使用了一个动词来区分。

181

8. 若两直线之角乘圆之一分,为乘圆分角

(If an angle [made up] of two straight lines, "rides on" a segment of a circle, it is a "ride-on-the-segment angle".)

[9]: And, when the straight lines containing the angle cut off a circumference, the angle is said to stand upon that circumference.

[而且,弓形角的两边截圆周,称弓形角张于圆周。]

这是转换定义对象的一个有趣的例子——此前已数次提及——它终于造成了混乱。此处定义的是"张于",而利徐译文却定义了一个角。但此条与上条定义中的角恰是一样的角,于是它就有了两个不同的名称。

欧氏在上条定义中说,角 *ACB* 是弓形 *ACB* 中(*in*)的角,而在这条定义中,则是说同一角"张于"圆周 *ADB*。尽管 stand upon 可译为"乘"(骑在……上),利徐所定义的并不是这个动词,而是角。在另一处(定理26 末的小字注释,第713 页),利徐甚至评注说角相同而只是名不同。

利徐还注释说,除了以上定义的三种角以外,还有一种与圆相关的角:"切边角"(*angulus contingentide sive contactus*),即相切圆之间的角,卷三命题 16 中也出现了这种角。

9. 凡从圆心以两直线作角,偕圆界作三角形,为分圆形

(Always, [if] from the center of the circle an angle [is] formed by means of two straight lines, [such that] together with the circumference of the circle a triangle is formed, it is a "part-circle-figure".)

[10]: A *sector of a circle* is the figure which, when an angle is constructed at the centre of the circle, is contained by the straight lines containing the angle and the circumference cut off by them.

[扇形是于圆心处作角时,角的两边与它们所截圆周围成的图形。]

利氏用来翻译扇形的术语"分圆形",很难与翻译弓形的术语"圆分"相区别。

• 汉译的表述有失准确,读起来像是角和圆周构成了所定义的图形,但实际上是角的两边与圆周一起构成扇形。

• "三角形"在这里被用来描述两条直线和一条曲线围成的图形。

10. 凡圆内两负圆分角相等,即所负之圆分相似

(Always, if in a circle two angles-in-segments are equal, then the segments which they "shoulder" are similar.)

[11]: *Similar segments of circles* are those which admit equal angles, or in which the angles are equal to one another.

[相似弓形是那些角相等的弓形,或者这些弓形的角彼此相等。]

这是第一次用"相似"来翻译 similar,不过最好在后文再对此详加讨论,这一术语出现于此多少有些不合适(Heath II,第 5 页)。

卷四定义

1. 直线形居他直线形内,而此形之各角切他形之各边,为形内切形

(A rectilineal figure being placed within another rectilineal figure while each angle of this figure touches each side of the other figure is the touching figure of the [other] figure.)

A rectilineal figure is said to be *inscribed in a rectilineal figure* when the respective angles of the inscribed figure lie on the respective sides of that in which it is inscribed.

[一直线形被称为内接于另一直线形,当内接直线形的各角顶点在所接直线形的各边上。]

请注意,相对于"谓"(被称作),在定义中使用动词"为"(成为,是)确实更加合适。汉译称"各角切他形之各边",这是一个未经定义的关系。希思用词则不同:圆周和直线形各边"过"(pass through)角、直线形各边"切"(touch)圆周,而角"位于边上、位于圆周上"(lie on the sides, lie on the circumstance)。希腊文使用了同一个词(*haptetai*)(Heath II, 第 79 页,对此进行了解释),克拉维乌斯则分别使用了 *tangunt* 与 *tetigerint*,尽管并非一贯如此。

注意表示位置的动词"居",字面含义即"在家"。

2. **一直线形居他直线形外,而此形之各边切他形之各角,为形外切形**

Similarly a figure is said to be circumscribed about a figure when the respective sides of the circumscribed figure pass through the respective angles of that about which it is circumscribed.

[类似地,一直线形被称为外接于另一直线形,当外接直线形各边过所接直线形各角顶点。]

此处"切"字的含义与上条定义中不同。

* 当外接形为圆时,就产生了矛盾,因为圆的概念包括圆周内的部分,所以显然无法处于其所内接图形"之外"。

3. **直线形之各角切圆之界,为圆内切形**

(A rectlineal figure with each angle touching the boundary of the circle is the touching figure of the circle.)

A rectilineal figure is said to be *inscibed in a circle* when each angle of the inscribed figure figure lies on the circumference of the circle.

[一直线形被称为内接于一圆,当内接直线形各角顶点在圆周上。]

4. **直线形之各边切圆之界,为圆外切形**

A rectilineal figure is said to be *circumscribed about a circle*, when each side of the circumscribed figure touches the circumference of the circle.

[一直线形被称为外切于一圆,当外切直线形的各边与圆周相切。]

5. 圆之界,切直线形各边,为形内切圆

Similarly a circle is said to be inscribed in a figurewhen the circumference of the circle touches each side of the figure in which it is inscribed.

[类似地,一圆被称为内切于一直线形,当圆周与直线形的各边相切。]

6. 圆之界,切直线形之各角,为形外切圆

A circle is said to be *circumscribed about a figure* when the circumference of the circle passes through each angle of the figure about which it is circumscribed.

[一圆被称为外接于一直线形,当圆周过直线形各角顶点。]

7. 直线之两界,各抵圆界,为合圆线

(A line of which the two extremities [exactly] reach the circumference of the circle is a line fitting into the circle.)

A straight line is said to be *fitted into a circle* when its extremities are on the circumference of the circle.

[一直线被称为拟合于圆,当它的两个端点在圆周上。]

有趣的是,这里定义了一种新的直线与圆周的关系(不同于"切"与"割"),使用了新的词汇"抵"(挤、推、顶撞、对抗、到达等意)! 希思只是说"在……上",克拉维乌斯亦如此(*cum eius extrema in circuli fuerint*)。

• 小品词"之"似乎应理解为 of which,引导一个限定条件的定语从句。

卷五定义

前已提及,汉译版卷五中所有定义与定理都是关于书名《几何原本》中的"几何"。若综合考虑利氏《导言》、卷一开篇注释以及前已翻译的片断,当可肯定卷五所论是一般意义上的量,包括(几何)量(利徐译为"度")和数,那么"几何"与卷五原文所讨论的对象,在概念上就有所不同。

184　　但是,这种解释也有困难。如果考虑所有关于"度"的公理,我们就不能下结论说它们可以无条件地适用于卷五中的一切"量"。而且,当利徐用"量"这个字时,他们也可能实际上是在说"度",因为就在卷五的开

篇,译文注释说前四卷讨论"独几何"。毫无疑问,前四卷的内容是几何量。另一方面,注释明确地说数也在卷五讨论的范围之内(详见下)。

在注释中,利徐先是说,与前四卷讨论"独几何"相比,卷五和卷六讨论"自两以上多几何同例相比"。如上文所说,这强烈意味着比属于亚里士多德的关系范畴。① 但"同例"中的"例"指什么? 它的含义有"标准"、"规则"、"先例"、"例子"或"规范"。② 利徐没有解释"例"字此处取何义,更糟的是,定义3里它还与另一个字组成了翻译 ratio 的术语:③"比例"。在现代汉语中,这个由利徐二人发明的术语已用于表示 proportion,而"ratio"则被称为"比"。"例"字也许意指某种"抽象的准绳",或者比较的标准,用来"衡量"所比之量。用相同的标准("同例"),就可以确认量之间的关系。

接下来一段注释是:

> 而本卷则总说完几何同例相比者也,诸卷中独此卷以虚例相比,绝不及线面体诸类也。第六卷则论线、论角、论圆界诸类及诸形之同例相比者也。④

这里又遇到了"例"字与别的字组成一词:虚例。克拉维乌斯说"此 *185* 卷教授一般连续量的比,而不特论某一种量。"⑤这样,"例"字似乎的确是

---

① 笔者并未觉得注释中任何地方有此明示,但如巴罗(I. Barrow)等捍卫传统者则有此观点。巴罗在1664—1666年间担任剑桥大学卢卡斯数学教席时的讲稿合集《数学讲稿》(*Lectiones Mathematicae*)于1683年首次出版,在1666年的一篇讲稿中,他反对沃利斯(Wallis)等人的近代比例理论,试图为欧几里得的比例理论辩护,宣称比是一种"纯粹的、完美的关系"(*pura puta relatio*),见佐佐木力,前书,第96页。
② 不过它也有"类"、"种"等义。实际上,在《汉语大词典》中它的一个定义就是"等、类"。(第一卷,第1334页。)
③ 中世纪拉丁文本通常用 *proportio* 表示"比",用 *proportionalitas* 表示"比例",不过克拉维乌斯至少在正文里一贯使用 *ratio* 和 *proportio* 分别表示比与比例。
④ 《几何原本》,第759页。
⑤ 克拉维乌斯版中的相应段落是(OM I,第166页):*Hoc quidem quinto libro docet proportiones quantitatum continuarum in genere, non descendo ad ullam quantitatis speciem, ut ad lineam superficiem, vel corpus aliquod. Sexto vero libro ostendit in specie, quamnam proportionem habeant inter se lineae, anguli, circumferentiae circulorum, triangula, & aliae figurae planae.*

指某种"标准","虚"的意思是"非特别的":比较线段时,需要(单位)线段作为标准;比较面积时,需要(单位)面积作为标准等等:每种情形都需要专门的比较标准。必须在"同种类的"量之间才有比。"完几何"当然是指"连续量",这样讨论的对象便是(几何)量。但如前所说,利徐二人将对象扩展为包括数(详见下)。

卷五定义 1 如下:

1. 分者:几何之几何也。小能度大,以小为大之分

(A part is a quantity of a quantity;[If] the lesser is capable of measuring the greater, the lesser is to be considered to be a part of the greater.)

A magnitude is a part of a magnitude, the less of the greater, when it measures the greater.

[较小量是较大量的部分,当较小量能量尽较大量。]

汉语译文中有一个相当特别的短语:"几何之几何"。注释明确指出:部分本身作为较小量来"度量"同类的较大量。注释还称:例如一个点,因为没有部分也不是量,所以不能是线的部分。[1] 此注显然引自亚里士多德的概念:点——不可分或无限小——无论怎么累积都不能产生可分之对象,例如线。[2] "度"字这里被用作动词,取"度量"之义,"连续量"是可"度量"(measure)的,而"离散量"只能"计数"(counting)。

2. 若小几何能度大者,则大为小之几倍

(If a smaller quantity is capable of measuring a greater one, then the greater is a multiple of the smaller.)

The greater is a multiple of the less when it is measured by the less.

[较大量是较小量的倍量,当较大量能被较小量量尽。]

该定义是上一定义的逆陈述,其中"倍"字独立使用时仅限于表示"二倍"。但当它与"几"联用,则可以表示任何倍数。

---

[1]《几何原本》,第 759 页:"如一点,无分亦非几何,即不能为线之分也"。
[2] 参阅 Heath I,第 156 页。

卷五第三界定义了比：　　　　　　　　　　　　　　　　　　　　*186*

　3. 比例者：两几何，以几何相比之理

（Ratio is a relation[？] of comparing with each other quantities according to quantity.）

A ratio is a sort of relation in respect of size between two magnitudes of the same kind.①

[比是两个同类量之间的在大小方面的某种关系。]

　将此定义与上一章讨论的内容相比较。

　就利徐对定义的译文而言，最突出的就是用词的重复："量"和"大小"都被翻译为"几何"。拉丁文中克拉维乌斯用"度"（*magnitudo*）而不是"量"（*quantitas*）。②

　拉丁文 *mutua quaedam habitudo* 被翻译为"理"。汉字"理"因其在不同语境中含义繁复而闻名。该字的语源尚未确定，在宋代，它被作为哲学的核心术语。一般认为，它的本义是"玉石上的纹路"（名词）或"雕琢玉石"（动词）。③ 在哲学语境中，它常常被理解为"原理原则"（名词）或者"整理、使有条理、有顺序"（动词），但在这里，它的意思似乎更接近于"模式"（patten），因为它谈论的是事物的某种状态，或对象间的某种关系。

　值得注意的是，定义译文中缺漏了"同种类的"这一限定词，不过这一省略通过注释得到了弥补，注释明确举出了线和面互为"异类"，因而不能有比。④

　正是在此注释中，明确提到"几何"也可以是"数"！⑤ 进而评注说：比例理论适用于量，但还可"借用"于时间、音调、声响、位置、运动，以及重量。

　在解释了比的"前项"与"后项"之后，有一篇关于比例的专论，阐述

---

① Heath II，第 114 页，以及在第 116—119 页对此定义的评注。

② 克拉维乌斯版拉丁文：*Ratio est duarum magnitudinum eiusdem generis mutua quaedam，secundum quantitatem，habitudo.*

③ 葛瑞汉：《中国的两位哲学家》（*Two Chinese Philosophers*），第 118 页。

④ 注释还明确说：如果将白线与黑线作比较，或将热线与冷线作比较，尽管是同种线，但由于比较不是以"度"为标准，它们仍然无法有比。（即应是"大小方面"的比较关系——译者）

⑤ 《几何原本》，第 760 页："两几何者，或两数、或两线、或两面、或两体。"

比的应用范围极其广泛。

187 这篇专论以比例的分类开篇,分类方式如下所示:①

188 对最后两种比又作如下细分(以拉丁术语列表):

	prop. rat. maioris inaequalitatis	*proportio rationalis minoris inaeq.*
1.	p. multiplex [kn:n]	p. submultiplex [n:kn]
	几倍大	反几倍大
2.	p. superparticularis [(n+1):n]	p. subparticularis [n:(n+1)]
	等带一分	反等带一分
3.	p. superpartiens [(n+m):n]	p. subpartiens
	等带几分	反等带几分
4.	p. multiplex superparticularis [(kn+1):n]	submultiplex superparticularis [n:(kn+1)]
	几倍大带一分	反几倍大带一分
5.	p. multiplex superpartiens [(kn+m):n]	submutliplex superpartiens [n:(kn+m)]
	几倍大带几分	反几倍大带几分

利徐注云,"大合之比例"与"小合之比例"的区别是前者可以用数来表示("**以数可明**"),正方形的边与对角线之比则属于"小合之比例"。然后,

---

① 克拉维乌斯这里又采用了中世纪的习惯用法,即用 *proportio* 表示比,用 *proportionaliotas* 表示比例。

又对"大合"与"小合"给出了不同的名称。① 存在有理比("**大合之比**")之两线被称为"有两度之线",即存在某一公度可以量尽二者。此处有一点十分重要:注释宣称对于不可公度量之比的讨论将延至卷十——这正是清代学者常常抱怨仅翻译前六卷的原因之一。

表中术语取自尼可马科斯(Nicomachus of Gerasa)的《算术引论》(*Introductio Arithemetica*),上一章中提到此人活跃于约公元 100 年左右。② 利徐花费数页篇幅解释这些分类,更重要的是,他们还关注十种比的写法("**书法**"),利徐提供的实际上是标记分数的中文系统。他们先区分出整数("**全数**"),称书写整数"不必立法"。而如果要"书分数",则需要分母("**命分数**")和分子("**得分数**")。这样,2/3 就写作"三分之二",等等。③ 十种比都逐一列出分数形式。

这一长篇大论最终总结说:"十种足尽比例之凡"。

此前说过,克拉维乌斯给出的定义 4 是相似比(*proportio verò est rationum similitudo*)。它被利徐翻译为中文:

4. 两比例之理相似,为同理之比例

(If the relation (pattern?) of two ratios is similar it is a "same-relation" ratio (= proportion).)

Proportion is the sameness of ratios.

[比例是比的相似。]

此处,模拟比的分类,又根据不同的媒介(*medietas*)对比例进行分类,《几何原本》中提到的有"数之比例"、"量法之比例"和"乐律之比例"。利徐注释说,本卷仅涉及"量法之比例"。

---

① 此处所创术语"大合"与"小合"颇为奇怪。它们字面上的意思是"大和谐"与"小和谐",或"更相适"与"较少相适"。对于可公度量之间,可以想象它们相互和谐,因为它们可以公度,但对于不可公度量呢?

② Heath:《希腊数学史》(*History of Greek Mathematics*)第一卷,第 97—105 页。

③ 根据马若安:《中国数学史》(*Histoire des mathématiques chinoises*)第 175 页所述,这是中国传统数学中最常用的分数表示法。

habitudo 再次被作为界定量与量之间关系的标准，讨论的语境仍是亚里士多德的关系范畴。那么，两个比可以相似，因为相似是一种关系，但谓词"相等"则不宜使用。在注释中，利徐称"比例等"仅在"省文"时可用。

proportion 的译法十分有趣，"同理之比例"，译者将克拉维乌斯的说明和注释整合进了定义：具有相同之"理"的比！这种描述式定义的明显缺憾是表述比较笨拙。

接下来的定义 5（希思版定义 4）之后有一段注释，它反映了克拉维乌斯所必须面对的学术争议。此定义内容如下：①

5. 两几何，倍其身，而能相胜者，为有比例之几何

(Two quantities, [if] by "doubling their bodies" they are capable of exceeding each other, [then] they are quantities forming a ratio)

Magnitudes are said to have a ratio to one another which are capable, when multiplied, of exceeding one another.

［当一个量几倍后能够大于另一个量时，称这两个量间有比。］

对此定义的解释多有争议。一些注释者认为它"相当于说同种类的量之间才有比"。这就使得此定义成为上一条定义的深化说明。也有注释者认为它等价于所谓的"阿基米德引理"（lemma of Archimedes）。② 维特拉克提出了更为大胆的解释。③ 希思则认为此定义的要旨在于：

……排除了一个量与同类无穷大量或无穷小量之间存在比的可能性，并且强调：在全卷普遍使用的、上一条定义［《几何原本》定义 3］所定义的 *ratio*，同时涵盖可公度量之间以及 *incommensurable* 量之间的关

---

① 笔者将在下节讨论"倍其身"这个特别的表述。

② 这条引理（有时候也被称为"公理"或"公设"）的内容是：二面积不等，较大面积所赢之度若连续自积，可大于任何给定有限面积（Heath, I，第 234 页），用符号表示就是：对于任意 A 和 A′ 且 A−A′＝a，存在 a 的倍量 na，使得 na＞b，其中 b 为任意给定有限面积。（参阅 Vitrac EE，第 137 页）（经函询作者同意，对原书的符号表达有所改动——译者）

③ 参阅 Vitrac EE，第 135—141 页。

系,只要它们是有限的、同种类的量。(Ⅱ,第 120 页;斜体为希思原字。)

希思此注与利徐注释主旨相同。利徐此处再次提到了不可公度量之比,首先引述不可公度量之比的经典例子:正方形的边与其对角线之比,以及直径和圆周之比,①这样曲线与直线也就可以有比,接着又称两条曲线间也有比。为了确认这一点,注释引用了希俄斯的希波克拉底(Hippocrates of Chios,公元前 5 世纪下半叶)的"化月牙形为方"的例子,克拉维乌斯把此定理添于卷六之末。这个定理可用来确定两条曲线所围成的面积,因此反过来也就使得两曲线间的比较成为可能。

至于"化圆为方",注释说到"从古至今"无数学者均未能解决,但这两个不同的图形各有其面积,因此不能说它们没有比。另外,曲线角与直线角也有比。例证如下(这里只引述直角的例子,原文还有钝角和锐角的图示):

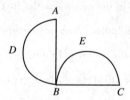

图中,直角 ABC 被认为等于曲线 CEB 与曲线 BDA 所夹之"角"。191 这看起来似乎可以接受:观察弓形 BDA 与弓形 BEC 相等,因此直线 BC 与曲线 BEC 之间的角就等于直线 BA 与曲线 BDA 之间的角。如果同时加上角 EBA,就可以得到角 ABC 等于角 ADBEC。

此例体现了"角"的概念所引发的困难。卷三命题 16(希思版编号)的注释中还会再次遇到这个问题(参阅本章附录)。此处利徐仅是简要

---

① 利徐所给出的 π 值是"略小于 3 $\frac{1}{7}$"("圆之界当三径七分径之一弱")。注释中还提到了《圆形书》,此书无疑是阿基米德的《圆的度量》(*On the Measurement of the Circle*),在利徐辞世后,于 1635 年被部分编译为《测量法义》。这又一次反映了利玛窦有一个完整的翻译计划。

的讨论,指出在所给五例中,粗看似乎不存在比,但经过仔细考察,则显示出比的确存在。但对于无限长的直线("无穷之线")和有限的直线,尽管是"同类",它们仍然没有比。究其原因,即使无休止地将有限直线加倍("毕世倍之"),它也不可能超过("胜")无限长的直线。而线与面、线与体、或者面与体,由于不同类,就不能有比。最后谈到"切边角"(horn-angle,"牛角")与直线角之间也没有比。

欧几里得《原本》定义 5,被利徐转译为"界说六":①

6. 四几何,若第一与二,偕第三与四,为同理之比例,则第一第三之几倍,偕第二第四之几倍,其相视,或等,或俱为大,俱为小,恒如是

(Four quantities, if the first with the second and the third with the fourth form a proportion [ratios of the same li], then [equi] multiples of the first and the third, together with [equi] multiples of the second and the fourth, with respect to each other, either are equal, or each is greater, or each is smaller; it is always like that.)

Magnitudes are said to be in the same ratio, the first to the second and the third to the fourth, when, if any equimultiples whatever be taken of the first and the third, and any equimultiples whatever of the second and fourth, the former equimultiples alike exceed, are alike equal to, or alike fall short of, the latter equimultiples respectively taken in corresponding order.

[对第一与第三量取任何同倍数,又对第二与第四量取任何同倍数,如果无论第一与第二倍量之间是成大于、等于还是小于的关系,第三与第四倍量之间也有同样的关系,那么第一量与第二量和第三量与第四量具有相同比。]

192   诚然,当时要把定义原文翻译为易于理解的文言文必定困难重重。实际上,《几何原本》的此段译文终未能完全转达原文的含义。

首先,两比相等的条件,在译文中变成了两比相等的推论(如果比相

---

① 克氏拉丁文本:*In eadem ratione magnitudines dicuntur esse, prima ad secundum, et tertia ad quartam, cum primae et tertiae aeque multiplicia, a secundae et quartae aeque multiplicibus, qualiscunque sit haec multiplicatio, utrumque ab utroque vel una deficiunt, vel una aequalia sunt, vel una excedunt, si ea sumantur, quae inter se respondent.*

等,则将某某同倍云云)。然而,前已议及,如此翻译可能是有意为之。再者,据朱斯蒂(Giusti)称,克拉维乌斯诠释欧几里得比例理论时,实际上已将原本作为核心的定义 5(克氏版定义 6)移离了关键位置,而使其功能降为仅是对两比相等概念的细化,或者仅仅是提供了一个判断比是否相等的标准。[1] 这个观点与汉译所表现出来的情形相一致,因为在汉文翻译将两比相等的条件,变成了当已知比相等时所能推得的结论。是否是克拉维乌斯教学时的口头解释影响了利氏对此定义的翻译呢?无论如何,在注释中,利玛窦描述了使用此定义之"术",它既可用于可公度量也可用于不可公度量。这无疑使得此定义更像是判断所给出的两个比是否相等的标准或"工具"。

利徐注又云:

> 两几何,曷显其能为同理之比例乎? 上第五界所说是也。两比例,曷显其能为同理之比例乎? 此说是也。

将它与上一条定义进行类比,这样的解释似乎抵消了上一条定义的"效力":上一条定义很难说是描述了什么是比,它只不过将一些可能的情形排除出了比的领域而已。

其次,译文中没有直接使用"同倍"一词,"几倍"仅是"乘以若干倍数"之意。幸而注释中有示例予以澄清。[2]

由此又引出了第三个问题:注文并没有很好地阐释定义的主旨。在 193 描述了对于所给四个量如何取同倍数后,注文称如果多次试验("**累试**

---

[1] 朱斯蒂(Giusti),第 12 页:*Il ruolo della definizione di uguaglianza di rapporti (...) è dunque completamente diverso nei due casi: centrale nella lettura di Commandino, esplicativo e tutto sommato secondario in quella di Clavio, in cui essa serve unicamente a precisare la nozione di rapporti uguali, o se si vuole a offrire un criterio per riconoscere l'uguaglianza e la diseguaglianza di due proporzioni.*

[2] 首先说,E 与 G 分别是 A 与 C 的任意倍(于甲于丙任加几倍——用重复加法来表示乘法),然后说,E 对于 A 的倍数与 G 对于 C 的倍数相等(戊倍甲,己倍丙,其数自相等),但还是要延伸想象方可明了"数"在此处指倍数(若熟悉中国传统数学表述方式,就不会有这个问题——译者),不过通过用具体数字举例,同倍的要求就很清楚了。

之"),第一与第三量的同倍数总是都("恒")分别等于、大于、小于第二与第四量的另一同倍数,那么就知道("即知")两比相等。于是,这就似乎要求无限次地进行同倍数的比较后,才能知道两比是否相等。注文最后给出的数字实例是:3比2与6比4。取了三次同倍数,的确都表现出上述属性,于是结论说:"如果进行多次试验,每次结果都与定义一致,那么3比2和6比4一定成比例。"[①]此说很是荒唐,显而易见这两个比是一样的。

在卷五余下的19条定义中,笔者首先讨论与"二次比"与"三次比"相关的定义10,以及与此相关的卷六定义5,其他定义都只作少许注释。

10. 三几何为同理之连比例,则第一与三,为再加之比例。四几何为同理之连比例,则第一与四为三加之比例。仿此以至无穷

(If three quantities form a continuous proportion, then the first forms with the third as "again added ratio"; if four quantities are in continuous proportion, then the first forms with the fourth a "thrice added ratio"; and so on indefinitely.)

(Heath Def 9) When three magnitudes are proportional, the first is said to have to the third the duplicate ratio of that which it has to the second. (Def 10) When four magnitudes are <continuously> proportional the first is said to have to the fourth the triplicate ratio of that which it has to the second, and so on continuously, whatever the proportion.

[希思本定义9:当三个量成比例时,则称第一量与第三量之比是第一量与第二量之比的二次比。定义10:当四个量成(连)比例时,则称第一量与第四量之比是第一量与第二量之比的三次比。]

按照复比理论,这两条定义构成一种特例:卷六添入定义5,详见后文。此处先讨论定义10所用的术语。

如同英文duplicate和拉丁文 *duplicata*,汉译"再加"也涉及加法,"加"是addition的固有术语。不过,有注释者曾将"取二次比"的计算错解为加法

———————————

① 《几何原本》,第769页:"累试之,皆合,则三与二偕六与四得为同理之比例也。"

而不是乘法,克拉维乌斯则予以纠正。① "二次比"的上述术语与加法相 194
关,可能是受音乐理论的影响,在音乐理论中,通过音程(对应于比)的"叠
加"来产生新的音程(见下)。如若严格遵循比是关系而不是数的原则时,
不会产生混淆;但当把比看作数时,这些术语就有可能导致混淆。②

《几何原本》所说"连比例"含有 continuous proportion 之意。[《几何
原本》"连比例"含义不同于现代汉语术语"连比例"(见下文),为避免歧
义,本段 continuous proportion 均保留,此后译文中仍以"连比例"翻译
continuous proportion——译者]欧几里得并未对 continuous proportion
作明确定义,但它是希腊数学中常见的概念,亦见于亚里士多德的著作。
"连比例"(continuous proportion)与"断比例"(discrete proportion)的区
别在于:前者表示 $A:B=B:C$(更多量时以此类推),后者表示 $A:B=$
$C:D$,且 B 与 C 不同。不过后文中将会看到,利徐二人(在卷五定义
17 的注释中)在更广泛的意义上使用"连比例"这一术语:当比不相等时
也可使用,所以这个术语应理解为"关联的比",而 continuous proportion
则用完整短语"同理之连比例"来表示,但后文中(在卷五定义 17 的注释
中)可以看到,这仍不甚明确。

关于此条定义以及下述三条定义的其他注释,请参看上节。

7. 同理比例之几何,为相称之几何

(Quantities in proportion are quantities that balance each other.)

---

① Clavius OM I,第 393 页:*Iam vero multiplicationem proportionum à nobis praescriptam , quam auctores additionem falso nuncupant , cum proportionum compositione , de qua Euclides defin . 10. lib . 5.& defin . 5. lib . 6. egit , convenire , atque adeo compositionem illam Euclidis vere esse multiplicationem , non autem additionem , ut diximus hoc modo demonstrabimus .*

② 比较这段文字与 Edith Sylla 对牛顿的评注:"对于我们认为大相径庭的计算,牛顿却未作区
分,然而这不足为奇:对于牛顿而言,比是关系而不同于数,就如同线不同于数一样,因此自
然可以料想:'同样的计算(术语)'在应用于不同种事物时有着不同的实际操作过程。"见
Compounding ratios:Bradwardine, Oresme, and the first edition of Newton's Principia,载于
Everett Mendelsohn 编:《科学的变迁和传统:科恩纪念文集》(*Transformation and Tradition in
the Sciences:Essays in Honor of I. Bernard Cohen*),Cambridge,1984,第 11—44 页。

[6]：Let magnitudes which have the same ratio be called proportional.

[具有相同比的量被称为成比例。]

利徐未特别命名 proportion，而只是对其进行描述，故而这个定义的翻译就遇到了措辞困难。为了避免两次出现"同理比例"而导致毫无意义的重复，他们引入了一个新的术语"相称"。(《几何原本》中，ratio 被译为"比例"，proportion 被译为"同理之比例"，而 have the same ratio 也是"同理之比例"——译者)

195　8. 四几何，若第一之几倍大于第二之几倍，而第三之几倍不大于第四之几倍，则第一与二之比例，大于第三与四之比例

(Four quantities, if the multiple of the first is greater than the multiple of the second, while the multiple of the third is not greater than the multiple of the fourth, then the ratio between the first and the second is greater than the ratio between the third and the fourth.)

[7]：When, of the equimultiples, the multiple of the first magnitude exceeds the multiple of the second, but the multiple of the third does not exceed the multiple of the fourth, then the first is said to have a greater ratio of that which it has to the second.

[四个量，对第一和第三量取同倍数，对第二和第四量取同倍数，如果第一量的倍量大于第三量的倍量，而第二量的倍量小于第四量的倍量，则称第一量与第二量的比大于第三量与第四量的比。]

9. 同理之比例，至少必三率

(A proportion at least necessarily [consists of] three terms.)

[8]：A proportion in three terms is the least possible.

[比例至少有三项。]

"率"在中国古代数学中是一个非常基本的概念。当一组数构成某种关系时，这些数被称为率。① 用此术语翻译比的"项"非常合适，尽管在

---

① 参阅詹嘉玲(C. Jami)：《割圆密率捷法(1774 年)：数学中的中国传统与西方》(*Les méthodes rapides*)，第 73—74 页。

中国古代数学中它只能是数。

11. 同理之几何,前与前相当,后与后相当

(Quantities in proportion:the antecedents correspond to the antecedents;the consequents correspond to the consequents.)

The term corresponding magnitudesis used of antecedents in relation to antecedents,and of consequents in relation to consequents.

［前项与前项,后项与后项,称为对应量。］

12. 有属理:更前与前,更后与后

(The pattern ［principle?］ of alternation［?］:change the antecedent with the antecedent and the consequent with the consequent.)

Alternate ratiomeans taking the antecedent in relation to the antecedent and the consequent in relation to the consequent.

［更比指前项比前项且后项比后项。］

提出此定义的目的是为了陈述:给定四个量 A,B,C,D,若 $A:B=C:D$,则 $A:C=B:D$。不过,它分成了两步:先是这个定义,然后是一个定理(定理 16),称成比例的四个量其更比例也成立。这个定义仅是说:如果有四个量 A,B,C,D,不考虑 $A:B$ 和 $C:D$,而是考虑 $A:C$ 和 $B:D$,后者被称为(前者的)更比。卷五命题 16 中证明了下述推论成立:如果四量成比例,则"将中项交换位置后",仍成比例。

汉译所用术语并未很好地反映此定义的含义。

首先,"属"字的用法。"属"的根义是"类别"、"种类",或者作动词时 *196* 表示"属于"、"关联于"。而没有"更换"(alternating)的意思。唯一能够暗示"属"有此引申义的词是"属和",意思是"应声相和"(join in singing),这也许包括通过换位完成歌唱的情况。

其次,"理"字的使用与一贯的译法不一致,因为 ratio 一直都是译作"比例"。但在定义 3 中,"理"字的确参与了对"比例"的定义,从而似乎转达了拉丁词 *habitudo* 的含义。那么"有属理"的意思是不是"存在更换的关系"(*habitudo*,*relation*)呢? 或者,"理"是指将一个比例变换为另一

个比例的过程,那么它在这里的意思就是"原理"。在注释中有:"此下说比例六理皆后论所需也。"

第三个问题是,汉译表述易引起误解。它可以被理解为将 $A:B$ 与 $C:D$ 变换为 $C:D$ 与 $A:B$。但其实必须理解为:"变换(比,取)前项与前项(相比),变换(比,取)后项与后项(相比)。"

再者,利徐注释说此后"属理"都简称"更"("下言属理皆省文曰更"),那为什么一开始就不称为"更理"呢?

利徐也提到了这是一个定义而不是一个公理,但此处又一次反映了他们有时候对基本术语的使用并不那么精确。"此论未证,证见本卷十六","论"字此处应指此定义(的陈述),那么此处只好用了另一个字"证"来表示"证明"。下一句注释是"此界之理可施于四率同类之比例",其中的"理"是"原理"的意思。

13. **有反理:取后为前,取前为后**

(The principle of turning upside down: take the antecedent as consequent, take the consequent as antecedent.)

Inverse ratio means taking the consequent as antecedent in relation to the antecedent as consequent. $[A:B=C:D$ then $B:A=D:C]$

[反比例指取后项作前项且取前项作后项。]

"反"字,即"颠倒",用在此处颇为合适。

14. **有合理:合前与后为一,而比其后**

(The principle of joining together: join antecedent and consequent into one and compare it with that consequent.)

Composition of a ratio means taking the antecedent together with the consequent as one in relation to the consequent by itself. $[(A+B):B]$

[合比例是前项与后项的和比后项。]

197 合比(composition of a ratio)不应与复比混淆(*compounding* of ratios,见卷六定义6),这里的"合"字,意为"并在一起",在各量是线或面时,尤其适用。

15. 有分理：取前之较，而比其后

（The principle of separation [division]：take the excess of the antecedent and compare it to the consequent.）

Separation of a ratio means taking the excess by which the antecedent exceeds the consequent in relation to the consequent by itself. $[(A-B):B]$

［分比例是前项超出后项的部分比后项。］

拉丁文的用词是 *dividendo*，而不是希思所使用的 separation（*separando*）。"前之较"是"前与后之较"的精简，指前项与后项之差。利徐译本没有反映出前项必须大于后项。

16. 有转理：以前为前，以前之较为后

（The principle of separation [division]：take the excess of the antecedent and compare it to the consequent.）

Conversion of a ratio means taking the antecedent in relation to the excess by which the antecedent exceeds the consequent. $[A:(A-B)]$

［换比例是前项比前项超出后项的部分。］

"转"的意思是"回还，转动"（turn around）。

17. 有平理：彼此几何，各自三以上，相为同理之连比例，则此之第一与三，若彼之第一与三。又曰：去其中，取其首尾

（The principle of "equality"：Here and there quantities, in each case three or more, form with each linked ratios in the same proportion, then the first of [these] here is to the third as this as the first of that with the third of [those] there; in other words：discard the middle [term] and take the first and the last.）

A ratio ex aequali arises when, there being several magnitudes and another set equal to them in multitude which taken two and two are in the same proportion, as the first is to the last among the first magnitudes, so is the first to the last among the second magnitudes；Or, in other words, it means taking the extreme terms by virtue of the removal of the intermediate terms. $[$If $a:b=A:B;b:c=B:C;\ldots;k;l=K;L$ then $a:l=A:L]$

［首末比：两组量，其量的个数相等，如果每组各取两量依次成比例，那么第一组

215

中的第一量比最末量等于第二组中的第一量比最末量;换言之,取首末量,去除中间量。]

这条定义当然不容易翻译。据希思考证(II,第136页),拉丁词汇 *ex aequali*(克氏版用词:*ex aequalitate*),与项的"距离"有关,即要求间隔相同的项数。"平"字,表示"相等,均衡",颇为恰当。两组量的区别用指示词来表示:"此"(这些),"彼"(那些)。

198
- 请特别注意利徐二人对"连比例"一词的用法。这条定义有助于理解定义10里的术语。现在很清楚,"连比例"并不是 continuous proportion,因为在此定义中,不要求每组量都有 $A:B=B:C$(及 $a:b=b:c$)的关系,只要依次以各量为前项,次量为后项,形成独立的比。也就是说:它们前后项相重合,这样形成一个"比"的链条:$A:B, B:C, C:D$ 等。而"同理之连比例"显然也不能一概理解为 continuous proportion,因为在这条定义里,"同理"指两个"比的链条"的对应比"同理",而不是同一组量形成的各"节"比"同理",也就是说,此定义中的"同理之比例"是指:$A:B=a:b; B:C=b:c$……而不是 $A:B=B:C=C:D$……

- 尽管汉译前半部分称此原理适用于各自多于三量的两组量,但在后半部分只说"第一"和"第三",而不是说"首"与"末"。

18. 有平理之序者:*此之前与后,若彼之前与后,而此之后与他率,若彼之后与他率*

(The ordered [variant of] the principle of "equality":the antecedent of this one is to the consequent of this one as the antecedent of that one to the consequent of that one, while the consequent of this one is to the other term of this one as the consequent of that one to another term of that one.)

[interpolation after Theon's time] an ordered proportionarises when,as antecedent is to consequent,so is consequent to something else.

[(赛翁本之后添入)接序比例指:前项比后项,等于后项比其他量。]

如希思所注(II,第137页),此定义添加在定义17之后,有冗余之嫌。希思认为,插入此定义的缘由,是为了区别两种"首末比"推论成立的情形(此与彼)。

19. 有平理之错者：此数几何，彼数几何，此之前与后，若彼之前与后，而此之后与他率，若彼之他率与其前

（The perturbed [variant of] the principle of "equality": Here a number of quantities; there a number of quantities; the antecedent of this is to the consequent of this as the antecedent of that is to the consequent of that, while the consequent of this is to the other term of this as the other term of that is to the consequent of that.）

A perturbed proportion arises when, there being three magnitudes and another set equal to them in multitude, as antecedent is to consequent among the first magnitudes, so is the antecedent to consequent among the second magnitudes, while, as the consequent is to a third among the first magnitudes, so is a third to the antecedent among the second magnitudes. [$a : b = B : C$; $b : c = A : B$; then $a : c = A : C$]. （作者理解不准确，应是指 $a : b = A : B$ 且 $b : c = C : A$——译者）

［调动比例指：有三个量，又有与它们个数相等的另外三个量，第一组里的前项比后项等于第二组里的前项比后项，而第一组里的后项比第三项等于第二组里的第三项比前项。］

请注意利徐二人将此定义拓展至任意个数量，这是正确的，不过其表述并不是那么精确，因为"他率"何意尚不甚明了。

紧接着此条定义，利徐二人又增加了一条：

增：一几何有一几何相与为比例，即此几何必有彼几何相与为比例， 199
而两比例等。一几何有一几何相与为比例，即必有彼几何与此几何为比例，而两比例等。

（Added: If one magnitude forms a ratio with another magnitude, then there necessarily exists another magnitude forming a ratio with yet another magnitude such that the ratios are equal; and also there exists another magnitude with which yet another magnitude forms a ratio.）①

---

① Clavius OM I，第 221 页：*Quam proponionem habet magnitude aliqua ad aliam , eandem habebit quaevis magnitudo proposita ad aliquam ;& eandem habebit quaepiam alia magnitudo ad quamvis magnitudinem propositam .*

　　这实际上相当于一条(已知比例中的三项,则)第四项必定存在的公设。它所要表达的意思用符号来表示就是:如果有三个量 A、B、C,则总存在量 D 使得 $A:B=C:D$(并且存在另一个量 E 使得 $A:B=E:C$)。值得注意的是,利徐并未指明它是一条公设、定义,还是公理,或者定理,只有一个"增"字,从形式上看,是一条增加的"界说"!利徐在卷六中添加的第一条定理及其注释,可以佐证,该注释引用了"卷五定义20"。克拉乌斯则将此添入"公理",[①]但如希思所注,它远不能成为一条公理,当这些量是直线时,其第四量的存在性在卷六命题 12 中得到了证明(Heath II,第 170 页)。克拉乌斯说:"即便我们不知道第四量是什么,也不用怀疑它在自然中的存在,因为它不会引起哲学家们所谓的矛盾,也不会导致任何荒谬之事。"[②]

　　• 汉译几乎是不可理解的,尤其是"彼"与"此"所指不明,换言之,很难看出提到四个量。

　　• 这里有段值得注意的小字注释,称比例"相似"简称比例"等"("比例同理省曰比例等")。

卷六定义

　　1. 凡形相当之各角等,而各等角旁两线比例俱等,为相似之形

200　　(Always, when each of the corresponding angles of figures are equal, and the ratios of each of the two sides about each of the equal angles are all equal, it are similar figures.)

Similar rectilineal figures are such as have their angles severally equal and the sides about the equal angles proportional.

[①] Clavius OM I,第 221 页: *Utuntur Euclidis interpretes hoc libro ,& in aliis , ubi de proportionibus magnitudinum agitur , axiomate quodam , quod ut hic subiiceremus , non inutile fore iudicavimus . Illud autem eiusmodi est .*

[②] Clavius OM I,第 221 页: *Quamvis enim ignoremus interdum , quaenam sit quarta illa magnitudo , dubitandum tamen non est , eam esse posse in rerum natura , cum id contradictionem non implicet , ut Philosophi loquuntur , neque absurdi aliquid ex eo consequatur .*

[相似直线形是指两直线形各角相等且相等角的各边相应成比例。]

汉译没有提到图形应为直线形,不过引入了对应角("相当之角")的概念。

2. 两形之各两边线,互为前后率,相与为比例而等,为互相视之形

(When each two sides of two figures,mutually as antecedents and consequents,form equal ratios,then they are figures "mutually facing each other".)

When two sides of one figure together with two sides of another figure reciprocally form antecedents and consequents in a proportion,the figures are *reciprocally related*.

[当一个图形的两边和另一个图形的两边成互逆比例(图一第一边比图二第一边等于图二第二边比图一第二边),称这两个图形互逆相关。]

"互相视之形"的字面意思是 figures that mutually look at each other。希思认为(第 189 页),希腊文本给出的定义内容——"当两个图形中存在前项与后项比时,称为互逆相关形——完全让人没法理解。不过,利徐二人和其他一些注释者都保留了这个定义,引入了"互为相等比的前后项"这一概念。①希思对此持有如下观点:由于这个定义从未得到使用,所以它应该是后来添加的,也许是引自海伦(Heron)。

3. 理分中末线者:一线两分之,其全与大分之比例,若大分与小分之比例

(A line that has been cut rationally into middle and end:divide a line into two [in such a way that] the ratio between the whole and the greater part is as the ratio between the greater part and the smaller part.)

A straight line is said to have been cut in extreme and mean ratiowhen,as the whole line is to the greater segment,so is the greater to the less.

[一直线被分为中末比,当整体比较大线段等于较大线段比较小线段。]

"理"的意义似乎是"有理的":"有理分割"。但原文较为晦涩,因此

---

① Clavius (OM I,第 242 页):*Reciprocae autem figurae sunt, cum in utraque figura antecedentes & consequentes rationum termini fuerint.* 克拉维乌斯注称,他仅将此定义用于三角形。

"理"字并不能传达多少信息。("理"字此处的用法似应同上节"有平理"、"有转理"等,表示比例关系——译者)

利徐二人注释说:"此线为用甚广,至量体尤所必须。十三卷诸题多赖之,古人目为神分线也。"最后一句注释中的"神分线"显然是由 divine proportion 译得。特别是文艺复兴以来,出现了大量以"黄金分割"为主题的著作。①

₂₀₁

4. 度各形之高,皆以垂线之亘为度

(Measure the height of each figure:in all case take the length [?] of the perpendicular.)

The height of any figure is the perpendicular drawn from the vertex to the base.

[图形的高是从顶点到底边所作的垂线。]

"亘"字只在此处出现过一次。②它表示事物的整体、延绵穷尽(时间、空间),或者简单地说,就是"长度"或"高度"。但它毕竟不是一个表达此义的常用词。译者是否不得不挑选一个不甚常用的"同义词"?因为更常用的"度"字,已经在句首用作动词了。

汉译本所定义的概念,和原文多少又有些不同。原文定义的是"高",而"度形之高"这一测量概念,严格地来说,与欧几里得几何学格格不入。③ 另外,定义 4 是否为欧氏原作仍有待考证。④

5. 比例以比例相结者:以多比例之命数相乘除,而结为一比例之命数

(A ratio [resulting from] the tying together of ratios:take the "denominators" of several ratios,multiply and divide and connect them together to form the "denominator" of one ratio.)

---

① 参阅 Vitrac EE II,第 148 页,注释 28,此节介绍了"黄金分割"历史研究的近况。

② 原文此处为"宣"字去宝盖头(第 40 条),但《汉语大词典》对于"亘"字的词条"huan 2"和"xuan 1"的意思在这里都不适用,笔者认为它是"亙(gen 4)"的异体字,词义见《汉语大词典》第一卷第 514 页。

③ Clavius (OM I, 第 243 页); *Altitudo cuiusque figurae est linea perpendicularis à vertice ad basin deducta.*

④ 参阅 Vitrac EE,II,第 148—149 页。

[interpolation]:[A ratio is said to be compounded of ratios when the sizes of the ratios multiplied together make some (? ratio, or size).

[(后世添入):将比的大小相乘得到(? 比,或大小),称为比的复合。]

比较此定义与上一章中的相关内容,可以发现中世纪的 *denominator* 概念在《几何原本》中表示为比的"命数":被命名的数。"命数"在中国传统数学中是一个很重要的概念。它在讨论分数时被广泛地使用。[①] 此前利徐添于卷五定义 3 后的专论中已用过这个词。这里可以看到,希思无法确定此定义的含义,认为"大小"的相乘对于几何无法实现。[②]

比的"大小"被克拉维乌斯解释为 *denominator*,利徐二人对于复合比计算的含义作了长篇注解。对现代读者而言,这一说明有些令人困惑,因为他们的解释概括来说就是分数的相乘,但对于具体步骤却未作充分说明。[③]

在对卷六定义 5 的证明中,两平行四边形间相应边之比被表示为成连续比例的三条线段。[④] 利玛窦注释说引入这些线段是"假虚形实"。通过复合比,可以"通比例之穷"。[⑤]所引入的线段只是"象"("形象",或者"象征、符号")。(第 885 页)

202

[①] 参阅詹嘉玲:《中算与西方数学在 17 世纪的相遇》(*Rencontre entre arithmétiques chinoise et occidental au XVIIᵉ siècle*),第 364 页。

[②] Heath II,第 190 页。

[③] 即便是现代注释者也难以确定比的复合是否可与希腊数学中分数的相乘进行类比。I. Mueller 在《欧几里得〈原本〉中的数学哲学与演绎体系》(*Philosophy of Mathematics and Deductive Structure in Euclid's Elements*,Cambridge Mass.,1981,第 88 页)中说:"也许可以说比的复合可以类比于分数乘法。问题在于:复合过程是否应被视作乘法计算,即:它是否可以作为比例语言中表示分数乘法的工具。我倾向于不能这样看待比的复合。"还可参阅 D. H. Fowler:《柏拉图学园的数学》(*The Mathematics of Plato's Academy: A New Reconstruction*),Oxford,1987,第 138—143 页,在此书第七章,Fewler 甚至否认希腊数学家通晓普通分数(common fraction)。

[④] Heath II,第 47 页。

[⑤] "通"字也是与分数计算密切相关的术语,字面上的意思是"传递、传达",数学意义是将整数与分数化为同分母、或者不同分数化为同分母,这样分子就可以相加。参阅林力娜:《中算的标准模式——分数》(*les fractions comme modèle formel en Chine ancienne*),载 P. Benoit, K. Chemla, J. Ritter 编:《分数的历史,历史的分数》(*Histoire de fractions, fractions d'histoire*),Basel,1992,第 189—207 页。但"通"在此处不大可能是这个意思。

根据复合比在卷六命题 23 中的应用,现代学者斋藤宪(Ken Saito)重构了复合比的证明:

(1) 令 A, B, C 为同种类量,$A : C$ 称作 $A : B$ 和 $B : C$ 的复合比。

(2) 进而,若 $A : B = D : E$ 且 $B : C = F : G$,则 $A : C$ 称作 $D : E$ 和 $F : G$ 的复合比。①

二次比是复合比的特例,条件是 $A : B = B : C$,三次比等可以此类推。事实上,克拉维乌斯就将此定义与卷五定义 10(二次比和三次比定义)相关联,称复合比和二次比、三次比是一样的,只不过参与复合的比不相等。他还注释说,欧几里得并未使用 *denominator* 这一概念。(第245 页)

利徐二人将比的"命数"定义为较大量之于较小量的倍数,或较大量里有多少较小量,②中文术语"若干"在这里只能指"倍数"。这是一个纯粹的算术概念。他们举例说,4 比 1 与 1 比 4 都被命为"四",就没有再解释其他的比如何"命数"——也许是因为首先举的例子应该是最简单的——不过他们提到卷五定义 3,这说明命数应如该处所示之中算分数表达法(见上文)。

利徐接着解释说,对于 $A : B$ 和 $B : C$,有"中率"B,所以它们复合得 $A : C$。由 $A : B$ 的"命数"与 $B : C$ 的"命数"作乘法或除法,可得 $A : C$ 的命数。因此如果 $A : B = 3$ 且 $B : C = 4$,则 $A : C = 3 \times 4 = 12$。对此我们显然应意识到,在希腊数学中,比不被看作数,因此比与比相乘没有意义,这甚为重要。在定义中,"相结"需要通过"中率"来完成。因此,如果要将两个比"相结",就要求"中率"相同。"中率"(B)作为"棳"、或者"胶"、或者"纽",将两个比"相结"。然而,如果两个比"中率"不同,如 $A : B$ 与 $C : D$,就要将这两个比先转化为具有相同"中率"的两个比,

---

① 斋藤宪(Ken Saito):《欧几里得与阿波罗尼乌斯的复合比》(*Compounded Ratio in Euclid and Apollonius*),载 *Historia scientiarum*,No.31(1986),第 25—59 页。
②《几何原本》,第 829 页:命数是"大几何所倍于小几何若干,或小几何在大几何内若干"。

再用这相同的"中率"将它们"相结"。那么就要找到新的三个量 E、F、G,使得 $A:B=E:F$ 且 $C:D=F:G$,这样就可以将 $E:F$ 与 $F:G$ "相结"。利徐颇有诗意地称此过程为"借象之术"(technique of borrowing images),用了一整段来解释这个过程。他们还解释了"再加之比例"与"三加之比例"(卷五定义 10 与定义 11)①只不过是"比例以比例相结"的特例:如果 $A:B=B:C$,则 $A:C$ 称为 $A:B$ 的"再加之比例"("三加之比例"类此)。此法以线段演示,用了数页篇幅(第 830—834 页)。②

有趣的是,利徐二人此处借用中算概念,这种情况颇为稀见。他们说,线与线的比较为简单比;面与面的比较则需要二次比;体积与体积比较则需三次比;当"算家"进行四次及更高幂次(三乘方、四乘方等)计算时,就涉及四次或更高次比。③ 意思是,例如有两个正方形,边长分别为三个单位和一个单位,要比较这两个正方形的大小,则要将它们的边之比"乘方"来求得面积之比。对于体积,幂次则上升至三,这样就"到达了维度的极限"。但是中文术语并不局限于此! 他们另一处对中算的引用是:如果需要相结之比的命数是不同分母的分数,就要先将它们"通分"(化为同分母)。(第 833 页)④

利徐二人对定义 5 所作注释的最后内容是:"借象之术"还被用于"金法"和"双金法"(利徐注释称"算家所用借象金法双金法俱本此"——译者)。

除了解释复合比方法,注释还包括一些论证性段落。

例如,利徐二人引述了一个对复合比定义正确性的"证明",而该证明克拉维乌斯得之于欧托修斯(Eutocius)著作。然而这个证明完全基于

204

---

① 在《几何原本》中被合并为定义 10。
② 是不是因为篇幅之长使他们出现了失误? 因为他们到后来突然将正在注释的定义("界")称为定理("题")。(第 833 页)
③ 《几何原本》,第 773 页。
④ 原文是:"若多几何各带分而多寡不等者当用通分法"。参阅上文脚注 97 及 159 相关参考文献。

数之间的比,而且使用到了卷七命题 18 和卷七命题 17。利徐二人从克拉维乌斯处引述的另一种证明则源自瓦泰利奥(Vitellio),它用到了卷七命题 19。(本段皆为希思版编号)

在某些方面,利徐的说明与克氏有些区别。尤其是他们强调条件:必须找到相同的"中率",这样才是真正的复合比,而克拉维乌斯版《原本》中则没有这样的提法。但实际上,这个段落是利玛窦摘抄自克氏的《实用算术概要》(*Epitome arithmeticae practicae*)。

6. 平行方形不满一线,为形小于线,若形有余,线不足,为形大于线

(A parallelogram not "filling" a line is a figure lesser than the line. If it has a surplus and the line is not enough, it is a figure greater than the line.)

这个定义未见于传统的主流版本,不过它所定义的概念则在希思版卷六命题 27、28、29 中出现,在这些命题中用到了著名的定理"等积变形"(application of areas [to lines])。希思表述此概念的术语是"图形落于线内"以及"图形落于线外"。克拉维乌斯提供此定义的目的是为了利于读者理解。[1]

205

• 注意 parallelogram 此处翻译为"平行方形",而在卷一定义 35 中的译法是"平行线方形"。

四 小结

几何对象的名称、指示对象之间的关系、描述作图的动作,在这三类术语中,利玛窦和徐光启遣词用句多有创新,对中算传统术语亦有借用,

---

[1] Clavius OM I,第 247 页:*Atque haec dicta sint de quinque definitionibus ab Euclide hoc 6. 1. positis, quibus addendum esse censemus sequentem sextam, que multum conducet, ut facilius intelligantur 27. 28. 29. & 30. . propositiones huius libri, & quam plurimae aliae decimi libri. Ea autem est eiusmodi.*

Parallelogrammum secundum aliquam rectam lineam applicatum, deficere dicuntur parallelogrammo quando non occupat totam lineam. Excedere vero, quando occupat maiorem lineam, quam sit ea, secundum quam applicatur : ita tamen, ut parallelogrammum deficiens, aut excedens eandem habeat altitudinem cum parallelogrammo applicato, constituatque cum eo totum unum parallelogrammum.

不过没有将"直角三角形"翻译为"勾股形"却是一个显著的例外。对于那些新的术语,并不直接音译,而是从日常语言中选择词汇用作专门术语。这种做法招致的危险是:这些术语本来并不具备译文所包含的特定的含义。当欧几里得著作最早被翻译为欧洲各国语言时,也存在同样的问题,但使用源自拉丁文的词汇就可以更好地解决这个问题。另一方面,古希腊语原词亦曾指有形的具体之物,因此,汉译的遣词也就未必"有碍抽象"。汉译的另一个缺点在于,译者有时不是创造一个新词,而是借助于描述,这就导致了一些笨拙的表述。

译者所使用的某些术语,在不同的地方有不同含义,从而造成了混淆,其实这本可以避免。还要指出的是,《几何原本》中的一些概念,比如"连比例",与现代的含义有所不同。

最难翻译的是那些指示几何对象关系的术语,比如"位于"(lying on)、"相邻"(adjacent)等。

至于逻辑关系词,似乎并未造成任何问题。证明的逻辑结构——包括反证法——绝大多数都翻译得非常清楚,译者的这一成就令人印象深刻,利徐对绝大多数问题找到了优美、创造性的解决方案。在这一方面,汉语文言对于迻译《原本》的逻辑特征并无大碍。

而某些表述则差强人意。一些较长的陈述,英文就很难理解,而对于文言译文,若事先不知道它要表达的内容,更是无法释读。而且,有些 ²⁰⁶ 汉译还有错误。不过,为将句子翻译清楚,译者已尽其所能,通过称为"解"的证明部分,使陈述的含义更加显明。译者所采用的策略是将长句拆短,创造性地使用关联词,以及使用"此"、"彼"、"他"等指示词。

定义部分存在一些问题。汉译似乎常常只是作了一个描述。由于定义的对象与原文不同,或者是因为仅作描述,而导致了几处循环定义。翻译定义的语法结构有:A 者 B 也;A 者 B;A,B;A 为 B;A 谓 B;A 是 B。"是"字作为系动词的例子尤为引人瞩目。

译文最难达意之处是与欧几里得公理化结构相关的那些词汇。翻译 definition 时,基于拉丁词根创造了生硬的新词"界说";翻译 proof 的汉字"论",原意仅仅是"讨论",而没有"令人信服的论证"之意;表示 axiom 的"公论",一般指"公众意见",既没有表示该陈述"必须接受",也未含"不证自明"之义,而且"公论"常常被简称为"论",这使得它与 proof 难以区分;表示 postulate 的"求作",常被简称为"求"而容易导致混淆,因为在中国传统数学中,"求"表示要计算一个数字或长度等,而且"求作"在《几何原本》中常常还有别的意思,即"要求做……"。只有将 proposition 翻译为"题"还算比较适中,尽管"题"字的含义非常一般("提出……")。《几何原本》本身常常使用一词的不同含义,而其他汉译西方数学著作中 proof、theorem 等也另有译法,这些都使术语含义更加混乱。

特别值得指出的是利徐二人将证明细分为"题"、"解"、"法"、"论",而克拉维乌斯版本并没有作此细分。或许是利氏使用了其他一些材料,比如课堂笔记或其他文献,或许是他自己的创造。对证明的细分至晚可追溯到普罗克洛斯,但利徐与普罗克洛斯的分法不尽相同。

附　录　《几何原本》命题译注

207 　　在此附录中,笔者将直译《几何原本》六卷中所有命题的陈述(即命题本身,不包括对命题的证明等——译者),并对前文未及讨论的定义加以注释。一方面讨论语言和术语上的问题,另一方面辨析《几何原本》哪些地方不同于标准版本(笔者以希思英译版为标准),为便于比较,希思译文附于笔者对《几何原本》的英语直译之前(按,中译本调整二者前后顺序,并添加希思版的现代汉语译文,理由及字体格式安排见第五章开篇的说明。此外,原书引述《几何原本》的命题、增题、注曰等皆无标点,为方便读者且避免歧义,译者参照"明清本"补上——译者)。笔者尽可能依字面直译,当然,为了明确中文句法结构,英译中添加了必需的功能词,并对个别关键字词加以分析和讨论。为贴合汉语原文,英译不免笨拙,实属不得已而为之。利徐引用了克拉维乌斯增添的一些简便作图方法("用法"),下文仅略一提及,不详述。

一 卷一命题

1. 于有界直线上,求立平边三角形

(On a limited straight line it is asked to erect an equilateral triangle.)

On a given straight line to construct an equilateral triangle.

[在一已知有限直线上作一等边三角形。]

利徐(引克拉维乌斯)补充道:"诸三角形俱推前用法作之",即指明此法可用于作等腰或不等边三角形。

2. 一直线,线或内或外有一点,求以点为界作直线与元线等

([Given] a straight line:outside or inside the line there is a point; it is required, with the point as measure, to make a straight line equal to the original line.)

To place at a given point (as extremity) a straight line equal to a given straight line.

[由一已知点(作为端点)作一线段等于已知线段。]

"内"与"外"表示该点既可在直线上也可不在直线上,但措辞并不是很清楚。还请注意"已知"对象仅被简单地表述为"一直线",下文中,笔者在自己的英译中将在此类词语后加冒号以标示该对象为已知。

3. 两直线,一长一短,求于长线减去短线之度

(two straight lines one long one short: it is required to take away from the long one the measure of the short.) *208*

Given two unequal straight lines, to cut off from the greater a straight line equal to the less.

[已知两条不相等的线段,从较长线段中截取一条线段等于较短线段。]

请注意这里的"度"是"长度","减去"直译为 subtract and take away。

• 利徐对作图的正确性并未给出清楚的证明,仅是简要评述说

227

"盖……故",即"我想这是因为……的缘故"。

4. 两三角形,若相当之两腰线各等,各两腰线间之角等,则两底线必等,而两形亦等,其余各两角相当者俱等

(Two triangles: if the two corresponding sides are equal in each case, and the angle between each of the two pairs of sides is equal, then the two bases necessarily are equal and the two figures are equal too; of each of the remaining two angles, those that correspond are equal.)

If two triangles have the two sides equal to two sides respectively, and have the angles contained by the equal straight lines equal, they will also have the base equal to the base, the triangle will be equal to the triangle, and the remaining angles will be equal to the remaining angles respectively, namely those which the equal sides subtend.

[如果两个三角形中,一个三角形的两边与另一个三角形的两边分别相等,且这些相等线段所夹的角也相等,那么它们的底边也相等,两个三角形全等,余下各角也对应相等,也就是说相等边所夹的角相等。]

"相当之两腰线各等"乍看不甚明确,似乎是"对应的两边相等"。然而这里涉及四条线段,每个三角形中各两条,甲三角形中的一条边与乙三角形的一条边对应并相等,甲三角形中的另一条边与乙三角形中的另一条边也对应并相等。(对于相似三角形,对应边则无须相等。)所以是"两对线段各自对应并相等"。那么,"相当之两腰线各等"似应理解为"两组对应边都相等",但希思在命题 26 中的表述并不认可这种理解(详见该条)。还应指出,"对应"的概念直到卷五定义 11 定义"对应量"时才被提出。

5. 三角形若两腰等,则底线两端之两角等,而两腰引出之,其底之外两角亦等

In isosceles triangles the angles at the base are equal to one another, and , if the equal straight lines be produced further, the angles under the base will be equal to one another.

[等腰三角形的两底角相等,并且如果延长两腰,那么在底以下的两角也相等。]

注意"端"字表示顶点。

• 利徐还补充("增")了引自克拉维乌斯的一条定理(其实只是一条系论),即等边三角形三角俱相等。他们以文释图,说:"增,从前形,知三边等形其三角俱等(由上图可知……)。"

209

6. 三角形,若底线两端之两角等,则两腰亦等

If in a triangle two angles be equal to one another, the sides which subtend the equal angles will also be equal to one another.

[在三角形中,如果有两角相等,那么等角所对的边也相等。]

7. 一线为底出两腰线,其相遇止有一点,不得别有腰线与元腰线等,而于此点外相遇

([With] one line as base produce two legs; there meeting is restricted to one point; it is impossible that there are two legs equal to the original legs that meet outside this point.)

Given two straight lines constructed on a straight line (from its extremities) and meeting in a point, there cannot be constructed on the same straight line (from its extremities), and on the same side of it, two other straight lines meeting in another point and equal to the former two respectively, namely each to that which has the same extremity with it.

[从一线段(的两个端点)作两条已知直线相交于一点,则从同一线段(的两个端点)在该线段同侧,不可能作出另外两条直线相交于同一点且等于已知两直线,即分别等于与其自身有相同端点的线段。]

利徐二人未提及"同侧"这一条件,这或许是他们与希思版不同措辞的一种表现:他们简洁地表述为三角形的两边(有一定的长度)在其底边的一侧只能相交于一点,而此后半句只不过是进一步说明,其"相交"本身已经暗示它们在已知底边的同侧。

8. 两三角形,若相当之两腰各等,两底亦等,则两腰间角必等

If two triangles have the two sides equal to two sides respectively, and have also the base equal to the base, they will also have the angles equal which are contained by the equal straight lines.

〔如果一三角形的两边分别等于另一三角形的两边,且两三角形的底也相等,那么等边所夹之角相等。〕

利徐(从克拉维乌斯)给出了所余两角也对应相等的推论:"系:本题止论甲丁角,若旋转依法论之,即三角皆同,可见凡线等,则角必等,不可疑也。(推论:命题本身仅讨论角 A 和角 D,如果我们依次轮换,并用相同的方法进行证明,那么三个角的情况都一样,可见只要各边都相等则各角必然都相等,这是毫无疑问的。——按,原书将"皆同"理解为"皆等",且断句为"……皆同可见,凡线……",现依理改之——译者)系论的陈述不是很准确。"法"此处指证明的方法,"线"表示"边"。有趣的是,"旋转"一词此处似乎是用作抽象意义:并非指旋转图形,而是将同样的证明用于不同的情况(另两个角)。

9. 有直线角,求两平分之

(There is a rectilineal angle:it is required to bisect it.)

To bisect a given rectilineal angle.

〔二等分一直线角。〕

字面上的意思是"分为相等的两份",注意"平"字作副词用。

10. 一有界线,求两平分之

(There is a finite line:it is required to bisect it.)

To bisect a given finite straight line.

〔二等分一已知有限直线。〕

11. 一直线,任于一点上求作垂线

(A straight line:on an arbitrary point it is required to construct a perpendicular.)

To draw a straight line at right angles to a given straight line from a given point on it.

〔从已知直线上一已知点作一直线与已知直线成直角。〕

12. 有无界直线,线外有一点,求于点上作垂线至直线上

(There is an infinite straight line; outside the line there is a point:it is required on the point to construct a perpendicular to the straight line.)

To a given infinite straight line, from a given point which is not on it, to draw a perpendicular straight line.

［由已知无限直线外一已知点作该直线的垂线。］

注意汉译亦有"于点上"。

13. 一直线，至他直线上所作两角，非直角即等于两直角

(One straight line comes upon another straight line; the angles made, if they are not right, they are equal to two right angles.)

If a straight line set up on a straight line makes angles, it will make either two right angles or angles equal to two right angles.

［如果一条直线在另一条直线上交得两角，那么或者是两直角，或者（它们的和）等于两直角。］

14. 一直线，于线上一点出不同方两直线，偕元线每旁作两角，若每旁两角与两直角等，即后出两线为一直线

(One straight line: from one point on the line go out two straight lines not on the same side; with the original line on the sides two angles are formed; if the two angles on each side are equal to two right angles, then the two lines that went out afterwards form a straight lines.)

If with any straight line, and at a point on it, two straight lines not lying on the same side make the adjacent angles equal to two right angles, the two straight lines will be in a straight line with one another.

［由任意直线上一点，在直线两侧分别作直线，如果原直线两侧相邻两角等于两直角，那么所作两直线在同一直线上。］

这个命题用任何语言都不易表述。有趣的是，为了减少模糊性，利徐引入了次序："后出两线"，这显然是指稍后提到的两条直线。

15. 凡两直线相交，作四角，每两交角必等

If two straight lines cut one another, they make the vertical angles equal to one another.

［如果两直线相交，那么交得的对顶角相等。］

一系：推显两直线相交，于中点上作四角，与四直角等。

(Corollary 1: It clearly follows that two lines meeting in a point make four angles together equal to four right angles.)

211   PORISM. From this it is manifest that, if two straight lines cut one another, they will make the angles at the point of section equal to four right angles.

[推论:由此可得,若两直线相交,则在交点处形成的四个角等于四直角。]

诸多版本皆含此系论,但海伯格视之为后世掺入的伪作(Heath I,第278—279 页)。

• "推显"相当于"通过推论证明"。

二系:一点之上两直线相交,不论几许线几许角,定与四直角等。

(Corollary 2: If at a point two lines meet each other, no matter how many lines making no matter how many angles, together they are necessarily equal to four right angles.)

汉译《几何原本》此条系论含义有些模糊,开始提到两条线,然后又说许多直线,其关系不甚明了。(按,当指从同两直线交点引出任意多条直线/射线,无论形成多少角——译者)克拉维乌斯的表述则明确得多:"围绕一点的所有角,无论有多少,总等于四直角。"(*Omnes angulos circa unum et idem punctum constitutos, quotcunque fuerint, quatuor duntaxat rectis angulis aequales esse*.) 以上推论源出普罗克洛斯。

增题:一直线内,出不同方两直线,而所作两交角等,即后出两线为一直线。

(Added theorem: If from within a straight line be produced to different sides two straight lines and the two angles made are equal, the two later produced lines form one straight line)

克拉维乌斯自普罗克洛斯引用了这条定理。"内"字的意思也许是为了排除线段端点,而这两条直线显然应从同一点引出。

• 此处又利用了次序概念:"后出两线",指"后来所作的两条直线"(拉丁文是 *ipsae rectae linae*)。

16. 凡三角形之外角,必大于相对之各角

(The exterior angle of any triangle is necessarily greater than each of the opposite angles.)

In any triangle, if one of the sides be produced, the exterior angle is greater than either of the interior and opposite angles.

［在三角形中,若延长一边,则外角必大于任一内对角。］

汉译并未指出"外角"为何物,因为它未提延长一边。

17. 凡三角形之每两角,必小于两直角

（Each two angles in any triangle are necessarily smaller than two right angles. ）

In any triangle two angles taken together in any manner are less that two right angles.

［任何三角形中,任意两角之和小于两直角。］

汉译未明确指出须取两角之和。

212

18. 凡三角形,大边对大角,小边对小角

（In any triangle the great side is opposite the great angle, the small side is opposite the small angle. ）

In any triangle the greater side subtends the greater angle.

［在任何三角形中,大边对大角。］

注意汉译绕开了 subtends 一词（详见下条——译者）。"大"字即可指"较大",严格地说,后半句实属多余。

19. 凡三角形,大角对大边,小角对小边

（In any triangle the great angle is opposite the great side, the small angle opposite the small side. ）

In any triangle the greater angle is subtended by the greater side.

［在任何三角形中,大角对大边。］

命题的汉译几乎与上一条完全一致。原因是 subtends 与 is subtended by 的区别已被抹去,回避了 subtending 的完整概念。

20. 凡三角形之两边并之,必大于一边

（Always, two sides of a triangle, ［if you］ take them together, necessarily are greater than one side. ）

In any triangle two sides taken together in any manner are greater than the remaining one.

[在任何三角形中,任意两边之和大于第三边。]

21. 凡三角形,于一边之两界出两线,复作一三角形在其内,则内形两腰并之,必小于相对两腰,而后两线所作角,必大于相对角

(Always, [if] on the two extremities two lines be produced, and, again, within them a triangle is constructed, then the two legs of the "inner figure", taken together, necessarily are smaller than the two legs opposite to them, and the angle formed by the lines that have been produced later is necessarily greater than the one that is opposite to it.)

If on one of the sides of a triangle, from its extremities, there be constructed two straight lines meeting within the triangle, the straight lines so constructed will be less than the remaining two sides of the triangle, but will contain a greater angle.

[如果由三角形一边的两个端点作两线段相交于三角形内,则此二线段之和小于三角形另两边之和,但此二线段的夹角大于另两边的夹角。]

"相对"一词字面上的意思是 opposite each other,但此处并非如此。"对应边"(相当之边)也许更合适,但在题四中"相当之边"已被用来表示别的意思。

22. 三直线,求作三角形,其每两线并大于一线也

(Three straight lines: it is required to make a triangle; then each two lines together are greater than one line.)

Out of three straight lines, which are equal to three given straight lines, to construct a triangle: thus it is necessary that two of the straight lines taken together in any manner should be greater than the remaining one.

[以等于已知三条线段的三条线段作三角形,则其中任意两条线段之和必须大于第三条线段。]

213 从汉译中很难看出后半部分是使得作图成为可能的必须条件("规定、要求",*diorismos*)。

23. 一直线,任于一点上求作一角,与所设角等

(A straight line: at random at one point it is required to make an angle equal to a given angle.)

On a given straight line and at a point on it to construct a rectilineal angle equal to a given rectilineal angle.

[在已知直线上一已知点,作直线角等于已知直线角。]

注意"任"字——"允许"、"使得"——用作副词,表示任意点均可:"任于一点上求作"。还有"设"字,其义有"建立"、"提出"、"假定",或"给定"。这个字很好地表达了在一般情形下给定某线:不管是哪条线,随意给定即可。因此该线既是"给出"的,又是"假定"的。

24. 两三角形,相当之两腰各等,若一形之腰间角大,则底亦大

(If two triangles have the two corresponding sides equal in each case, then, if the angle between the sides of one figure is greater, the base is also greater.)

If two triangles have the two sides equal to two sides respectively, but have the one of the angles contained by the equal straight lines greater than the other, they will also have the base greater than the base.

[如果在两个三角形中,一个的两边与另一个的两边分别相等,且一个中两边的夹角大于另一个中对应两边的夹角,那么较大角所对的边也较大。]

又见"相当之两腰"实际涉及四条边的情况(两条在一三角形内,与其对应的两条在另一三角形内)。

25. 两三角形,相当之两腰各等,若一形之底大,则腰间角亦大。

(If two triangles have two corresponding sides each equal, then, if the base of one figure is greater, the angle between the sides is also greater.)

If two triangles have the two sides equal to two sides respectively, but have the base greater than the base, they will also have the one of the angles contained by the equal straight lines greater than the other.

[如果在两个三角形中,一个的两边与另一个的两边分别相等,且一个的第三边大于另一个的第三边,则较大第三边所对的角也较大。]

26. 两三角形,有相当之两角等,及相当之一边等,则余两边必等,余一角亦等,其一边不论在两角之内及一角之对。

(If two triangles have the two corresponding angles equal, and one corresponding side equal, then the two remaining sides are necessarily equal, the remaining angle is equal; it does not matter whether that one side is between the two angles or opposite one angle.)

If two triangles have the two angles equal to the two angles respectively, and one side equal to one side, namely, either the side adjoining the equal angles, or that subtending one of the equal angles, they will also have the remaining sides equal to the remaining sides and the remaining angle to the remaining angle.

[在两个三角形中,若一个三角形的两角分别等于另一个三角形的两角,且一个三角形的一边等于另一个三角形的对应边,即无论该边夹于两角之间还是其中一角所对,则余下各边各角均对应相等。]

214　又见"相当"这一简洁表述,此处仍然须将汉译中"相当之两边各等"补足为四边两两对应相等(见上文,题四)。把"相当之一边等",说成"一对对应边相等"则令人难以接受,所以只能理解为"一边与其对应边相等"的简略说法。

27. 两直线,有他直线交加其上,若内相对两角等,即两直线必平行。

(Two straight lines have another straight line crossing them; if the two inner opposite angles are equal the two lines necessarily run parallel.)

If a straight line falling on two straight lines make the alternate angles equal to one another, the straight lines will be parallel to one another.

[如果一直线与两直线相交所成的内错角相等,那么这二直线平行。]

alternate angles《几何原本》汉译是"内相对角",欧几里得并未定义 alternate,普罗克洛斯注称 alternative 有两种含义:其一即此命题所指,另一则见于比例(Heath I,第308页)[见第五章"更比"(alternate ratio)定义——译者]。

• "交加其上"的字面意思是"加上一条并与它们相交"。

236

28. 两直线,有他直线交加其上,若外角与同方相对之内角等,或同方两内角与两直角等,即两直线必平行

If a straight line falling on two straight lines make the exterior angle equal to the interior and opposite angle on the same side, or the interior angles on the same side equal to two right angles, the straight lines will be parallel to one another.

［如果一直线与两直线相交,外角与内对角相等,或同旁内角之和等于两直角,那么这二直线平行。］

汉译"同方相对之内角"与上条定理中的"内相对角"用词极为相似,但所指却完全不同:

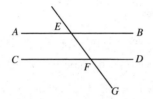

命题 27 中所指如角 *AEF* 和角 *EFD*,在两直线 *AB* 和 *CD* 之间,但在交线 *EF* 的两侧;而命题 28 中所指如角 *CFG* 和角 *AEG*,在 *EF* 的同侧,这由"同方"一词指出,但两个术语的类似仍然使人混淆不清。"内"、"外"和"同方"并不能涵盖所有的情况。这也许就是欧几里得另外引入一个术语 alternate 的原因。 *215*

29. 两平行线,有他直线交加其上,则内相对两角必等,外角与同方相对之内角亦等,同方两内角亦与两直角等

A straight line falling on parallel straight lines makes the alternate angles equal to one another, the exterior angle equal to the interior and opposite angle, and the interior angles on the same side equal to two right angles.

［一直线与两平行直线相交,则所成的内错角相等,外角与内对角相等,同旁内角之和等于两直角。］

30. 两直线与他直线平行,则元两线亦平行

(If two straight lines are parallel to another straight line, then the original two lines are also parallel.)

Straight lines parallel to the same straight line are also parallel to one another.

[与同一直线平行的各直线互相平行。]

汉译之一般性不如原文,它只说两条直线。

31. 一点上求作直线与所设直线平行

Through a given point to draw a straight line parallel to a given straight line.

[过一已知点作一直线平行于已知直线。]

注意汉译的表述"一点上"。

增:从此题生一用法,设一角两线,求作有法四边形有角与所设角等,两两边线与所设线等。

(Added: from this theorem is born a practical method. Given an angle and two lines, it is required to construct a regular quadrilateral [Clavius has *parallel-ogrammum*] of which an angle is equal to the given angle, and the two pairs of sides are equal to the given lines.)

32. 凡三角形之外角,与相对之内两角并,等;凡三角形之内三角并,与两直角等

(In all triangles, the exterior angle is equal to the opposite interior angles together; In all triangles the three interior angles together are equal to two right angles.)

In any triangle, if one of the sides be produced, the exterior angle is equal to the two interior and opposite angles, and the three interior angles of the triangle are equal to two right angles.

[在任意三角形中,若延长一边,则外角等于两内对角之和,且三内角之和等于两直角。]

增:从此推知,凡第一形当两直角,第二形当四直角,第三形当六直角,自此以上,至于无穷,每命形之数,倍之为所当直角之数,又视每形边数,减二边,即所存边数是本形之数。

(From this it can be deduced that in general the first figure [a triangle] corresponds to two right angles; the second figure [a quadrilateral] corresponds to four right

238

angles; the third to six right angles; and from this onwards till infinity, the double of the "name"[rank] of the figure is the number of right angles that the figure is worth. And [one sees that if you] take the number of sides of a figure, and subtract two sides, then the remaining number of sides is the number for the figure.) *216*

此长句意指：n 边形内角和等于$(n-2)\times 2$ 个直角。拉丁文当然也非常复杂。此处首次用到"命"字："命名"某物的数，此例中图形的级次据其边数而定。

一系：凡诸种角形之三角并，俱相等。

(Corollary 1: the sums of the angles of any triangle are equal to each other.)

该定理讨论的是三角形，但"诸种角形"更像是各种多边形的统称。命题 32 当然就是著名的三角形内角和为 180 度这一定理，但如上文，欧几里得并未提及具体的度数。

二系：凡两腰等角形，若腰间直角，则余两角每当直角之半；腰间钝角，则余两角俱小于半直角；腰间锐角，则余两角俱大于半直角。

(Corollary 2: in any isosceles triangle, if the angle between the equal sides is a right angle, the remaining angles each are equal to half of a right angle; if the angle is obtuse, they are each smaller than a half right angle; if acute, they are each greater.)

三系：平边角形，每角当直角三分之二。

(Corollary 3: In an equilateral triangle, each angle equals two thirds of a right angle.)

四系：平边角形，若从一角向对边作垂线，分为两角形，此分形各有一直角在垂线之下两旁，则垂线之上两旁角每当直角三分之一，其余两角每当直角三分之二。

(Corollary 4: If in an equilateral triangle from one angle to the opposite side a perpendicular is drawn, dividing [the original triangle into] two triangles, these partial figures each will have a right angle at the under side of the perpendicular, while the angles at two side of the upper part of the perpendicular will be equal to one third of a right angle; the remaining angles will be worth two thirds of a right angle.)

请注意用文字描述来指示图形中的位置是多么困难，这样的表述只有辅以示意图方能理解。

增:从三系,可分为一直角为三平分。

(Added: from corollary 3 it follows that a right angle can be divided into three equal parts.)

自古以来,三等分任意角就是希腊几何中三大著名未解难题之一,直到 19 世纪,该命题才被证明仅用直尺和圆规是不可解的。

33. 两平行相等线之界,有两线联之,其两线亦平行亦相等

(The extremities of two parallel equal lines: [if] there are two lines joining them, those two lines [are] also parallel and also equal.)

The straight lines joining equal and parallel straight lines (at the extremeties which are) in the same directions (respectively) are themselves also equal and parallel.

[在同一方向(分别)连接相等且平行线段(的端点),则连成的线段也相等且平行。]

34. 凡平行线方形,每相对两边线各等,每相对两角各等,对角线分本形两平分

(In all parallelograms each two opposite sides are equal in each case; each two opposite angles are equal in each case; the diagonals divide the original figure into two equal parts.)

In parallelogrammic areas the opposite sides and angles are equal to one another, and the diameter bisects the areas.

[在平行四边形面中,对边相等,对角相等,且对角线平分该面。]

如笔者对定义 32 的注释所言,欧几里得并未定义"平行四边形"(parallelogram),利玛窦则定义了这样的图形,但所用名称不同,其称之为"平行线方形"。

35. 两平行方形,若同在平行线内,又同底,则两形必等

(Two parallelograms, if they are between two parallel lines in the same way, and if they share the base, then the two figures are equal.)

Parallelograms which are on the same base and in the same parallels are equal to one another.

［同底且在相同平行线间的平行四边形相等。］

谓之"同在平行线内"而非"在同平行线内"，似乎不够准确。这相当于说"以相同的方式处于平行线之间"或"一起处于平行线之间"，而不是"在相同的平行线之间"。"形"在此处包括了边界内的平面。

36．两平行线内有两平行方形，若底等，则形亦等

(Within two parallel lines there are two parallelograms: if the bases are equal the figures are also equal.)

Parallelograms which are on equal bases and in the same parallels are equal to one another.

［等底且在相同平行线间的平行四边形相等。］

此句与上题的结构大有不同，这也许是为了更清楚地体现二者的区别：此题只要求"底边相等"，而上题则要求两平行四边形"同底"。

37．两平行线内有两三角形，若同底，则两形必等

Triangles which are on the same base and in the same parallels are equal to one another.

［同底且在相同平行线间的三角形相等。］

38．两平行线内有两三角形，若底等，则两形必等

Triangles which are on equal bases and in the same parallels are equal to one another.

［等底且在相同平行线间的三角形相等。］

增：凡角形，任于一边两平分之，向对角作直线，即分本形为两平分。

二增题：凡角形，任于一边任作一点，求从点分本形为两平分。

(Added proposition 2: It is required, from an arbitrary point on an arbitrary side, to bisect a given triangle.)

二增题系克拉维乌斯袭用佩尔捷(Peletarius，即 Jacques Peletier——译者)，事实上是欧几里得《论剖分》(*On Divisions*)中的命题 3，该书中的命题代表了一种"问题导向"的进路。

39．两三角形，其底同，其形等，必在两平行线内

218

(Two triangles: [if] their base is the same[and] the figures are equal, [then] they necessarily are between parallel lines.)

Equal triangles which are on the same base and on the same side are also in the same parallels.

[同底且在底的同侧的相等三角形必在相同平行线之间。]

（克氏）原文是"（各）相等三角形"，但汉译仅称"两三角形"并补充"其形等"，这样做的好处是突出面积相等是两个条件之一。但如果"其形"的确表示"它们的形"，那么"形"便成为"面积"的同义词。另外，两形"在底的同侧"这一条件在汉译中也被省去了。

40. 两三角形，其底等，其形等，必在两平行线内

Equal triangles which are on equal bases and on the same side are also in the same parallels.

[等底且在底的同侧的相等三角形必在相同平行线之间。]

41. 两平行线内有一平行方形，一三角形，同底，则方形倍大于三角形

(Within two parallel lines there are a parallelogram [and a] triangle: if they share the base then the parallelogram is double as great as the triangle.)

If a parallelogram have the same base with a triangle and be in the same parallels, the parallelogram is double of the triangle.

[如果一个平行四边形与一个三角形同底且在相同平行线之间，那么平行四边形二倍于三角形。]

前半句中的"平行方形"在后半句中被简称为"方形"。

42. 有三角形，求作平行方形与之等，而方形角有与所设角等

(There is a triangle: it is required to make a parallelogram equal to it while the angle of the parallelogram is equal to a given angle.)

To construct, in a given rectilineal angle, a parallelogram equal to a given triangle.

[以已知直线角作平行四边形，使它等于已知三角形。]

汉译回避了"以已知直线角"这一要求,而是给出了一种完全不同的 *219*
表述:方形角与所设角等,而不一定在已知角上作图。不过,这也不算错
误,因为实际作图时也不是直接在已知角上作图。

43. 凡方形,对角线旁两余方形,自相等

In any parallelogram the complements of the parallelograms about the diameter are
equal to one another.

[在任意平行四边形中,对角线(两边)平行四边形的补形相等。]

在克—利徐版本中,对角线平行四边形的补形已经在卷一定义 36
中被定义。(原书称 Heath 36,经查此应为克—利徐版编号,而希思版则
是在卷一命题 43 中定义了这个图形——译者)

44. 一直线上,求作平行方形,与所设三角形等,而方形角有与所设角等

To a given straight line to apply, in a given rectilineal angle, a parallelogram equal
to a given triangle.

[用一已知线段及一已知角作平行四边形,使它等于已知三角形。]

注意"有"的用法:"平行形四边形有(一个角)与已知角相等。"

45. 有多边直线形,求作一平行方形与之等,而方形角有与所设角等

To construct, in a given rectilineal angle, a parallelogram equal to a given rectilin-
eal figure.

[用一已知直线角作一平行四边形,使它等于已知直线形。]

增题:两直线形不等,求相减之较几何。

(Added proposition: of two unequal rectilineal figures to find their difference.)

该增题由克拉维乌斯取自佩尔捷并作改造。

46. 一直线上求立直角方形

On a given straight line to describe a square.

[在一已知线段上作一正方形。]

47. 凡三边直角形,对直角边上所作直角方形,与余两边上所作两直
角方形并,等

(In any right-angled triangle, the square that is made on the side opposite the right angle is equal to the two square made on the two remaining sides together.)

In right-angled triangles the square on the side subtending the right angle is equal to the squares on the sides containing the right angle.

[在直角三角形中，直角所对的边上的正方形等于夹直角两边上正方形之和。]

一增：凡直角方形之对角线上作直角方形，倍大于元形。

(Added 1: the square constructed on the diagonal of a square is double the original square.)

这一著名命题见于柏拉图《美诺篇》(*Meno*)。

二增题：设不等两直角方形，如一以甲为边，一以乙为边，求别作两直角方形，自相等，而并之又与元设两形并等。

220

(Added proposition 2: given two unequal squares, like one with A as side and one with B as side, to find two other squares, equal to each other, that together are equal to the first two together.)

此说似不应为命题，它讨论的只是某个特殊图形。

三增题：多直角方形，求并作一直角方形，与之等。

(Added proposition 3: to construct a square equal to a number of given squares.)

四增：三边直角形，以两边求第三边长短之数。

(Added 4: with two sides of a right angled triangle to find the length of the third side.)

这是一则有趣的增题，它与测量以及中国传统数学相关。此处明确提到边长（"长短之数"），在注释中还用到了表示面积的另一个传统术语"幂"，小字双排的注释将"幂"定义为"自乘之数"（"自乘之数曰幂"）。"幂"在中算中用于表示句、股、弦的平方。①注意："求"字此处为其在中国传统数学中的意义："计算"！而且该陈述不应作为一个"命题"，因为它

---

① 注文之末说："此以开方尽实者为例，其不尽者自具算家分法"，而并未说到无理数。克拉维乌斯则明确提及无理数：*Caeterum non semper hac arte invenientur numeri irrationales, quia non omnis numerus habet latus, radicemve quadratam, ut notum est apud Arithmethicos. Unde latus inventum saepenumero exprimi nequit, nisi per radicem surdam, quam vacant: Sed de his alias.* (Clavius OM I, p. 78)

与该书其他命题在本质上极为不同。

48. 凡三角形之一边上所作直角方形,与余边上所作两直角方形并等,则对一边之角必直角

If in a triangle the square on one of the sides be equal to the squares on the remaining two sides of the triangle, the angle contained by the remaining two sides of the triangle is right.

[如果在一个三角形中,一边上的正方形等于另外两边上的正方形之和,那么另外两边所夹的角是直角。]

二 卷二命题

1. 两直线,任以一线任分为若干分,其两元线矩内直角形,与不分线偕诸分线矩内诸直角形并,等

(Two straight lines: divide either one of them at random in a number of parts; the rectangle contained by the two original lines is equal to all the rectangles of the undivided line with all the divided lines together.)

If there be two straight lines, and one of them be cut into any number of segments whatever, the rectangle contained by the straight lines is equal to the rectangles contained by the uncut straight line and each of the segments.

[如有两条线段,其中一条被截成任意几段,那么该两线段构成的矩形等于各小段分别与未截线段构成的矩形之和。]

该定理后的注释颇为有趣。"注曰:二卷前十题皆言线之能也。能者,谓其上能为直角形也。如十尺线,其上能为百尺方形之类。其说与算数最近。故九卷之十四题俱以数明此十题之理。今未及详,因题意难显,略用数明之。如本题,设两数当两线,为六为十,以十任三分之,为五为三为二,六乘十为六十之一大实,与六乘五为三十,及六乘三为十八,六乘二为十二,之三小实并,等。"这则定理与数的计算关系密切,因此卷九定理 14 用数字说明了(卷二)前十条定理的原理。但汉译《几何原本》只前六章,由于用文字难以解释定理的意思,利徐简要以数明之。比如,

令两数分别代表两线,如 6 和 10。将 10 任意分为三部分,比如 5,3,2;将 10 乘以 6 得较大乘积 60;五六三十、三六十八、二六十二,三个较小乘积之和等于较大乘积。①

此处"能"字是卷十所用术语,在该卷中,直线"正方可公度"(*dynamei symmetros*)是一个基本概念。希思注称:希腊文原文在早期英译本中被翻译为 in power(Heath III,第 10—11 页),克拉维乌斯在卷二开篇也宣称本卷讨论线段的 power(*Agit Euclides secundo hoc libro de potentiis linearum rectarum*,第 82 页)。

事实上,如果查看上文翻译注释时所提到的卷九定理 14,就可以发现插入的用数值来阐明第二卷十条定理的长篇大论(第 367—370 页)(*Demonstratio in numeris eorum, quae in lineis secundo libro Euclides demonstravit prioribus 10. theorematibus*)

"实"字表示"面积"不甚常用,因为它传统上用于表示方程中的常数项,或者用于表示被计算的数字,意思如"被除数"。

此注释使得"数"与"量"之间本来就疑问重重的关系更加模糊不清。它还使人注意到这样一个事实:在如《原本》那般用文字的方法陈述命题时,往往需要复杂的长句。但当它们被翻译为算术语言时,就显得是在表述一个相对简单的关系。对于卷二的前十条定理,利玛窦在每条之后都给出了数值实例,以"注曰"二字引出。

2. 一直线,任两分之,其元线上直角方形,与元线偕两分线两矩内直角形并,等

(A straight line: at random divide it into two; then the square on the original line is equal to the rectangles of the original line with the two segments together.)

---

① Clavius: *Quoniam lib. 9. propos. 14. decem priora theoremata secundi huius libri, quae Euclidis lineis accomodat, in numeris etiam demonstabimus, si dividantur, ut linea; non abs re fuerit, breviter numeris applicare ea, quae pluribus verbis de lineis hic demonstrantur, praesertim cum multiplicatio numeri unius in alterum respondeat ductui unius lineae in alteram, ut supra diximus*(OM I, p. 84).

If a straight line be cut at random, the rectangle contained by the whole and both of the segments is equal to the square on the whole.

［如果一线段被任意分为两段，那么该线段与两个分段分别构成的矩形之和等于该线段构成的正方形。］

利玛窦沿袭克拉维乌斯，在标准证明之外还给出一补充证明，从而表明该定理是定理 1 的特例。

• "与"、"偕"这两个连词涵括的范围不同，其功能犹如数学公式里的括号。"与"字涵盖其后所有字句，而"偕"仅涵盖紧跟其后的那一部分。以下各命题也使用了同样的结构。

3. 一直线任两分之，其元线任偕一分线矩内直角形，与分余线偕一分线矩内直角形，及一分线上直角方形并，等

If a straight line be cut at random, the rectangle contained by the whole and one of the segments is equal to the rectangle contained by the segments and the square on the aforesaid segment.

［如果一线段被任意分为两段，那么由整个线段与分得的某小段构成的矩形等于所分得的二小段构成的矩形与该小段上的正方形之和。］

利玛窦仍然给出了另一证明以表示此定理是定理 1 的特例。

4. 一直线任两分之，其元线上直角方形，与各分上两直角方形，及两分互偕矩线内两直角形并，等

If a straight line be cut at random, the square on the whole is equal to the squares on the segments and twice the rectangle contained by the segments.

［如果一线段被任意分为两段，那么该线段上的正方形等于两小段上的正方形与两倍两小段所构成的矩形之和。］

系：从此推知，凡直角方形之角线形皆直角方形。

(Corollary: from this it can be deduced that all the parallelograms around the diagonal of a square are squares.)

利玛窦援引了克拉维乌斯的一个不同于标准版本的证明，被希思称为"半代数证明"（Heath I，第 381 页）。即它由克氏综合定理 2 与定理 3

的结论演绎而得。①

5. 一直线两平分之,又任两分之,其任两分线矩内直角形及分内线上直角方形并,与平分半线上直角方形等

If a straight line be cut into equal and unequal segments, the rectangle contained by the unequal segments of the whole together with the square on the straight line between the points of section is equal to the square on the half.

[如果一线段被分为相等的两段及不相等的两段,那么不等两段构成的矩形加上两分点之间线段上的正方形等于整个线段一半上的正方形。]

6. 一直线两平分之,又任引增一直线共为一全线,其全线偕引增线矩内直角形,及半元线上直角方形并,与半元线偕引增线上直角方形等

(One straight line: bisect it; next, add a straight line in a way [such that], together, they form a whole line; [then] the rectangle within the whole line and the added line together with the square on half the original line, will be equal to the square on half of the original line and the added line.)

If a straight line be bisected and a straight line be added to it in a straight line, the rectangle contained by the whole with the added straight line and the added straight line together with the square on the half is equal to the square on the straight line made up of the half and the added straight line.

[如果将一线段平分并在同一线段上加上一条线段,那么合成线段与加上的线段所构成的矩形与原线段一半上的正方形之和等于原线段一半与加上的线段之和上的正方形。]

"任引增一直线共一全线"字面上的意思是:任意延长加上的一条线段,形成整条线段。"引"字相关的含义有:延展、延长、导引、引介等。

---

① 据 Heath I,第 381 页,克拉维乌斯对该定理[现代符号即$(a+b)^2 = a^2 + b^2 + 2ab$]的证明如下:由定理 2,AB 上的正方形等于矩形 AB、AC 与矩形 AB、CB 之和,且由定理 3,矩形 AB、AC 等于 AC 上的正方形与矩形 AC、CB 之和,同样由定理 3,有矩形 AB、CB 等于 BC 上的正方形与矩形 AC、CB 之和。因此,AB 上的正方形等于 AC、CB 上的正方形与两倍矩形 AC、CB 之和。

7. 一直线任两分之,其元线上及任用一分线上两直角方形并,与元线偕一分线矩内直角形二,及分余线上直角方形并,等

(A straight line: at random cut it in'two; the two squares on the original line and any of the segments, together, are equal to twice the rectangle contained by the original line and one segment and the square on the remaining segment.)

If a straight line be cut at random, the square on the whole and that on one of the segments both together are equal to twice the rectangle contained by the whole and the said segment and the square on the remaining segment.

[如果一线段被任意分为两段,那么原线段上的正方形与其中一小段上的正方形之和等于由原线段与该小段所构成的矩形的两倍加上另一小段上的正方形。]

与前一定理相同,此处使用了另一个并列连词"及",它的合并能力介于"与"、"偕"之间。"与"涵盖全句,"偕"仅涵盖"单位部分",而"及"将更大的部分联结在一起。

- 指示"两倍"的方式是将"二"字放在需要加倍的对象之后。
- 汉译所指并非完全明确:它并未澄清第二部分中与构成矩形的分段是第一部分中作正方形的那个分段。
- 复合词"任用"的意思是"任意使用"。

8. 一直线任两分之,其元线偕初分线矩内直角形四,及分余线上直角方形并,与元线偕初分线上直角方形等

(A straight line: at random divide it into two; four times the rectangle within the original line and the initial segment, together with the square on the remaining segment, are equal to the square on the whole and the initial segment.) 224

If a straight line be cut at random, four times the rectangle contained by the whole and one of the segments together with the square on the remaining segment is equal to the square described on the whole and the aforesaid segment as one straight line.

[如果一线段被任意分为两段,那么原线段与其中一分段所构成的矩形的四倍及另一分段上的正方形之和等于原线段与第一分段之和上的正方形。]

注意"元线"和"初分"(第一分段)二词的使用,这样做也许是为了解

决笔者上一命题中指出的问题。

9. 一直线两平分之，又任两分之，任分线上两直角方形并，倍大于平分半线上及分内线上两直角方形并

If a straight line be cut into equal and unequal segments, the squares on the unequal segments of the whole are double of the square on the half and of the square on the straight line between the points of section.

［如果一线段被分为相等的两段和不相等的两段，那么不相等两段上的正方形之和等于原线段一半上的正方形与两分点之间线段上的正方形之和的二倍。］

"两平分之"（twofold equally divide it，即 bisect）与"任两分之"（at random twofold cut it，即 divide into unequal parts）形成对照。

10. 一直线两平分之，又任引增一线共为一全线，其全线上及引增线上两直角方形并，倍大于平分半线上及分余半线偕引增线上两直角方形并

If a straight line be bisected, and a straight line be added to it in a straight line, the square on the whole with the added straight line and the square on the added straight line both together are double of the square on the half and of the square described on the straight line made up of the half and the added straight line as on one straight line.

［如果一线段被二等分，且在同一直线上给原线段添加一条线段，那么合成线段上的正方形与添加线段上的正方形之和等于原线段一半上的正方形的二倍加上原线段一半与添加线段之和上的正方形的二倍。］

11. 一直线求两分之，而元线偕初分线矩内直角形，与分余线上直角方形等

To cut a given straight line so that the rectangle contained by the whole and one of the segments is equal to the square on the remaining segment.

［分已知线段为两段，使原线段与一小段构成的矩形等于另一小段上的正方形。］

注释中又引卷九定理14称此定理与此前十条定理相比而言，是不能用数来解释的（"注曰：此题无数可解说，见九卷十四题。"）。在卷九定

250

理 14 的论说中,克拉维乌斯证明了此题构成的比例(黄金分割)是无理比例,即不能用整数比来表达(OM I,第 369 页)。①

12. 三边钝角形之对钝角边上直角方形,大于余边上两直角方形并之较,为钝角旁任用一边偕其引增线之与对角所下垂线相遇者,矩内直角形二

(The difference by which the square on the side opposite the obtuse angle in an *225* obtuse-angled triangle is greater than the two squares on the remaining sides together, is twice the rectangle contained by one of the sides about the obtuse angle and its pro-longed line that meets the perpendicular that has been dropped from the opposite angle.)

In obtuse-angled triangles the square on the side subtending the obtuse angle is greater than the squares on the sides containing the obtuse angle by twice the rectangle contained by one of the sides about the obtuse angle, namely that on which the perpen-dicular falls, and the straight line cut off outside by the perpendicular towards the ob-tuse angle.

[在钝角三角形中,钝角所对的边上的正方形比夹钝角两边上的正方形之和大一矩形的二倍,该矩形由一锐角的对边与该锐角向钝角外延长线所作垂线在该延长线上截得的一段构成。]

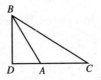

此定理所表述的是:*BC* 上的正方形比 *AB*、*AC* 上的正方形之和大 *CA*、*AD* 所构成矩形的二倍,若不借助图示,文字表述往往很难理解,此为一例。但《几何原本》却将其翻译得如此之好。

所说为那条线段以"者"字指明,而且"钝角所对"也被简化为"对角"。

---

① Clavius 在卷九命题 29 中又提到了这个问题(OM I,第 375 页)。

• 注意"A 大于 B 之较为"的结构:"A 比 B 大……"、"A 超过 B 的部分是……"

13. 三边锐角形之对锐角边上直角方形,小于余边上两直角方形并之较,为锐角旁任用一边偕其对角所下垂线旁之近锐角分线矩内直角形二

In acute-angled triangles the square on the side subtending the acute angle is less than the squares on the sides containing the acute angle by twice the rectangle contained by one of the sides about the acute angle, namely that on which the perpendicular falls, and the straight line cut off within by the perpendicular towards the acute angle.

[在锐角三角形中,锐角对边上的正方形比夹锐角两边上的正方形之和小一矩形的二倍,该矩形由该锐角的一边与此边对角向此边作垂线在此边上向锐角方向截得的一段构成。]

利徐注(第 667 页)释称此定理仅适于锐角三角形,但直角三角形与钝角三角形也各有两个锐角(参阅卷一命题 17 与命题 32)。因此,此题之证明对于直角三角形与钝角三角形中的锐角对边亦有效,不适用于直角与钝角的原因是不能由它们向对边直接作垂线。①

226 14. 有直线形,求作直角方形与之等

(There is a rectilineal figure: it is required to make a square equal to it.)

To construct a square equal to a given rectilineal figure.

[作一正方形等于已知直线形。]

这里再次出现了非"公设"(postulate)意义上的"求作"。

增题:凡先得直角方形之对角线所长于本形边之较,而求本形边。

此命题(Clavius,第 103 页)读起来似乎是要求进行一个计算。"较"字在中国传统数学中表示两数之差(例如:勾股较即勾长与股长之差)。

---

① 克拉维乌斯饶有兴味地注解说,欧几里得假定锐角边上的高总是在三角形内(*Ita enim semper cadet perpendicularis intra triangulum, ut Euclides in demonstratione assumpsit*,第 97 页),克氏对此进行了证明。然后他又插入了大段解说(第 97—102 页),给出了三角形各边可公度的七种判定法则。

三 卷三命题

1. 有圆，求寻其心

（There is a circle：it is required to find its centre.）

To find the centre of a given circle.

［求出已知圆的圆心。］

系：因此推显圆内有直线分他线为两平分，而作直角即圆心在其内。

［PORISM］. From this it is manifest that, if in a circle a straight line cuts a straight line into two equal parts and at right angles, the centre of the circle is on the cutting straight line.

［推论：由此显然可得，如果圆内有一弦平分另一弦且与交成直角，那么圆心在前一条弦上。］

注意点与线的关系 lying on 被译为"在其内"。

2. 圆界任取二点，以直线相联，则直线全在圆内

（On the circumference of a circle take two points at random：if with a straight line they are connected to each other, then the straight line is completely within the circle.）

If on the circumference of a circle two points be taken at random, the straight line joining the points will fall within the circle.

［如果在一个圆的圆周上任取两点，那么连接两点的线段必在圆内。］

3. 直线过圆心分他直线为两平分，其分处必为两直角；为两直角，必两平分

（A straight line through the centre of a circle cuts another straight line into two equal parts：the "place" of the parts necessarily forms two right angles；［if］two right angles are formed, it is necessarily divided into two parts.）

If in a circle a straight line through the centre bisects a straight line not through the centre, it also cuts it at right angles；and if it cuts it at right angles, it also bisects it.

［在一个圆中，如果一条过圆心的弦平分一条不过圆心的弦，那么两弦交成直角；如果一条过圆心的弦与一条不过圆心的弦交成直角，那么过圆心的弦平分不过

圆心的弦。]

注意"分处"这一模糊表述。

4. **圆内不过心两直线相交,不得俱为两平分**

If in a circle two straight lines cut one another which are not through the centre, they do not bisect one another.

[在一个圆中,若两条不过圆心的弦相交,则它们不互相平分。]

利徐表述此定理的方式稍有别于原文,因为他们说两弦不都被平分,而原文说两弦不互相平分。原文并未讨论一弦被平分而另一弦不被平分的可能性,因此利徐二人的表述更确切。

5. **两圆相交,必不同心**

If two circles cut one another, they will not have the same centre.

[如果两圆相交,那么它们不同心。]

6. **两圆内相切,必不同心**

If two circles touch one another, they will not have the same centre.

[如果两圆相切,那么它们不同心。]

7. **圆径离心任取一点,从点至圆界任出几线,其过心线最大,不过心线最小,余线愈近心者愈大,愈近不过心线者愈小,而诸线中,止两线等**

(On the diameter of a circle, away from the centre, at random a point is taken; from the point to the circumference at random several lines are produced; the line passing through the centre is greatest; the line not passing through the centre is smallest; of the remaining lines, that which is closer to the centre is greater, that which is closer to the line not passing through the centre is smaller, and of all the lines, only two are equal.)

If on the diameter of a circle a point be taken which is not the centre of the circle, and from the point straight lines fall upon the circle, that will be the greatest on which the centre is, the remainder of the same diameter will be the least, and of the rest the nearer to the straight line through the centre is always greater than the more remote, and only two equal straight lines will fall from the point on the circle, one on each side of the least straight line.

[如果在一圆的直径上任取非圆心的一点,那么从该点向圆周作引线段中,过圆心的线段最长,直径上余下的部分最短,其他各线段中,更靠近过圆心线段的总是长于更远离过圆心线段的线段,而且从该点向圆周只能引出两条相等线段,分别在最短线段的两侧。]

这么长的一段文字,却几乎没有用到任何可使句子结构更加清晰的"语法功能词",令人颇为惊讶。该句由数个短句接续组成。汉译虽不甚精确,但还算清楚,在某种程度上说它比希思的英译文更易理解。汉译不精确之处在于仅称"不过心线"而没有进一步指出它是直径上的一部分(而希思则明确指出"直径上余下的部分")。

8. 圆外任取一点,从点任出几线,其至规内,则过圆心线最大,余线愈离心愈小,其至规外,则过圆心线为径之余者最小,余线愈近径余愈小,而诸线中,止两线等

If a point be taken outside a circle and from the point straight lines be drawn through to the circle, one of which is through the centre and the others are drawn at *228* random, then, of the straight lines which fall on the concave circumference, that through the centre is greatest, while of the rest the nearer to that through the centre is always greater than the more remote, but, of the straight lines falling on the convex circumference, that between the point and the diameter is least, while of the rest the nearer to the least is always less than the more remote, and only two equal straight lines will fall on the circle from the point, one on each side of the least.

[如果从圆外一点作通过圆的直线,其中一条过圆心,其他各条任意作出,那么在由该点引至凹弧上的线段中,过圆心者最长,其余各线段中,更接近过圆心者总是比更远离过圆心者长;但在由该点引至凸弧的各线段中,该点与直径间的线段最短,其余各线段中,更接近最短者总是比更远离最短者短;并且从该点只能引两条至圆周的线段相等,分别在最短者的两侧。]

这个长句由几个部分组成,自然也分几部分证明。利氏将证明分为五个部分,以"论一"、"论二"等指示,而克氏(及希思)则使用了"接着"、

"然后"等词(*deinde*, ... *rursus*, ... *rursus*, ... *postremo*)。

欧几里得并未定义"凸弧"、"凹弧"这两个概念,它们被利徐译作"规内"和"规外"。中国传统数学中,"规"字通常指圆规,而在别的语境中多指"圆盘"。此处用其"圆盘"之义,于是就产生了一个复杂现象:选用了一个常用术语,但却未取其在传统数学语境中的含义。

9. 圆内从一点至界,作三线以上,皆等,即此点必圆心

(Within a circle, from one point to the circumference make three lines or more: if they are all equal then this point is necessarily the centre of the circle.)

If a point be taken within a circle, and more than two equal straight lines fall from the point on the circle, the point taken is the centre of the circle.

[如果取圆内一点,并且从此点向圆周所引的相等线段多于二条,那么此点是该圆的圆心。]

10. 两圆相交,止于两点

A circle does not cut a circle at more points than two.

[一圆截另一圆,其交点不多于两个。]

利徐给出了别种证明,以"又论"指称(克拉维乌斯用词是 *aliter*)。

11. 两圆内相切,作直线联两心,引出之必至切界

(Two circles internally touch each other; make a straight line [and] connect the two centres; prolong it: necessarily it will reach the "touching circumference".)

If two circles touch one another internally, and their centres be taken, the straight line joining their centres, if it be also produced, will fall on the point of contact of the circles.

[如果一圆内切于另一圆,延长两圆圆心的连线必过两圆的切点。]

用"切界"翻译 point of contact 不甚精确,但用二字复合词作此术语还是值得肯定的。

12. 两圆外相切,以直线联两心,必过切界

If two circles touch one another externally, the straight line joining their centres will pass through the point of contact.

[如果一圆外切于另一圆,那么两圆心的连线过切点。]

13. 圆相切,不论内外,止以一点

(Circles touching each other, no matter whether inside or outside: only with one point.)

A circle does not touch a circle at more points than one, whether it touches it internally or externally.

[一圆与另一圆,无论是内切还是外切,切点都不多于一个。]

注意"以"字的用法:它们只"用于"(with)一点相切。

14. 圆内两直线等,即距心之远近等;距心之远近等,即两直线等

(If in a circle two straight lines are equal, then the distance from the centre is equal; if the distance from the centre is equal, the two straight lines are equal.)

In a circle equal straight lines are equally distant from the centre, and those which are equally distant from the centre are equal to one another.

[在一个圆中,相等弦至圆心的距离相等,至圆心距离相等的弦相等。]

15. 径为圆内之大线,其余线者,近心大于远心

(The diameter is the greatest line in the circle; of the remaining lines [the one] nearer the centre is greater than [that] further from the centre.)

Of straight lines in a circle the diameter is greatest, and of the rest the nearer to the centre is always greater than the more remote.

[圆内各弦直径最长,其余各弦,距圆心更近者总是比距圆心更远者长。]

"近心大于远心"的字面意思是"靠近圆心(的弦)大于远离圆心(的弦)"。

16. 圆径末之直角线,全在圆外;而直线偕圆界所作切边角,不得更作一直线入其内;其半圆分角大于各直线锐角,切边角小于各直线锐角

The straight line drawn at right angles to the diameter of a circle from its extremity will fall outside the circle, and into the space between the straight line and the circumference another straight line cannot be interposed; further the angle of the semicircle is greater, and the remaining angle less, than any acute rectilineal angle.

[过直径的端点所作直线与直径成直角,则该直线必在圆外;并且在该直线与圆

周之间不能插入另一直线;而且半圆角总是大于任何锐直线角,(上述直径与其垂线夹角减去半圆角所)余下的角总是小于任何锐直线角。]

在卷五定义 3 的注释中,利徐谈及直线角和直线与曲线夹角之比。该例暗含关于这种角的性质的争论古已有之。卷一定义 8 中,平面角被定义为"在一平面内相交但不在一条直线上的**两线**之间相互的倾度",且卷一定义 9 称"当包含角的两线为直线时",此种角为**直线**角。①

这样定义角,就使其成为两线之间的关系,因而属于亚里士多德的关系范畴,故不能是一个量。然而也有人对此进行反驳,争论说角是量。关于此问题常被引用的章句(*locus classicus*)即是上述卷三命题 16,克拉维乌斯在此命题的注释中花费笔墨,反驳其在巴黎的对手,欧几里得的翻译者佩尔捷(Jacques Peletier)。二人之间的争论始于佩尔捷 1557 年发表的《原本》前六卷的注释,此注释(几乎完整地)收入 1563 年出版的一本关于线的接触的专著。克氏在编撰《原本》时,于卷三命题 16 的评注,写下一篇专论(*scholion*)批驳佩尔捷的观点,1579 年,佩尔捷以《辩解文》(*Apologia*)回应克氏。克氏则在 1586 年发表的《塞奥多西论天球》(*Sphere of Theodosius*)中再次批驳,且将此收入他的《原本》第二版(1589)。②

卷三定理 16 如下:

圆径末之直角线,全在圆外;而直线偕圆界所作切边角,不得更作一直线入其内;其半圆分角大于各直线锐角,切边角小于各直线锐角。(第 693 页)

(The "straight-angle-line" at the end of the diameter of the circle is entirely out-

---

① Heath I, 第 76—81 页。

② L. Maierù 的"'…in Christophorum Clavium de Contactu Linearum Apologia.' Considerazioni altorno alla polemica fra Peletier e Clavio circa l'angolo di contatto (1579—1589)"详细叙述了争论的发展过程,载 *Archive for History of Exact Sciences*, XLI (1991),第 115—137 页。关于全题以及此文所引细节,参阅此文第 118 页注释 14 (P1557 及 1563),第 116 页注释 6 (P1579)及第 117 页注释 7 (Clavius 1586)。克拉维乌斯的完整说明整合于其编辑的 1607 版《原本》,在初版中,其注释见于第 110—115 页。该注释亦原封不动地刊于 1589 版 第 354—65 页及第 387—388 页。(参阅 Maierù,第 132 页)

side the circle, and the "angle of contact" formed by the straight line and the circumference of the circle; it is impossible to make a straight line that "enters within" it; The "segment-angle" of the half circle is greater than every rectilineal acute angle; the angle of contact is smaller than every rectilineal acute angle.)

The straight line drawn at right angles to the diameter of a circle from its extremity will fall outside the circle, and into the space between the straight line and the circumference another straight line cannot be interposed; further the angle of the semicircle is greater, and the remaining angle less, than any acute rectilineal angle.

[过一圆直径的端点作直线与直径成直角,则该直线必在圆外;并且在该直线与圆周之间不能插入另一直线;而且半圆角总是大于任何锐直线角,(上述直径与其垂线夹角减去半圆角所)余下的角总是小于任何锐直线角。]

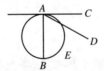

此定理宣称圆周与切线的夹角 EAC 小于任何锐直线角,如 DAC;且直径和圆周的夹角 BAE 大于任何锐直线角,如 BAD。

这是《原本》中唯一一次出现所谓的 mixed angle,此处是圆周与其切线的夹角(形如牛角),及圆周与直径的夹角。根据普罗克洛斯的总结,围绕它的几个问题是:(1) 一般的角(直线角)是量吗? 特殊的角,如"牛角",是量吗? (2) 如果直线角和"牛角"都是量,那么它们是不是同种类的量?

如果它们是同种类的量,那么它们就有比,将其中一量倍乘,就能超过另一量(希思版卷五定义 4,克—利徐氏卷五定义 5)。定理 16 称任意"牛角"小于任意直线角,那么就与二量有比的条件不符。13 世纪时,康帕努斯注意到:想象绕切点旋转切线直到其与直径重合,被旋转后的切线与直径的夹角由比"牛角"大,突然变成了比"牛角"小,越过了两者相等这一状态。[①]

---

① Heath II,第 41 页。

利徐将定理 16 分为三个部分("三支"),在原著的归谬法以外,又给出了一种直接的、字面含义是"合乎正道的"证明("增正论")。① 笔者全文引述如下,此段是经院哲学风格的有趣范例。

> 或难曰:切边角,有大有小,何以毕不得两分?② 向者闻几何之分,③不可穷尽,如庄子尺棰之义,深着明矣。今切边之内有角,非几何乎? 此几何何独不可分邪? 又十卷第一题,言设一小几何又设一大几何,若从大者半减之,减之又减,必至一处小于所设小率,此题最明,无可疑者。今言切边之角,小于直线锐角,是亦小几何也。彼直线锐角,是亦大几何也。若从直线锐角半减之,减之又减,何以终竟不得小于切边角邪? 既本题推显切边角中,不得容一直线,如此着明,便当并无切边角,④无角则无几何,此则不可得分耳。且《几何原本》书中,无有至大不可加之率,⑤无有至小不可减之率,若切边角不可分,岂非至小不可减乎? 答曰:谬矣!⑥ 子之言也,有圆有线,安得无切边角? 且既言直线锐角大于切边角,即有切边角矣。⑦ 苟无角,安所较大小哉? 且子言直线与圆界,并无切边角,则两圆外相切

---

① 这又是亚里士多德哲学与该时期的数学关系密切的一个例子。间接证明比直接证明低级,且尽可能用直接证明取代间接证明,17 世纪数学家如卡瓦列里(Cavalieri)与瓦利斯(Wallis)特别重视这一观点。克拉维乌斯的学生 Biancani (Blancanus)也讨论了这一问题。参阅 Paolo Mancosu:《17 世纪的反证法》(*On The Status Of Proofs By Contradiction In The Seventeenth Century*),Synthese, 88 (1991),第 15—41 页。Mancosu 还讨论了它与近代直觉论与建构论的相似和差别。此问题后来演变为 Rivaltus 与耶稣会士 Guldin 间的争论。

② (此条作者引汉语语原文,见正文——译者)

③ 注意此处"几何"表示"量",因为数不是无限可分的。为了译文用词的一贯性,笔者后文都将其"几何"翻译为"量"。

④ 克拉维乌斯谓,佩尔捷有"牛角"为 nihil (无)之说。佩尔捷回应说,他并未认为"牛角"是"无",只是说它们不是"量"。(Maierù, 第 124 页).

⑤ 关于"率"字的含义,参阅笔者对卷五定义 9 的注解,此处的用法很好地显示了它总是指对象与对象间的关系。"至大"的"至"字,笔者译作最高级。

⑥ (原注引为"谬矣子之言也。"见正文——译者)

⑦ 此篇按语(*de auctoritate*)可见,利玛窦/克拉维乌斯的观点显得比佩尔捷更学究气。佩尔捷坚决认为欧几里得错了:*Omnibus hominibus commune est ut peccent*. 参阅 Maierù, 第 124 页。佩尔捷认为卷十命题 1 与卷三命题 16 这两条"真理"不可调和。

亦无角乎？曰：然。① 曰：试如作甲己乙圆，其心丙。……

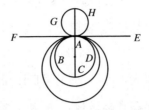

然后，利徐指出"牛角"*CAE* 可被过点 *A* 且直径大于圆 *D* 的圆周所分。随着直径的增大，"牛角"减小。然后他们质问对手是否还认为该二线之间无角。在此图例中，在线 *EF* 的另侧作圆 *AGH* 外切其余各圆于点 *A*。余下的论证有几处难以理解，需要一些想象来弥补，无法完全依原文而得。利玛窦有时按照自己的理解解释了克拉维乌斯的论证，后者首先引述了对手(佩尔捷)的观点，然后逐条批驳；有时利玛窦还引用了其他资料(或许是课堂笔记)进行补充。

> 如甲乙庚圆与丙甲丁直线相切于甲，作丁甲庚切边大角，若移一心，作甲戊辛圆，又得丁甲辛切边角，即小于丁甲庚也。又移一心，作甲己壬圆，又得丁甲壬切边小角，即又小于丁甲辛也。如此以至无穷，则切边角分之无尽，何谓不可减邪？若十卷第一题所言，元无可疑，但以圆角分圆角，则与其说合矣。彼所言大小两几何者，谓夫能相较为大，能相较为小者也。如以直线分直线角，以圆线分圆线角，是已。此切边角与直线角岂能相较为大小哉！

克氏(及利玛窦)在文末引卷十命题1，下结论说该定理讨论的是可互相比较的量。直线角可以互相比较，"牛角"也可以互相比较，但直线角与"牛角"不可比。而佩尔捷的结论是所有的"牛角"都相等，因为它们都小于任何量，即"无"。克拉维乌斯辩论说："牛角"就像蚂蚁，总是小于

---

① 问难者让步，承认两圆外相切有角。

人类,但仍然比"无"大,而且各个蚂蚁也互不相等。① 然而,克、利、徐都回避了为什么欧几里得在此命题中把"牛角"与直线角进行比较的问题。

此注释后又有两个"增题"。实际上,这两条增题是克氏分别由卡尔丹诺和康帕努斯处摘得。第一条增题的内容是:(存在这样的量,)一量无限倍增,而另一较大量无限减半,而前量仍比后量小。② 这当然可以接受为一则命题,只要它是在宣称这种(非阿基米德)量的存在性。但即便如此,出现这样的定理也令人惊讶,因为,但凡不满足"阿基米德公设"的量,几乎总是被欧几里得完全排除在讨论范围之外,该公设能够保证量与量有比。第二条"增题"更不像是一条严格意义上的定理,事实上它是13世纪《原本》编撰者康帕努斯的一条注解,以阐释中世纪晚期某注释者添加的一条"疑似"公理,即:如果从较小变至较大,或反之,那么总要经过一个相等状态;或者说如果存在较大、较小,那么必然存在相等。③ 康帕努斯注称卷三命题16表明此定理并非普适。利徐写道"昔人以为皆公论也"。然而,它不能适用于所有情形,因此不能作为公理。

据定理16的译文可以指出利徐所用术语并非总是精确一致,如此例中构成公理化方法的技术性词汇。

• extremity 此处译为"末"字。还创造了新词"直角线",而不是使用标准术语"垂线"。

17. 设一点一圆,求从点作切线

(Given one point and one circle: it is required from the point to construct a tangent.)

From a given point to draw a straight line touching a given circle.

[由已知点作直线切于已知圆。]

---

① Clavius OM I,第 120 页: *Sic etiam omnes formica（ut ex rebus quoque naturalibus exemplum afferamus）minores sunt homine, vel monte, cum tamen ipsae inter se valde sint inaequales.*

② Clavius: *Aliqua quantitas potest continuè, et infinitè augeri, altera verò infinitè minui; et tamen augmentum illius, quantumcunque sit, minus semper erit decremento huius.*

③ Clavius: *Transitur à minori ad maius, vel contrâ, et per omnia media; ergo per aequale. Vel, contigit reperire maius hoc, et minus eodem; ergo contigit reperire aequale.*

18. **直线切圆,从圆心作直线至切界,必为切线之垂线**

(A straight line is tangent to a circle; from the centre of the circle construct a straight line to the point of contact: it necessarily is the perpendicular to the tangent.)

If a straight line touch a circle, and a straight line be joined from the centre to the point of contact, the straight line so joined will be perpendicular to the tangent.

[如果一直线切于一圆,且一直线连接圆心和切点,那么这样连接的直线垂直于切线。]

19. **直线切圆,圆内作切线之垂线,则圆心必在垂线之内**

If a straight line touch a circle, and from the point of contact a straight line be drawn at right angles to the tangent, the centre of the circle will be on the straight line so drawn.

[如果一条直线切于一圆,且从切点作一直线与切线成直角,那么圆心必在所作直线上。]

注意原文称圆心"在垂线之内"。

20. **负圆角与分圆角,所负所分之圆分同,则分圆角必倍大于负圆角**

(The angle in a segment[?] and the angle of a sector[?]: if the segment [resp.] which it "shoulders" and which it "sectors" are equal, then the angle of the sector is twice that of the angle in the segment.)

In a circle the angle at the centre is double of the angle at the circumference, when the angles have the same circumference as base.

[在一个圆内,同弧上的圆心角二倍于圆周角。]

由于术语不统一,此命题陈述只有在事先了解其所说是何定理时方能理解。

首先,"负圆角"很容易被误以为就是"负圆分角",后者在定义 7 中用于翻译"弓形角"(angle in a segment)。然而,上述命题只有当该角被称为定义 8 中的"乘圆分角"时才有意义(因为虽然"负圆分角"与"乘圆分角"为同一角,但前者由弓形的底决定,后者由弧决定,而命题中是以"同弧"为条件——译者)。证明的"解"确认说"负圆角"的确指张于弧上的角,因此也许原文的确遗漏了"分"字。

　　其次，"分圆角"是新造的、未经定义的术语。从证明部分可以清楚看出它指"扇形的角"，即扇形两直线边界所夹的角。这个词似依托表示扇形的术语而造，因为定义 9 将扇形翻译为"分圆形"。

　　最后，定义 5 中翻译弓形的"圆分"一词，此处也许只指弓形的圆弧部分。

　　增：若乙丁丁丙，不作角于心，或为半圆，或小于半圆，则丁心外余地，亦倍大于同底之负圆角。

　　(Added：If BD and DC do not make an angle at the centre, [that is] if either they form a half circle or [a sector] smaller than half a circle, then "the remaining space" outside the centre D is still double the angle in the segment on the same basis.)

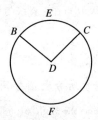

　　欧几里得证明了此定理只在弓形大于半圆时适用（如弓形 BFC）。原因是只有在此情况下，圆心角（如 BDC）才小于平角（180 度）。这反映了一个有趣的事实，即欧几里得不承认大于两直角的角为角（Heath II，第 47 页）。克拉维乌斯与其他一些评注者扩展了这一定理，讨论了另两种情况（弓形为半圆，以及弓形小于半圆）。

　　利玛窦的命题陈述又一次依赖图示，另外对角 BDC（大于 180 度的角）的表述"丁心外余地"，其字面意义是"圆心 D 以外的其余地方"，在定义"圆"时（卷一定义 15），也用到了"地"字。克拉维乌斯的拉丁原文是 *spatium ad centrum*（第 132 页）。①

---

① 克拉维乌斯还观察到，该题证明使用了两个隐含假设（卷五命题 1 和卷五命题 5 的特例），即：若 $A=2B$ 且 $C=2D$，则 $A+C=2(B+D)$ 且 $A-C=2(B-D)$。尽管他说这两点自然可明（*lumine rationale*），但仍然给出了另一未使用到这两条隐含假设的证明。(OM I，第 131—132 页)

21. 凡同圆分内所作负圆角,俱等

In a circle the angles in the same segment are equal to one another.

[在一个圆内,同弧上的圆周角相等。]

22. 圆内切界四边形,每相对两角并,与两直角等

The opposite angles of quadrilaterals in circles are equal to two right angles.

[圆内接四边形的对角和等于两直角。]

汉译"圆内切界四边形",而原文仅称"圆内四边形"。利徐的译文的确比原文确切。原文中圆内四边形应内接于圆周的条件被省略了,这也许是因为《原本》行文至此尚未定义"内接"。

23. 一直线上作两圆分,不得相似而不相等

(On one straight line to construct two segments of circles: it is impossible that they are similar and [at the same time] equal.)

On the same straight line there cannot be constructed two similar and unequal segments of circles on the same side.

[在同一条直线的同侧,不能作两个相似且不等的弓形。]

利徐略去了所作弓形必须在直线同侧的条件。而克拉维乌斯通过想象弓形以直线为轴旋转,发现(第135页)该要求不是必需的。

24. 相等两直线上作相似两圆分,必等

Similar segments of circles on equal straight lines are equal to one another.

[相等直线上的相似弓形相等。]

25. 有圆之分,求成圆

(There is a segment of a circle: it is required to complete the circle.)

Given a segment of a circle, to describe the complete circle of which it is a segment.

[已知弓形,求作它的补圆。]

克拉维乌斯给出了工匠惯用的简便作法(*aliter, ut mechanici solent*)(第136页),利徐承用之("用法")。

26. 等圆之乘圆分角,或在心,或在界,等;其所乘之圆分亦等

(angles standing on segments of equal circles, if [they happen to be on] equal circumferences, the segments are also equal.)

In equal circles equal angles stand on equal circumferences, whether they stand at the centres or at the circumferences.

[在等圆中,相等的圆心角或者相等的圆周角所对的弧相等。]

　注意此处"或"字的用法,它多少有"如果"的功能,但又与"如果"有着微妙的区别。它所转达的含义是:"如果恰好是这样的情形:弧所对的……相等(原作者误释为"弧等"——译者)……"

　• 最后利徐"注曰:后解极易明"。

　27. 等圆之角,所乘圆分等,则其角或在心,或在界,俱等

In equal circles angles standing on equal circumferences are equal to one another, whether they stand at the centres or at the circumferences.

[在等圆中,相等的弧所对的圆心角相等,相等的弧所对的圆周角相等。]

　此处的"或"用于清楚区分两个情况:或……或……上题中的"或"字也许可以这样解释:有两种可能性,或者弧所对的角相等,或者不等。于是,使用一次"或"字,表示在两种可能性中"选择"其一。

　增题:从此推显两直线不相交,而在一圆之内,若两线界相去之圆分等,则两线必平行;若两线平行,则两线界相去之圆分等。

(Added theorem: from this it can be deduced that, if two straight lines do not meet each other while being in the same circle, then, if [both of] the segments between their mutual segments are equal, the lines are necessarily parallel; if the lines are parallel, then the segments between their extremeties are equal.)

　尽管附图使此定理得以明了,但就命题本身的表述而言,端点之间的关系以及所指弓形为何都甚为模糊不清。

　28. 等圆内之直线等,则其割本圆之分,大与大,小与小,各等

(If straight lines in equal circles are equal, then [as to the] segments they cut off from their own circles, the great and the great, the small and the small, each are equal.)

In equal circles equal straight lines cut off equal circumferences, the greater equal to the greater and the less to the less.

［在等圆中,等弦截出的弧相等,优弧等于优弧,劣弧等于劣弧。］

注意"本"字,"本圆"即它们自身所在的圆。

29. 等圆之圆分等,则其割圆分之直线亦等

In equal circles equal circumferences are subtended by equal straight lines.

［在等圆中,等弧所对的弦相等。］

利徐注释说:尽管命题 26 至 29 讨论的是等圆,但对于同圆也成立。

30. 有圆之分,求两平分之

To bisect a given circumference.

［二等分已知弧。］

31. 负半圆角必直角,负大分角小于直角,负小分角大于直角;大圆分角大于直角,小圆分角小于直角

In a circle the angle in the semicircle is right, that in a greater segment less than a *238* right angle, and that in a less segment greater than a right angle; and further the angle of the greater segment is greater than a right angle, and the angle of the less segment less than a right angle.

［在一个圆中,半圆上的角是直角;在大于半圆的弓形上所张的角小于直角,在小于半圆的弓形上所张的角大于直角;大于半圆的弓形的角大于直角,小于半圆的弓形的角小于直角。］

定理的证明被分为四部分,并标以序号;在这四部分证明之后,还延伸讨论了另外情况("**此题别有四解四论**")。(第 718 页)"解"字通常用于同一个图形的不同的证明部分,然而利徐此处"解"字的用法与一般不同,此题清楚表明"情形"二字不足以涵盖"解"字的完整含义,在此题中,"解"字不是指不同的情形,而是用来证明同一情形所作的几个不同图形:用标准方法证明命题,但将其分几个图形来表示。

- 注意此定理再次提及曲线与直线的夹角:弓形角。
- 希思注释(Heath II,第 63 页):有了命题 20(如克氏及利徐),就可以立刻推得命题 31(无需考虑所有的不同情形),利徐并未利用命题 20。命题 31 证明之后,有两条系论:

一系:凡角形之内,一角与两角并等,其一角必直角。

(Porism 1: In general, when in a triangle, an inner angle is equal to the two other angles together, the angle is necessarily right.)

希思认为(Heath II,第 64 页):"这条系论的真实性值得怀疑。"

二系:大分之角大于直角;小分之角小于直角;终无[有角等于直角;又从小过大,从大过小,非大即小,终无]相等。依此题四五论甚明,与本篇十六题增注互相发也。(原书缺[]内文字,参照四库本、"明清本"校补;原书作者对该段英译作了相应修订——译者)

(Porism 2: The angle of the greater segment is greater than a right angle; the angle of the smaller segment is smaller than a right angle; the angle of any segment is never equal to a right angle; and in passing from the smaller to the greater, or from the greater to the smaller, the angle is either greater or smaller, but it is never equal to a right angle. The fourth and fifth proofs of this theorem and the commentary to III. Th. 16 illuminate each other very well.)

这条推论涉及直线与圆弧夹角,前文已有讨论。希思认为,欧氏提到的这种角可能是更早时期希腊数学的残余。但后世注释者,包括克拉维乌斯,则被其迷惑。此推论中,康帕努斯提及的两条公理均被克拉维乌斯(以及利徐)"驳倒",即"从较大至较小(的均匀变化),必经过相等状态";以及"有较大、较小,则必有相等"。克拉维乌斯认为,命题中从较大"跃"至较小,是上述二公理的一个反例。①

32. 直线切圆,从切界任作直线割圆为两分,分内各任为负圆角,其切线与割线所作两角,与两负圆角,交互相等

If a straight line touch a circle, and from the point of contact there be drawn across, in the circle, a straight line cutting the circle, the angles which it makes with

---

① Clavius, OM I,第 143 页:*Ex hac propositione perspicuum quoque est, non valere duas illas argumentationes, quas impugnavimus ad propos. 16 huius lib. quarum una est. transitur à maiore ad minus. & per omnia media; ergo per eaquale. Altera vero est eiusmodi. Contingit reperire maius. & minus eodem; Igitur continget reperire aequale.*

the tangent will be equal to the angles in the alternate segments of the circle.

〔如果一直线切于一圆,过切点作弦与圆相截,那么该弦与切线所成的角等于该角内对弧上所张的弓形角。〕

alternate angles 中的 alternate 译作副词"交互",修饰"相等"。在某种意义上说,这比 alternate 更加精确,因为这个概念仅当角与角进行比较时才有意义。

33. 一线上求作圆分,而负圆分角与所设直线角等

(On one straight line it is required to make a circle segment and the angle in the segment equal to a given rectilineal line.)

On a given straight line to describe a segment of a circle admitting an angle equal to a given rectilineal angle.

〔在一已知线段上作弓形,使弓形角等于已知直线角。〕

34. 设圆,求割一分,而负圆分角与所设直线角等

From a given circle to cut off a segment admitting an angle equal to a given rectilineal angle.

〔在已知圆上割一弓形,使弓形角等于已知直线角。〕

35. 圆内两直线交而相分,各两分线矩内直角形等

If in a circle two straight lines cut one another, the rectangle contained by the segments of the one is equal to the rectangle contained by the segments of the other.

〔如果在一圆中两弦相交,那么一弦被分得的两段所构成的矩形等于另一弦被分得的两段构成的矩形。〕

注意"矩内直角形"。

36. 圆外任取一点,从点出两直线,一切圆一割圆,其割圆之全线偕规外线矩内直角形,与切圆线上直角方形等

(Outside a circle at random take a point; form the point produce two straight lines: one is tangent to the circle, one cuts the circle. The rectangle contained by the whole line that cuts the circle and the line outside the disc, is equal to the square on the tangent to the circle.)

If a point be taken outside a circle and from it there fall on the circle two straight lines, and if one of them cut the circle and the other touch it, the rectangle contained by the whole of the straight line which cuts the circle and the straight line intercepted on it outside between the point and the convex circumference will be equal to the square on the tangent.

［如果从圆外一点引出两条直线，一条与圆相截，一条相切，那么凹弧截点至该点的整条线段与凸弧截点至该点的线段所构成的矩形等于切点至该点线段上的正方形。］

240 一系：若从圆外一点作数线至规内，各全线偕规外线矩内直角形，俱等。

（Porism 1：if from a point outside a circle a number of lines are drawn to the concave side of the circle, the rectangles contained between each whole line and the part to the convexity of the circle all will be equal.）

二系：从圆外一点，作两直线切圆，此两线等。

（Porism 2：if from a point outside a circle two tangents be drawn to a circle, those two lines will be equal.）

三系：从圆外一点，止可作两直线切圆。

（Porism 3：from a point outside a circle only two tangents can be drawn.）

37. 圆外任于一点出两直线，一至规外，一割圆至规内，而割圆全线偕割圆之规外线矩内直角形，与至规外之线上直角方形等，则至规外之线必切圆

If a point be taken outside a circle and from the point there fall on the circle two straight lines, if one of them cut the circle, and the other fall on it, and if further the rectangle contained by the whole of the straight line which cuts the circle and the straight line intercepted on it outside between the point and the convex circumference be equal to the square on the straight line which falls on the circle, the straight line which falls on it will touch the circle.

［取圆外一点，由该点向圆引两条直线，其中一条与圆相截，另一条落于圆上，如果由截圆线段的全部和该点与凸弧之间圆外一段构成的矩形等于落于圆上的线段上的正方形，那么落于圆上的直线与此圆相切。］

四 卷四命题

1. 有圆,求作合圆线,与所设线等,此设线不大于圆之径线

(There is a circle: it is required to make a line fitting into the circle equal to a given line; that given line is not greater than the diameter of the circle.)

Into a given circle to fit a straight line equal to a given straight line which is not greater than the diameter of the circle.

[已知一圆,并已知一条不大于已知圆直径的线段,把该线段拟合于已知圆。]

此题中"求作"的意义不是"公设",卷四其他所有命题的"求作"之意与此题相同。

2. 有圆,求作圆内三角切形,与所设三角形等角

(There is a circle: it is required to make a triangle inscribed in the circle equiangular with a given triangle.)

In a given circle to inscribe a triangle equiangular with a given triangle.

[以一已知角,作一三角形内接于已知圆。]

"等角"是对 equiangular 的逐字翻译。

3. 有圆,求作圆外三角切形,与所设三角形等角

About a given circle to circumscribe a triangle equiangular with a given triangle.

[以一已知角,作一三角形外切于已知圆。]

4. 三角形求作形内切圆

(A triangle: it is required to make the touching circle inside the figure.)

In a given triangle to inscribe a circle.

[作一圆内切于已知三角形。]

与上题相比,此题未用"有"字引出已知对象,可能是"有三角形"稍嫌拖沓,这也表明"有"字并非必要。

5. 三角形求作形外切圆

About a given triangle to circumscribe a circle.

[作一圆外接于已知三角形。]

一系：若圆心在三角形内，即三角形为锐角形。何者？每角在圆大分之上，故若在一边之上，即为直角形，若在形外，即为钝角形。

And it is manifest that, when the centre of the circle falls within the triangle, the angle BAC, being in a segment greater than the semicircle, is less than a right angle; when the centre falls on the straight line BC, the angle BAC, being in a semicircle, is right; and when the centre of the circle falls outside the triangle, the angle BAC, being in a segment less than the semicircle, is greater than a right angle.

[显然，当圆心落在三角形内时，角 BAC 在大于半圆的弓形内，小于一直角；当圆心落在弦 BC 上时，角 BAC 在半圆内，等于一直角；当圆心落在三角形之外时，角 BAC 在小于半圆的弓形内，大于一直角。]

希思将此段收入标准文本，但并未标以"系论"，笔者对汉译措辞的评注在"二系"后。

二系：若三角形为锐角形，即圆心必在形内；若直角形，必在一边之上；若钝角形，必在形外。

(Corollary 2：If a triangle is an acute angled triangle the centre of the [circumscribed] circle will necessarily be within the triangle; if it is a right angled triangle the centre will be on one of the sides; when it is an obtuse angled triangle the centre will be outside the triangle.)

在此两条推论中，点（圆心）位于线（边）上这一关系被译为"在……之上"(on)。

增：从此推得一法，任设三点不在一直线，可作一过三点之圆，其法先以三点作三直线，相联成三角形，次依前作。

(Added：from this a method can be derived to construct a circle through any three given points not on a line. This method is first to connect the three points with lines to make a triangle, and then to proceed as before.)

注意"任设三点"中的"任设"，其字面义是"任意给出"。

• 此处点（圆心）位于线（边）上这一关系又被译为"在"(at)。

• 用"过"字来翻译 pass through："过三点之圆"。

6. 有圆,求作内切圆直角方形

In a given circle to inscribe a square.

［作一正方形内接于已知圆。］

7. 有圆,求作外切圆直角方形

About a given circle to circumscribe a square.

［作一正方形外切于已知圆。］

8. 直角方形求作形内切圆

In a given square to inscribe a circle.

［作一圆内切于已知正方形。］

9. 直角方形求作形外切圆

About a given square to circumscribe a circle.

［作一圆外接于已知正方形。］

10. 求作两边等三角形,而底上两角各倍大于腰间角

（It is required to make an isosceles triangle while the two angles on the base each are double the angle between the legs. ）

To construct an isosceles triangle having each of the angles at the base double of the remaining one.

［作一等腰三角形,使其每个底角都是余下一角的二倍。］

11. 有圆,求作圆内五边切形,其形等边等角

（There is a circle: it is required to make a five-sided touching figure within the circle; that figure ［should be］ equilateral and equiangular. ）

In a given circle to inscribe an equilateral and equiangular pentagon.

［作一等边且等角的五边形内接于已知圆。］

注意"其"字的用法:指前面提到的"那个"图形,这也是一种表示条件的方法。

12. 有圆,求作圆外五边切形,其形等边等角

About a given circle to circumscribe an equilateral and equiangular pentagon.

［作一等边且等角的五边形外切于已知圆。］

273

13. 五边等边等角形求作形内切圆

In a given pentagon, which is equilateral and equiangular, to inscribe a circle.

[作一圆内切于已知等边且等角的五边形。]

14. 五边等边等角形求作形外切圆

About a given pentagon, which is equilateral and equiangular, to circumscribe a circle.

[作一圆外接于已知等边且等角的五边形。]

15. 有圆,求作圆内六边切形,其形等边等角

In a given circle to inscribe an equilateral and equiangular hexagon.

[作一等边且等角的六边形内接于已知圆。]

一系:凡圆之半径为六分圆之一分弦。

(Porism 1: Always the semi-diameter is the cord of one of the six sectors of the circle.)

值得注意的是,希思本为"六边形的一边",但汉译《几何原本》选择了另一说法:"六分**圆**之一分**弦**"。这也许是为了与"割圆术"中弓形的"弦"这一传统术语相联系。这也能够解释为何此处的译文并不那么精确,它暗含对圆的分法是六等分,自然是受了"割圆术"术语的影响。

利徐接着解释说:"何者? 庚丁与丁丙等故,故一开规为圆,不动而可分平之。"

二系:依前十二十三十四题,可作六边等边等角形,在圆之外;又六边等边等角形内可作切圆,又六边等边等角形外可作切圆。

(Porism 2: on the basis of the previous theorems 12, 13 and 14 you can circumscribe an equilateral and equiangular hexagon around a circle, and also you can inscribe a circle in an equilateral and equiangular hexagon, and also can you circumscribe a circle around an equilateral and equiangular hexagon.)

16. 有圆,求作圆内十五边切形,其形等边等角

In a given circle to inscribe a fifteen-angled figure which shall be both equilateral and equiangular.

［作一等边且等角的十五边形内接于已知圆。］

一系：依前十二二十三三十四题，可作外切圆十五边形，又十五边形内可作切圆，又十五边形外可作切圆。

(Corollary 1: As in the preceding definitions 12, 13 and 14 it is possible to circumscribe a fifteen-angled figure around a circle, and also to inscribe a circle in a fifteen-angled figure, and to circumscribe a circle around a fifteen angled figure.)

希思版中有此推论，但未标以"系论"，且遣词略有不同（参阅上述五边形例，而非前述定义）。值得指出的是，据普罗克洛斯，此定义乃因其天文学的功用而被添列于此，古希腊天文学中，天极与黄道的距离以十五边形的边长给出（Heath II，第 111 页）。几何与天文学的此种联系是否是利徐增添几条系论的原因呢？

利徐注称，根据这一方法，可以建立一个用于作任意边数多边形的方法（"注曰：依此法可设一法作无量数形"）。他们的意思当然是指将边数加倍，即在这些多边形作法的基础上，可以作出 3×2^n，4×2^n，5×2^n，15×2^n 边形。然而，克拉维乌斯还不知道一些正多边形用尺规是无法作出的，因此他也许会以为任意边数的正多边形都可作图。克氏自己也谈及（第 163 页）还没有人知道如何作任意边数的正多边形，菲内（Oronce Finé）曾经给出了一种作法，但是错的；如果找到了正确方法，那么对天文学将产生很重要的影响。

增题：若圆内从一点设切圆两不等等边等角形之各一边，此两边一为若干分圆之一，一为若干分圆之一，此两若干分相乘之数，即后作形之边数；此两若干分之较数，即两边相距之圆分所得后作形边数内之分数。

(Added theorem: If in a circle from a point the sides of two different equiangular and equilateral touching figures be given, and of those two sides one side is [the cord of] of one out of a certain number of [equal] circle sectors [that together form the circle], and the other is [the cord of] one out of a certain [different] number of circle sectors, then, the number that results from multiplying together [the two numbers that indicate] those two "certain number of" parts, is the number of sides of the figure that is to be constructed afterwards; the difference between [the numbers indicating] those two "certain number of" parts, is the number of sides of the figure that is to be constructed, that is contained within the arc between the two [endpoints of the first mentioned] sides.)①

此题若无详例则难以理解,题后有注释如下:

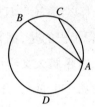

如上图,AB 是圆内接正 n 边形的一边,AC 是圆内接正 m 边形的一边,则该圆可内接正 nm 边形,而所作正 mn 边形中的 $(m-n)$ 条边,恰好落于弧 BC 之上。

汉译的缺点在于频繁使用"若干"而不分彼此,故容易混淆,克拉维乌斯的用词是 *denominator*。"若干"的意思是:这个数字告诉我们所指多边形的边数,该多边形的名称。利徐二人逐字翻译一边为"若干分圆之一"("若干"表示倍数),然后又用完全相同的短语表示另一边。他们着重于 n 边形的一边是该形周长的 $1/n$,或者含该边的扇形的弧是圆周的 $1/n$。

• "两不等等边等角形"的表述颇为绕口。

二系:凡作形于圆之内,等边则等角。

(Porism 2: Any figure inscribed in a circle that is equilateral is also equiangular.)

克拉维乌斯[①]指出,圆外切多边形则无此性质。仅当外切形边数为奇时,才有等边则等角;若边数为偶,则或者邻角相等,或者不相邻但序数奇偶不同的角相等。

三系:凡等边形,既可作在圆内,即依圆内形,可作在圆外;即形内可作圆,即形外亦可作圆。皆依本篇十二十三十四题。

(Porism 3: Always, regular polygon, if it can be constructed inside a circle, then not only on the basis of the figure in the circle the figure [of an equal number of sides] outside the circle can be constructed, but also can the inscribed circle of that figure be constructed, and also outside the [circumscribed] figure can a circle be circumscribed. Everything follows from propositions 12, 13 and 14 of the book.)

此段表述有些生涩。"既"字含义如"因为","既然";翻译为英文最好是"if..., and the sequence...."。

四系:凡圆内有一形,欲作他形,其形边倍于此形边,即分此形一边所合之圆分为两平分,而每分各作一合线,即三边可作六边,四边可作八边,仿此以至无穷。

(Porism 4: If there is any figure inscribed in a circle, and you want to construct another figure with its [number of] sides double that of the first figure, then bisect the segment of the circle containing one side of the figure and in each [newly formed] segment draw the "fitting" line [the cord]. Thus on the basis of a triangle a hexagon can be made, on the basis of a quadrilateral an octagon, and so on indefinitely.)

克拉维乌斯仅将此说作为注文的一部分而来将其列为独立的系论。这也许可以解释为什么汉译用了很不正式的术语"欲作"而不是"求作"。

又补题:圆内有同心圆,求作一多边形,切大圆不至小圆,其多边为 246 偶数而等。

---

① Clavius OM II,第 160 页:*Qua in re nonnulli hallucinati sunt*, *putantes omnem figuram aequilateram circuli circumscriptam*, *necessario esse quoque aequiangulam*: *inter quos est Campanus Euclidis non obscuri nominis interpres*.

(Another added theorem: Heath XII. 16 : Given two circles about the same centre, to inscribe in the greater circle an equilateral polygon with an even number of sides which does not touch the lesser circle.)

此定理在《原本》卷十二,用于证明该卷的最后一个定理(定理18,球与球的比等于其直径比的三次比),利徐以小字注称:因为卷六新增的命题需要用到这一证明,因此将其插入此处("此系十二卷第十六题,因六卷今增题宜藉此论,故先类附于此")。尚不清楚"论"字是指这条定理,还是这条定理的证明,又或是紧接着的下一条"补论":

补论:其题曰,两几何不等,若于大率递减其大半,必可使其减余小于元设小率。

(Added proof: If there are two unequal magnitudes, and from the largest repeatedly more than half is removed, it can be made smaller than what was the smaller of the magnitudes.)

此句中的"论"字应该是指"公理",因为这里没有任何"证明"。而"题"字也许是表示"表述"("其题曰"意即"它的表述是说")。事实上,这条"补论"是卷十的第一个定理,它被用于证明利徐添加在卷六篇末的一则命题,即证明卷十二命题2(圆与圆之比等于其直径上的正方形之比)的一条必需的引理。虽然此条(卷十定理1)也常被引称公理,但这个例子也反映了利徐对于公理、定理和证明的区分并不总是那么清楚。

五 卷五命题

1. 此数几何,彼数几何,此之各率同几倍于彼之各率,则此之并率亦几倍于彼之并率

(This number of quantities and that number of quantities: if each term of these is the same multiple of each member of those, then the sum of these here is also the [same] multiple of those there.)

If there be any number of magnitudes whatever which are, respectively, equimul-

tiples of any magnitudes equal in multitude, then, whatever multiple one of the mag-
nitudes is of one, that multiple also will all be of all. $[ma+mb+mc\ldots=m(a+b+c\ldots)]$

［如果有任意多个量，每个量分别取同倍量，无论这个倍数是多少，那么各量倍量之和等于各量之和的同倍量。］

这里再次用指示词来区分两组量，但两组量的个数相同则未能表述清楚；"数"的意思是"若干"、"多个"，表明此定理适用于任意个数的量；equimutiples 被逐字节地翻译为"同（equi-）几倍（-multiples）"。句子的最后部分在比较两种和数时，并没有清楚说明倍量之和是量之和的同倍。 *247*

• 此处"率"的含义不同于定义 18、19 中的常用之义。在定义 18、19 中，它表示比例项（前项之于后项），而此处它表示一个孤立的量。这些量与它们的倍量进行比较，这样，"率"字则具备了数与数互相比较的特征（不必介意曾用"量"代替"数"）。

• 这里还须提及希思引述棣莫甘（De Morgan）之说（Heath II，第139 页），其注称卷五前六个命题"是具体算术的简单命题，可是现代人不那么容易理解这种文字描述"。

2. 六几何，其第一倍第二之数等于第三倍第四之数，而第五倍第二之数等于第六倍第四之数，则第一第五并倍第二之数，等于第三第六并倍第四之数

(Six quantities: if the first is the same multiple of the second as the third of the fourth, and the fifth is the same multiple of the second as the sixth of the fourth, then the first and the fifth together will be the same multiple of the second as the sum of the fourth and the sixth of the third.)

If a first magnitude be the same multiple of a second that a third is of a fourth, and a fifth also be the same multiple of the second that a sixth is of the fourth, the sum of the first and fifth will also be the same multiple of the second that the sum of the third and sixth is of the fourth. $[(ma+na)$ is the same multiple of a that $(mb+nb)$

is of *b*]

　　[如果第一量是第二量的倍量,第三量是第四量的同倍量;而第五量是第二量的倍量,第六量是第四量的同倍量,那么第一量与第五量的和是第二量的倍量,第三量与第六量的和是第四量的倍量,且倍数相等。]

　　此处"同倍"的概念表达为:"(第一)倍(第二)之数等于",这无法顺译为英文,因为英文中没有动词"倍","第一倍第二之数"的意思是"第一之于第二的倍数"。

　　3. 四几何,其第一之倍于第二,若第三之倍于第四,次倍第一,又倍第三,其数等,则第一所倍之与第二,若第三所倍之与第四

　　(Four quantities: the first is the same multiple of the second as the third of the fourth; next, take a multiple of the first and take a multiple of the third; [let it be] the same number; then the multiple that first is of the second the third is also of the fourth.)

　　If a first magnitude be the same multiple of a second that a third is of a fourth, and if equimultiples be taken of the first and third, then also *ex aequali* the magnitudes taken will be equimultiples respectively, the one of the second and the other of the fourth. [*m . n . a* is the same multiple of *a* that *m . n . b* is of *b*]

　　[如果第一量是第二量的倍量,第三量是第四量的倍量,其倍数相等;又对第一与第三量取同倍量,那么所取二量分别是第二量与第四量的倍量,且倍数相等。]

　　注意被动结构:"其第一之倍于第二"若"其第三之倍于第四"。

　　• (对第一与第三量)"取同倍"的译法是将"其数等"置于"次倍第一又倍第三"之后。

　　• *ex aequali* 没有译出。的确,该短语用在此处并不合适,因为此处要表达的内容与该短语的定义(定义17)不同。(但希思反对海伯格,坚持使用此短语,参阅 Heath II,第 141 页。)

　　4. 四几何,其第一与二,偕第三与四,比例等;第一第三同任为若干倍,第二第四同任为若干倍,则第一所倍与第二所倍,第三所倍与第四所倍,比例亦等

　　(Four quantities: the ratio of the first with the second is equal to that of the third and the fourth; if you let the first and the third be any equimultiple and if you let the second and the fourth be any equimultiple, then the ratios of the multiples of the first and the second and of the third and the fourth are also equal.)

If a first magnitude have to a second the same ratio as a third to a fourth, any equimultiples whatever of the first and third will also have the same ratio to any equimultiples whatever of the second and fourth respectively, taken in corresponding order. [If A:B=C:D, then mA:nB=mC:nD].

[如果第一量与第二量的比与第三量与第四量的比相同,取第一量与第三量的任意同倍量,又取第二量与第四量的任意同倍量,那么按顺序它们仍有同样的比。]

"取任意同倍量"被表述为"第一第三同任为若干倍",其任意性由"任"(允许,令)字所示。此处对两比相等的表述与通常不同:A 与 B 偕 C 与 D 比例等;及句末:A 与 B,C 与 D,比例等。

• "第一量的倍量"表述为"第一所倍"。

一系:凡四几何,第一与二,偕第三与四,比例等;即可反推第二与一,偕第四与三,比例亦等。

(First porism: Always when of four magnitudes the first has to the second the same ratio as the third to the fourth, it can be deduced by inverting that the second has to the first the same ratio the fourth has to the third.)

这条系论归于赛翁,却并不由此定理而得(Heath II,第 144 页)。

• 注意此处用"反"字翻译拉丁文 *invertendo*:"颠倒之可推得……"

二系:别有一论,亦本书中所恒用也。曰:若甲与乙偕丙与丁,比例等,则甲之或二或三倍,与乙之或二或三倍,偕丙之或二或三倍,与丁之或二或三倍,比例俱等,仿此以至无穷。

(Porism 2. There is another proof that is also used all the time in this book. It says: If the ratio between A and B is the same as that between C and D, then the ratio between either two times or three times A and B is equal to the ratio between either two times or three times C and D; and so on indefinitely [$A:B=C:D$, then $2A:2B=2C:2D$, or $3A:3B=3C:3D$, etc..]]) (第 786 页)

利徐对基本术语"论"的用法并非一以贯之，此又为一例：它将一个"系论"称为"论"，而"论"字在《几何原本》中通常指"证明"，或"证明的方法"。这里的措辞与克拉维乌斯对卷五命题 22 的注释十分类似，克氏称该定理为古代数学家所熟知，但直到他的时代尚未被证明。①在证明该定理之后，他给出了一个阿基米德、阿波罗尼乌斯、赛翁和其他数学家经常使用的"推理模式"，用符号表示就是：如果 $A : B = C : D$，则 $nA : B = nC : D$；且 $A : nB = C : nD$。利徐更加小心谨慎，只说：如果 $A : B = C : D$，则 $nA : nB = nC : nD$。

5. 大小两几何，此全所倍于彼全，若此全截取之分所倍于彼全截取之分，则此全之分余所倍于彼全之分余，亦如之

(Two quantities, a large one and a small one: if the multiple that this whole is of that whole is the same as the multiple the part taken away from this whole is of the part taken away from that whole, then the multiple, which the remainder of this whole is of the remainder of that whole, is also the same.)

If a magnitude be the same multiple of a magnitude that a part subtracted is of a part subtracted, the remainder will also be the same multiple of the remainder that the whole is of the whole. $[mA - mB = m(A - B)]$.

[如果一个量是另一个量的倍量，而且第一个量减去的部分是第二个量减去的部分的倍量，且倍数相等，那么第一个量剩余部分是第二个量剩余部分的倍量，整体

---

① Clavius OM I, 第 234 页：*Caeterum non videtur hoc loco dissimilandum Theorema quoddam antiquis Mathematicis valde familiare, quanquam à nemine, quod sciam, sit adhuc demonstratum. Id autem eiusmodi est；"Si prima ad secundam eandem habuerit rationem, quam tertia ad quartam；Habebunt etiam aeque multiplices primae ac tertiae, ad secundam et quartam eandem rationem：Item aeque multiplices secundae et quartae ad primam ad tertiam, eandem rationem habebunt. Et contra eandem rationem habebunt secunda et quarta ad aeque multiplices primae et tertiae；Item prima ac tertia ad aeque multiplices secundae et quartae, rationem habebant eandem".* 在定理的证明之后有如下注释："*Ex quo constat modus argumentandi, quo frequentissime utuntur Geometrae, maxime Archimedes, Apollonius Pergaeus, Theon, et alii. Videlicet, ut A, ad B, ita est C ad D. Ergo ut E, dupla, vel tripla, vel quadrupla, etc. ipsius A, ad B, ita quoque erit F, dupla, vel tripla, vel quadrupla, etc. ipsius C, ad D. Igitur ut A, ad duplum, vel triplum, vel quadriplum, etc. ipsius B, nimirum ad G, ita erit quoque C, ad duplum, vel triplum, vel quadruplum, etc. ipsius D, videlicet ad H.*

是整体的倍量,且倍数相得。]

注意"余量"的用词:"分余"。 *250*

6. 此两几何各倍于彼两几何,其数等。于此两几何每减一分,其一分之各倍于所当彼几何,其数等,则其分余或各与彼几何等,或尚各倍于彼几何,其数亦等

If two magnitudes be equimultiples of two magnitudes, and any magnitudes subtracted from them be equimultiples of the same, the remainders also are either equal to the same or equimultiples of them. [mA−nA (n<m) is the same multiple of A that mB−nB is of B].

[如果两个量是另外两个量的同倍量,而且由前二量中减去后两个量的同倍量,那么剩余两个量或者与后两个量相等,或者是它们的同倍量。]

此处"当"字指"对应","尚"字的意思是"仍然","尚各倍于":它们仍然同倍。

7. 此两几何等,则与彼几何各为比例必等,而彼几何与此相等之两几何,各为比例,亦等

(If these two quantities are equal, then the ratios formed by each with that quantity are necessarily equal; and the ratios formed by that quantity with each of these two quantities which are equal to each other are also necessarily equal.)

Equal magnitudes have to the same the same ratio, as also has the same to equal magnitudes.

[相等的量比同一个量,其比相同;同一个量比相等的量,其比相同。]

"为"字此处用作动词"形成","为比例":形成一个比。

后论与本篇第四题之系同用反理,如甲与丙,若乙与丙;反推之,丙与甲,亦若丙与乙也。

(The last proof uses the principles of inversion in the same way as the porism to theorem 4, namely, if $A:B=C:D$ then it can be invertingly deduced that $C:A=B:D$.)

PORISM: From this it is manifest that, if any magnitudes are proportional, they

283

will also be proportional inversely.

［系论:由此容易得出,如果任意的量成比例,那么它们的反比也成比例。］

希思依海伯格列于命题 7 之后的系论与《几何原本》卷五命题 4 之后的系论类同(而与《几何原本》命题 7 后的系论不同),但他注释说该系论置于命题 4 和命题 7 之后皆不合适(Heath II,第 149 页)。利徐在命题 4 后给出标准版本的系论后,此处(命题 7 后)所给的系论引用了命题 4 的系论,称前者的证明须用到后者。

8. 大小两几何,各与他几何为比例,则大与他之比例,大于小与他之比例,而他与小之比例,大于他与大之比例

Of unequal magnitudes, the greater has to the same a greater ratio than the less has; and the same has to the less a greater ratio than it has to the greater.

［不相等的量比同一个量,较大量与这个量的比大于较小量与这个量的比,这个量与较大量的比小于这个量与较小量的比。］

注意"不相等量"被翻译为"大小两几何"。

9. 两几何与一几何,各为比例而等,则两几何必等;一几何与两几何,各为比例而等,则两几何亦等

Magnitudes which have the same ratio to the same are equal to one another; and magnitudes to which the same has the same ratio are equal.

［一些量与同一个量有相同比,或同一个量与一些量有相同的比,则这些量相等。］

注意句子结构:(两几何)与(一几何)各为比例而等,顺译就是"两个量与同一个量各自有比且(比)相等"。

• 在此条及下条定理中,在命题陈述之前有两个字:"二支",也许是指在定理中考虑了两种情形,不过尚不清楚为何在考虑两种情况的命题中并不总注有"二支"。

10. 彼此两几何,此几何与他几何之比例,大于彼与他之比例,则此几何大于彼,他几何与彼几何之比例,大于他与此之比例,则彼几何小于此

(Two quantities, this one and that one: if the ratio between this quantity and another〔third〕quantity is greater than the ratio between that quantity and the other, then this quantity is greater than that quantity; if the ratio between the other quantity and that quantity is greater than the ratio between the other quantity and this quantity, then that quantity is smaller than this quantity.)

Of magnitudes which have a ratio to the same, that which has a greater ratio is greater; and that to which the same has a greater ratio is less.

〔一些量比同一量,比较大者,量较大;同一量比一些量,比较大者,量较小。〕

汉译使用了指示词"彼"与"此",便只讨论了两个量与第三量之比的情形。

11. 此两几何之比例与他两几何之比例等,而彼两几何之比例与他两几何之比例亦等,则彼两几何之比例与此两几何之比例亦等

(If the ratio of these two quantities is equal to the ratio of two other quantities, and the ratio of those quantities is also equal to the ratio between the other quantities, then the ratio between these two quantities is also equal to the ratio between those two quantities.)

Ratios which are the same with the same ratio are also the same with one another.

〔与同一个比相同的比相同。〕

原文十分简洁,用符号表示:如果 $A:B=C:D$ 且 $E:F=C:D$,则 $A:B=E:F$,而汉译则完全使用指示词描述这一关系,这些指示词用于标识不同的量。

这个定理也反映了比本身并不被视作量,否则此定理也就被类似的公理所涵盖(与等量相等的量相等)。汉译对于等量公理(卷一公理1)的叙述也使用了"彼"、"此"、"他"三个指示词。 *252*

12. 数几何,所为比例皆等,则并前率与并后率之比例,若各前率与各后率之比例

(If the ratios made by a number of quantities are all equal, then the ratio between the antecedents taken together and the consequents taken together, is like the ratios between each antecedent and each consequent.)

If any number of magnitudes be proportional, as one of the antecedents is to one of the consequents, so will all the antecedents be to all the consequents. [If $A : a = B : b = C : c$ etc., each ratio is equal to the ratio $(A+B+C...):(a+b+c...)$]

[如果一些量成比例,那么前项比后项等于前项之和比后项之和。]

13. 数几何,第一与二之比例,若第三与四之比例,而第三与四之比例大于第五与六之比例,则第一与二之比例亦大于第五与六之比例

If a first magnitude have to a second same ratio as a third to a fourth, and the third have to a fourth a greater ratio than a fifth has to a sixth, the first will also have to the second a greater ratio than the fifth to the sixth. [If $A : B = C : D$ and $C : D > B : F$, then $A : B > E : F$]

[如果第一量比第二量等于第二量比第三量,且第三量比第四量大于第五量比第六量,那么第一量比第二量也大于第五量比第六量。]

利徐加注称:同理可证得若 $C : D$ 等于或小于 $E : F$,则 $A : B$ 也等于或小于 $E : F$。

• 此处"数几何"之数已定,即六。

14. 四几何,第一与二之比例,若第三与四之比例,而第一几何大于第三,则第二几何亦大于第四;第一或等或小于第三,则第二亦等亦小于第四

If a first magnitude have to a second the same ratio as a third to a fourth, and the first be greater than the third, the second will also be greater than the fourth; if equal, equal; and if less, less. [If $A : B = C : D$, then, accordingly as $A > = < B$, also $C > = < D$. Here, and in what follows, I use the notation $> = <$ for "greater than, equal to or lesser than".]

[如果第一量比第二量等于第三量比第四量,且第一量大于第三量,那么第二量必大于第四量;如果第一量等于第三量,那么第二量必等于第四量;如果第一量小于第三量,那么第二量必小于第四量。]

注意用"或"字表示两种可能性。

• 与上题相比,此题明确了量的个数("四几何"),但原因不明。

15. **两分之比例，与两多分并之比例等**

(The ratio between two parts is equal to the ratio between many parts taken together.)

Parts have the same ratio as the same multiples of them taken in corresponding order. $[A : B = mA : mB]$

［部分与部分之比等于依序所取各部分同倍量之比。］

原文比较古怪，将"部分"（parts）和"倍量"（multiples）这样放在一起颇令人费解：到底是不同整体的部分，以及不同整体的倍量；还是同一整体的不同部分，以及不同部分的倍量？[①] 也许是原文的特殊表示导致汉译使用了一个新术语"多分并"。汉译遗漏了同倍的条件。

16. **四几何，为两比例，等，即更推前与前，后与后，为比例，亦等**

(If four quantities form two equal ratios, then it can be deduced by alternating that the ratios between the antecedents and consequents are also equal.)

If four magnitudes be proportional, they will also be proportional alternately. $[$If $A : B = C : D$, then $A : C = B : D]$

［如果四个量成比例，那么其更比也成比例。］

"即更推"（则可更换推得）与拉丁文 *alternando* 非常接近。尽管"推"字有"推理"的义项，但此处能否如此理解值得怀疑。在"解"中它用来与对象联用："题言：更推之，甲与丙之比例，亦若乙与丁。"因此它使人觉得是对比例进行某种"操作"，字面意思就是"将它上下相推"。

17. **相合之两几何为比例等，则分之为比例亦等**

If magnitudes be proportional *componendo*, they will also be proportional *separando*. $[$If $A : B = C : D$, then $(A - B) : B = (C - D) : D]$

［如果几个量的合比例成立，那么其分比例也成立。］

[①] Heath II，第163—164页对此没有评论。命题证明的题设部分为："令 AB 为 C 的倍量，DE 为 F 的同倍量，题说：C 比 F，如同 AB 比 DE"。Vitrac（II，第98页，注释65）认为题设没有提及"部分"，使得相互关系更加清楚。

汉译的用词不甚准确,或至少有些生涩。"相合之两几何"称两个量有相等的比,而此定理明显是说四量的合比例。两个量无法形成相等比。此题应补充为此两几何与彼两几何比例等。(按,"相合"当指两个量相加,题下"解曰"有明确解释——译者)

- 此题中没有用到"推"字。

18. **两几何分之为比例等,则合之为比例亦等**

If magnitudes be proportional *separando*, they will also be proportional *componendo*. [If $A : B = C : D$, then $(A+B) : B = (C+D) : D$]

[如果几个量的分比成比例,那么其合比也成比例。]

对命题17的评注亦适用于此题。

19. **两几何,各截取一分,其所截取之比例与两全之比例等,则分余之比例与两全之比例亦等**

(If from each of two quantities a part is cut off and taken away, the ratio between the parts being cut off and taken away is equal to the ratio between the two wholes, then the ratio between the remaining parts is also equal to the ratio between the two wholes.)

If, as a whole is to a whole, so is a part subtracted to a part subtracted, the remainder will also be to the remainder as whole to whole. [If $A : B = C : D$ ($C < A$ and $D < B$), then $(A-C) : (B-D) = A : B$]

[如果整体比整体等丁减去的部分比减去的部分,那么余下的部分比余下的部分也等于整体比整体。]

"分余"表示除去(第一)部分后所剩部分;"截取"字面上的意思是:截断并选取。

一系:从此题可推界说第十六之转理。

(Corollary 1: From this theorem the principle of conversion [of ratios] of definition 16 can be deduced.)

紧接其后的是对系论的"证明",希思视为伪作(第175页),故省略。他还认为该系论也是伪作,因为它不依赖命题19。利徐则承用了克拉维乌斯给出的另一种比例变换的证明,并加了一段引言:

注曰:凡更理,可施于同类之比例,不可施于异类。若转理,不论同异类皆可用也。依此系,即转理亦赖更理为用,似亦不可施于异类矣。今别作一论,不赖更理以为转理,明转理可施于异类也。

(Commentary; In general, alternation of ratios can be applied with ratios of the same kind; it cannot be applied with ratios of different kinds. As to conversion of ratio, no matter if they are of the same or of different kinds, it can be applied in all cases. According to this corollary conversion of ratios also depends upon alternation of ratios. As to its use, it seems as if it cannot be applied to [ratios] of different kinds. Now another proof has been constructed that does not depend upon alternation of ratio to produce conversion of ratio. It makes clear that conversion of ratio can also be applied to [ratios of] different kinds.)

克拉维乌斯给出的证明(第 232 页)依赖前两条定理,希思倒是有所论述。

20. 有三几何,又有三几何,相为连比例,而第一几何大于第三几何,则第四亦大于第六;第一或等或小于第三,则第四亦等亦小于第六

(If there are three quantities and again three quantities, forming "linked ratios" with each other, and the first quantity is greater than the third, then the fourth is also greater than the sixth; if the first is either equal or lesser than the third, the fourth is also equal or lesser than the sixth.)

If there be three magnitudes, and others equal to them in multitude, which taken two and two are in the same ratio, and if *ex aequali* the first be greater than the third, the fourth will also be greater than the sixth; if equal, equal; and, if less, less. [If $A:B=D:E$, and $B:C=E:F$, then, accordingly as $A>=<C$, also $D>=<F$]

[有三个量,又有个数与它们相同的三个量,在各组中每取两个相应的量都有相同的比,如果首末项第一量大于第三量,那么第四量也大于第六量;如果第一量等于第三量,那么第四量也等于第六量,如果第一量小于第三量,那么第四量也小于第六量。]

在此命题及随后数条命题中,谈到了复比的部分理论,尽管其定义本身未及使用。利徐对"连比例"的用法显然前后不一,此处明确说一组"连比例"中量的比等于另一组"连比例"中量的比,即"连比例"是两组量之间的比,故与定义 10 中所定义的"连比例"不同。

* 与下题相比,此题中未译出 *ex aequali*。

* 命题 20 是基本命题 22 的预备命题,而命题 21 则是为命题 23 作准备。

21. 有三几何,又有三几何,相为连比例而错,以平理推之,若第一几何大于第三,则第四亦大于第六;若第一或等或小于第三,则第四亦等亦小于第六

If there be three magnitudes, and others equal to them in multitude, which taken two and two together are in the same ratio, and the proportion of them be perturbed, then, if *ex aequali* the first magnitude is greater than the third, the fourth will also be greater than the sixth; if equal, equal; and if less, less. [If $A : B = E : F$, and $B : C = D : E$, then, accordingly as $A > = < C$, also $D > = < F$]

[如果有三个量,又有个数与它们相等的三个量,在各组中每取两个量有相同的比,而且两组量成调动比例,如果第一组量的首末比中第一量大于第三量,那么第四量也大于第六量;如果第一量等于第三量,那么第四量也等于第六量,如果第一量小于第三量,那么第四量也小于第六量。

22. 有若干几何,又有若干几何,其数等,相为连比例,则以平理推

(There are some quantities and again some quantities, and their number is equal: if they form "linked ratios" with each other, then deduce by the principle of "equality".)

If there be any number of magnitudes whatever, and others equal to them in multitude, which taken two and two together are in the same ratio, they will also be in the same ratio *ex aequali*. [If $A : B = D : E$ and $B : C = E : F$ then $A : C = D : F$].

[如果有任意多个量,又有个数相同的一些量,各组每取两个相应的两个都有相同的比,那么两组量的首末比相等。]

汉译似乎缺失了部分内容(结果),不过,由于下条定理的句式与它完全一致,所以这也许是有意为之。"以平理推"既包括推理过程也包括比较的结果:"因此首末比得以应用","推"字的含义不是很清楚,似乎表示"可推理得两比相等"。如果"推"字指比例变换本身,那么它可能表示"则[允许]变换得首末比"。无论如何,这个表述都很晦涩,甚至令人怀疑是刻写之误,因为此定理证明中"解"的表述的确是完整的。

• "若干"指"任意个数","其数等"显然表示第一个"若干"与第二个"若干"相等,但也可理解为"它们的数字相等",即两组数,第一组的每个数与第二组的每个数相等。

23. 若干几何,又若干几何,相为连比例而错,亦以平理推

If there be three magnitudes, and others equal to them in multitude, which taken 256 two and two together are in the same ratio, and the proportion of them be perturbed, they will also be in the same ratio *ex aequali*.

[如果有三个量,又有另外与它们个数相等的一组量,两组各取相应二量成比例,且两组量成调动比例,那么两组量的首末比也相等。]

在上述二题中,利徐所述不同于标准文本,他们将标准文本的结论推广为每组超过三个量的一般情形,其结论基于克拉维乌斯的评注,但利徐只证明了三个量的情况。

(按,命题16"有更推","更"当是引界说十二之"有属理:更前与前,更后与后",即 *alternando*;上二命题"以平理推"中,"平理"当是引界说十七之"有平理:……则此之第一与三,若彼之第一与三……又曰:去其中,取其首尾",即 *ex aequali*。至于"推"字,题23下解曰:"甲乙丙三几何丁戊己三几何,相为连比例不序。不序者,甲与乙若戊与己,乙与丙若丁与戊也。以平理推之,若甲大于丙,题言丁亦大于己"。与界说十八"有平理之序"及界说十九"有平理之错"比较,可见"推"确指按定义进行比例变换——译者)

24. 凡第一与二几何之比例,若第三与四几何之比例;而第五与二之比例,若第六与四,则第一第五并与二之比例,若第三第六并与四

(Always, if the ratio between a first and a second quantity is like the ratio between a third and a fourth, while the ratio between a fifth and the second is like that between a sixth and the fourth, then the ratio between the first and the fifth taken together and the second is equal to that between the third and the sixth taken together and the fourth.)

If a first magnitude have to a second the same ratio as a third has to a fourth, and also a fifth have to the second the same ratio as a sixth to the fourth, the first and fifth added together will have to the second the same ratio as the third and sixth have to the fourth. [If $A \colon C = D \colon F$, and $B \colon C = E \colon F$, then $(A+B) \colon C = (D+E) \colon F$]

[如果第一量比第二量等于第三量比第四量,且第五量比第二量等于第六量比第四量,那么第一量与第五量的和比第二量,等于第三量与第六量的和比第四量。]

利徐注称,根据此定理的证明,可增加一条定理以拓展定理 6 的内涵,此增题如下:

增题:此两几何与彼两几何比例等,于此两几何每截取一分,其截取两几何比例等,则分余两几何与彼两几何比例亦等。

(Added theorem: If two magnitudes have a ratio equal to that of two other magnitudes, and of each of the two first a part is taken away such that the two parts taken away have the same ratio as the second two magnitudes, then the remaining parts will also have the same ratio as the second two magnitudes.

在定理 6 中,首二量及所减之分必须是后二量的(整数)倍,而定理 24 则将其一般化了。此定理克氏版有(第 235 页)而希思版无。

25. 四几何为断比例,则最大与最小两几何并,大于余两几何并

(If four quantities form "broken ratios", then the greatest and the least two quantities together are greater than the two remaining quantities.)

If four magnitudes be proportional, the greatest and the least are greater than the remaining two. [If $A \colon B = C \colon D$, and A is the greatest and D the least, then $A+$

$D>B+C$]

[如果四个量成比例,那么最大量与最小量之和大于其余二量之和。]

这是与"连比例"相关术语概念含义不一之又一例。一般而言,"断比例"应是与"连比例"对应的反义词,但此处"断比例"的外延广于"连比例",因为它还包括所讨论的两个比相等的情形,至少在命题 25 中如此。 257

26. 第一与二几何之比例大于第三与四之比例,反之,则第二与一之比例,小于第四与三之比例

(If the ratio between a first and a second magnitude is larger than that between a third and a fourth, then, *invertendo*, the ratio between the second and the first is smaller than that between the fourth and the third.)

[If $A:B>C:D$, then $B:A<D:C$]

这是克氏版《原本》卷五命题 25 后添加九条命题中的第一条,他沿袭康帕努斯等人,认为"非常重要的数学家如阿基米德、阿波罗尼乌斯、雷格蒙塔努斯(Ioannnes Regiomontanus)等都经常使用这些命题,他们随手引用这些命题,似乎它们本来就源于欧几里得著作一般。"所有这九条命题讨论的都是不成比例的量。[①]

克拉维乌斯添加的这九条命题,很容易从标准文本卷五命题 25 中推得,这个事实体现了比例变换对于 16 世纪欧洲数学家的重要性,对那些乐于将数学应用于自然研究的数学家而言,尤为如此。

27. 第一与二之比例,大于第三与四之比例;更之,则第一与三之比例,亦大于第二与四之比例

(If the ratio between a first and a second [quantity] is greater than that between a third and a fourth, then, *alternando*, the ratio of the first and the third is also greater

---

① Clavius OM I, 第 236 页: *Hic finem Euclides imponit quinto libro. Verum quia Campanus, et non-nulli alii adiiciunt alias quasdam propositiones, quibus saepenumero gravissimi Scriptores, ut Archimedes, Apollonius, Ioannes Regiomontanus, et alii utuntur, easque quasi essent Euclidis, citant; placuit eas huic quinto libro annectere, et maxima, qua fieri potest, brevitate demonstrare, necnon in numerum, ac seriem propositionum Euclidis referre. Omnes autem traduntur de magnitudinibus inproportionalibus, quarum primum haec est.*

than that of the second and the fourth）[If $A：B>C：D$, then $A：C>B：D$]

此题及后三条命题，都省略了"几何"。

28. 第一与二之比例，大于第三与四之比例；合之，则第一第二并与二之比例，亦大于第三第四并与四之比例

（If the ratio between a first and a second [quantity] is greater than that between a third and a fourth, then, *componendo*, the ratio of the first and the second together to the second will also be greater than that of the third and the fourth together to the fourth.）[If $A：B>C：D$, then also $(A+B)：B>(C+D)：D$]

这条命题出自欧几里得《论图形的剖分》，即阿齐巴德（Archibald）整理本的命题 24。[①] 克拉维乌斯多少应该知道这部作品。1563 年，英国术士、数学家迪伊（John Dee）送给康曼迪诺（Federicus Commandinus，即下文之 Federico Commandino）一部署名巴格达人穆罕默德（Muhammed Bagdedinus）的拉丁文专论《论剖分》（*De Divionibus*）。1570 年，康曼迪诺与迪伊联名出版了此书。[②] 克拉维乌斯在《序言》（*Praefatio*）中提到了此事。不过阿齐巴德为 1570 年版《论剖分》编写的纲要没有提到这条命题。[③]

29. 第一合第二与二之比例，大于第三合第四与四之比例；分之，则第一与二之比例亦大于第三与四之比例

（If the ratio of a first and a second [quantity] together to the second is greater than that of a third and a fourth together to the fourth, then the ratio of the first and the second is also greater than that of the third and the fourth.）[If $(A+B)：B>(C+D)：D$ then $A：B>C：D$]

① R.C. Archibald：《欧几里得〈论图形的剖分〉》（*Euclid's Book on Divisions of Figures*），Cambridge, 1915.

② Archibald, 第 2 页。此书全名为：*De superficierum divisionibus liber Machometo Bagdedino ascriptus nunc primum Joannis Dee Londinensis et Federici Commandini Urbinatis opera in lucem editus*. Federico Commandini de eadem re libellus. Pisauri, MDLXX.

③ Archibald, 第 13—14 页。

30. 第一合第二与二之比例，大于第三合第四与四之比例；转之，则第一合第二与一之比例，小于第三合第四与三之比例

(If the ratio of a first and a second [quantity] together to the second is greater than that of a third and a fourth together to the fourth, then, *invertendo*, the ratio of the first and the second together to the first is lesser than that of the third and the fourth together to the third.) [If $(A+B):B>(C+D):D$ then $(A+B):A<(C+D):C$]

注意此处用"转"字表达 *invertendo* 并不合适。（据界说十六"有转理"，此处用"转之"仅指将$(A+B):B$变换为$(A+B):A$及将$(C+D):D$变换为$(C+D):C$，而不包含变换后而比大小亦改变，因而不包含 *invertendo* 的完整含义——译者）

31. 此三几何，彼三几何，此第一与二之比例，大于彼第一与二之比例，此第二与三之比例，大于彼第二与三之比例；如是序者，以平理推，则此第一与三之比例，亦大于彼第一与三之比例

(If there be these three quantities, and those three quantities, such that the ratio of the first and second of *these* is greater than that between the first and second of *those*, while the ratio of the second and the third of *these* is greater than that of the second and the third of *those*, if arranged in order, then *ex equali* the ratio between the first and the third of *these* will also be greater than the ratio between the first and the third of *those*) [If $A:B>D:E$ and $B:C>E:F$ then $A:C>D:F$]

注意"如是序者"中"是"字的用法，该短语意为"如果按这个顺序（成比例）"。

32. 此三几何，彼三几何，此第一与二之比例，大于彼第二与三之比例，此第二与三之比例，大于彼第一与二之比例；如是错者，以平理推，则此第一与三之比例，亦大于彼第一与三之比例

[If $A:B>E:F$ and $B:C>D:E$ then $A:C>D:F$]

33. 此全与彼全之比例，大于此全截分与彼全截分之比例，则此全分余与彼全分余之比例，大于此全与彼全之比例

[If $A:B>C:D$ then $(A-C):(B-D)>A:B$]

34. 若干几何，又有若干几何，其数等，而此第一与彼第一之比例，大于此第二与彼第二之比例，此第二与彼第二之比例，大于此第三与彼第三之比例，以后俱如是，则此并与彼并之比例，大于此末与彼末之比例，亦大于此并减第一，与彼并减第一之比例，而小于此第一与彼第一之比例。

[If $A : a$, $B : b$,…,$K : k$ then $(A+B+…+K) : K > (a+b+…+k) : k$ and also $(A+B+…+K) : K > (B+…+K) : (b+…+k)$ but $(A+B+…+K) : K < A : a$]

六　卷六命题

1. 等高之三角形，方形，自相与为比例，与其底之比例等

(Triangles and parallelograms of equal height: the ratio they form with each other is equal to the ratio between their bases.)

Triangles and parallelograms which are under the same height are to one another as their bases.

[等高的三角形之比及等高的平行四边形之比，等于底的比。]

"方形"是"平行(线)方形"的简称，指平行四边形。这可能会导致混淆，因为"方"在中国传统数学中指正方形。

增题：凡两角形，两方形，各等底，其自相与为比例，若两形之高之比例。

(Added theorem: Triangles and parallelograms that are on equal bases have to each other the same ratio as their heights.)

此定理，克拉维乌斯引自康曼迪诺（Federigo Commandino）(Clavius, 第 248 页)。"角形"是"三角形"的简称。

2. 三角形，任依一边作平行线，即此线分两余边以为比例，必等；三角形内，有一线分两边以为比例而等，即此线与余边为平行

(If [in] a triangle, along on side a parallel line is made, then that line cuts the remaining two line to form ratios that are necessarily equal; if in a triangle there is a line cutting two sides to form ratios that are equal, then this line is parallel to the remaining line.)

If a straight line be drawn parallel to one of the sides of a triangle, it will cut the sides of the triangle proportionally; and, if the sides of the triangle be cut proportionally, the line joining the points of section will be parallel to the remaining side of the triangle.

[如果作一直线平行于三角形的一边,那么它截三角形的两边为成比例线段;又,如果三角形的两边被截为成比例线段,那么截点的连线平行于三角形的另一边。]

"截两边为成比例线段"译为"分两边以为比例而等"。这种表述需要读者想象截得的相等比各由哪些线段构成,不过原文的"截为成比例"也应事先定义。

• 请注意"A 与 B 为平行"这一句式。

260

3. 三角形,任以直线分一角为两平分,而分对角边为两分,则两分之比例;若余两边之比例,三角形分角之线所分对角边之比例,若余两边,则所分角为两平分

(If [in] a triangle any angle is divided into two equal parts with a straight line while cutting the side opposite the angle into two parts, then the ratio between the parts is as the ratio between the two remaining sides; if the ratio of the side opposite the angle that has been divided by the line that divides the angle of a triangle is like the remaining two sides, then the divided angle forms two equal parts.)

If an angle of a triangle be bisected and the straight line cutting the angle cut the base also, the segments of the base will have the same ratio as the remaining sides of the triangle; and, if the segments of the base have the same ratio as the remaining sides of the triangle, the straight line joined from the vertex to the point of section will bisect the angle of the triangle.

[如果三角形一角被一直线二等分且该直线截底边,底边上截得二线段之比等于三角形其余两边之比;又,如果底边上截得二线段之比等于三角形其余两边之比,那么顶点与截点的连线将三角形的顶角二等分。]

汉译的用词更具一般性,也更准确,因其称"对角边"而非原文之"底边"。

- "任以直线分一角"中的"任"字的对象(本应)是角:"无论是哪个角"。然而从语法上说,这样的表述使"任"与"角"的关系松散了,而"任"字用作副词,修饰整个步骤:"任意地,取一直线分一角"。

- 后半部分的逆命题表述较为含糊,严格地说,"边之比例"无意义。

4. 凡等角三角形,其在等角旁之各两腰线相与为比例,必等;而对等角之边,为相似之边

(Always, [in] equiangular triangles: the ratio formed by their sides about the equal angles with each other are necessarily equal, and the sides opposite the equal angles are similar sides.)

In equiangular triangles the sides about the equal angles are proportional, and those are corresponding sides which subtend the equal angles.

[两三角形等角,那么夹等角的各边成比例,且等角所对的边为对应边。]

希思称"对应边"而非"相似边"是精确的表述。[①] 不过,希腊文 *homologos*(克拉维乌斯所用拉丁文为 *latera homologa*,第 250 页),字面上的意思为"等比"且强烈意味着,作为相似形的基本成分,构成相等比的边是"相似的"。利徐在注释中对"相似"作了如下定义:

相似者,谓各前各后率,各对本形之相当等角。

(Similar means that each antecedent and its consequent is opposite a corresponding equal angle of the original figure.)

有趣的是,定义中又引入了(需要定义的)术语"相当"。

一系:凡角形内之直线,与一边平行,而截一分为角形,必与全形相似。

(Corollary 1: A line in a triangle, parallel to a side, and cutting off a part: it [that part] is a triangle necessarily similar to the whole triangle.)

---

① 参阅希思对卷 5 定义 11 的注释:Vol. II,第 134 页. Vitrac II,第 167 页,则保留了 *homologues*,而不用新词。

增题:凡角形之内,任依一边作一平行线,于此边任取一点向对角作直线,则所分两平行线比例等。

(Added theorem: If in a triangle a line parallel to any side is drawn, and from any point on this side a line is drawn to the opposite angle, the two cut parallel lines [the side and the line parallel to the side] will be proportional.)

此定理由克拉维乌斯得自康曼迪诺对阿波罗尼乌斯的评注。

5. 两三角形,其各两边之比例等,即两形为等角形,而对各相似边之角,各等

(Two triangles: if the ratio of each of their two sides is equal, then the two triangles are equiangular and the angles opposite each off the similar sides are each equal.)

If two triangles have their sides proportional, the triangles will be equiangular and will have those angles equal which the corresponding sides subtend.

[如果两个三角形的各边成比例,那么它们等角,即各对应边所对的角相等。]

6. 两三角形之一角等,而等角旁之各两边比例等,即两形为等角形,而对各相似边之角各等

(If two triangles [have] one angle equal and the ratios of each of the two sides about the equal angle are equal, then the two figures are equiangular figures and the angles opposite each of the similar sides are each equal.)

If two triangles have one angle equal to one angle and the sides about the equal angles proportional, the triangles will be equiangular and will have those angles equal which the corresponding sides subtend.

[如果一个三角形的一个角等于另一个三角形的一个角,且夹这相等两角的四边成比例,那么两个三角形等角,即各对应边所对的角相等。]

7. 两三角形之第一角等,而第二相当角,各两旁之边比例等,其第三相当角,或俱小于直角,或俱不小于直角,即两形为等角形,而对各相似边之角各等

(If two triangles [have] the first angles equal, and the ratios of each of the sides about the second, corresponding, angles are equal, and the third, corresponding, angles either both are smaller than a right angle, or both are not smaller than a right angle, then the two figures are equiangular figures and the angles opposite each of the similar sides are each equal.)

If two triangles have one angle equal to one angle, the sides about other angles proportional, and the remaining angles either both less or both not less than a right angle, the triangles will be equiangular and will have those angles equal, the sides about which are proportional.

[如果一个三角形的一个角等于另一个三角形的一个角,且夹这相等两角的四边成比例,其余对应角或者都小于或者都不小于直角,那么两三角形等角,即成比例边所夹的角相等。]

262　　　　注意利徐是如何使用序数标示角以明晰题义。克氏的表述则如标准文本。

8. 直角三边形,从直角向对边作一垂线,分本形为两直角三边形,即两形皆与全形相似,亦自相似

(If [in] a right-angled triangle from the right angle to the opposite side a perpendicular is made dividing the original figure into two right-angled triangles, then the two figures are similar to the whole figure and also to each other.)

If in a right-angled triangle a perpendicular be drawn from the right angle to the base, the triangles adjoining the perpendicular are similar both to the whole and to one another.

[如果在直角三角形中,由直角顶点向底作垂线,那么与垂线相邻的两个三角形都与原三角形相似,且彼此相似。]

系:从直角作垂线,即此线为两分对边线比例之中率,而直角旁两边各为对角全边,与同方分边比例之中率。

(Porism: If from the right angle a perpendicular is drawn, this line will be a mean proportional between the segments of the opposite side, while the sides flanking the right angle each are mean proportionals between the whole side opposite the right angle and the segment on the same side.)

此系论的前半部分属于标准文本,而对于后半部分,希思(II,第211

页)认为是后人所添。

9. 一直线,求截所取之分

(A straight line: it is required to cut off a part that has been taken.

From a given straight line to cut off a prescribed part.

[在已知线段上截取一段定长线段。]

汉译字面上的意思是"从一直线上截出所取的一部分","取"字显得很特别,可以将其解释为"被选的",意为某种被分派的任务。选用"取"字可能是因为更适合用来翻译 prescribed 的"求"字已经在句子中出现过了(此命题拉丁文:*A data recta linea imperatam partem auferre*.)。

在注释中,利徐归纳了取直线 n/m 部分的一般作法。

10. 一直线,求截各分如所设之截分

(A straight line: it is required cut [such that] each part is like given cut parts.)

To cut a given uncut straight line similarly to a given cut straight line.

[分已知未分线段使它相似于已知已分线段。]

汉译不足以传达原命题的完整含义。令人不解之处在于汉译中没有提到有一已分线段,而仅说"截分"。

除了标准文本中的作法,利徐还给出了一个"用法",两个"简法",另一"用法",然后是两个"增题":

增题:有直线,求两分之,而两分之比例若所设两线之比例。

(Added theorem: To cut a straight line into two parts that have a ratio equal to the ratio between two given lines.)

又增题:两直线,各三分之,各互为两前后率,比例等,即两中率与两前两后率各为比例,亦等。 *263*

(Another added theorem: If two lines are cut each into three parts then the intermediate portions will be in the same ratio with each of the other portions.)

此定理由克拉维乌斯取自康曼迪诺对阿基米德《论浮体》(*De iis quae vehuntur in aqua*)的评注(Clavius, OM I, 第 254 页),利徐在词句上有所改动。这个定理的意思是,如果在已知两线上各取两点,每次取点都将两线截为成比例四段，那么两中段与两首段成比例，也与两末段成比例。① 即，如果有两线段 AB 与 CD，且首先 AB 被点 E 分为两段，CD 被点 F 分为两段，使得 $AE：EB＝CF：FD$，然后以点 G 与点 H 分得 $AG：GB＝CH：HD$，则有 $EG：AE＝FH：CF$ 且 $EG：GB＝FH：HD$。

利徐在证明了这一定理之后，又增加了一个简单的证法（"又简论"）。

11. 两直线，求别作一线相与为连比例

（Two straight lines: it is required separately to make a line with them forming "linked ratios".）

To two given straight lines to find a third proportional.

［求作已知二线段的第三比例项。］

此处的"连比例"只能是表示 continued proportion 了。

有趣的是利徐并未译出 third proportional 这一术语，他们通过描述式的表达绕开了对这一术语的直接翻译。

12. 三直线，求别作一线相与为断比例

（Three straight lines: it is required to make another line forming "broken ratios" with them.）

To three given straight lines to find a fourth proportional.

［求作已知三线段的第四比例项。］

上题评注亦适用于此题。

13. 两直线，求别作一线为连比例之中率

（Two straight lines: it is required separately to make a line that is the middle term of a continued proportion.）

To two given straight lines to find a mean proportional.

［求作已知二线段的比例中项。］

---

① Clavius OM I，第 254 页：*Si duae rectae lineae secentur in binis punctis proportionaliter：Erunt quoque intermediae sectiones in eadem proportione cum quibuslibet segmentis duobus.*

注曰：依此题，可推凡半圆内之垂线皆为分径线之中率线。

(Commentary: From this theorem it can be deduced that any perpendicular in a semi circle is the mean proportional of the segments of the diameter.)

这个垂线当然应立于直径之上且交于圆周。此处我们看到了一个 264
注释，但它本应作为系论提出。

增题：一直线，有他直线，大于元线二倍以上，求分他线为两分，而以
元线为中率。

(Added theorem: Given a line more than twice greater than another line, to cut that line such that the other line is the mean proportional between its parts.)

此定理由克拉维乌斯（第 258 页）取自佩尔捷。

14. 两平行方形等，一角又等，即等角旁之两边为互相视之边，两平
行方形一角等，而等角旁之两边为互相视之边，即两形等

(If two parallelograms are equal and also one angle is equal, then the two sides about the equal angle are sides reciprocally related; if one angle of two parallelograms is equal and the two sides about the equal angles are reciprocally related, then the two figures are equal.)

In equal and equiangular parallelograms the sides about the equal angles are reciprocally proportional; and equiangular parallelograms in which the sides about the equal angles are reciprocally proportional are equal.

[在相等且等角的平行四边形中，夹等角的四边成互反比例；等角平行四边形
中，如果夹等角的四边成互反比例，那么平行四边形相等。]

利徐将 reciprocally proportional sides 译为"互相视之边"是一个疏
忽，因为在定义 2 中，定义了"互相视之形"，但其边的关系并非如此。利
徐翻译此题时所面临的问题是，欧几里得并未事先定义过 reciprocally
proportional sides，他们的译法"互相视之边"中并未明示此类边的比例
关系，因此只能说此术语并不完备。

• 汉译简略地说"一角等"，对于平行四边形，这实际上当然包含了
各对应角皆等。

• 此命题是卷六命题 23 的一个特例,在命题 23 中涉及了比的复合。

15. 相等两三角形之一角等,即等角旁之各两边互相视,两三角形之一角等,而等角旁之各两边互相视,即两三角形等

In equal triangles which have one angle equal to one angle the sides about the equal angles are reciprocally proportional; and those triangles which have one angle equal to one angle, and in which the sides about the equal angles are reciprocally proportional, are equal.

[在相等的两个三角形中,如果有一对对应角相等,那么夹等角的边成互反比例;又,两个三角形,如果有一对对应角相等,且夹等角的边成互反比例,那么这两个三角形相等。]

16. 四直线为断比例,即首尾两线矩内直角形,与中两线矩内直角形等,首尾两线与中两线两矩直角形等,即四线为断比例

(If four straight lines form "broken ratios", then the rectangle contained by the first and the last lines is equal to the rectangle contained by the middle lines. [and vice versa])

If four straight lines be proportional, the rectangle contained by the extremes is equal to the rectangle contained by the means; and, if the rectangle contained by the extremes be equal to the rectangle contained by the means, the four straight lines will be proportional.

[如果四线段成比例,那么两外项构成的矩形等于两内项构成的矩形;如果两外项构成的矩形等于两内项构成的矩形,那么四线段成比例。]

265 "首尾"的本义为其象形(人或动物的)"头和尾"。命题的证明之后谈及中国传统数学:

以上二题即算家勾股法,三数算法所赖也。

(The two propositions above are what the arithmeticians' *gougu* method and three number calculation method rely on.)

"三数算法"显然是指西方所称的 the rule of three,在已知成比例四项中的三项时,用此法可求得第四项。《九章算术》中的一些问题即以此

法解之,但利徐使用的名称"三数算法"最可能是译自"the rule of three"。笔者相信,利徐所称"算家"实际上是指与"量法家"相对的"算法家"。

这样,该注释就明确将传统中国数学与欧几里得数学的部分内容视为同一。

克拉维乌斯(第259—266页)此处插入了大约十条使用"三数算法"的命题,但都被利徐略去。

17. 三直线为连比例,即首尾两线矩内直角形,与中线上直角方形等,首尾线矩内直角形,与中线上直角方形等,即三线为连比例

If three straight lines be proportional, the rectangle contained by the extremes is equal to the square on the mean; and, if the rectangle contained by the extremes be equal to the square on the mean, the straight lines will be proportional.

[如果三线段成比例,那么首末项构成的长方形等于中项上的正方形;如果首末项构成的长方形等于中项上的正方形,那么三线段成比例。]

系:凡直线上直角方形,与他两线所作矩内直角形等,即此线为他两线之中率。

(Corollary: If the square on a straight line is equal to the rectangle contained by two other lines, then the first line is the mean proportional of the other two lines.)

18. 直线上,求作直线形,与所设直线形相似而体势等

(On a straight line it is required to make a rectilineal figure similar to a given rectilineal figure and similarly situated.)

On a given straight line to describe a rectilineal figure similar and similarly situated to a given rectilineal figure.

[在已知线段上作一直线形使它与已知直线形有相似位置。]

注意汉译将 similarly situated 表述为"体势等",字面意思为"形体姿态相等",利徐在一则注释中给出了"体势等"的一种定义:

注曰:凡线上形相当之各角等,即形相似,而体势等。

(Commentary: Whenever figures [that have been constructed] on lines have each corresponding angle equal the figures are similar and similarly situated.) 266

然而,这个相当于"相似"(similar)的定义,使得"体势等"(similar situated)的特殊性荡然无存,因为"体势等"应仅在作图时有其特定意义,而利徐的定义所涉及的只是作图的结果。[1]（按,"体势"一词亦是中算用语,如《九章算术》商功章阳马术刘徽注"观其割分,则体势互通,盖易了也。"——译者）

利徐又给出了取自克氏的另一"用法"(简法),希思(II,第231页)评论说,"由于赋予图形从一个位置移到另一个位置的能力",该法更加简单。也就是说,利徐所给的作图方法假定了图形可以在空间自由移动,而严格的方法当然要求更多的作图步骤。

19. 相似三角形之比例,为相似边再加之比例

(The ratio of similar triangles is the duplicate ratio of the similar sides.)

Similar triangles are to one another in the duplicate ratio of the corresponding sides.

[相似三角形的比等于其对应边的二次比。]

此定理可被视为卷六命题23的一个特例,因为二次比可以被看作复合比的特例。斋藤宪(Saito)认为,卷六并未真正用到"二次比"的概念,而对此命题的"笨拙"证明也没有真正利用到"二次比"概念,而是使用了斋藤宪所称的reduction of ratio的概念。根据斋藤宪的观点,卷六的原始形式不含二次比概念,二次比是与欧多克索的新比例理论相关联的概念。[2]

系:依本题可显,凡三直线为连比例,即第一线上角形与第二线上角形之比例,若第一线与第三线之比例。

(Corollary: From this theorem it can be made manifest that when three lines are in

---

[1] Clavius OM I,第267页: *Dicuntur autem rectilinea super lineas rectas descripta, esse similia & similiter posita, quando anguli aequales constituuntur super ipsas rectas lineas, & tam reliqui aequales anguli, quam latera proportionalia semper ordine sese consequuntur*,与汉译定义相比,克氏的定义确实表达了这样的含义:所给直线是作图的"起点",即对于相似位置的图形,已给出一边互为对应。

[2] 斋藤宪(Ken Saito):《欧几里得〈原本〉卷六中的二次比》(*Duplicate Ratio in Book VI of Euclid's Elements*),*Historia Scientiarum* 3.2 (1993),第115—135页。

continued proportion, the ratio of the triangle on the first line with that of the triangle on the second line, is equal to the ratio between the first line and the third.)

尽管"角形"很容易被理解为"多边形",但利徐常用它来特指"三角形"。此处"角形"理所当然地指"三角形",因为克氏文本作"三角形"。但标准希腊文本的用词是 *eidos*,可以指任何图形。希思认为(II,第 234页),是赛翁将其更正为"三角形"。

267

20. 以三角形分相似之多边直线形,则分数必等;而相当之各三角形,各相似其各相当两三角形之比例,若两元形之比例,其元形之比例为两相似边再加之比例

(With triangles divide similar polygons: then the "divide number" is necessarily equal and all of the corresponding triangles are similar; the ratio between each of their corresponding pairs of triangles are like the ratio of the original figures; the ratio of the original figures is the duplicate ratio of two similar sides.)

Similar polygons are divided into similar triangles, and into triangles equal in multitude and in the same ratio as the wholes, and the polygon has to the polygon a ratio duplicate of that which the corresponding side has to the corresponding side.

[将相似多边形分为相似三角形,则相似三角形的个数相等,其比等于原多边形之比,又原多边形的比等于对应边的二次比。]

请注意,对于同样的 corresponding,利徐一译"相当"——"相当之各三角形",一译"相似"——"相似边"。

增题:此直线倍大于彼直线,则此线上方形与彼线上方形为四倍大之比例;若此方形与彼方形为四倍大之比例,则此方形边与彼方形边为二倍大之比例。

(Added theorem: If a straight line is double another straight line, the square on this line with the square on the other one will form a "ratio of fourfoldness"; if the square on this line forms a "ratio of fourfoldness" with that on the other line, this line will form with that line a "ratio of doubleness".)

笔者的译文使用了特别词汇并加引号,是为了强调这些词汇不同于

307

现代概念。如前所述,它们源自将比"命"为"数"的传统。

系:依此题可显,三直线为连比例,如甲乙丙,则第一线上多边形与第二线上相似多边形之比例,若第一线与第三线之比例。

(Porism: From this theorem it can be made manifest that, if three lines are in continued proportion, as A,B and C, then the ratio of the polygon on the first line with that of a similar polygon on the second line, will be like the ratio of the first with the third line.)

此系论属于标准文本,利徐称其证明可参照命题 19:"此系与本篇第十九题之系同论"。

21. 两直线形,各与他直线形相似,则自相似

(If two rectilineal figures each are similar to another rectilineal figure, then they are similar to each other.)

Figures which are similar to the same rectilineal figure are also similar to one another.

[与同一直线形相似的直线形相似。]

22. 四直线为断比例,则两比例线上各作自相似之直线形,亦为断比例;两比例线上各任作自相似之直线形为断比例,则四直线为断比例

268　(If four lines form "broken ratios", then the similar rectilineal figures made in any way whatever upon the lines of the two ratios also form "broken ratios", [and vice versa])

If four straight lines be proportional, the rectilineal figures similar and similarly described upon them will also be proportional; and if the rectilineal figures similar and similarly described upon them be proportional, the straight lines will themselves also be proportional.

[如果四线段成比例,在它们之上相似地作出的相似直线形也成比例;如果在四线段上相似地作出的相似直线形成比例,那么四线段成比例。]

汉译未译"相似地作出"这一要求。

• "两比例线"也许表示"(四)线段形成两比例"。

• 很久以来,人们就认定标准文本对此命题的证明有所缺失,为此利徐给出了一条引理,称之为"补论",即"补充的证明"或"对证明的补充":

补论曰:庚卯午酉两直形,相等相似而体势等,即在等线之上者。

(Addition to the proof: the two rectilineal figures GN and QT, if they are equal, similar and similarly described, then they are on equal lines.)

对于何为"补论",其注曰:

补论者前此未著,而论中无他论可征,故别作一论以足未备。

(As to the addition to the proof: Before this [it] had not yet been elucidated and in the proof there is no other proof with which to verify it. Therefore a separate proof has been made to supplement what was still lacking.)

这是对引理的描述。特别注意"论"字,这本是用来指"证明"的术语,因此不清楚"论"字此处是指引理本身还是对引理的证明。如笔者在第二章指出,在亚里士多德哲学语境中,命题仅是三段论中的肯定性陈述,而这些命题构成三段论的演绎链条形成证明,则"论"字即可指证明,也可指命题(此处为引理),那么"补论"的意思就可以是"补充的命题"。

• 徐光启在《勾股义》序中批评传统数学不存在"论中有论",此说颇有意味。

• 希思引理如下:如果两相似形相等,则任何一对对应边都相等(II,第 242 页)。[1]

"补论"之后"又补论":"甲乙丙、丁戊己两直线形,相等相似而体势等,即相似边如甲乙与丁戊比等者。"

269

此引理涵盖了上条引理,因此第一个"补论"是多余的。

最后,又有两条"增论"使问题更加复杂,这两条增论使用了二次

---

[1] 利徐本是对克氏下述原文的直译:(OM I,第 272 页)*Quod autem aequalia rectilinea similia similiterque descripta, qualia sunt GO, RV, consistant super rectas aequales, ita ostendetur…*

比。希思指出这两条增论可以作为补充引理之另法(II,第242—246页)。

23. 等角两平行方形之比例,以两形之各两边两比例相结

(The ratio of two equiangular parallelograms: connect together the two ratios of each of the two sides of the two figure.)

Equiangular parallelograms have to one another the ratio compounded of the ratios of their sides.

[等角平行四边形之比等于其边之比的复比。]

参阅前文。

24. 平行线方形之两角线方形,自相似,亦与全形相似

(The two parallelograms about the diameter of a parallelogram are similar to each other and they are also similar to the whole figure.)

In any parallelogram the parallelograms about the diameter are similar both to the whole and to one another.

[在任何平行四边形中,其对角线上的平行四边形都相似于原平行四边形,且彼此相似。]

利徐版卷一定义35单独定义了"角线方形"(与之相比,欧几里得则对此形未作定义)。

25. 两直线形,求作他直线形,与一形相似与一形相等

(Two rectilineal figures: it is required to make another rectilineal figure similar to one figure and equal to [the other] one figure.)

To construct one and the same figure similar to a given rectilineal figure and equal to another given rectilineal figure.

[作一图形,使它与一已知直线形相似且与另一已知直线形相等。]

26. 平行方形之内减一平行方形,其减形与元形相似,而体势等,又一角同,则减形必依元形之对角线

(If inside a parallelogram a parallelogram is subtracted [and] the subtracted figure is similar to the original figure and similarly situated [and if] also one angle is shared, then the subtracted figure necessarily is about the diameter of the original figure.）

If from a parallelogram there be taken away a parallelogram similar and similarly situated to the whole and having a common angle with it, it is about the same diameter with the whole.

[在一平行四边形中取掉一个与原形相似的平行四边形,如果它们的位置相似且有一公共角,那么所取平行四边形与整个平行四边形同对角线。]

这里用来翻译"同对角线"（is about ［the same diameter］）的字是"依",意为"倚靠"（leans on）,该字在下一命题中也用来翻译一图形"贴附于线上"（"being applied to" a line）,它还被用来表示"图形同底"（"leaning on" the same basis）,而这些情况当然是不同的。

27. 凡依直线之有阙平行方形,不满线者,其阙形与半线上之阙形相似,而体势等,则半线上似阙形之有阙依形,必大于此有阙依形

（Of all the parallelograms having a deficiency, "leaning on" a straight line, not filling the line, if their "deficiency figure" is similar to the deficiency figure on half the line and similarly situated, then the "leaning on figure" on the half line similar to the deficiency of the figure-having-a-deficiency is greater than this leaning-on-figure-having-a-deficiency.） 270

Of all the parallelograms applied to the same straight line and deficient by parallelogrammic figures similar and similarly situated to that described on the half of the straight line, that parallelogram is greatest which is applied to the half of the straight line and is similar to the defect.

[在贴附于线段上的所有不足平行四边形中,若这些不足平行四边形所缺平行四边形与线段一半上的平行四边形相似且位置相似,那么线段一半上的平行四边形最大,并相似于所缺平行四边形。]

此题的汉译难以理解。在卷一命题 44 中,要求在已知线段上以已知角作平行四边形,使其（面积）等于已知直线形。在该题中,所作平行四边形的底"恰好吻合"线段,利徐并未描述"贴附",仅说"一直线上求作（符合某条件的图形）",因此在汉译《几何原本》中,卷一命题 44 与此题

以及随后两题的关系就不那么显而易见——后两题中,平行四边形所贴附直线不足或盈于其底。在卷六的这三条定理中,利徐引入了一个对应于 apply 的术语"依",本义为"倚靠"。

众所周知,作面贴附于线是希腊几何学中非常重要的作图,在圆锥曲线定理中尤为如此,尽管欧几里得《原本》中只有四条定理与此相关。为方便起见,此处以图解来帮助我们看清对象的关系:

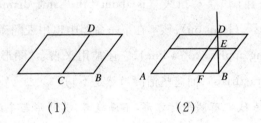

（1）　　　　　　　（2）

在上述图形中,不足平行四边形 *AD* 贴附于线段 *AB*,所缺平行四边形为 *BD*。作一平行四边形相似于平行四边形 *BD* 且位置相似:作对角线 *BD*,于其上任取一点,如 *E*,并如图所示作平行四边形 *BE*,则平行四边形 *BD* 与平行四边形 *BE* 同对角线,因此它们相似(卷六命题 24)。且对于线段 *AB*,*AE* 为不足平行四边形,其所缺平行四边形为 *BE*,因此平行四边形 *AE* 即贴附于线段 *AB* 的不足平行四边形、所缺平行四边形 *BE* 相似且位置相似于平行四边形 *BD*。(Heath II 第 258 页)

271　　然而,形贴附于线段的概念从未被定义过,克拉维乌斯添加了卷六定义 6(即利徐所袭用之:"**平行方形不满一线为小于线,若形有余线不足为形大于线**")来解释什么是"合于"(filling)、"大于"(exceeding)、"不足于"(falling short of)一线的平行四边形,但这并不足以解释图形"贴附"于线的所有内涵,也未说明何为"阙形"(defect)及何为"有阙平行方形"(按,此二者定义见卷六第六界——译者)。

• 还须注意"最大"一词并未直接译出,而是间接地表述为半线上的平行四边形"必大于此形","此"指任意以同样方式贴附的不足平行四边形。

28. 一直线,求作依线之有阙平行方形,与所设直线形等,而其阙形与所设平行方形相似,其所设直线形不大于半线上所作平行方形,与所设平行方形相似者

(A straight line: it is required to make a parallelogram having a deficiency "leaning on" the line, equal to a given rectilineal figure and with the defect similar to a given parallelogram; the given rectilineal figure is [should be] not greater than the parallelogram made on the half of the line similar to the given parallelogram.)

To a given straight line to apply a parallelogram equal to a given rectilineal figure and deficient by a parallelogrammic figure similar to a given one: thus the given rectilineal figure must not be greater than the parallelogram described on the half of the straight line and similar to the defect.

[作一贴附于已知直线的不足平行四边形,使它等于一已知直线形,且使其所缺平行四边形与一已知平行四边形相似:因此这个已知直线形应不大于线段一半上的、与所缺图形相似的平行四边形。

此题中利徐所面临的困难是:命题的最后部分是一设定,即命题适用的限制条件。简单陈述已知图形不大于某形并未能表明命题设定的强制性,这样的强制性必须用"应"(克氏拉丁版用词为 *oportet*)来体现。从这一角度看,句首"其"字的用法值得思量:它仅用来指示——"且**那个**已知图形不大于……",或是还有祈使语气——"且**令**已知图形不大于……"吗?

29. 一直线,求作依线之带余平行方形,与所设直线形等,而其余形与所设平行方形相似

(A straight line: it is required to make a parallelogram-carrying-extra "leaning on the line", equal to a given rectilineal figure and similar to a given paralellogram.)

To a given straight line to apply a parallelogram equal to a given rectilineal figure and exceeding by a parallelogrammic figure similar to a given one.

[作一贴附于已知直线的带余平行四边形,使它等于一直线形,且其所带平行四边形相似于一已知平行四边形。]

此题情形为"形大于线"。

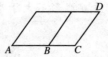

272

平行四边形 *AD* 贴附于线段 *AB*,其所带之余形为平行四边形 *BD*。

注意此题表述不同于定义 6,该处称"若形有余线不足为形大于线",即"大于线之形",而此题中称该形位"带余平行方形"。

30. 一直线,求作理分中末线

(A straight line: it is required to make a line cut into mean and extreme ratio.)

To cut a given straight line in extreme and mean ratio.

[将一已知线段分为中末比。]

汉译并未清楚指明被分直线即为已知直线,这是由于"理分中末线"并不是原文表述的"将一线段分为中末比",而是"被分为中末比的一条线段",因此应该这样理解汉译:"求将一线截为被分为中末比的线段。"

31. 三边直角形之对直角边上一形,与直角边上两形,若相似而体势等,则一形与两形并等

(If the figure on the side opposite the right angle of a right-angled triangle is similar to the two figures on the sides of the right angle and similarly positioned, then the one figure is equal to the two figures together.)

In right-angled triangles the figure on the side subtending the right angle is equal to the similar and the similarly described figures on the sides containing the right angle.

[直角三角形中,直角对边上的图形等于其余两边上的相似且有相似位置的二图形之和。]

此定理后出现了未被希思收入标准文本的另一证明("又论")。(Heath II,第 270 页)利徐版本与希思注不同之处是,前者称"边的二次比"("甲丙乙丙再加之比例"),而希思称"边的平方之比"(Heath II,第 270 页),利徐"又论"依据克拉维乌斯取自康帕努斯而添。上述命题的逆命题被列为增题:

增题：角形之一边上一形，与余两边上两形相似而体势等者，其一形与两形并等，则余两边内角必直角。

（Added theorem: If the figure on one side of a triangle is equal to the similar and similarly described figures on the remaining two sides together, then the angle within the two remaining sides necessarily will be a right angle.

32. 两三角形，此形之两边与彼形之两边相似，而平置两形成一外角，若各相似之各两边各平行，则其余各一边相联为一直线

（Two triangles: if two sides of this figure are similar to two sides of that figure 273 and the figures are placed evenly to form one outer angle, when each two similar sides each are parallel, then each of the singular [remaining] sides connected with each other form a straight line.)

If two triangles having two sides proportional to two sides be placed together at one angle so that their corresponding sides are also parallel, the remaining sides of the triangles will be in a straight line.

［如果一个三角形中一个角的两边与另一个三角形中一个角的两边成比例，且两三角形接于一角，并且对应边也平行，那么这两个三角形的第三边在同一直线上。］

注意“各”字的重复使用，此题所述如下图所示：

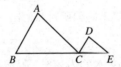

两三角形 ABC 与 CDE 中有 AB：AC＝DC：DE，AC、CD 成角 C，且 AB//DC、AC//DE，则 BC 与 CE 在同一直线上。

原文“两三角形置于同角”这一表达不甚明确，除非诉诸于感觉经验，否则原文的表述难以理解，克拉维乌斯及其他一些数学家已指出，至少有一种情形：满足题述条件但第三边并不在一直线上(Heath II，第 271 页)。

• 汉译中使用了两个“相似”，但如上所论，其含义不同。第一个“相似”，希思原文为“成比例”(proportional)；而第二个“相似”，希思原文为“对应”(corresponding)，在这两处，克拉维乌斯分别使用了［*duo latera*

315

duobus lateribus〕*proportionalia* 和 *homotoga latera*(第 282 页)。此前已见利徐用"相似"分别表示"相似"(similar)与"对应"(corresponding),这三种情况的联系是很明显的:相似形中,位于对应位置上的边成比例(如相似三角形 *ABC* 与 *DEF* 中,边 *AB* 与 *DE* 对应[=利徐的"相似"],因为 *AB*:*BC* = *DE*:*EF*)。不过,利徐也用"相当"来表示"对应"(corresponding)。

274

　　• 两三角形接于一角在汉译中被表述为"平置两形成一外角"。"平"字此处的含义非常接近其基本义"平坦、在同一水平上"。"成一外角"则没有抓住两形只能接于角之顶点这一要害,据此此表述,两个图形也可边边相接。

　　33. 等圆之乘圆分角,或在心,或在界,其各相当两乘圆角之比例,皆若所乘两圆分之比例,而两分圆形之比例,亦若所乘两圆分之比例

　　(The angles standing upon the circumferences [segments] of equal circles, either at the centre or at the circumference; the ratio of each corresponding angle standing on the circumference is like the ratio of the parts [of the circumference] on which they stand, and the ratio of the two sectors is also as the ratio of the homo parts on which they stand.)

　　In equal circles angles have the same ratio as the circumferences on which they stand, whether they stand at the centres or at the circumferences.

　　[在等圆中,圆心角的比等于它们所对弧的比,圆周角的比等于它们所对弧的比。]

　　利徐的版本除了标准文本的内容外,还增添了关于扇形的内容:"而两分圆形之比例,亦若所乘两圆分之比例"。此增补被归于赛翁(Heath II,第 274 页)。不过利徐的措辞确有不明之处。"两分"固然可推断为圆周的部分,即圆弧,然而"圆分"已被定义为弓形(卷三定义 5),而增补部分称两扇形(卷三定义 9 谓之"分圆形")"所乘两圆分"则令人费解(扇形无法"乘于"弓形),因而此处"圆分"显然应指圆周的部分,即圆弧。

　　接下来是两条系论:

　　一系:在圆心两角之比例,皆若两分圆形。

　　(Porism 1: The ratio between two angles at the centre of the circle is like the ratio between the circle sectors.

此定理由赛翁所添,芝诺多罗斯(Zenodorus)在关于等周图形的论著中袭用(Heath II,第 276 页)。赛翁的表述比较清楚:"扇形比扇形,等于(圆心)角比(圆心)角。"

二系:在圆心角与四直角之比例,若圆心角所乘圆分与全圆界,四直角与在圆心角之比例,若全圆界与圆心角所乘之圆分。

(Porism 2: The angle at the centre of a circle is to four right angles as the subtended arc is to the whole circumference.)

此处"圆分"毫无疑问指"圆周之分"。

此后,利徐在卷六末尾加入了若干定理,利玛窦写了一段接语:[①]   275

丁先生言欧几里得六卷中,多研察有比例之线,竟不及有比例之面。故因其义类,增益数题,用补阙如左云。窦复增一题,窃弁于首。仍以题旨,从先生旧题,随类附演,以广其用。俱称今者,以别于先生旧增也。[②]

今增题:圆与圆为其径与径再加之比例。

(Presently added theorem: a circle forms with a circle the duplicate ratio of the diameter with the diameter.)

利氏的"今增题"即《原本》卷十二的第二条命题,希思的表述是"圆与圆之比等于其直径上的正方形之比。"利徐将其添加于此无疑是由于它对于"测圆"的重要性。

[①]《几何原本》,第 905 页。

[②] 原书对此段文字的英译如下:"Master Ding says that Euclid in Book VI investigated many proportional lines, but that he did not come to considering ratios between surfaces. Therefore he has added several propositions of the same sort and principles to fill up the gap, like what follows below. I have again added one proposition that I have taken the liberty to add at the beginning. Furthermore, I have elaborated upon the original theorems by the master following the indications of the theorems, and respecting category, to broaden their usefulness. 1 have indicated my own additions by jin to distinguish them from the master's original additions."

值得注意,利徐将标准文本中的"正方形之比"改为"再加之比例",而克氏版则与标准版相同。此命题的证明部分声明引用"五卷界说二十增"。卷五定义 19 后确有一条增补,但并未标序为"二十增",也没有写明是"界说"。无论如何,利徐引"五卷界说二十增"表明他们必须用到这条定理(克氏则谓之公理),以保证第四比例项存在(参看第五章,第199 页)。[1]

在上述定理之后有数条系论:

一系:全圆与全圆,半圆与半圆,相当分与相当分,任相与为比例,皆等。

(Porism 1: Whole circles with whole circles, half circles with half circles, corresponding parts with corresponding parts form equal ratios however they be combined.)

此表述不甚精确。"任相与"的意思是,如果有两个圆,且全圆与全圆之比为 A,半圆与半圆之比为 B,部分与相应部分比为 C,则**无论如何两两并列** A、B、C,它们都是相等关系,也就是说 $A = B$,$B = C$ 且 $A = C$。"分"字之义含混不清,它既可以表示弓形也可以表示扇形,此命题中应当是指扇形。

• 另外,利徐此处表示"对应"(corresponding)的词是"相当"。

二系:三边直角形,对直角边为径所作圆,与余两边为径所作两圆并等,半圆与两半圆并等,圆分与相似两圆分并等。

(Porism 2: The circle on the hypotenusa of a right angled triangle as diameter is equal to the two circles together which have the remaining sides as diameters; the half circle is equal to the two half circles together; a sector equal to the two similar sectors together.)

三系:三线为连比例,以为径所作三圆,亦为连比例。

(Porism 3: If three lines be in continued proportion, the circles which have them as diameters will also be in continued proportion.)

---

[1] 它紧接的前句原文如下:"如云不然,当尝言甲乙丙圆与小于丁戊己之庚辛壬圆,或大于丁戊己之癸子丑圆,为甲丙与丁己再加之比例也。"

一增题：直线形，求减所命分，其所减所存各作形，与所设形相似而体势等。

(Added theorem 1: To take away a prescribed part from a given rectilineal figure in such a manner that both the part taken away and the remaining part are similar and similarly placed to a given figure.)

值得注意的是：a prescribed part 在命题 9 中的译法与此题不同，命题 9 中译作"所取之分"，而此处为"所命分"。

上述增题之后有利徐再增之题：

今附：若于大圆求减所设小圆，则以圆径当形边，余法同前，如上图。

利徐随后若干"附题"讨论了已知图形为圆时的相应情况，它们仅是直接将"形"改为"圆"，故笔者不再一一引述全句。然而有一条附题比较特殊，值得引述：

又今附：依此法，可方一初月。

(Also presently appended: With this method a "new moon" can be squared.)

希波克拉底(Hippocrates)的此条定理及证明，早为后人熟知。[①]"初月"是由两圆之弧所围成的图形。"方"字此处用作动词，意为"作出同面积的正方形"，此概念以小字定义为"方初月形者，谓作直角方形与初月形等"。

二增题：两直线形，求别作一直线形为连比例。

(Added theorem 2: Given two rectilineal figures to construct a third figure that is in continued proportion [i.e. a third proportional])

要使此命题有意义，关键在于"连比例"必须表示 continued proportion。

• 利徐给出了与圆相对应的命题。

三增题：三直线形，求别作一直线形为断比例。

(Added theorem 3: Given three rectilineal figures to construct another figure to form a discontinued proportion [with the other three])

277

[①] 例如，参阅希思《希腊数学史》(*A History of Greek Mathematics*)(两卷本)，II，第183—200页。克拉维乌斯《实用几何》(*Geometria practica*)附录中也述及这一命题及证明。

评注类于上题,此为求作第四比例项。

• 利徐给出了与圆相对应的命题。

四增题:两直线形,求别作一形为连比例之中率。

(Added theorem 4: Given two rectilineal figures to construct another figure that is the middle term of a continued proportion.)

仿前照字面直译,但并不将"中率"译作 mean proportional。

• 利徐给出了与圆相对应的命题,还提出了另一作法。

五增题:一直线形,求分作两直线形,俱与所设形相似而体势等,其比例若所设两几何之比例。

(Added theorem 5: Given a rectilineal figure to separate it into two rectilineal figures similar and similarly situated to a given figure, such that their ratio is like the ratio between two given magnitudes.)

"分作"不易翻译,大约是"分别作出",但如此解释仍不完整,因为这一简洁表述之后所暗含的要求是两个新图形的面积之和必须等于原图形面积,这就是"分"字的用意。

• 利徐给出了与圆相对应的命题。

六增题:一直线形,求分作两直线形,俱与所设形相似而体势等,其两分形两相似边之比例若所设两几何之比例。

(Added theorem 6: Given a rectilineal figure to separatingly construct two rectilineal figures similar and similarly situated to a given figure, such that the ratio between corresponding sides of the two figures is like the ratio between two given magnitudes.)

278 注意"分"字,分作所得两形被称为"分形"。

• 利徐给出了与圆相对应的命题。

七增题:两直线形,求并作一直线形,与所设形相似而体势等。

(Added theorem 7: Given two rectilineal figures to join them together in a new figure similar and similarly situated to a given rectilineal figure.)

此题与上题"对称"。类似地,"并作"所暗含的要求是,作出的图形面积应等于原两图形面积之和。

• 利徐提出了另一作法,并给出了相应于圆的命题。

八增题:圆内两合线交而相分,其所分之线彼此互相视。

(Added theorem 8: If in a circle two lines cut each other the segments of the one will be reciprocally proportional to the segments of the other.

就命题的主旨而言,这一命题以及下条命题插入卷三似乎更为自然,它们被添入卷六的原因是它们与比例相关。

九增题:圆外任取一点,从点出两直线,皆割圆至规内,其两全线与两规外线彼此互相视,若从点作一切圆线,则切圆线为各割圆全线与其规外线之各中率。

(Added theorem 9: If from a point outside a circle two lines are drawn that cut the circle and reach the concavity, the two whole lines will be reciprocally proportional with the segments outside the circle. If from the point a tangent is drawn that tangent will be the mean proportional between the whole line and the segment outside the circle of any line cutting the circle.)

与上条类似,以现代观点看,此定理与卷三的相应命题同义,只不过将两个矩形的关系转述成了比例关系。

十增题:两直线相遇作角,从两线之各一界互下垂线,而每方为两线,一自界至相遇处,一自界至垂线,则各相对之两线,皆彼此互相视。

(Added theorem 10: If two straight lines meet each other to form an angle, and from one extremity of each line mutual perpendiculars be drawn [i. e. to the other line] such that on each side are two lines, on the one hand between the extremity and the point [lit. place] of intersection, and on the other hand between the extremity and the perpendicular, then the respective opposite lines will be reciprocally proportional.)

可用下图明晰题意:

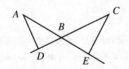

两线 AE、CD 交于 B,从点 A 作 AD 垂直于 DC,从点 C 作 CE 垂直于 AE,则 AB、BE 与 DB、BC 成互反比例,即 $AB:BC=DB:BE$。

汉译对"相交"关系表述得有点拐弯抹角:"相遇作角"。称两直线相交即可。

十一增题:平行线形内,两直线与两边平行相交,而分元形为四平行线形,此四边形任相与为比例,皆等。

(Added theorem 11: If in a parallelogram two lines parallel to two sides cut each other, they will divide the original figure into four parallelograms, and the ratios between any of these four figures will be equal.

十二增题:凡四边形之对角两线交而相分,其所分四三角形任相与为比例,皆等。

(Added theorem 12: In every quadrilateral the two diagonals cut and divide each other and the ratios between any of the four triangles into which [the original figure is] divided will all be equal.)

十三增题:三角形任于一边任取一点,从点求作一线分本形为两形,其两形之比例若所设两几何之比例。

(Added theorem 13: From a point on a side of a triangle to draw a line that divides the original figure into two figures that have a ratio like the ratio of two given magnitudes.)

在《论图形的剖分》(*On Divisions*)中有一命题为此之特例,即过三角形边上一点二等分三角形,《剖分》中也有更加困难的命题,即在指定分得两部分之比以外,加上了其他条件,比如分割线必须过三角形内或形外一点,或分割线必须平行于三角形的一边。① 克拉维乌斯的命题也许是对上述特例修改而得。

---

① 分别参阅 J. P. Hogendijk 对该著作阿拉伯版的译文中的定理 3、19、26 及 29,该译文为:《欧几里得〈论图形的剖分〉之阿文版本》(*The Arabic version of Euclid's On Divisions*),载 M. Folkerts 与 J. P. Hogendijk 编:*Vestigia Mathematica: Studies in medieval and early modern mathematics in honour of H. L. L. Busard Amsterdam*, 1993,第 143—162 页。

- 注意"任"字的重复使用:"任于一边任取一点"。

系:凡角形,任于一边任取一点,从点求减命分之一。

(Porism: From any point on the side of a triangle to take away one out of a prescribed part.

"命分之一"即 1/n,n 可任意命之。

十四增题:一直线形,求别作一直线形,相似而体势等,其小大之比例如所设两几何之比例。

(Added theorem 14: To a given rectilineal figure describe a similar and similarly situated rectilineal figure such that the ratio of their sizes is like the ratio of two given magnitudes.)

"大小之比例"字面上的意思如英文 the ratio of the great[ness] and the small[ness]。

- 利徐解释说,根据这个方法,可以作新图形,使其面积为原图形面积的两倍、三倍、四倍等,或一半、四分之三、五分之一等。据克拉维乌斯所称,该法的发明者是丢勒(Albrecht Dürer)。[①]

- 最后利徐给出了与圆相应的命题。

十五增题:诸三角形,求作内切直角方形。

(Added theorem 15: To inscibe a square into a given triangle.)

今附:如上三边直角形,依乙角作内切直角方形,其方形边必为甲丁己丙两分余边之中率。

(Presently appended: Like in the above right angled triangle, if at angle B the inscribed square is constructed, the side of the inscribed square necessarily will be the mean proportional of the remaining parts AD and FC.)

此附题绘有一图,乃克氏增题之特例。

---

① Clavius (OM I,第 291 页):*Non videtur autem omittenda praxis Alberti Dureri , qua ipse facile duplicat , triplicat , quadruplicat , etc .*

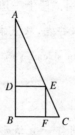

281 此例有着特殊意义，因为三角形容方于直角是《九章算术》中的一个问题，徐光启《勾股义》中亦涉及此题。

• "依"字的几何意义又与此前各处不同，虽然字面上仍为"倚靠于角 B"。

282 ## 七　术语表

希思版	《几何原本》	拼音	现代汉语
point	點	*dian*	点
line	線	*xian*	线
surface	面	*mian*	面
plane surface	平面	*pingmian*	平面
solid	體	*ti*	体
perpendicular	垂線	*chuixian*	垂线
boundary	界	*jie*	边界
figure	形	*xing*	图形
rectilineal figure	直線形	*zhixian xing*	直线形
triangle	三角形	1. *sanjiao xing*	三角形
	三邊形	2. *sanbian xing*	
	角形	3. *jiao xing*	
quadrilateral	四邊形	*sibian xing*	四边形
multilateral	多邊形	*duobian xing*	多边形
right-angled tr	直角三角形	*zhijiao-*	直角三角形

续　表

希思版	《几何原本》	拼音	现代汉语
acute-angled tr	锐角三角形	*ruijiao-*	锐角三角形
obtuse-angled tr	钝角三角形	*dunjiao-*	钝角三角形
scalene triangle	三不等三角形	*san bu deng-*	不等边三角形
equilateral tr	平邊三角形	*pingbian-*	等边三角形
isosceles tr	兩邊等三角形	*liangbian (deng)-*	等腰三角形
basis	底	*di*	底边
leg	腰線	*yaoxian*	腰
hypotenusa	對直角邊	*dui zhijiao bian*	直角所对的边
cube	立方	*lifang*	立方体
sphere	立圓	*liyuan*	球（体）
square	直角方形	*zhijiao fangxing*	正方形
oblong	直角形	*zhijiao xing*	长方形
rhombus	斜方形	*xiefangxing*	菱形
rhomboid	長斜方形	*chang xiefangxing*	斜方形
trapezium	無法四邊形	*wufa sibian xing*	不规则四边形
angle	角	*jiao*	角
plane angle	平角	*pingjiao*	平面角
rectilineal angle	直線角	*zhixianjiao*	直线角
curvilinear angle	曲線角	*quxianjiao*	—
mixed angle	雜線角	*zaxianjiao*	—
acute angle	銳角	*ruijiao*	锐角
right angle	直角	*zhijiao*	直角
obtuse angle	鈍角	*dunjiao*	钝角
segment	圜分	*yuanfen*	弓形
angle of a segment	圜分角	*yuanfen jiao*	弓形的角
angle in a segment	負圜分角	*fu yuanfen jiao*	弓形角

283

325

希思版	《几何原本》	拼音	现代汉语
angle standing upon a circumference	乘圜分角	*cheng yuanfen jiao*	张于弧上的角
circle sector	分圜形	*fenyuan xing*	扇形
circle	圜	*yuan*	圆
half-circle	半圜	*banyuan*	半圆
circumference	圜界	1. *yuanjie*	圆周
	周	2. *zhou*	
diameter	徑	*jing*	直径
ray	從心至圜界線	*cong xin zhi yuanjiex-ian*	半径
centre	圜心	*yuanxin*	圆心
tangent	切圜線	*qieyuan xian*	切线
cut（a line cutting another line or a circle）	交	*jiao*	交
circumscribed figure	形外切形	*xingwai qiexing*	外接形
inscribed figure	形内切形	*xingnei qiexing*	内接形
diagonal	對角線	*duijiao xian*	（对角线）
height（of a figure）	高	*gao*	高
parallelogram	平行方形	1. *pingxing fangxing*	平行方形（平行四边形）
	長斜方形	2. *changxie fangxing*	
parallel	平行	*pingxing*	平行
multiple	若干	1. *ruogan*	倍量
	幾倍	2. *jibei*	倍
	倍	3. *bei*	同倍
part	分	*fen*	部分
ratio	比例	*bili*	比

284

续　表

希思版	《几何原本》	拼音	现代汉语	
proportion	同理比例	*tongli bili*	比例	285
proportional magni-tudes　[quantities]	相稱之幾何	*xiangcheng zhi jihe*	成比例的量	
continuous prop.	連比例	*lian bili*	（连比例）	
discontinuous p.	斷比例	*duan*	（不成连比例）	
incommens.	小合	*xiaohe*	不可公度	
commens.	大合	*dahe*	可公度	
ordered proportion	有平理之序	*you pingli zhi xu*	—	
perturbed proportion	有平理之錯	*you pingli zhi cuo*	调动比例	
reciprocally propor-tional	互相視	*huxiangshi*	逆相似	
similar	相似	*xiangsi*	相似	
cut into extreme and mean ratio	理分中末線	*lifen zhongmo xian*	分为中外比（中末比）	
mean proportional	連比例之中率	*lian bili zhi zhonglü*	比例中项	
similarly positioned	體勢等	*tishi deng*	有相似位置	
compounded ratio	相結之比例	*xiangjie zhi bili*	复比	
duplicate ratio	再加之比例	*zaijia zhi bili*	二次比	
triplicate ratio	三加之比例	*sanjia zhi bili*	三次比	
alternate ratio	有屬理	*youshu li*	更比	
inverse ratio	有反理	*youfan li*	逆比（反比）	286
composed ratio	有合理	*youhe li*	合比	
separated ratio	有分理	*youfen li*	分比	
conversed ratio	有轉理	*youzhuan li*	换比	
ratio ex aequali	有平理	*youping li*	首末比	
antecedent	前率	*qian lü*	前项	

希思版	《几何原本》	拼音	现代汉语
consequent	後率	*houlü*	后项
corresponding	相当/相似	*xiangdang / xiangsi*	对应
contain（a rectangle, said of the sides）	函	*han*	夹直角
gnomon	磬折形	*qingzhexing*	拐尺形(磬折形)

第三篇
接受与影响

第六章 数学与朝政

一 荣光初现:1607—1616

1610 年,《几何原本》问世三年后,利玛窦在北京辞世。皇帝格外 ²⁸⁹ 开恩,赏赐一块墓地,为传教团永久拥有。这标志着传教士踏上中国的土地以来,终于获得了在中国落脚的正式权利——得以长眠于斯土。据艾儒略(G. Aleni)用中文撰写的利玛窦传记,利玛窦获此殊荣,在很大程度上得益于翻成《几何原本》。他引述了叶向高与一位未知姓名宦官的谈话,1620 年前后叶身为高官,也是传教团在福建最重要的捐助人。在被问及朝廷为何打破成例如此厚待一位外国人时,叶向高答道:即便不考虑他的品行与其他著述,仅此一书足堪受赐葬地。[1]

然而,在去世前的三年中,利玛窦注意到这部书"受到的赞誉远高于对它的理解。"[2]杨廷筠在《同文算指》的序言中亦道出,利玛窦曾对他抱

---

[1] 艾儒略(G. Aleni):《大西利先生行迹》,第 19a—19b 页:"姑毋论其他,即其所译几何原本书,即宜钦赐葬地矣。"见 FR II,第 360 页,注释 1。
[2] FR II,第 360 页。

怨说只有李之藻、徐光启看得懂《几何原本》。①

　　另外,这部书令人敬畏的风格也正是利玛窦所希望看到的。将西学介绍到中国的根本初衷就是让其以一种直接的方式与中国学术决一雌雄。因此,《几何原本》的翻译构成打压"中国人的傲慢"(*la superbia sinica*)的良机,那些矜持自傲的文人学士用尽了努力,却无法读懂用他们自己的语言写成的书。② 这样,中国人见识了西学的"优雅"(*galanteria*),而且,这种情形似乎还将要"与日俱增"。③

290

　　这一期望未用多久就变成了现实。《几何原本》翻译后的第一个九年,尽管在理解上还有困难,传教士的前景已是吉兆显现。南北京城中,对此书饶有兴趣的文人学士与政府高官的圈子迅速扩大,许多翻译新作也陆续涌现。无一例外的是,这些翻译之作总伴有由高官或名士撰写的赞美的序言。1615 年,杨廷筠(见第三章)将这些序言结集出版,包括 22位不同作者的 50 篇序跋(亦有非科学类的著作)。④ 本章笔者将主要引

①《几何要法》序言开篇,写道:"世之执牛耳盟者,幽言理。至度数之学,则以为迂,而无当于道,而刍狗置之。"引自保存在巴黎国家图书馆(*Bibliothèque Nationale de Paris*)的影印版(编号 4869)。

② FR II,第 360 页:*E fu assai a proposito per abassare la superbia sinica ; poiché fece confessare ai loro magiori letterati di aver visto un libro in sua lettera che , studiandolo con molta attentione , non lo intendono ; cosa che a loro può essere che mai accadette.*

③ FR II,第 361 页:*E cosi vengono già i Cinesi a gostare della galanteria de' nostri libri , et ogni giorno serà più.*

④ 杜鼎克(A. Dudink)博士将这批序跋的名目整理列表,收入《对引入西方科学的抵制与南京教案》(*Opposition to the introduction of Western Science and the Nanjing Persecution*(1616/17)),发表于詹嘉玲(C. Jami)组织的学术会议"徐光启,晚明学者与政治家"[*Xu Guangqi 1562—1633 , Late Ming Scholar and Statesman*,巴黎,1995 年 3 月 20—23 日。按,此论文集已出版:*Statecraft & Intellectual Renewal in Late Ming China : The Cross - Cultural Synthesis of Xu Guangqi*(1562—1633),Edited by Catherine Jami, Peter Engelfriet, & Gregory Blue, Leiden:Brill, 2001——译者]杨廷筠编辑的序跋集名为《绝徼同文纪》(*Bibliothèque Nationale , Chinois 9254*)。关于利玛窦逝世前已成文的若干序跋,见:FR III,第 12—16 页(注释)。[按,关于《绝徼同文纪》:巴黎藏两卷本,杨序(1615)及详目,参王重民:《评杨淇园先生年谱》,《图书季刊》新 8 卷,3—4 期(1947),后收入《冷庐文薮》,上海古籍出版社,1992;东京藏"取要"抄本、五卷刊本残册,见神田喜一郎:《绝徼同文纪解题》,载《东洋学文献丛说》,二玄社,1969。又见杜鼎克 *The Rediscovery of a Seventeenth-Century Collection of Chinese Christian Texts : The Manuscript Tianxue jijie*,载 *Sino-Western Cultural Relations Journal*, Vol. XV (1993),第 1—27 页。对研究明清天主教,此序跋集十分重要——译者]

用这些材料。这些骈骊华美的序跋充满了典故,形成一种特有的体裁,在晚明上层人士的圈子中广为流传。进而构成一种重要的媒介,以表述新观点,传播新思想,拓展读者眼界。如欲一窥中国学者怎样接受从西方舶来的新思想,这些序言往往是唯一的渠道。徐光启的序言亦是如此,以下全文翻译他这篇《刻几何原本序》,以再现其思想内涵。作为欧几里得的翻译者,如此密切地接触西方数学徐光启当是第一位。他和李之藻一道比起其他人更深地卷入了西方科学的译介之中。由于他身居高位,更由于他毅然承担起传教团的倡导者与捐助者的角色,徐光启对西方数学传入进程的影响至关重要。在向同僚们引介这一崭新的、前所未闻的著作时,他直入主题的敏锐目光必将成为主导中国人如何看待西学的重要一步。①

1. 徐光启的序言

291

> 唐虞之世,自羲和治历暨司空、后稷、工虞、典乐五官者,非度数不为功。② 周官六艺,数与居一焉,而五艺者不以度数从事,③亦不

---

① 许理和(E. Zürcher)教授的德文手稿令笔者获益匪浅。本书使用的底本是《徐光启集》(第74—75 页)。此文的意大利语翻译可参见德礼贤(P. M. D'Elia): *Tpresentazione dellaprima traduzione cinese di Euclide*,载 *Monumenta Serica* 15(1956),第 161—202 页。

② 这里提到的名字出自《书经》(或《尚书》)。凡直接阅读这篇序言的人,都会对其内容感到非常熟悉,文中概括了中国文明传说中上古时期帝王的诏诰文书,"三代"系指:夏(约在前2205—前 1765)、商(或是殷,约前 1766—前 1123)和西周(前 1122—前 721)。《书经》的前几篇回溯到上古时期以及三位贤明的首领:尧、舜和夏朝的奠基者大禹。据《尧典》,尧命羲、和观测天象,以"敬授民时"[理雅各(Legge): *Chinese Classics*,III,第 18 页(《书经》,I.i.3)]。《舜典》则描述了舜怎样组阁,且为后世仿效,任命后稷主管农业。(理雅各,同上,第 30—51页)。在世俗宗教,或者神话与传说中,大禹因治理洪水、恢复疆界而被尊奉为神,后稷也被作为农神供奉。

③ 《周官》,后名为《周礼》,更详细地描述了传说中周朝的组织机构。尽管具体时间尚难确定,一般认为成书始于公元前 3 或前 2 世纪。见鲁惟一(Michael Loewe)主编:《中国古代典籍导读》(*Early Chinese Text*: *A Bibliographical Guide*),Berkeley:University of California,1993,第29—39 页。"六艺"指:礼、乐、射、御、书和数。

292

得工也。襄旷之于音，①般墨之于械，岂有他谬巧哉？② 精于用法而已。故尝谓三代而上为此业者盛，有元元本本师传曹习之学，而毕丧于祖龙之焰。③ 汉以来多任意揣摩，如盲人射的，虚发无效，或依拟形似，如持萤烛象，得首失尾，至于今而此道尽费，有不得不废者矣。《几何原本》者度数之宗，所以穷方圆平直之情，尽规矩准绳之用也。利先生从少年时，论道之暇，留意艺学。且此业在彼中所谓师传曹习者，其师丁氏，又绝代名家也，以故极精其说。而与不佞游久，讲谭余晷，时时及之，因请其象数诸书，更以华文。独谓此书未译，则他书具不可得论，遂共翻其要。约六卷，既卒业而复之，由显入微，从疑得信，盖不用为用，④众用所基，真可谓万象之形围，百家之学海，虽实未竟，然以当他书，⑤既可得而论矣。私心自谓：不意古学绝废二千年后，顿获补缀唐虞三代阙典遗义，其裨益当世，定复不小，因偕二三同志刻而传之。先生曰："是书也，以当百家之用，庶几有羲和般墨其人乎？犹其小者；有大用于此，将以习人之灵才，令细而确也"。余以为小用大用，实在其人，如邓林伐材，栋梁榱桷、恣所取之耳。顾惟先生之学，略有三种：大者修身事天；小者格物穷理；

293

---

① 据说师襄子教过孔子操琴。旷子相传是公元前6世纪的著名乐师。
② 鲁班，或公输班，是公元前5世纪的木工，见李约瑟(Needham)，SSC IV.2，第43—46页。后来成为木匠的"守护神"。《鲁班经》就是以其命名的木工手册，相传编纂于公元5世纪，迄今还在使用。详见 K. Ruitenbeek 引人兴味的专著《中华帝国的木工与建筑：15世纪木匠手册〈鲁班经〉之研究》(Carpentry & Building in Late Imperial China：A Study of the Fifteenth-Century Carpenter's Manual Lu Ban Jing，Leiden：E.J.Brill，1993). 墨翟是墨家学派的奠基人，同工匠们有着密切地联系。与之相关的故事是他作为军事工程师和能工巧匠举行一次与公输班的竞赛。参见葛瑞汉(Graham)：《后期墨家逻辑》(Later Mohist Logic)，第3—5页；李约瑟，SCC，IV.2，第573页以下。徐氏的序言似乎暗指利氏《译几何原本引》中提到的阿基米德(未明确指明)。
③ 这一表述指秦始皇专政下的"焚书"(前213年)。
④ 有趣的是徐光启这一引述出自《庄子》，庄子是中国哲学家中"怀疑论者"。
⑤ 也就是说，此书(《几何原本》)可以使天文著作更易理解。

物理之一端别为象数，①——皆精实典要，洞无可疑，其分解擘析，亦能使人无疑。而余乃亟传其小者，趋欲先其易信，使人绎其文，想见其意理，而知先生之学，可信不疑，大概如是，则是书之为用更大矣。他所说几何诸家藉此为用，略具其自叙中，不备论。吴淞徐光启书。

这篇序言突出的主线是借对往昔的景仰，喻讽中国的时下。序言对古典文献广征博引，暗示它们是构成古典文化的神圣基础。任何偏护新生事物的言论都需诉求对先贤词句的重新诠释。将上古三代奉为中国历史的典范似乎成为定式。尧、舜、禹以其自身的美德创立了社会组织的基本架构，在相当长的时期内运转良好直到后来的衰微。中国历史对恢复"上古"有着不懈的追求，这种复古表现在诗文辞赋、宗法礼仪、组织机构，以至财政管理。作为翰林院庶吉士，徐光启撰写的"馆课"通常包含对国家基础结构的建议，比如交通运输、军事防备、农业与经济等等，因此，不可避免地要诉求往昔的榜样。而序言中新的亮点是在述古之中突显了数学。以先贤治世诸事顺达的黄金时期为前提，徐光启力证数学在治理国家中具有绝对的重要性，而数学在正统的文化教育中也曾广为传承。传统的中衰竟然导致数学知识无处寻求，现在，基督教保存了这些知识，并引导信众修持高尚的操行。

此外，颇有意味的是他用中国传统术语来描述西方的新知识。"象与数"是与《易经》宇宙观紧密相连的术语，观象测数奠基于此。蓍草被摆成一卦，以某种方式"构成定数"，最后"这些构成的数字表征天或地"，②所谓"天垂象"可由《易经》的卦象表现出来。③ 徐光启祭出"格物 294

---

① 此处的"三层结构"大约指罗马学院的课程设置：神学为最高层次，第三年讲授的形而上学居中，自然哲学为最底层，其中也讲授数学。"格物穷理"为《大学》第三章的名言。在下面的引文中还将给予评注。

② 《系辞》，I.2。见沈仲涛（Z. D. Sung），第259页。

③ 前书。

穷理"之说,承载利玛窦在罗马学院中所接受的自然哲学,必然要对"新儒家"(Neo—Confucianism)的核心思想重新诠释,并赋予新的内涵。

再者,序言极为典型的表现出利玛窦的"传教策略":传教士们既然能够阐明自然现象的奥秘,这就意味着,他们也掌握着宗教信仰的真理,尽管总是强调所传授的科学只是宏恢圣教中微不足道的部分。

序言表明,徐光启对待欧氏几何的态度仅是他倾心西学和基督教的一个方面。毕竟,他的思想骨架已是学习西学以"补儒易佛"。在他看来,儒学原初的纯洁性因其内在缺陷而早已丧失,佛教才得以乘隙而入,诱导民众沉湎于迷信,宋代的"新儒家"也徘徊于释道之间,[1]而西学则有助于引导民众回归儒学的纯洁。进一步来说,宋代的"新儒家"借助于古代经典的注释,创立了一套"玄学",这只不过是他们曲解古意来达到自己的目的。通过对"新儒学"的重要概念的重新诠释,徐光启藉这篇序言宣示了自己的立场。

欧氏几何如何能帮助人们重归至善? 又如何能帮助人们摆脱蒙昧? 这在徐光启一篇关于《几何原本》的文章中可见端倪——此文写作时间尚不能确定——但它却道出了徐光启对待自然和欧氏几何重要性的深刻思想。在《几何原本杂议》(*Various Reflections on the Jihe yuanben*)中,他特别强调无论是对个人还是社会,思想明晰而有条理都具有基本的重
295 要意义。这里,我们再次看到他对当时中国社会的针砭:[2]

> 下学功夫,有事有理,此书为益,能令学理者怯其浮气,练其精心,学事者资其定法,发其巧思,故举世无一人不当学。闻西国古有大学师,门生常数百千人,来学者先问能通此书,乃听入。[3] 何故?

---

[1] 见于贝勒(Übelhör):《徐光启》(*Hsü Kuang-ch'i*),第62—68页。

[2] 笔者引用的版本是《徐光启集》,第76—78页,与《天学初函》本略有不同。后者稍短,无最后部分。此文的意大利语翻译可见德礼贤:*Prezentazione*,第193—197页;它的概要见于贝勒(Übelhör):《徐光启》(*Hsü Kuang-ch'i*),II,第64页。

[3] 克拉维乌斯的《导言》(*Prolegomena*)引用了据说刻在柏拉图学园入口处的标语:"不谙几何者不得入内"。

欲其心思细密而已。其门下所出名士极多。

能精此书者,无一事不可精,好学此书者,无一事不可学。

凡他事能作者能言之,不能作者亦能言之。独此书为用,能言者即能作者,若不能作,自是不能言。何故? 言时一毫未了,向后不能措一语,何由得妄言之? 以故精心此学,不无知言之助。

凡人学问,有解得一半者,有解得十九或十一者。独几何之学,通即全通,蔽即全蔽,更无高下分数何论。

人具上资而义理疏莽,即上资无用;人具中材而心思缜密,即中材有用;能通几何之学,缜密甚矣,故率天下之人而归于实用者,是或其所由之道也。

这段论述表现出由欧几里得确立的精确与明晰的推理方式,是对那个时代王学末流空谈心性学风的绝妙抵制。此文接下来总结了《几何原本》卓越优点,比如论证谨严、准确无误。初看起来似乎深奥隐晦,但实际上极为明晰易懂:

296

此书有四不必:不必疑,不必揣,不必试,不必改。有四不可得:欲脱之不可得,欲驳之不可得,欲减之不可得,欲前后更置之不可得。有三至三能:似至晦,实至明,故能以其明明他物之至晦;似至繁,实至简,故能以其简简他物之至繁;似至难,实至易,故能以其易易他物之至难;易生于简,简生于明,总其妙,在明而已。

此书为用至广,在此时尤所急须。余译竟,随偕同好者梓传之,利先生作叙,亦最喜其亟传也,意皆欲公诸人人,令当世亟习焉,而习者盖寡。窃意百年之后,必人人习之,即又以为习之晚也,而谬谓余先识,余何先识之有?

随后,他吐露了对此书难易程度的看法:

有初览此书者,疑奥深难通,仍谓余当显其文句。余对之:度数之理,本无隐奥,至于文句,则尔日推敲再四,显明极矣,倘未及留意,望之似奥深焉。譬行重山中,四望无路,及行到彼,蹊径历然,请假旬日之功,一究其旨,即知诸篇自首迄尾,悉皆显明文句。

几何之学,深有益于致知。明此、知向所揣摩造作,而自诡为工巧者皆非也,一也。明此、知吾所已知不若吾所未知之多,而不可算计也,二也。明此、知向所想像之理,多虚浮而不可揆也,三也。明此、知向所立言之可得而迁徙移易也,四也。

此书有五不可学:燥心人不可学,粗心人不可学,满心人不可学,妒心人不可学,傲心人不可学。故学此者不止增才,亦德基也。

文章结尾的比喻颇有诗意:[1]一个姑娘得到织女神的金针,绣出的鸳鸯美丽无比。但姑娘只把绣品给人看,却不愿透露她的秘诀。徐光启在此宣称,《几何原本》则恰恰相反,它本身就是一根金针,不仅毫无保留地献出奇图妙理,更为重要的是,它还教导世人如何磨出绣花金针!

297   徐光启对西方数学的巨大热情还在西方文献中得到确证。[2] 此文流露出徐氏主要对天文历算这类有益国家的书籍深感兴趣。按照利玛窦的说法,不懂欧几里得,也无法读懂其他的书,因此,《几何原本》的翻译就摆在了首位。"杂议"强调心智训练,真可谓:推理无言胜雄辩,品行笃实相偕升。强调此书对于百姓福祉、社稷康泰均大有裨益,确是儒学本色。毕竟,经世济民始终是士大夫们的抱负所在。

2. 徐光启对传统数学的研究

理论的基石一经打下,译介"应用数学"著作的想法不久就付诸实施。事实上,利氏《开教史》中记载,在他们翻译《几何原本》的时候,徐光

---

[1] 这段话被詹嘉玲(Catherine Jami)翻译为法文,见《中国学者的数学史观:中学为体、西学为用》(L'Historie des mathématiques vue par les lettés chinois (XVIIe et XIIIe siecles): tradition chinoise et contribution européenne),载 C. Jami 和 Delahaye 主编:《欧洲与中国》(L'Europe en Chine),第147—167页。

[2] 参见 FR II,第772页。

启就开始将部分翻译内容与其他数学知识"混编"在一起了。①《几何原本》出版当年,利玛窦和徐光启就利用西方文献编纂了另一本书《测量法义》(*Explanations of the Methods of Measurement*)。正如标题所示,此书主要介绍测量方法。② 几年前徐光启曾撰写一本在治理运河中如何利用数学的小册子,不难看出他对测量术有着浓厚的兴趣。

在《测量法义序》中,徐光启阐述了"证明"在他所了解的西方数学中具有的重要作用:这就是"法"和"义"的区别。汉语的"义"词义广泛,显然在西方数学的语境下,此处的"义"只能是"证明"和"阐释"。因为,徐光启曾明确说过,只有当《几何原本》翻译之后,方法的"义"才有可能被说明。然而,西方的测量术与《周髀算经》、《九章算术》所论的方法并无本质的区别。而西方数学之所以更有价值("贵"),就是其阐明了所用方法正确性的道理何在。正因如此,西方数学可以处理更复杂的问题。

298

在描述了用木或铜制的"矩度"(surveyor's square)后,《测量法义》用 15 道"题"介绍了测量的基本方法,涉及用测杆或"矩度"来测量物体的高、远。方法的正确性基于欧氏几何的证明。然而,有一重要之处偏离了欧几里得,那就是"数"。这一技巧出于对相似三角形对应边长度的考量,即当三边已知,利用"三数算法"求第四边,这一概念对于欧几里得是陌生的。书的末尾讨论了这一法则,并指出"三数算法"出自《九章算术》,称为"异乘同除",也就是说:异物相乘再被同物相除。尽管在传统的文本中这一概念过于一般,其实只是简单的比例,即,如果四个数构成比例,那么第四个数就可以用乘法和除法算得,或者说:

如果 $\frac{a}{b}=\frac{c}{x}$,那么 $x=\frac{bc}{a}$。

① FR II,第 357 页:*E studiava di giorno e di notte perponere quel opra in stilo chiaro, grave et elegante, come fece in un anno o più, che a questo attese, voltando i sei primi libri di quel libro, che sone i più necessarii, con altere cose di matematica, che mescolava mentre faceva quella di Euclide.*
② 此书所据来源尚不甚清楚。Clavius 的《实用几何》(*Geometria practica*,Rome,1604) 包含论述测量的一章,但是所论问题与其不同。1604 年的著作更不可能 1607 年就在中国行用。或许是利氏把他的听课笔记带到了中国。

后来,杜知耕、梅文鼎解释了这些术语源自四项比例中两对不同类的物品,第一、第三项可以表示钱,而第二、第四项代表一定量的谷物(故而名称有所不同)。

这段关于"三数算法"的讨论却标志着比较西法与传统数学的最初一步。稍后于《测量法义》,徐光启撰写了另一部书,即《测量异同》(*Similarities and Differences in Measurement*),此书针对《测量法义》中的方法,与传统数学进行了详细的比较。书中用西法和中法同解六类测量问题,以示异同。徐氏对此研究的考量如下:

> 《九章算法》勾股篇中,故有用表、用矩尺测量数条,与今译《测量法义》相较,其法略同,其义全阙,学者不能缀。既具新论,以考旧文,如视掌矣。①

此番议论表明徐光启不知道刘徽等人的注释(见第三章)。同时也表明他对传统数学的研究尚有途可循。书中论及的六类问题,每一道都将《测量法义》中的方法与"旧法"相比较。尽管他没有指明材料的来源,这些"旧法"可以追溯到程大位的《算法统宗》和吴敬的《九章算法比类大全》。其中两道问题仅为后者所见。② 事实上,这些问题并不完全出自《九章算术》,还有个别出自刘徽所作的附录。刘徽撰写附录,是因其在为《九章算术》作注时感到书中未能涵盖被称之"重差"(double difference)的传统数学技巧,此法可以用于测量"不可及"物体的距离。在这篇

---

① 《徐光启集》,第 86 页。

② 其他五道是:《九章算术》第九章第 24 题(同见《算法统宗》,郭书春,第 1371 页);《海岛算经》第 2 题(次序同程大位)(郭书春,第 1372 页);第 4 题同上,郭书春,第 1373 页(隔水测树);《九章算术》第九章第 22 题,不包含在笔者所使用的《算法统宗》本,却包含在吴敬的《九章算法比类大全》中,见郭书春,第 274 页;《海岛算经》第 7 题,被徐稍作改编,见于吴敬(郭书春,第 279 页),但不含《算法统宗》中;徐氏所用的数值基本上与上述所说文献一致,只有最后一道例外,即改编那道。感谢萧文强(Siu Man-Keung)教授帮助确认徐氏所用材料。参见萧文强、安国风:《徐光启与中国传统数学》(*Xu Guangqi and Traditional Chinese Mathematics*),将刊于詹嘉玲编纂的会议文集:《徐光启:晚明学者与政治家》(*Xu Guangqi, Later Ming Scholar and Statesman*),(Paris,20—23 March 1995。已于 2001 年出版,见第 334 页注释 4——译者)。

附录中,刘徽用九道问题阐明了"重差"技巧。至唐代(618—906)初年,这篇附录从《九章算术》中辑出单行,书中第一题要求测算隔岸海岛的高度,故称为《海岛算经》(*Mathematical Classic of Sea Island*)。"重差"一词指明这一技巧需要借助标杆或"矩尺"进行两次或更多次的测量。[1] 程大位在《算法统宗》中照录《海岛算经》中的几道问题,这些问题大约出自杨辉的分析并附在"勾股"章之下,从而在明代得以传播。程大位简要介绍了刘徽《海岛算经》为其注《九章》时所作,后来单独成篇,他所关注的只是此法怎样直接从《九章算术》中导出。程氏借助《孙子算经》中的问题 300 说明应用上的困难。其实,他的第一个问题就可在《孙子算经》中找到,此书为唐代十部算经之一。[2] 在说明相似三角形概念的时候,杨辉将同样的问题引述于他的《续古摘奇算法》(*Continuation of Ancient Mathematical Methods for Elucidating the Strange*)。[3] 对此特殊问题历史的简要叙述可以使得我们察见自宋代至耶稣会士来华时数学知识的传播途径。不过,程大位在理解杨辉的解释时碰到了极大的困难。

徐光启处理的第一个问题是:在树的影长、标杆的长度及影长皆为已知的情况下,测定树的高度。徐光启将其法归于《测量法义》的第四个问题,即"用影长测量高度"。然而,二者的实际用法有所不同,《测量法义》使用的是"矩度"。当然,在徐氏看来二者相同,都是在一个最基本的

---

[1] Frank Swetz:《中国古代的直角三角形:从应用到理论》(*Right Triangle Concepts in Ancient China: From Application to Theory*),载 *History of Science* 31.4(1993),第 421—437 页;李俨和杜石然,第 76—79 页;蓝丽蓉(Lam Lay-Yong)和沈康身:《中国古代有关测量的数学问题》(*Mathematical Problem on Surveying in Ancient China*),载 *Archive for History of Exact Science*,36(1986),第 1—20 页,对其问题和历史做了分析。Van der Waerden 在其《几何与代数》(*Geometry and Algebra*),第 193—195 页给出了前三个问题的数学分析。《海岛算经》的法文翻译见赫师慎(P.L. van Hee):*Le classique de l'île maritime*,*Quellen und Studien Geschichte der Mathematik*,B2,1932,第 255—280 页。

[2]《孙子算经》的编纂年代尚不清楚。关于其内容和时代的概论见李俨、杜石然,第 91—95 页;并见马若安 HCM,第 136—138 页。它的校点本见钱宝琮(1963),这里所说问题见该书第 317 页。

[3] 蓝丽蓉、沈康身:《中国古代有关测量的数学问题》(*Surveying in Ancient China*),第 6 页。关于杨辉方法的细节分析可参见蓝丽蓉的《杨辉算法》(*Yang Hui Suan Fa*),第 180—183 页。

方法上利用两个相似三角形求未知的边。在某种意义上,这是中国数学
程序化风格的特征:以一个基本的例子阐明一般的原理。

值得注意的是杨辉,他以一种完全不同于欧几里得的方式阐明这一
算法的正确性,其道理在于"矩形对角线两边的补余矩形相等",即《几何
原本》卷一命题43。这是比例的另一说法,或其等价命题。[①] 这里,徐光
启完全采用欧几里得方式去评判"新法"和"旧法"。根据某种阐释称,杨
辉的方法是"中国式"比例的基础。然而,即便是宋代的数学家们也无法
完全理解刘徽"重差"方法怎样衍生出如此复杂的问题(仅有杨辉正确地
解释了"重差"术的最简单的情形)。[②] 可见此术几近"空谷绝响"。话说
301 回来,即便当代对"重差"术也有多种描述,如李约瑟称其是"一种三角函
数的经验替代",李倍始(Libbrecht)将其称作一种"遥测术"(teleme-
try),[③]倘若如此,在 17 世纪 30 年代,《测量法义》还在中国介绍三角术
那就多少有些过时了。

徐光启讨论的第二个问题,即《九章算术》第九章第 23 问,杨辉为此
引入了一个特殊的术语。同样,其余四题参照"旧术"加以讨论。对于差
异的指明似乎构成了"评注",以说明在"旧术"中使用不同的三角形构成
某种比例,其实两种情形对三角形的使用是类似的,所以结果相同。[④]

以上所述表明,在译完《几何原本》不久,徐光启就开始搜寻所能得到
的数学文献。此书得到了与他相伴同住北京的学生孙元化的帮助,孙也是
徐光启最重要的学生之一。在下 节对此人的生平多有论述,这里还是集

---

① Freudenthal, *Zur Geschichte der Grundlagen der Geometrie: Zugleich eine Besprechung der 8. Auflage von Hiberts Grundlagen der Geometrie*,载 *Nieuw Archief voor Wiskunde* (4 th series) 5(1957),第 105—142 页。

② 蓝和沈,同上,第 18 页,另见李倍始(Libbrecht):《13 世纪的中国数学》(*Chinese Mathematics in The Thirteenth Century*),第 132 页。

③ 李约瑟 SCC III,第 109 页;李倍始,前书,第 122 页。

④ 在上面提到的论文中,萧文强提供了六个问题中第二个详细分析,说明了徐光启对欧氏几何
的应用。

中于他帮助徐光启的一项成果《勾股义》(*The Principles of Gougu*,1609)。①

此书大约缘起于徐光启关于勾股注释的汇集:

> 门人孙初阳氏,删为正法十五条,稍简明矣。余因各为论误其义,使夫精于数学者,揽图诵说,庶或为之解颐。②

书中包含论述勾股术的 15 道问题,由孙元化从所见文献中选编,并分成 15 种类型。另由徐光启加入证明以阐述所列方法对于获得的结果的正确性。

所有 15 道问题围绕勾股术,即直角三角形展开。似乎可以肯定,孙元化依据的材料不是直接取自《九章算术》的勾股章,而是来自程大位和 吴敬。这样,他就从《九章》24 道勾股题开始牵出了一道长长的历史缘线。"勾股"一词系指直角三角形中夹直角的两条直角边,分别称为"勾"与"股",前者通常指较短的一边,斜边称为弦。这些术语一旦明确,最好还是把"勾股"形翻译为直角三角形。但是,勾、股、弦这些术语仍然将出现在下述问题的算法术语中。它们起着代表数字运算的作用,与欧氏几何截然不同。这样,"勾自乘"就意味着"勾"代表边长的数自相乘。"弦幂"就是以弦为边的正方形的面积。同样,矩形的边也可以称为勾、股。下面将以 a、b、c 分别表示勾、股、弦,将数字运算转换为通常的代数符号。但需要说明的是,这并不意味着诸如现代方程运算会出现在古代的文本中。

勾股章的问题关注于用毕达哥拉斯定理解直角三角形。多数的情形是知道直角三角形中的两个量,通过计算求出未知量。分别用 a 表示勾,b 表示股,c 表示弦,e 表示直角三角形内接正方形的方边,d 为内切圆的直径。这样,《勾股义》的问题类型可以归纳为下表。

---

① 徐光启:《勾股义》,《四库全书》789 卷,第 837—850 页。此书另见《徐光启著译集》第四册(该文集没有连续标号)。序言也有稍许差异。后者也许为孙元化所写,再版时由徐光启删定。
② 此篇简短导言指前述著作,见《四库全书》789 卷,第 837 页。

问题	已知	求	《九章算术》第九章
1	a,b	c	1,5
2	a,c	b	2
3	b,c	a	3
4	a,b	e	15
5	$a-e,b-e$	e,a,b	19
$6a$	$e,a-e$	$b-e$	17
$6b$	$e,b-e$	$a-e$	17
7	a,b	d	16
8	$b-a,c$	a,b	11
9	$c-a,b$	a,c	8
10	$c-b,a$	b,c	6,7,8,10
11	$a+b,c$	a,b	
12	$a+c,b$	a,c	13
13	$b+c,a$	b,c	
14	$c-a,c-b$	a,b,c	12
15	$c+a,c+b$	a,b,c	

303　　　最右一栏给出了《九章算术》中与《勾股义》相对应的问题类型。此表显示出第九章中的问题并未全部涵盖。同时，此表也包含了几个与《九章算术》相异的问题。这些问题出自《算法统宗》。① 只是，《九章算术》的问题与"实际生活"紧密相连，而《勾股义》仅仅用勾股术语表述。这种进步同样见于《算法统宗》，尽管在某些合适的情形依然可以发现以例题方式给出的"具体实例"。应当指出，置于《九章算术》后面的问题类型并没有包括在这个表格中，这些类型涉及面积、$c+b-a$ 的各种数

---

① 其中第15题连同数字与《算法统宗》完全相合，郭书春，第 1371 页；第 13、11 题见《算法统宗》，第 1370 页。

据。①所有这些数值都有一个特殊的名字。比如,在吴敬《九章算法比类 ₃₀₄
大全》中,我们就发现了一个"勾股生变十三名图",明确界定了各种数
据,也包括诸如边长为 8,15,17② 这类"正规"勾股形。这个"名图"同样
出现在《算法统宗》之中。③

　　从《勾股义》的序言显然看出徐光启对当时的数学水平评价不高。
他发现"勾股"的全部知识及其演变都与毕达哥拉斯定理相关。他坦言
所谓"勾股"就是直角三角形("三边直角形"),股边的平方加上勾边的平
方等于弦边的平方,就是《几何原本》卷一命题 47。基于此理,可以导出
其他相关命题,甚至在测量上的应用。他说到:

　　　　旧本《九章》中亦有之,第能言其法,不能言其义也,所立诸法,
　　　芜陋不堪读。

《勾股义》的意图就是要借助《几何原本》,通过"证明"把"理序"带入相关命
题,而正是这些在历史的传承中缺失了。在充分理解此书的"雄心"后,笔
者注意到序言中还蕴涵着"弦外之音"。④ 通过引述赵爽的《周髀》评注,说
明"勾股"实为上古"遗言",发端于大禹、伏羲以及黄帝。如其所说:

　　　　勾股遗言,独见于《九章》中,凡数十法,不出余所撰正法十五
　　　条。元李冶广之作《测圆海镜》,近顾司寇应祥为之分类释术。⑤
　　　余欲为说其义,未遑也。其造端第一论,则此篇之七,亦略具矣。⑥ ₃₀₅

---

① 涉及勾股问题的完全分类可见蓝丽蓉、沈康身:《中国古代的直角三角形》(*Right-Angled Tri-
　angles in Ancient China*),载 *Archive for History of Exact Science* 30. 2(1984),并见 HCM,第
　293—296 页。
② 郭书春,卷二,第 270 页。
③《算法统宗》,第 1364 页。
④《徐光启集》,第 83—84 页。此篇文字可能出自孙元化之手,其段首称"徐光启曰",而作者自
　己写的序言中,往往称自己为"余"。
⑤ 顾应祥著有《测圆海镜分类释术》十卷。是书删节了所有与天元术相关的内容。《四部总
　录·算法编》第 578—579 页有此书解题。
⑥《徐光启集》卷一,第 84 页。

正如第三章所述,李冶是宋元"数学四大家"之一,所著《测圆海镜》被徐光启认为是拓展《九章算术》勾股章的一部杰作。我们将要指出此说确实。但这一观念直接导致他将此书归于"几何与境",然而,通常赋予此书特殊意义是书中的"天元术"。作为一种"未知数","天元"使得"中国式代数"为人所知。如前所述,这种"中国式"的代数在明末已经失传,经顾应祥编辑过的《测圆海镜》中已不再含有"天元术"。徐光启对李冶这部著作"删节本"的认识表现在《勾股义》的第 7 题。下面的讨论将揭示徐光启关于此题的论述表明他凭藉欧氏几何证明传统数学的意图。

《勾股义》的前三个问题仅涉及《几何原本》卷一命题47,他的注解是见"某卷某题",这正是采纳了利玛窦的建议(《译几何原本引》中已说明),被认为是一种"欧洲式"的学术规范。然而,第 7 题却不是那么容易就能与欧氏几何相结合。此题本身暗藏玄机,这正是徐光启故意为之。

第 7 题为:

> 勾股求容圆。

此题涉及直角三角形和它的内切圆。任何一个熟悉欧氏几何的人都会联想到《原本》卷四命题 4:作已知三角形的内切圆。[①] 问题的关键是角平分线的交点即内切圆的圆心。关于此题的第一印象是它的文字表述:求——这种说法见于《几何原本》的"求作"。接下来往往是叙述"作法"。

然而,正如上表指出,徐光启对此题的论述转求于《九章算术》第九章问题 16。[②]《九章》此题并不要作出三角形的内切圆,而是确定直角三角形内切圆直径的长度。《九章》所述算法是:先求其弦,然后勾股弦相加为法,勾股相乘倍之为实,以法除实即得直径。此法用公式表示为:

$$d = \frac{2ab}{a+b+c}$$

① Heath II,第 85 页。
② 钱宝琮,1963,第 253 页。

式中 d 表示直径。后来杨辉给出了一个更简便的算法：$a+b-c$。

因此，问题在于证明上述算法的正确性。但怎样才能利用欧氏几何来证明算法正确呢？笔者先将徐光启思路的第一步转译如下：

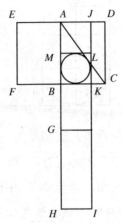

证明：AB 是股，BC 是勾。二者相乘为矩形 $ABCD$。倍之以为实，即矩形 $CDEF$。求得弦为 AC。与勾、股相加得 1600。延长线段 AB，使 ³⁰⁷ 得 BG 等于勾，GH 等于弦，这样，线段 AH 为勾、股、弦之和，即为法。以法除实，得到边 IH 为 240。矩形 $AHIJ$ 等于 $CDEF$（《几何原本》卷六，第 16 页），在线段 JI 上，所截 JK 为股长。作正方形 $KBML$，其每一边即为内切圆的直径。

首先应予关注的是题目中的数据。《九章算术》中三角形的三边是 8、15、17，这里的三边是 320、600、680。它们是李冶《测圆海镜》篇首三角形的数据。其图称为"圆城图式"，是中国数学史中少有的几幅用符号标注图上的点，并以文字加以说明的图式。这样，对徐光启如此倾心于把此图牵连于欧氏几何就不会感到意外了，其实，李冶此书也正是奠基于这样一种几何观念。① 反观李冶，依据《九章算术》绘出一幅含有内切圆的直角三角形。因此，可以这样理解，徐光启视李冶的著作为《九章算

---

① 尚难确定徐是否见到了带有插图的版本。因为徐光启的文本中并不含有此图本身。当然，据文字叙述并不难重构此图。

术》几何理路的发展和延伸。

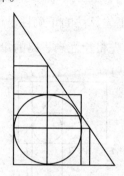

《测圆海镜》的图形中包含了几道辅助线，它们构成了几对相似的小

308 勾股形。同样也有一个外切于圆的正方形，李冶的图形贯穿全书 12 卷，在第一图中各种线段亦即三角形皆予命名，并有确定的尺寸。这些数值被称之为"率"，此可谓中国数学的核心概念。它可以表示相关线段长度的量，也可以简称为比。一般说来，诸率同乘一个数，其相互关系不变。

《测圆海镜》的第一章有一个包含 692 个公式的长长列表，确定了各种量的数值关系。从第二到第十二卷依据此图给出了 170 个问题。所有这些问题都表述为一个模式：甲乙二人俱在某地，然后向不同方向行走若干步，直到二人恰好沿城墙可以互相望见。每道题目所求都是：问径几里？据题设的步行数据，答案总是一个：240。① 如上所述，正是依据这些问题构造出了各种含有一个未知数的方程，有些甚至高达 6 次。其解法则分为两种形式。②

---

① 马若安对此有简要描述，见《中国数学史》(*Histoire*)，第 137—143 页。

② 对《测圆海镜》的透彻研究见林力娜(Karine Chemla)的系列论文：《李冶〈测圆海镜〉研究》(*Etude du livre Reflects des mesures du cercle sur la mer de Li Ye*)(未公开发表的博士论文，University Paris VIII，October 1982)；《数学知识表述语言的平行性——对成书于 13 世纪中国的一份数学公式集的分析》(*Du parallélisme entre énoncés mathématiques; analyse d' un formulaire rédigé en Chine au 13 siècle*)，*Revue d' histoire des sciences* 43.1(1990)，第 57—80 页；又见其《李冶〈测圆海镜〉的结构及其对数学知识的表述》，载《数学史研究文集》第五卷(1993)，第 123—142 页和《此为何书？为同时发展科学史和典籍史的一个辩解》(*What is the Content of this book? A Plea for Developing History of Science and History of Text Conjointly*)，载 *Philosophy and the History of Science: A Taiwanese Journal*，4.2(1995)，第 1—46 页。

　　这样,直角三角形中内切一圆的构形,对徐光启来说不啻为中国传统注入了新的生命,他似乎察觉到其中必定蕴涵着探寻古法的秘诀。传统之道灯光闪耀,数学发展余脉不绝。在希腊传统中,诸如"直角三角形内切圆直径"之类的问题几乎不屑一顾,而在中国却构成一种"能源核心",衍生出成果累累的研究分支。不过,尽管徐光启看到了构图中的相似性,而"相似即相同"却把他引入歧途。

　　上面对其证明第一部分的翻译已表明他选择的途径。对于算法中的每一计算步骤,都给出相应的几何阐释。因之,两数相乘——即三角形的两边——对应于一个矩形,其两边的长度等于相乘的两数。两数相加,则对应于长度等于这两个数的两条线段之和。确实,这似乎是一个很自然的算术运算的几何等价物的几何化构造。尽管欧几里得采用的是不涉及数量的几何方式,而若要建立几何与代数的联系,这确实是值得遵循的道路。但是,当徐光启由已经构造的矩形去得到一个新矩形的时候,他偏离了这一方向。在此种情形,欧氏几何的代数化表述需要用到面积。《原本》卷一命题 45 是面积与直线的抛物型应用。这一命题连同卷二命题 14(作一正方形等于矩形)、卷六命题 28、卷六命题 29(面积的椭圆型和双曲型应用),一起构成面积转换的核心,对此,按照希思(Heath)的说法,"其构成内容如此之重要,殊可谓之'希腊几何化代数'"。① 这一话题在后文还要再度提起。此刻还是关注于所提到的"构造命题",即徐光启用计算的方法构造一个矩形。毫无疑问,他引述了卷六命题 16,这个"定理"(不是"问题")表述为"如果四条线段成比例,那么两外项构成的矩形等于两内项构成的矩形。"反之亦然。② 徐光启似乎依此推出:如果用三率法确定成比例的第四个数,那么,相应两个内项线段长度为边构成的矩形面积就等于由两个外项线段长度为边构成的矩形

───────────────

① EE I,第 346 页。
② EE II,第 221 页。

面积。但是他并不认为这是一个构造性的命题。

通过把算法翻译为几何图形,他把问题转化为超越欧几里得目标与意图之外的另一进路。作出一个三角形内切圆实在是个简单的问题。但是,循其算法步骤所引,徐光启面临的问题是:证明构造的矩形各边与内切圆相切。为此,利用下面的图形(这里略去了原图中的各种矩形),

310 他给出了一个长长的证明。笔者不便将证明的其余部分全部引述,因为它实在转弯抹角,还有错误。① 此处只能介绍其主要思路。

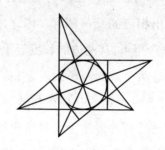

如其所述,徐氏要证明正方形四边连同所截斜边部分与内切圆相切。为此构造一图如上,未经证明仅以作图方式假定各线相交如图中所示。要证明一条线段的中点是内切圆的圆心,此可由该点是三角形角平分线的交点得证。为此,先要证明环绕内切圆的小三角形成对全等,这里引用了《几何原本》中的定理(如卷一命题 22、卷六命题 7、卷一命题 9、卷一命题 15、卷一命题 26)。不仅证明这些小三角形成对全等,其中不成对者也是全等的。这里徐氏使用李冶的数值,但完全循着欧氏几何的路子。最后的结论是,这些线段平分相应的角,因此,按照《几何原本》卷四命题 4,中点就是内切圆的圆心。

有趣的是,后来梅文鼎同样用类似的全等构形从杨辉算法导出内切圆的直径($d = a + b - c$),徐光启则述之以"又法曰",并不加证明。其实,这一结论从图形上确是"显而易见",涉及的所有三个量都被表示在一条

---

① 对此证明的介绍可参见钱宝琮:《徐光启的数学工作》,席泽宗、吴德铎主编:《徐光启研究论文集》,上海,1986,第 157—161 页。

线段上(即大三角形的斜边)。

也许徐光启还算不上很有天赋的几何学家,但其证明反映出他不纠缠枝叶末节、总揽西算的能力,当然是指那些他编译过的有关西方数学的著作:这正是欧氏几何与中国式的几何问题在范式上的差异。前者的程式是作图与定理证明,而后者则用"半代数化"(semi-algebraical)的算法语言。令人顿生兴趣的是,徐光启何以能游刃其间? *311*

首先,将此题再以欧几里得的语言表述如下。在此情形,它被表述为一个定理,其中包含比例。即:内切圆的直径与外切三角形的短边之比,是其长边与三边之和之比的两倍(1);相应于面积的等价说法:正方形内切圆直径与三角形三边之和的线段的矩形面积是三角形长边和短边构成的矩形面积的两倍(2)。

刘徽在此题的注释中给出了两种证明。[①] 其中之一使用了比例。它给出了一个中国传统数学中极为罕见的在图形中引入辅助线的例子。

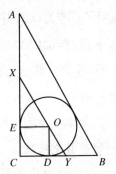

图中 $BY = YO$,三角形 ODY 相似于三角形 ACB。因此,小三角形三边之和等于大三角形之一边(a)。故有下面比例式成立:

$$\frac{a}{a+b+c} = \frac{r}{b}$$

---

① 详细讨论见萧文强:《中国古代的证明与教法:以刘徽〈九章算术注〉为例》(*Proof and Pedagogy in Ancient China : Examples from Liu Hui's Commentary on the Jiuzhang suanshu*),载 *Educational Studies in Mathematics* 24,第 345—357 页,1993。刘徽暗示存在第三种证明。

式中 r 为半径。依据这一比例,相应算法也自然而生。同样,借此图形推导出欧几里得式的证明也没有多大困难。①

312　　　刘徽给出的第二个证明值得从中国式几何最具有启发式的角度给予充分的考量。其所据的"剖形"(dissection)方法是:

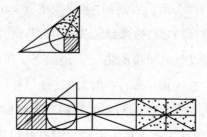

大三角形被剖分为若干部分,每一部分"复制"三份(按其算法,即将大三角形乘以四倍),重新排布构成具有同样面积的矩形,其宽边正是内切圆的直径。

从本质上来说,这一证明可以变为欧几里得式的证明。已知一个三角形及其内切圆,可以如下来做:作圆的切线平行于股边,再作其他线段,尔后证明所作三角形全等,等等。然而,这一方法将是繁笨无比、啰唆冗长,与欧氏几何的旨趣大相径庭。这也同时表明,此问题在欧氏几何中也并非容易,然而,探析二者的关系则饶有趣味。

这里不再介绍徐光启的其他几个问题。不过可以明确指出,这些问题仍遵循中国数学的传统诉诸于对面积的考量,除非这些面积无法被313 "移动"(move out),但问题 7 中以同样方式构造的面积却是一个例外。其突出之处在于根本就没有用到《几何原本》卷二中的任何定理。

上述推理中显露出来的不同模式的折衷"融会"(eclectic mélange)正是徐光启写作此文的主要目的:探本溯源古算传统。尽管通常认为对欧

---

① 由相似三角形 DYO 和 CBA,有 $DY : a = OD(CD) : b = OY(YB) : c$,因此,$(DY+CD+YB) : a+b+c = OD : b$ (V.12),此即 $a : (a+b+c) = r : b$。

氏几何的"中国化"(Chinese reception)始于梅文鼎,但是,徐光启早已将
新式几何与中国古法直接比较,其彰显出来的勃勃雄心,应当视为中西
数学比较的重要开端。按照《四库全书》编修者的说法,徐光启在"重新
发现"李冶后,对其有过高度的评价:

> 徐光启丞传新法,而于勾股义中独推此书,其必有所见矣。①

仅就数学而论,徐光启"独推此书"在传教士和感兴趣的中国学者之间所
引起的反响仅仅局限于书籍的传阅。显然,利玛窦以及在京的传教士既
没有参加《勾股义》的编纂,也没有对文本讨论删正,因为,如果他们读过
此书而不指出其中的错误,则令人无法相信。"双向信息反馈"与细节的
进一步完善和解释,所有这些似乎都没有发生过。

据徐光启称,孙元化(1582—1632)编排了该书的定理。此外,孙氏
也著有两部关于几何的书:《几何体论》(*Treatise on Geometrical Solids*)和
《几何用法》(*Practical Geometrical Methods*)。② 但两书的内容不得而知。
也许是因为刊本数量极少。梅文鼎曾感慨他无法得到此书,但刘献廷
(1648—1695)在《广阳杂记》(17世纪末成书)中称孙元化的孙子存有这
两部书,不过书名已是《小测全义》。③ 刘献廷称此书为"译"作,并抱怨
《几何原本》只翻译了六卷,而艾儒略的《几何要法》也只局限于天文,他
还表露出为孙元化的孙子答应借书给他而高兴。这段笔记没有提及他
是否看到此书。断言此书为译作似乎不够确切,据一本书目为孙元化
《几何用法》所作注解称,孙在1601—1608年间编写过一本书,当时他正
跟随徐光启学习数学。然而,1620年有人向他问及那本书,他找不到底 *314*

① 这个评注为《四库全书》的编纂者所加,见《测圆海镜》第一卷末尾(《四库全书》798卷,第21页)。
② 丁福保,第215条。
③ 刘献廷:《广阳杂记》,中华书局(标点本),1957,第217页。感谢杜鼎克博士提供此条史料。《广阳杂记》称孙元化为"火东先生"。

稿,只好根据记忆重新写出。①

后来孙元化的《泰西算要》也是靠记忆重写,书中主要论述西方算法。② 内容多为西方的笔算,但其中一节则以图示解释了开方程序的几何原理。如所周知,开方算法程序的创造是中国数学的重要成就之一。逐步求出平方根或立方根的各位数字,其程序与所谓鲁菲尼-霍纳算法(Ruffini-Horner algorithm)基本相似。这一算法后来被一般化:不仅可以开高次幂的方根,而且可以求解一个未知量的高次方程。在很大程度上,这一方法是宋元数学的基本工具。同样,在明代,这一方法也几乎无人知晓。

按照西方数学的观点,开方算法并不属于几何的范畴,但对于中国传统数学来说却没有作特别的区别。这也就是在《九章算术》第四章"少广"中既论述了开方算法,同时也包含了各种几何问题。再者,所用术语也明确揭示出其几何语境。尽管英语 square-root(平方根)一词透露了其几何基调,可是中国的"开平方"更形象地用"切割正方形"从而给出了整个算法程序的几何化说明。根据蓝丽蓉(Lam Lay-Yong)的论述,"开方"算法的整个程序及其诠释都依据几何推理。《算法统宗》所述的开平方、开立方,及其二次方程的几何化算法都采用图示说明。③

无论如何,当徐光启、孙元化接触到西方数学之后,随即在"开方"与几何之间建立起了联系。除了孙氏的著述,徐光启的一部相关作品也被保存了下来,那就是最近影印出版的《定法平方算术》(*Calculating for Techniques for Determining the Divisor of a Square*)。④ 开方算法多少有些

315

---

① 见《东方图书馆善本算书解题》。丁福保重新编辑,载《四部总录·算法编》第 215 条:"予先师受几何于利泰西,自丙午始也。戊申(一六〇八)纂辑用法,别为一编,以便类考。千余年无有问者,稍示究心,则借钞用法止矣。庚申(一六二〇)武水钱御冰下询,余因检箧中原草已乌有,聊复追而志之。然载于几何者故在,若旧纂则多所推广。究不能尽忆,尚冀异日者幸遇钞本,借以补之。"

② 此书收录在《徐光启著译集》第四册(无页码)。

③《算法统宗》,第 1309、1311、1319、1320、1321、1327 页。

④ 见《徐光启著译集》第四册。

越出本书范围,但值得指出的是,引入西方几何学产生的影响在复原和理解这种传统算法上已展现端倪。因此,萧文强(Siu Man-Keung)新近指出,徐光启在证明"带纵开平方"算法的正确性时,引用了《几何原本》的一条定理。① 这条几何定理的应用之所以引人兴趣,是因其再次表明徐光启试图在几何与算法之间保持着"联立转换"(simultaneous translation)。比如,《定法平方算术》的第一条命题就是:

> 平方者:等边四直角之面积也。② 以形而言,则为两矩所合。以积而言,则为自乘之数。

徐氏进一步说到:

> 面形不一,而容积皆以方积为准。

此处,几何概念明晰可见,作为度量的研究,平面图形则被看作是测度的基准。如此,若认为孙元化不知道度量基准,③似乎是无法接受的。上述提到的小册子(《泰西算法》)就试图给出高次方程开方法的几何阐释。④

　　徐光启采用"笔算"方法讨论开方,这一方法经利玛窦和李之藻介绍到中国。李之藻也是如此,在与传统的术语相比较时,李之藻引用传统 *316* 算书的问题充实了他的材料。⑤

3. 关于"形与数"的几本书

　　上文说到,在《几何原本》翻译之前,李之藻就编纂了一部论述天球

---

① 萧文强给出了这个证明的分析(同上,第65—66页),见萧文强及安国风,同上。
② 注意:在《算法统宗》中"面"被用作正方形的一边,而"面积"则意味着"以一线段为边的正方形"。
③ 程大位《算法统宗》讨论了被西方称为"帕斯卡三角形"(Pascal Triangle)的构造方式,所作的探索颇有趣味:他先是称面积由其边长的数值所决定,立方亦如此;对四次幂的评注是:"其形不知如何模样。只是取数而已。"(参阅《算法统宗》,郭书春,第1309页)
④ 这篇论文收入《徐光启著译集》第四册。
⑤ 其书开篇就以"所谓"引述《算法统宗》(参见《算法统宗》,第1308页)

和星盘的书:《浑盖通宪图说》(*Diagrams and Explanations concerning the Sphere and the Astrolabe*)。紧随其后,李氏还有以下著作:

《圆容较义》

在此期间,李之藻翻译的另一部书,是克拉维乌斯添入《萨克罗波斯科〈天球论〉释义》(*Commentary on the Sphere of Sacrobosco*)中的一篇题为《论等周》(*De Ispoerimetris*)的专论。这部仅包含 5 个定义和 18 个命题的短篇,从数学传播的角度来看却很有意义。其主旨在于证明周长相等的所有图形中,圆包含的面积最大;表面积相同的所有立体图形中,球包含的体积最大。反之亦然。在西方,这一问题并未引起更多的关注。大约公元前 200 年,芝诺多罗斯(Zenodorus)著有《论等周》(*On Isoperimetric Problems*),后来佚失。希罗(Hero)在注释托勒密《至大论》(*Almagest*)第一卷时引述了书中的命题,帕普斯(Pappus)《汇编》(*Collectio*)第五卷中也使用了芝诺多罗斯的资料。[①] 克拉维乌斯自己也利用这些资料,尽管这些希腊文献尚有残缺,但已比较容易看到。[②] 基于这些资料,克氏编成是书存于《天球论释义》,后来收入他的《实用几何》(*Geometria practica*,1604)之中,并增补了三个他认为必需的定理。[③]

《圆容较义》最后五道题为立体几何,涉及的内容已超出汉译《几何原本》:诸如棱锥、圆锥,以及多边形绕轴旋转的立体。这一部分不仅

317

[①] 见 F. Hultsch:*Pappi Alexandrini Cllectio*, Leipzig, 1878(Reprint:Amsterdam, 1965),卷三,第 1139—1165 页。

[②] 还有一种《至大论》导言的拉丁文本,据考为 1160 年前后在西西里岛自希腊文译出,作者、译者不详。这是第三种部分保存了芝诺多罗斯著作的资料。见 H. L. L. Busard:*Der Traktat De Isoperimetris der unmittelbar aus dem Griechischen ins Lateinische übersetzt worden ist*,载 *Mediaeval Studies*(1980),第 61—88 页。

[③] 关于克拉维乌斯这篇论文见 F. Homan:《克拉维乌斯与等周问题》(*Clavius and the Isoperimetric Problem*),讨论了古代证明中的个别谬误(按照现代观点)。利玛窦和李之藻使用的是《天球论释义》,而不是《实用几何》。因为后者只有 18 道命题。而且,利玛窦当时手边并没有《实用几何》一书,见第 341 页注 2。

引自未曾翻译的《原本》立体几何各卷,[①]同时也涉及阿基米德的《论球与圆柱》(*On the Sphere and Cylinder*)。书中的结论多未予证明,但指明参阅《圆书》(*The Book on the Circle*)中的特定命题。因此,那些基于定义、公理、证明的结论就被直接摆明,其中甚至有确定面积和体积所需要的"穷竭法",或"双归谬法",这些对于中国读者来说却是陌生的。应当指出,当时利玛窦手边能够利用的书籍实在有限,这在他给罗马的信中已表露出来。他曾坦率地表白很多情况下只好依靠记忆。[②] 然而,这些未被翻译出来的命题后来成就了梅文鼎的重要研究(见第七章)。

克拉维乌斯将论等周图形一文置于阐述天体浑圆的原因之后。答案之一就是天球宏恢广袤。[③] 因此,克拉维乌斯的注释为"天堂"被创造为圆形的"事实"提供了几何化的证明。循此意旨,李之藻《圆容较义》(*Principles of* [*the study of*] *the differences* [*in area and volume*] *between figures inscribed in round* [*figures*])的序言更有生动的阐述:

> 自造物主[④]以大圆天包小圆地,而万形万象错落其中,亲上亲
> 下肖呈圆体。大则日躔月离轨度所以循环,细则雨点雪花润泽敷于　318

---

① 《四库全书》787 卷,第 801—806 页。下面提到关于立体几何的命题见《原本》卷十一命题 3,克拉维乌斯的注释见卷十二命题 6、命题 7 的推论,以及卷十二命题 11、14、17。从阿基米德《论球和圆柱》(*De Spaera et Cylindro*)所引命题是 I.1,I.22—27,I.29,I.31,I.32。这些相应的命题参见 Dijksterhuis 著《阿基米德》(*Archimedes*),第 154—188 页。

② 1608 年 3 月 6 日致 Girolomo Costa 信(Tacchi Ventui,卷二,第 336 页): *Intanto io mitrovo in tanto mancameno di libei* , *che il piú delle cose che io stampo* , *sono quelle che ho nella memoria* . 信中谈到他出版的著作,包含偏重文学性的作品。利玛窦携带的科学类作品,包括克氏《原本》、《天球论释义》、《实用算术》、《论星盘》,可能还有一些讲稿笔记之类。史景迁(Spence)《利玛窦的记忆之宫》(*Memory Palace*)发表后,利玛窦的记忆术更加有名了。

③ 参见 Homann:《克拉维乌斯和等周问题》(*Clavius and the Isoperimetric Problem*),第 247 页。

④ 这一表述并不特指"基督的上帝","造物者"在中国古代文献也有出现,如《庄子》。利玛窦在《天主实义》中选用这个术语作为创世者(Christian Creator)的表述,见第 168 页。李之藻此时尚未受洗,但据利玛窦记载,李之藻很快就要领洗了: *L'istesso Lingozuo* , *che non è cristiano* , *ma non istarà lungi dal farsi* (1608 年 3 月致 Costa 的信,TV II,第 334 页)。

涓滴。①

该书的翻译完成于 1608 年 12 月 7 日至 1609 年 1 月 6 日的十天内,一年后付梓刊行。② 后由毕拱辰再刊,毕氏是一位学者、官员,对西学也有着浓厚的兴趣。③ 李之藻正是在 1614 年为重刊本写下了此篇序言。④ 与徐光启相比,他的序言更加辞藻骈骊,引经据典,富有哲理。李之藻对"天学"兴趣至深,故对古文中相关文句十分熟捻。

序言的第一部分是关于自然界中圆形现象的长篇大论。事实上,书名中的"圆"不仅意味着"环形",同时也表示"天穹"。⑤ 此篇"论圆"旁征博引,从《金刚经》(*Diamond Sutra*)说到《庄子》。⑥ "混成"之象,无所不在,"颅骨"、"目瞳"、"耳窍"、果核、鸟巢、花苞,天空中的日晕,荷盖上的湛露。此外,它在人间事务中也普遍存在,如宗法礼仪、行伍战阵、韶乐庆典和蹴鞠棋弈。⑦ 同样,星盘观象、龟占蓍策亦无不依赖圆形。这样,一个"非儒家"的宇宙观便通过"羲画文重"跃然纸上。

在如此动人的一番议论后,李之藻用多边形边数无限增加构成一圆来解释此书的几何思想。这种思想别无选择地导致"上帝创世"结论。万物之所以能为"天穹"所覆盖,为地球所承载,除"圜"而无其他。接下来是一番训诫:

319
　　　　即细物可推大物,即物物可推不物之物,天圆、地圆,自然、必

---

① "亲上亲下"出自据说是孔子为《易经》"乾卦"作的注释。在沈仲涛的翻译中,相应段落是:"本乎天者亲上,本乎地者亲下,则各从其类也。"(Sung,第 9 页)
② FR II,第 177 页,注释 4。
③ 毕拱辰,字星伯,1616 年进士,见 ECCP,第 621—622 页。毕氏仕途坎坷,隐居十数年后,1634 年任山西按察司检事,分巡冀宁道。其间与汤若望交往甚密。1644 年在太原陷落时,抗节身亡。
④ 徐宗泽,第 275—277 页。
⑤ 汉字"圆"("圜")通常也读作 huan。参见笔者在第 162—163 页的注释。
⑥ pipes of the earth, pipes of men and pipes of Heaven, and the resounding holes. (李之藻原文是"盖天籁、地籁、人籁,声声触窍皆圆",作者的英文翻译中天、地、人次序略有不同——译者)
⑦ 文中说到了"弹棋"和"蹴鞠","蹴鞠"字面之义为"踢球",Bodde 认为,这种游戏与现在的足球完全不同。

然，何复疑乎？第儒者不究其所以然，而异学顾恣诞于必不然。

李之藻引述了道家经典《列子》中的一个故事。① 经常作为嘲讽对象的孔子，这回蹦行于道，卷入了两个儿童之间的一场争辩。一个孩子认为太阳在升起的时候近，此时看上去最大；而另一个认为中午的时候近，那时感到热。② 孔子不能确定孰对孰错。直到李之藻的时代，《列子》的笺注家们也未能做出合理的判断，而李之藻则依据折射现象给予解释。

在挪揄了儒生之后，他的笔锋直指佛教宇宙观的荒谬（"诳"），且多著笔墨：佛家玄想的空虚妄诞误导民众（"诳民"），与利玛窦所授理性之学（"道理"）形成鲜明对比。这些道理甚至可以"指掌按图无难坐得"。正如他下面的描述：

> 昔③从利公研穷天体，因论圆容，拈出一义，次为五界十八题，借平面以推立圆，设角形以征浑体。探原循委，辨解九连之环；④举一该三，光映万川之月。测圆者，测此者也；割圆者，割此者也。无当于历，历稽度数之容；⑤无当于律，律穷象纬之容，存是论也，庸谓迂乎？ 320

和徐光启一样，李之藻以一种直接的方式讲述西方数学在曾是传统数学

---

① 《列子》，见 ECT，第 298—308 页。

② 参见葛瑞汉的翻译《列子：一部道家经典》(*The Book of Lieh-tzŭ : A Classic of Tao*)，New York: Columbia University Press，1990（伦敦再版：John Murry，1960），第 104—105 页（《列子》第五章）。

③ 万历四十二年(1614)，李之藻为再刊本作序。据序言所记，初刊《圆容较义》于戊申十一月（1608 年 12 月）。

④ 利玛窦的宇宙模型依然是地球居中不动，九个水晶球以其为中心绕行。那时，天球的个数早已被克拉维乌斯调整过了。见 Lattis。

⑤ "无当于历"云云，这个排比句与《礼记·学记》暗合。如"学记"称："无当于五声，五声弗得不合"。Couvreur(*Mméoires sur les bieséances et les cérémonnnies*，II.1，第 42—43 页）将《礼记》此节翻译为：*Le tambour n'a de relation particulière avec aucun des cinq sons principaux de la gamme ; mais sans le tambour les cinq sons principaux de la gamme de la gamme ne seraient pas en parfaite harmonie... L'étude n'a pas de relation particulière avec aucun des cinq sens ; mais sans l'étude les cinq sens ne serainet pas bien réglés.*

的领域内扮演着重要作用:比如,历法编制和礼乐庆典。除此之外还有一个特殊的角度:此书关于圆和球的论述与传统数学的"测圆"和"割圆"基本相合。用"割圆之法"确定直径与周长的比值殊为中国 3 世纪到 7 世纪之间获得的杰出成就。李之藻对此应有所知,也许他还知道圆周率的新的近似值,尽管他并不完全知道前人使用的方法。利玛窦在给罗马的信中写到,他特地为《几何原本》增加了关于"新月图形求积"(*la quadratura della figura lunare*)——一个被归为希俄斯(Chios)的希波克拉底(Hipporcrates)化圆内弓形为方形的证明——此举在他的中国"信众"中引起了强烈反响。①

《圆容较义》以几何方式勾勒出可视化的"天穹"模型,受到《四库全书》纂修官高度评价,《四库全书》系奉旨编纂,收录了迄 18 世纪 70 年代为止的中国历代的重要典籍。在对《乾坤体义》(*Explanations of the Structure of the Universe*)——利玛窦遗著,论及宇宙观念,《圆容较义》也被收入其中——的简短提要中,纂修官对此书,特别是其中的《圆容较义》褒扬有加。② 尤其强调了利玛窦引介的新知识,谓其发现超迈古人;③更赞扬此书尽管篇幅短小,但其所论皆可为实测验证。④

因而,在某种意义上来说,李之藻的言论成为"利玛窦策略"特别成321 功的案例。打着遏制佛教学说恶劣影响、重新诠释传统经典的旗号,"补儒易佛"之说为自己打开了一扇前景广阔的大门。西方科学与宇宙观以其强有力的方式反衬出中国宇宙观的缺陷。利玛窦对"中国科学"持有一种贬低的态度,他甚至认为西方科学可以"完全彻底"(*in toto*)地补充

---

① 1608 年 3 月 6 日致 Girolamo Costa 的信(TV,第 334 页)

② 事实上,《圆容较义》在《四库全书》中出现了两次,一次作为《崇祯算指》(文渊阁本《四库全书》789 卷,第 925—944 页)的一部分;再就是作为《乾坤体义》卷三,此处的题目变为《容较体义》(《四库全书》787 卷,第 779—806 页)。(查文渊阁本《四库全书》确是如此,不过后者的题目是《容圆图义》,题称"利玛窦撰"——译者)

③《四库全书》787 卷,第 755 页:"多发前人所未发"。

④《四库全书》787 卷,第 755 页:"其言皆验诸实测"。

中国在科学方面几乎一无所有的巨大缺陷。而徐光启与李之藻却并非如此轻易地抛弃传统的遗产。

《同文算指》

在此阶段,无论是徐光启还是李之藻,都在努力学习传统数学知识,盘点数学遗产。在徐光启撰写《勾股义》的时候,他的数学底子还相当浅薄。帮助他在此道上大有长进的是《同文算指》(*Integrated Manual of Calculation*,对书名的进一步解释见后文)。此书为李之藻、利玛窦依据克拉维乌斯《实用算术概要》(*Essentials of Practical Arithmetic*)编译,但做了较大的扩充。是书把"笔算"介绍到中国,讲解了整数和分数等初等算术运算(包括开平方)。除此之外,另有一册《同文算指别编》,收录有 7 位正弦表、余弦表(当然是 10 进制的)。此书曾经再版,但数量极少。①后来,在徐光启帮助下,李之藻再续前缘,写出《同文算指通编》,将中法与西法相对比较,并从其他传统算书中摘录许多数学问题作为补充。这一续集约刊刻于 1613 年底或 1614 年初。

《九章算术》的章节构成了李之藻比较两种数学的基础。而且,《勾股义》的内容也被采纳其中。这就表明了以下两点,一是此书的眼界远未局限于西方的算术概念,再就是西方的算术与几何的区别在此书中未给予特别的考量,但他注意到"方程章"确与西算著作截然不同。

尽管此书受到的关注远远不如《几何原本》——个中缘由或许是除 *322*

---

① 唯一所知手抄本(*Hand-Written*)藏于巴黎国家图书馆(Courant 4863)。见丁福保,第 197 条。耶稣会士在南京的房产清单,1617 年 3 月由沈㴶督办,提到了《同文算指》的刊本。见杜鼎克:《1616—1617 年南京教案与耶稣会住院的财产清单》(*The Inventories of the Jesuit House at Nanking Made up During the Persecution of 1616—1617*)(沈㴶:《南宫署牍》,1620)),载 F. Masini 主编:《耶稣会传教团在华传播的西方人文主义文化》(*Westen Humansitic Culture Presented to China by Jesuit Missionaries*,XVII-XVII centuries;Proceedings of the Conference held in Rome,October 25—27,1993),Rome:*Institutum Historium* S. I.,1996,第 119—157 页,第 136—137 页,注释 23。

却引介的西方算术外,书中并没有更"新"的东西——但它对中国数学产生的举足轻重的影响是需要考量的。

1614 年,三位最重要的"皈依者"都为此书作序。其中,杨廷筠虽对传译西方科学没有具体的贡献,他在序言中坦然承认"无法理解几何、圆和弦等学说",[①]但他被西学的另一方面所吸引。西学吸引他们的共同特征在于其本质精髓,那就是"实学"。对杨廷筠来说,正是这种"实"与"用"赋予了基督教理性"笃实"和心灵"纯净"的重要价值。[②] 李之藻和徐光启也在西学中发现了"笃实"。这三篇序言彰显出作者对文化的深刻反思以及数学在人世间重要地位的认识。

笔者感到棘手的是怎样翻译标题中的"同文"。汉语的"文"是个多义字,既可是书写语言的"文言文",又可指一般意义上的"文化"。"同文"语出《中庸》,所见如下:"今天下车同轨,书同文,行同伦"。[③] 任何一个熟读朱熹《四书章句集注》的文人,都会认为此语系指帝国范围内的"同一性"。[④] 在这一语境下,此语就可解释为汉字书写与汉语词义的"同一"。据此,"同文"就意味着把西方算术著作"改编"成中国的书写体系,这就是"翻译"。但是,"同文"也可以理解为经过文本的比较达成"一致"。这正是杨廷筠序言中透露出的意味(philological sense)。杨氏远溯秦火之厄,数学典籍大半亡佚,那么,现今异邦书算技艺必然能用于"同文互证"。这就是说外文书籍可以修补古典文献,并使之更加完善。事实上,李之藻在《同文算指》中将传统数学与新知识的比较就是循此指向。进而,也就是在撰写此书序言的时候,他上疏奏请依西法修订历书。

323

---

① 引自钟鸣旦(N. Standaert):《杨廷筠》(*Yang Tingyun*),第 53 页。

② 钟鸣旦,前书,第 152—161 页,特别参见第 153 页。

③ 理雅各:《中国经典》,CC I,第 424 页。

④ 有趣的是,在几位耶稣会士合作翻译的第一部《四书》拉丁译本(1687 年于欧洲出版)中,这个段落引发出对中国文化、制度统一性的赞美。翻译者取"同"之义为"与往昔相同"。参见 *Confucius Sinarum Philosophus*;*sive scientia Sinensis Latine exposia. Studio et opera Prosperi Intorcetta, Christiani Herdtrich, Francisci Rougemont, Philippi Couplet, Patrum Societatis Jesu*,Rome,1687,第 80 页。

其实,序言本身就论及了新近关于历法的讨论。回顾唐代印度("婆罗门")天文学家引入"写算"的史事,他表示出了一种希望,那就是新知识不要再像印度算法那样被弃之不用。

再来考虑"文"字在一般文化上的意义。在唐代,负责处理异域事务的官方机构被称为"同文寺"。当然,这个术语折射出中国自视为世界中心的传统观念。国家昌盛,四方来朝,沾濡华化。这正是李之藻序言中期望的"幻境",而且源起于对数学本性的认识。对他说来,数学的重要性表现在:耳闻目见的自然之物,"非数莫纪";而人迹难至的"六合而外","非数莫推"。理解数学即可启迪心智("是巧心睿发"),又可开拓创新("则悟出人先")。数学可以使人的心灵回复于实在,将空虚弥幻渐隐消解。它可令人才思焕发("使人跃跃函灵"),开启茅塞以洞察万象之流变。数学可谓无事不能。一旦心感手验数学的奥妙,给人的聪慧远远超过六博棋技。[1] 接下来,他转而慨叹"古学既邈","实用莫窥"。少数人意欲回复传统但信心不足。[2] 在李之藻的同代人中,甚至那些睿智人士,皆不知晓数学为何物。而他则幸遇西士利玛窦。利氏"精言"纵论"天道",兼及计算方法("算指")。李之藻后来发现,此术不假"珠算",只用"笔画",与"日用"极为便利,便决意在公干之余翻译此书。他注意到,在诸如加减乘除等诸多方面,西算与中法并无太大差异。但分数运算("奇零分合"),中土"昔贤"便有所不及西人。至于若干传统项目如"开方"、"测圆"以至"勾股","旧法最难,新译弥捷"。那些高士远居西土,却亦能窥

324

---

[1] 见徐宗泽,第296—299页。"博弈"出自《论语·阳货》:"子曰:饱食终日,无所用心,难矣哉!不有博弈者乎? 为之,犹贤乎已。"

[2] 有趣的是,李之藻此处以宋代胡瑗为例,此人为新儒家奠基人之一,世称"安定"先生,常为后代所追念。"告饩"出自《论语·八佾》(Legge CC,第25页),是一种已经毫无意义的宗法仪礼,然而,孔夫子坚信(据朱熹的解释)残存的部分仪式可以复原整体。(胡瑗,993—1059,字翼之,泰州海陵人。北宋著名学者、教育家、思想家,与孙复、石介并称为"宋初三先生"。祖籍陕西安定堡,故世称安定先生;《论语·八佾第三》记载子贡欲去告朔之饩羊。孔子曰:"赐也! 尔爱其羊,我爱其礼。"——译者)

见"龙马龟畴之秘、隶首商高之业,[1]而十九符其用,书数共其宗,精之入委微,高之出意表,良亦心同、理同,天地自然之数同欤?"在陈述了以上道理后,李之藻又摆出对中华文明光被四海的传统姿态:在这个昌明的时代,西人不远万里携来彼邦文化,何不照单全收,"若乃圣明在宥,遐方文献何嫌并蓄兼收,以昭九译同文之盛"。[2] 特别是数学,可以改善"实学",以资"民用"。

读过李之藻力谏翻译西方天文书的表文后,"序言"后一部分的意义方可更加突显出来。这篇著名的章疏大约在 1613 年 10 月间上呈,其中 325 指出了为中国所不知的西方天文学的 14 个方面。[3] 其中之一是援引历史先例以说明他是多么渴望这样一个"译介工程"能够立项:在第三章中曾经论及,洪武十五年(1382),明太祖令学者吴伯宗等人翻译回回天文历算书籍。在引述当时的诏令中,李之藻述及那些译作确实拓展了盛世大一统文化的传播与影响("以广圣世同文之化")。接下来,他举荐这些西方学士可以作为"陪臣",即附属国的随员。他们不仅教化"实学",传译之书亦多胜于回回诸书,更因其所论不限于天文,水文地理、算法测量、医术药理、音律仪器,乃至自然哲学("格物穷理")皆为引介对象。其《几何原本》之书,论及方、圆、面、线,可为"工器"之用。[4] 他说,所有这些书籍皆中华所未传。而在彼邦本土,这些睿智人士通明大义,创新开拓,促进"实学",广为"世用"。翻译这些书籍的重要意义还在于,它们可以与华夏典籍互相阐释("与吾中国圣贤可互相发明"),并用于世。最后,他甚至督促礼部尽早"开馆局",以便熊三拔(Sabatino De Ursis)与庞迪

---

[1] "龙马龟畴"指"河图"与"洛书",被认为是数学的起源。"隶首"被认为是黄帝的官员,掌管与算术有关的事务;"商高"是《周髀算经》中著名对话中的人物之一。

[2] "九译"通常指各种朝贡的蛮夷部落,后来在泛指遥远的地区。

[3] 这篇奏疏收录在徐光启的学生陈子龙编纂的《明经世文编》(重印于香港,珠玑书店,时间不详)卷六,第 5321—5323 页。感谢杜鼎克博士提示笔者注意《同文算指》与上疏表文撰写于同一时期。

[4] 注意,在论及仪器制造时,"几何"被说成是数学的一个独立分支。

我(De Pantoja)(他们已是鬓发灰白了！)在中国学者的帮助下着手翻译天文著作。如果此事告成，其他书籍当可随后为之。

因此，从其书名来看，《同文算指》似乎是这一重大翻译"工程"的直接成果，选用这一书名表示出作者迫切愿望。但除此之外，"同文"还显然传达出作者内心深处的一种信念，就是"世界大同"。这种"信念"在徐光启序言中也有表述，他说到"尽管各国风俗习惯多有差异，但就数学而言，并无二致。"[1]他以一种直截了当的方式，把这种"同一性"归诸于无论何处人人都用十个手指数数。

徐光启的"序言"中最值得注意之处是他修正了自己对中国数学历史的认识。在《几何原本》的序言中，他认为中国的数学传统终绝于暴秦焚书，而到了 1614 年，他的结论是中国数学的式微仅仅从数百年前才开始。或许是由于对朝代更迭历史的研究，他发现唐代的算学课程依然存在，在那时要花费五年的时间研读"十部算经"。不过，经过与李之藻共同探讨坊间所见算书，感到其中有价值的内容不过一月就可轻松掌握。他还为数学的衰落找到了两条原因。首先是儒学关注"命"、"理"，而忽略"实用之学"。再就是"奇门遁甲"之术，妄称数字具有超然的力量，能使人预卜未来，规避凶险。

同李之藻一样，徐光启提到了当下对历法的讨论意味着历法改革势在必行。李的序言几乎与其上疏同时，这就构成一种强烈的倾向：在《几何原本》译就之后，《同文算指》的编译就是整个翻译计划的另一块重要的基石。这一计划的重要性涉及中西数学的通盘比较，及其二者的"会通"。

1610 年的日食促使历法改革成为当务之急，不过，徐光启此前已开始关注数学在农田水利改革中的基础作用。正如前文指出，在翻译《原本》之前，他就提出了改革水陆漕运和灌溉设施。在《勾股义》的序言中，他陈述大禹能制服洪水、测量大地，原因就在于熟练掌握了数学。也是

---

[1]《徐光启集》，第 79 页："五方万国，风习千变，至于算书，无弗同者"。

在这篇序言中,他呼吁"水利之学"的状况较之"天学"更令人担忧,指出在官修《元史》中,郭守敬向皇帝陈述蓄水灌溉、筑坝护堤、测地绘图等详细规划。所用方法不是别的,就是"勾股测量"而已。现在他所掌握的西算测量之法,使得郭守敬所做之事更加便利。倘若郭氏能亲眼目睹,一定会"抚掌称快"。他的结论是:当下历象之学尚不急迫,还可期待来日,但"治河"与"水利"皆是目前"救时至计"。①

327

徐光启对水利的关注具体表现在翻译《泰西水法》(*Water Method of the Great West*),并出资刊刻此书(1612)。② 序言中详细说明了此书何以能问世,他写道:西士初入中国,人人怪异。但当相识之后,便为他们的"实心"、"实行"和"实学"所折服。他自己坦言西学所教可以"补儒易佛"。这里复述了《几何原本》序言中的学习纲要,其中"象数之学"置于最下。然后,回忆起与利玛窦的谈话,利氏说他愿意做点事作为受到礼遇的回报。利氏注意到与所见其他国家相比,中国历史悠久,文明发达。但也察见民间多有贫苦,一遇旱涝洪灾,哀鸿遍野。他指出自己学习过的"水法"属于数学的一个分支("象数之流"),此法为拯救民生大有裨益。而徐光启关注此学长达二十余年,听到利氏之言,恍若迷途得路,急切希望完全掌握这门学问。然而,父亲不幸去世,迫使徐氏回乡丁忧。行前,利玛窦告诉他,待其守制回来,他的朋友熊三拔就会完成此书。可是,当徐光启重返京城时,利玛窦已病逝两年了。他转向了熊三拔(Sabatino de Ursis,1575—1620,生于那不勒斯),此人在耶稣会住院已有多年。③ 然而,熊三拔对于徐光启的请求似乎有些勉强。据徐本人推测,他并非不愿传授如此宝贵的知识,而是担心被讥为"工匠"(就像公输班或墨翟),这可不是他远涉重洋来华的目的。徐光启劝说道:

> 人富而仁义附焉,或东西之通理也。道之精微,拯人之神;事理

---

① 《徐光启集》,第83—84页。
② 《徐光启集》,第66—68页。
③ 关于熊三拔(De Ursis)生平事迹,参见 Pfister,第103—106页。

粗迹,拯人之形。并说之,并传之,以俟知者,不亦可乎? 先圣有言: *328*
"备物致用,立成器以为天下利,莫大乎圣人。"① 器虽形下,而切世
用,兹事体不细已。且窥豹者得一斑,相剑者若狐甲而知钝利,因小
识大,智者视之,又何遽非维德之隅也?

在这段文字中,徐光启借用"新儒家"的说法,对从事那些君子不为之事
进行辩解。尽管这是徐光启对熊三拔认为"制器"非传教士之所为的劝
说,也透出中国士大夫"救世济民"的信念。《论语》中的一句话常被引
用:"君子不器"。② 此言常被解释为一个有理想的人不应关心具体事物,
但也暗示他不屑于任何体力劳动。另一方面,"救世济民"是士大夫们义
不容辞的责任。正是在这个意义上,徐光启引《易经》之语,但反其义而
用之,那就是"形而上者谓之道,形而下者谓之器"。③ 对于新儒家来说,
这一概念殊为重要。显然,徐光启借用"西方科学"诠释此语为改善物质
生活的方式,以此来为"器物"辩白。

熊三拔被徐光启说服了,他制作的仪器颇受好评,编写的小册子也
被徐光启译成中文。

根据耶稣会方面的记载,1611 年奏请耶稣会士参加历法改革的同
时,熊三拔与徐光启、利玛窦一道开始翻译一部关于行星运动的著作,④
他曾提议在罗马到北京之间根据观测日月食,以测定北京的地理纬度。*329*
当这一计划被否定后,熊三拔开始制作一架靠水力运转的机器,此举在
京城的学者和官员中间引起了轰动,也惊动了朝廷。⑤ 正是这些导致了

① 《易经·系辞》,I.11。沈仲涛,第 300 页:"备物致用,立成器以为天下利,无大乎圣人"。
② 理雅各, CC I,第 150 页(《论语》,II.12)
③ 《易经·系辞》,12。沈仲涛这段文字采用了"意译"。
④ 《简平仪说》(*Explanation of Simple and Plane Instrument*),1611 年于利玛窦死后出版。
⑤ Pfister,第 104 页,援引 Bartoli 的说法"政府要员的妒忌与自傲"是此项计划失败的原因。
　　Bartoli 提及了那些水泵和连通管。(. . . *machine*, *che attinta l'acqua da qualunque profondo*, *la
　　solievano alto*, *o sospingendola*, *o fatta monstrar versando d'uno in altro vaso superiore*. . .)(Bartoli,第
　　545 页)

《泰西水法》的问世。

此书主要由对各种水泵和其他水利器械的论述所组成,开篇介绍了亚里士多德"四元素"理论和水元素的"自然属性"。[①] 按照现代的标准,此书很难归入几何著作,但在利玛窦提出的方案中,它确实是构成"形与数之研究"的组成部分。在书尾所附的图形中,机器被作为几何对象加以描绘,在《几何原本》中也采用了同样的符号系统在图中标示点的位置以说明正文。然而,在《几何原本》中,图案构形采用的是一套几何语汇,尽管将毕达哥拉斯定理归为测量应用。此书的问世当是《几何原本》序言中所勾画的蓝图的具体实现,即以《几何原本》为基础译介西方实用知识。后来,徐光启亦将《泰西水法》作为一个重要的组成部分收入《农政全书》(*Complete Collection of Writings on Agriculture*)。这反映出,在徐光启看来,农垦与水利实为儒家经世治用的基本方略,西学可以发挥重要作用。此中也许还要加上天学,以及稍后变得更加紧要的军事装备。

事实上,徐光启不仅亲自翻译,还要为出版筹集经费。总的来说,我们对耶稣会士著作的出版渠道所知甚少。不过,据 1612 年《年信》(*Annual letter*)记载,不少朝廷高官的捐助使得译作得以刊行,而在刊印了 80 册后还有 20 两银子的剩余。[②] 尽管 80 册似乎算不上多大的数目,中国式的印刷方法相当简便易行,印刷的费用几乎都用在剞刻木板上。除了徐光启本人,还有三位学者为此书写了序言,并列有十人的校对名单。其中有徐光启的同乡,其余则是他或李之藻的同年进士。[③] "同年"的关系将士大夫紧紧联一起。看来,徐光启和李之藻都积极利用了人脉关系,以便更大规模地译介西学。

---

① 郑以伟序,略云较诸用于杀人的外国火器("金"、"火"元素),这部论述"水"元素的著作可以"养"人。

② *Principiao as noticias do Anno de 1612*,第 124 页。非常感谢 Linda de Lange 博士引导笔者注意此段内容,并翻译了这段葡萄牙文。

③ 黄一农:《天主教徒孙元化与明末传华的西洋火炮》,载《"中央研究院"历史语言研究所集刊》67.4(1996),第 911—966 页。

4. 1616 年

到了 1616 年,除了《几何原本》,其他西方数学著作的翻译也为数不少,从初等的测量方法、天体和地球的几何模型,到水运天文仪器。所有这些都基于克拉维乌斯传授的学问。一个例外是阳玛诺(Manuel Diaz, 1574—1659,生于葡萄牙的 Castelblanco)的《天问略》(*Summary of Questions on the Heavens*)。[1] 此书提供了一个不同于利玛窦所介绍的托勒密宇宙模型,这个模型多加了一层天球,以说明所谓"分点进动"。这个革新是克拉维乌斯在《论天球》后来版本中增补的,当然,利玛窦并不知道。[2] 其次,在附录中报告了 1610 年伽利略的望远镜观测。[3] 此书的序言似乎有些故弄玄虚,称这些观测证明是"最确无疑"和"最实无虚"的。这种说法有其明确的神学含义:物质世界被比作辉煌的宫殿,宫殿的主人却无影无形。对天球结构的思考直接引向了造物主,我们在利玛窦的《天主实义》也看到这一点。

这些译著大多由某个皈依者协助完成,但有一个例外值得注意。1614 年,熊三拔和钦天监五官正周子愚(得到了卓尔康的帮助)将《表度说》一书翻译成中文。周子愚与利玛窦相识,曾一起讨论过律管的科学道理。他在序言中回忆起与西士相识,及所见西方书籍。他发现这些书中含有中国典籍所缺少的方法,请求他们能将此书翻译过来"以补本典",甚至表示,正像《天问略》一样,所有的西方书籍都应一本接一本地翻译过来。

确实,1611 年,周子愚抓住 1610 年 11 月 15 日日食预报的错报,上疏言事。钦天监对这次日食的预报误差达半个小时,而庞迪我(De Pan-

---

[1] 参见 Pfister,第 106—111 页。
[2] 关于克拉维乌斯考虑的修订,可以参见 Lattis:《哥白尼与伽利略之间》(*Between Copernius and Glalileo*),第 167 页以下。12 个天球包括 *coelum empyreum* 一上帝和天使的住所。
[3] 这一工作参见德礼贤:《伽利略在中国》(*Galileo in China*)。

toja)计算准确。① 周子愚奏请熊三拔与其他传教士一道翻译西方天文著作。不久,负责统管钦天监的礼部也上呈了相同的奏疏。上面说到1613年李之藻在那份提到为中国所不知道的西方天文学14个方面的奏疏中,就请求设立专门机构以翻译西方天文学著作。

在当时,尚无用西方体系完全取代中国历算的计划。正如回回历法仍在使用那样,徐光启和周子愚也只是想以同样方式采用西方天文学:比如在计算交食等方面提供帮助。然而,熊三拔1612年编写并送呈罗马的有关中国天文学的第一份西文报告中,显示出耶稣会士打算控制中国历法,他们并不满足于用西方的历表和方法去计算交食和天体位置。②

不过,在诸如历法这样重要的国家法典上如此倚重洋人,前景决不会一帆风顺。1615年岁末,礼部的几位大臣奏请由徐光启、李之藻和邢云路(1573—1620,此人早在20年前就呼吁改革历法)等人主持,加之西人协助,进行历法改革。尽管朝廷态度积极,然而仅仅八个月之后形势急转直下。南京礼部侍郎沈㴶(1565—1624)发起针对南京耶稣会士的一系列事件今日已为人熟知。1616年他连上三道奏疏,先是拘捕王丰肃(Alfonso Vagnone)、曾德昭(Alváro Semedo)和13名中国教徒,查封他们的住所;随后宣布诏令驱逐耶稣会士,没收他们的财产。③ 直到最近,还有解释将这场教案归咎于沈㴶的个人动机,即佛家弟子恩怨积聚迸发出针对基督教的迫害。然而,杜鼎克(A. Dudink)依据中西文献令人信服地指出:问题的核心在于反对任用西人。④ 特别是固守传统的沈㴶之流,根本无法容忍分层旋转的水晶天球模型。此外,沈㴶也清楚地认识

332

---

① 桥本敬造:《徐光启与历法改革》(Hüs kuang-Ch' I and Astronomical Reform),Osaka (Kansai U-niversity Press),1988,第13页。

② 桥本敬造,第18—19页。

③ 这一事件的细节可见 Edward Kelly 尚未公开出版的论文:《1616—1617年南京教案》(The Anti-Christian Persecution of 1616—1617 in Nanjing),Colombia University,1971。

④ 杜鼎克对此事件更详细文献学研究,参见《南京教案与对西方科学的抵触》(Opposition to the Introduction of western Science and the Nanking Persecution,1616/17)。

到天文学对于基督教的传播大有作用。

对西方宇宙模型的拒斥也为后来另一份重要文献所证实,即博瑞(Christoforo Borri,1583—1632)致耶稣会总会长威泰莱齐(Vitelleschi)的信。① 因为有过在意大利多所耶稣会学院中教授天文学的经历,1615年博瑞被派往中国。尚不清楚,这是否是对北京传教团请求派遣天文学家的回应。在此之前,博瑞因倡导宇宙结构的"异端"理论而被迫离开学院的讲台。这一理论声称天球不是固体的,也不是有限的,各个行星就像"鱼儿"那样穿梭其间,并且得到新的望远镜观测证据,这当然是在克拉维乌斯去世之后。博瑞对此理论的执著似乎有某种特殊的因缘。在痛楚与怨恨交织中写下的这封信,提醒总会长注意一个事实:他到达澳门的时候,正值传教士教授的天文学理论遭到麻烦,此时作为一个传教士进入中国怕不合时宜。正是那几年哥白尼学说的传播遭到罗马教廷的禁止,而澳门的修道院长(Superior)要求他按照自己新的理论编写天文学专论,显然,这一学说更符合中国人的观念! 后来,博瑞没有进入中国大陆就返回了欧洲,在科因布拉(Coimbra)讲授他的"流体天球论"。

另一方面,传教士中对热衷数学事务的反对意见逐渐增长。特别突出的是龙华民(Longobardi),他对利玛窦的所作所为非常不满。1615年,龙华民写信回欧洲状告利玛窦谨小慎微,优柔寡断,只是利用数学伎俩去博得达官贵人的"友谊"。就是在同一年,瓦伦丁·卡尔瓦罗(Carvalho),日本和中国教省的省会长(Provincial),给澳门下达一道训令,其内容随后由阳玛诺(Emmanueal Diaz)传达给在南京的传教士。这道训令推翻了利玛窦的"适应"策略,事实上也就是禁止耶稣会士再讲授数学

① 此信收录在 Domingo Mauricio Gomes dos Santos: *Viccitudes da obra do p^e. Cristóvão Borri*,载 *Anais da Academia Portuguesa da Historia*,2nd series,3(1951),第 118—150 页,第 143—150 页。W. G. L. Randles 一篇文章的脚注引起笔者对此信的关注,见《西班牙与葡萄牙耶稣会士眼中的天空》(*Le ciel chez les Jésuites espagnols et portugais*),载 Luce Giard:《文艺复兴时期的耶稣会》(*Le jésuites à la Renaissance*),第 140 页,注释 46。

与科学。① 尽管这道训令后来被撤销,它却再次挑明耶稣会士对于传授世俗知识的复杂心情。

一连串的事件注定使 1616 年成为决定性的一年:这些事件构成一种基本模式,也会以不同形式反复出现,在关键时刻危害科学知识进一步的传播。那些反对基督教的人士在一定范围内掀动了针对传教士的声讨,指责他们传播异端,诬蔑朝廷,蛊惑民众,非法居留,煽动反叛,甚至策划入侵。例如,对西方天文学的抵制在康熙初年(17 世纪 60 年代)成为危机的焦点。另一方面,传授科学也使得耶稣会士处境艰难。自己的内部出现了分裂,而且使得他们身陷与传教修会,甚至与罗马教廷的冲突之中。

1616 年之前,遵循利玛窦的路线,科学作为一个综合性的知识体系中位置较低的部分呈现在中国人面前,甚至是一种很容易直接证明"基督教学问"真理性的知识"样本"。各种由"形和数"衍生出的技艺都被作为朝觐中国的"贡礼"。不料,服膺西学,特别是崇拜西方天文学优越性的学者官员的圈子扩展如此之快,使得大规模译介西方科学著作从设想变成具体规划。这样,传教士就有了用武之地。1610 年的日食有力地推进了这一计划,促成了在历法改革中最终任用耶稣会士。由徐光启、李之藻发动的那场强大的游说,敦促朝廷采取相应的措施。随着《几何原本》、《同文算指》的问世,更多高水平的天文学著作即将应时推出。

然而,天文学与宗教盘根错节的联系招致如此强烈的冲突。尤其是上帝掌控宇宙的物理模型,令沈潅之流深恶痛绝。许多身居高位的士大夫,虽为西洋奇器吸引,但也认为天主教必然危及传统观念,这一事实应被看做那场注定发生事变的警钟。

334

南京的耶稣会士遭到驱逐——杨廷筠、李之藻的家宅成为传教士的

---

① Dunyn Szpot 在 1615 年底提到这封信和训令。他指出禁止讲授数学对于传教事业有百害而无一益。

避难所——进一步的科学翻译陷入停顿。为了等待新的时机,需要更加谨慎小心。

二　天崇年间:1620—1635

不久,新的机遇便出现在传教士的面前。1616 年,满州部落的努尔哈赤即位称汗,建国号金,史称后金。1618 年 5 月,一篇"七大恨"成为向明朝宣战的檄文。努尔哈赤率领部下在辽东屡屡战胜明朝军队。1619 年 3 月,明军兵发四路,以图扼止努尔哈赤的进犯,但却被努尔哈赤一一击溃。[①] 到 1621 年夏,辽东几乎全部为努尔哈赤控制。

1619 年,徐光启因通晓军事被委任训练新军,保卫京师,此后虽有几次中断,但他积极投身军务革新:敦请使用西方火炮,采用西方军事技术。这些努力得到李之藻的鼎力支持,李氏于 1621 年回京师就任。但是,作为军事专家积极参与其事的,则是曾经帮助老师徐光启撰写《勾股义》的孙元化。黄一农撰文详细分析了孙元化在引进西方军事技术中的作用。[②]

1622 年初,孙元化赴京应试。正值明军在广宁遭受重创,牵虑国家军情紧急,孙元化两次上疏,条陈军事防备。他建议采用望远镜,细述要塞构筑和铸造大炮,甚至射击要领。尽管他会士落第,但被举荐任命为兵部职方主事,成为孙承宗(1583—1638)的军事幕僚。孙承宗与徐光启为同科进士(也许是好友),是抵御满人的重要军事将领。1622 年 3 月,孙承宗被任命为兵部尚书和大学士,旋即成为辽东最高军事统帅。1626 年初,辽东军情迅速恶化,孙元化恳请使用西方火炮。1626 年的"宁远战

335

[①] 魏斐德(F. Wakeman):《洪业:17 世纪满洲人重建帝国秩序》(*The Great Enterprise: The Manchu Reconstruction of Imperial Order in Seventeenth-Century China*),两卷本,University of California Press,1985,第 57—62 页。

[②] 见前引文,黄一农:《天主教徒孙元化与明末传华的西洋火炮》,孙元化的简短传记见 ECCP,第 686 页。(孙元化所上两策为《备京》、《防边》——译者)

役"令西方火炮大显神威:努尔哈赤的进攻被成功击溃。随即,孙元化奉令督造更多的火炮。同年,统领西方火器的制造。

孙元化不仅身先士卒,督领防务,构筑要塞,铸造火炮,亲自为明军引荐葡萄牙炮手;还编写了几部军事著作,探讨西方火器,及如何构筑城堡、怎样使用几何矩尺瞄准。这在《测量法义》中有详细论述。①

徐光启、李之藻在朝中呼吁购进西方火炮,从澳门招募军事专家,这样,耶稣会士得以重现身影。在 1619—1621 年之间,六位耶稣会士两人一组分三批秘密潜入内陆,邓玉函(Johannes Schreck,1576—1630)便是其中之一。从 1605 年起,中国耶稣会就不断向罗马请求派遣熟知数学和天文学的神父,先是利玛窦,其后龙华民、熊三拔多次呼吁,最后金尼阁(Trigault)在欧洲游说时再次请求。邓玉函也许是入华耶稣会士中唯一够格的"科学家"(他曾是著名"猞猁学院"*Academia dei Lincei* 最初的成员之一。按,猞猁学院成立于 1603 年,可能是世界上最早的学术团体。伽利略 1611 年被接受为成员——译者)。邓玉函于 1621 年 6 月到达杭州。② 1622 年又有一个小组到达,其中包括汤若望(Adam Schall von Bell),到达杭州后,汤若望陪同龙华民赴京,于 1623 年初抵达——他们是 1616 年教案后首次在京城公开露面的传教士——安顿在利玛窦 1605 年买下的房子(教案中为一位中国教徒买下,得以完好保留)。因为禁教令尚未撤销,他们只能作为军事专家被引荐给兵部,这样方可留在京城。③ 汤若望将天文仪器和一份西方天文学书目进献给朝廷。不久,汤若望就成为高官显贵的朋友,他计算、预测了 10 月 8 日的月食,还测算过北京的经度。对于 1624 年 9 月月食的预报,他写了一个带有图示和算法的小册子,由徐光启印刷呈交礼部。当邓玉函也从杭州到达北京

---

① 孙元化所著军事著作有:《经武全编》(*Complete Work on Regulating Military Affairs*),《西法神机》(*Miraculous Weapons according to Western Methods*)。见黄一农,"孙元化",第 917 页。

② Väth,第 58 页。

③ Väth,第 66 页。

后,新的天文学著作的编写就开始了。

1. 新领地

与此同时,耶稣会的新领地也在西北和东南的福建渐渐拓展。艾儒略为此发挥了重要作用。1613 年,艾儒略在京城结识了徐光启,不久陪同徐光启返回徐的上海老家。① 1616 年,艾儒略也是在杨廷筠杭州家中躲避教难的耶稣会士之一。此后直到 1619、1620 年,他一直活跃在杭州与上海之间。一位扬州盐商的公子请求徐光启引介一位西学导师,后来艾儒略为他授洗,此人就是马呈秀。② 按照巴笃里(Bartoli)的记述,在他皈依过程中,数学教育起到了关键作用。很值得讲讲他是怎样皈依基督的,这在两个方面都是极好的例子:一是数学的讲授甚至包含在布道授法之中,再是某些精英人士对于西学的兴趣已成为首要大事。然而需要指出,作为耶稣会使团的第一位史学家,巴笃里也许过于倾向于数学传授中的宗教目的。因为在他写作的时候,"耶稣会传教策略"在欧洲正成为备受攻击的对象。

在巴笃里笔下,作为一位重要官员(*gravis simmo Mandarino*),马呈秀在北京任职时与徐光启相识。徐激起了他对天父的崇敬,在到陕西赴任前,马要返回老家扬州数月,他强烈恳求能有一位教士同行,"不完全是灵魂的拯救,尽管有保禄(即徐光启)博士布道,他对此尚未表现出更强的愿望,倒是对几何的迷恋完全占据他的身心。对一些数学定理和命题,他们已商讨数次。几何的新奇与美妙对他说来似乎就是'奇迹'"。③

---

① 关于艾儒略的简短传记,可参见《明人传记辞典》(*Dictionary of Ming Biography*),第 2—6 页。
② 在《明人传记辞典》中,耶稣会史料中称马呈秀为彼得马(Peter Ma),或是 Ma sanqui。此人是徐光启同科进士(1604)。Dunin Szpot(1622)和 Bartoli 都详细记录了马呈秀的入教之路。他们都把此人与另一个"彼得"李天经弄混了,李天经继徐光启之后主管历法改革。
③ Batoli,第 725 页:... *non per salute dell' anima, che quantunque assai glie ne predicasse il Dottor Paulo, egli non vi badò gran fatto, sì come allora tutto colla mente perduta nell' amore della geometria, di che havean ragionato piu volte, e d' altri vari theoremi, e problemi di matematica, che per la novità, e la bellezza gli parevan miracoli.*

后来,他去杭州请弥格尔(Michael,即杨廷筠)帮忙再找一位传教士,因
为徐光启推荐给他的那位教士(Bastiano Fernandez)只知道教义和上
帝。① 为了满足他对数学专家的冀求,艾儒略受命前往:透过欧洲科学,
最重要的是数学,天父的信仰已传入主要的士大夫阶层。②

　　1621 年 2 月 23 日,艾儒略到达商州,礼遇甚隆。他入住马氏官邸,
亭阁翠苑,舒适非常。次日拂晓,正是圣马太日——在摆放好庄严的圣
坛后,仪式开始。他引领马的全家瞻仰圣坛上的救世主,可是马的心灵
完全被对数学的沉思所占据。这使得艾儒略醒悟到必须另觅他途。也
就是说,要依照推理的方式,沿着几何的途径,从浅显易懂的真理,寻本
溯源,上升到深奥的真理。③ 因此,他开始讲授几何课。

　　马的表现证明他确是个杰出的学生,不久就和朋友非数学不谈,这
样,他的心底里逐渐萌生对西方学者才智的仰慕。当马完全认识到西方
科学的优越性后,艾儒略提出了一个论题,这下使得那些精英人士只好
"拱手听命"——对于传教事业来说,数学仅是额外之物,一种装饰,一种心
智的愉悦,然而宝贵的时间和精力应该倾注于更值得关注的学问。这种学
问关切的是"不朽、隐秘、永恒的事物,诸如上帝、灵魂和终极的命运"。④

---

① 非常有趣,同样的情形也发生在邓玉函身上。1623 年,经李之藻举荐,他被请到并封讲授数
　学与科学。但由于他的汉语尚不流利,副省会长以传授数学开拓传教新局面为借口,派金尼
　阁去接替他(后来证明并不成功),参见 F. Margiotti, *Il cattolicismo nello Shansi dalle origini al
　1738*, Roma, 1958, 第 86 页。

② 上文: *Ma la sperienza che i Padri haveano, del guadagnar che si era fatto alla Fede la maggior parte de'
　Letterati che havevam nella Cina, per mezzo delle scienze nostre Europee, e piu che di verun altra, delle
　matematiche*…

③ Bartoli, 第 726 页: *Cio fu, non inviarlo per ordine, come di ragion si dovea, dale verità facili, e note,
　alle difficili, e didotte; che è il proceder proprio, massimamente della geometria, di che quegli si prese a
　studiare.*

④ 前书: *queste scienze matematiche, predersi da noi per giunta, per abbellimento, per una certa dilettevole
　intramesta, che pur tal volta è necessario si faccia a studi piu gravi, e continuati, e tali, che per la
　sublimità dell' argomento richieggono sforzo, e fatica d' ingegno. Questi essere intorno alle cose immor-
　tali, invisibili, eterne, cioè Iddio, l' anima, lo stato della vita avvenire: tuute così proprie dell' huomo,
　che a non saperle, si è mezz' huomo, a non curarle, si è tutto animale.*

　　按照巴笃里的记述,在这种方式的感召下,五天内,马呈秀就皈依为彼得马了。不久,他动身到陕西商州赴任,艾儒略陪伴随行。数月后,艾儒略转至山西南部的绛州(今新绛),这次是应韩霖、韩云兄弟的邀请。除去建立联系,艾氏的另一个目的是考察山西著名的葡萄是否可以用来为弥撒酿酒。山西之行的收获可谓是硕果累累,韩氏全家都皈依了基督,韩氏兄弟成为积极的奉教者。① 1621 年,19 岁的韩霖乡试中第,读书之暇,跟随徐光启学习兵法,后来成为一位专家。他也向高一志(Vagnoni)学习使用西洋大炮。韩霖至少编写了两部论述军事著作,一部是《慎守要录》(*Essential Record of Careful Defense*),另一部是《守圉全书》(*Complete Book for Guarding the Frontiers*),后者在乾隆时期被禁。②

　　西北的另一个皈依者王徵(1571—1644,在经历九次落第后于 1622 年考中进士)非常迷恋西方技术。对他说来,这种兴趣非常自然,他在少年之时就被认为是个技术天才。③ 他的父亲,一位塾师,写过一部记忆计算公式押韵歌诀(《算学歌诀》,*Mathematical Rhymes*),带有突出的"民间数学"的特色。④ 他在耶稣会士西进中与他们结识,受洗后的教名是斐理伯(Philip)。1626 年在北京短暂任职期间,王徵结识了邓玉函、龙华民、汤若望。出于对艾儒略《职方外纪》所描述西方机械的兴趣,他说服邓玉函翻译一部专著,以传其学。于是,就有了一部三卷本论述西方机械器具的著作《远西奇器图说录最》(*Collection of Diagrams and Explanations of Wonderful Instruments of Far West*),此书 1627 年在北京

³³⁸

---

① 韩霖的简短传记见 ECCP,第 274—275 页。对韩霖的研究,参见许理和:《裨益儒学》(*A Complement to Confucianism*),特别见第 83 页以下。

② Hucker,ECCP II,第 274 页。韩的另一作品,称作《铎书》(*The Book of Admonition*),借发挥明太祖的"圣谕六言"传播天主教观念。后来他为自己丰富的藏书建了一座藏书楼,著名书画家董其昌对此有过描述。

③ 见 Hucker,ECCP II,第 807—809 页,对他的生平有简短介绍。

④ 李俨、杜石然:《中国数学简史》(J. N. Croosley 与 A. W. C. Lun 的英译本,牛津,1987,第 179—185 页)对这种从南宋开始的算学歌诀多有论述。在朱世杰的书中有几道问题就是用诗歌形式给出的。促进算术歌诀繁荣的一个因素是算盘的普及(第 184 页)。

刊行。

2.《奇器图说》

339 这部书中附有若干欧洲机械器具版画的翻刻图样。此类版画在欧洲风行一时,由金尼阁带来中国,金尼阁带来的图书号称七千余册,不过这个数字有点玄虚。至于版画的复制品则多有失真,[①]附在《奇器图说》的第三卷中。[②]

在附图之前有两卷讨论理论问题。邓玉函特别向王徵强调,只有借助数学才能理解机械之"理",特别是比例理论。但要理解比例,则先需要理解数与量。[③] 他首先推荐《同文算指》,然后是《几何原本》,比例理论的主要内容见于《几何原本》。

此书第一卷包括导论和一般性介绍。[④] 在这篇多少有些经院风格的导言中,"奇器"被称为"力艺"之学,或是"重学"。有一段话后来被《四库全书》的纂修官删除,因其将机械学的起源追溯到亚当与夏娃,他们从上帝那里获得这些道理。后来为"亚希默得"(Archimedes)和近人"西门"(Stevin)、"未多"(Guidobaldo dal Monte)所完善,而"耕田"(Agricola)

---

① 一位艺术史家对这些技法拙劣的复制品提出了超乎寻常的看法,将它们与中国缺乏对摹写自然的兴趣联系在一起。参见 S. Y. Edgerton:《乔托的几何学遗产:科学革命前夜的艺术与科学》(*The Heritage of Giotto's Geometry: Science and the Art on the Eve of the Scientific Revolution*),Cornell University Press,1991,第 254—287 页。应当指出,《泰西水法》中的复制品要好得多。

② 这一部分仅含在 1726 年《图书集成》本中。

③ 此说见王徵的序言(徐宗泽,1991,第 296—299 页)。

④ 对此书内容的详细讨论见 Fritz Jäger: *Das Buch von den Wunderbaren Maschinen: Ein Kapitel aus der Geschichte der Abendländisch-Chinesischen Kulturbeziehungen*,载 *Asia Major* 1.1(*New Series*)(1944),第 78—96 页。至于此书理论部分主要来源,Jäger 认为是取自两部书,一是 Marino Ghetaldi(1566—1626)的 *Promotus Archimedis* (Rome,1603),此书讨论了物体之间重量和体积的关系,另一部是 Guidobaldo dal Monte(1545—1607)的 *Mechanicorum liber* (Pisa,1577),这是第一部机械学课本。除此之外,还有 Simon Stevin(1548—1620)的 *Beginselen der Weeghconst* 和 *Beginselen des Waterwichts*(1605 年译成拉丁文,第 81—82 页)。可见 SCC Ⅵ,第二章,第 221 页以下。此书对《图说》中西方机械学文献作了详细辨析,并且讨论了哪些机械对中国是新鲜事物。

与"刺默里"(Rameli)绘制了机械图解,并刊印行世。① 这篇导言——除 340
了人类发明的灵感之源外,还谈到阿基米德洗澡的著名故事——论述了
机械之学奠基于数与量的理论,所有其他科学也应如此("确当")。事实
上,此书理论部分中最令人感到有趣的乃是有关科学传播的问题。除去
天文、测量(其中比例理论属于数学),这是唯一一部将数学(比例理论)
应用于自然的译著。其中讨论的内容正处于从亚里士多德科学向伽利
略范式转换的关键时期。正是这一方面产生了令人困惑的问题,即:邓
玉函知道多少伽利略的著作呢? 最大的可能是,他听过 1603 年伽利略
在帕多瓦(Padua)的讲座,②同时作为"猞猁学院"的成员,他们多少有些
私交。

　　无论如何,《远西奇器图说录最》的内容并没有越出古典静力学和流
体静力学的范围。述及理论的前两章主要来自斯蒂文(Simon Stevin)的
《平衡原理》(*Beginselen der Weeghconst*)和《流体静力学原理》(*Beginselen
des Waterwichts*)(两书 1605 年的拉丁译本),以及德尔蒙特(Guidobaldo
del Monte)的《力学之书》(*Liber Mechanicorum*)。第一卷的 61 个命题介
绍一些重要概念,如比重、杠杆定律、斜面与水压,以及如何测定各种平
面图形和立体的重心。第二卷描述了所谓"五种简单机械"(即:杠杆、滑
轮、楔子、螺旋和斜面)。第三卷收录附有简短说明的图例,给出了依据
简单机械设计的实际与想象机械,比如:起重机、磨坊、水泵、阿基米德螺
旋,还有转动书架(专为士大夫设计!)。

　　尽管孙元化在其所著关于火炮的书中利用了比重的概念(需要考虑
到火药的使用量),就笔者所知,王徵这部书理论部分的影响十分有限。
插图拙劣,文字讹夺,依照耶格尔(Fritz Jäger)的观点,仓促付印对此书造

---

① 此段的翻译见 Jäger: *Das Buch von den Wunderbaren Maschinen*,第 85 页以下,Jäger 同时辨识了
　　西方人名。
② Jäger, *Das Buch von den Wunderbaren Maschinen*,第 82 页。

成了负面影响。①

作为《奇器图说》的补充,王徵另撰《诸器图说》(*Explanations and Diagrams of Various Machines*)一卷。书中描述了对中国传统农具做出的改进。②

341   值得注意的是,王徵对西方文化兴趣并不单单限于技术。他也许是掌握使用拉丁字母转写汉字的第一位中国人!同韩霖一起,他们在1626年翻译出版了金尼阁编著的《西儒耳目资》(*Aid to Eyes and Ears of Western Scholars*),此书是企图将汉字拉丁化的最早尝试。在《奇器图说》的插图中,就已使用罗马字母标注图形,而不是像《几何原本》那样使用中国传统的干支。如同徐光启一样,王徵迷恋西方科学,并视其为西方文化的一部分。他相信,基督教文化的全面输入对中国大有裨益。③

尽管西方科学技术在西北地区成为吸引皈依者的重要因素,而在福建情况就大不相同了。艾儒略在福建苦心经营,传教事业欣欣向荣。1621年底,艾儒略自陕西山西转赴杭州,在江南游历了几年,最后遇到了东林党的发起人之一叶向高。受魏忠贤(1568—1627)的打击,叶被迫辞去大学士,此时正在返回福建老家的途中。在宦官当政的三年中,几位耶稣会的支持者都受到牵连,徐光启是其中之一。艾儒略结识了叶向高,即受邀前往福建,这对传教事业真是天赐良机。

艾儒略在福建教区,广收信众,出版了许多中文宣传品,不过科学和

---

① Jäger 认为,王徵在迫近离京就任新职位前很短的时间内赶译初稿,故而较为草率。

② 《诸器图说》附在《奇器图说》第二版书后。巴黎国家图书馆(Bibl. Nat)(Courant, Nr. 5661)藏本含新安汪应魁序。序言表明汪氏重刻此书,但未注明日期。但是,这个本子大约刻于1627—1628 年间。因为,汪应魁提到他造访扬州时,王徵向他出示此书。这正与王徵在1627—1628 年任扬州府推官的事实吻合,而且 1628 年之后,王氏回乡丁忧。该藏本的跋文注明了 1628 年 9 月 12 日(见第 95 页)。此书描述了九种机械:两种灌溉工具,三种水磨,一种滑车,一种犁具,以及一种可以同时发射多支箭的弩。

③ 他希望儒教与基督教在"敬天爱人"原则下能够融为一体。在他"畏天人极论"中有详细阐述。手稿保存在巴黎国家图书馆。

技术著作已退居次席。① 然而,艾儒略还是写出了一部传播欧氏几何的重要著作:《几何要法》(*Essential Methods of Mathematics*)。② 这是一本"几何学手册",主要讨论平面图形的构造。艾儒略对天文学颇有兴趣, 342 赴华途中还观测了几次月食,并写成报告寄回欧洲。1605—1607 年间,他在博洛尼亚(Bologna)讲授人文课程,并研读了博洛尼亚大学著名天文学家安托尼兹(Giovanni Antonio Magini, 1555—1617)的著作。从 1607 年到 1609 年,在成为海外传教士之前,艾儒略在罗马学院研究神学。③ 此间,他也参加了克拉维乌斯的"研究班"。④ 如此投入,是因为他在几年前就已获准加入传教团。这样,对艾儒略说来,掌握实用数学就具有重要价值,在不同地方进行各种科学观测对欧洲的科学家也同样具有重要的价值。⑤

3.《几何要法》

艾儒略编写的《几何要法》刊于 1631 年,得到了瞿式穀的帮助。后者的父亲正是那位曾尝试翻译《几何原本》的瞿太素。或许是出于对利玛窦的崇敬,"玛窦"(Matteo)也成了瞿式穀的教名。《几何要法》刊刻的具体原因尚不是很清楚,或许是《几何原本》对实际应用来说不大方便。广东郑洪猷(1628 年与瞿式耜同榜中进士,后者为式穀的堂兄)撰写的序

---

① 见许理和编:《晚明时期的福建教团》(*The Mission in Fujian*),第 17 页。

② 此书的简短序言给出了几何的简明扼要的定义:"几何者,度与数之府也"。显然,在数学的一般意义上,艾儒略对"几何"的认识与利玛窦相同。参见詹嘉玲,前文(第 343 页,注释 153)

③ Eugenio Menegon:《艾儒略简传》(*A Different Country, the Same Heaven: A Preliminary Biography of Giulio Alenis, S. J., 1582—1649*),载 *Sino-Western Cultural Relations Journal* 15(1993),第 27—51 页。

④ Baldini, *Legem impone subactis*,第 70 页,注释 80。

⑤ 艾儒略关于指南针偏角的观测收入 Athanasius Kircher 论磁的主要著作,同样,他的几项天文观测也被采用。参见 Menegon,前书,第 33—34 页。

言中就抱怨《几何原本》艰涩难懂。① 在对《几何原本》弥补传统数学的不足加以赞许之后,他指出,任何准备学习此书的人都因其繁难而退缩。② 也许出于和艾儒略的私交,他对《几何要法》的评价是"明白晓畅,言简意赅,如攻坚木,先其易者,后其节目,及其久也,相说以解"。③

无论如何,《几何要法》编写目的是为了实用。④ 詹嘉玲(C. Jami)对此深有研究,她注意到尽管此书取材自《几何原本》,但是以一种非常具体的方式讨论几何,所作图形完全不同于"想象"中的图形。全书分为四卷,沿用了《几何原本》的术语。每章以定义开始,"点"、"量"、"线"、"比"、"圆"等概念皆有定义。随后一节是作图,突出了作图在天文学中必要性。详细讲解了标准尺规的制作方法,也介绍了几种"非欧"作图工具,例如"三脚"圆规(three-legged compass)。继而介绍了作平行线、垂线,将圆周 360 等分,以及求圆心等问题的做法,还有丢勒(Dürer)作正五边形的近似方法,而不是精确的欧几里得方法。⑤ 此书涉及单凭欧氏几何无法作出的图形,比如三等分任意角⑥和化圆为方,⑦后者需要借助于"割圆曲线"(quadratrix)。这一构图系克拉维乌斯《原本》第二版中的增补(见本书第四章)。克拉维乌斯写了一个很长的注释讨论这条线是否可以作为"几何线"被接受,引述了一个巧妙的有利论据,尽管在古代被认为是"机械的"(即"非几何的"),但毫无疑问应该被接受为"几何"

---

① 郑洪猷,海丰县陆安人。《海丰县志》记载:"郑洪猷,崇祯戊辰科,初任泾县,历升刑部主事。著有《遽津汇藻》行于世。"(《海丰县志·选举》,第 29 页背面,《中国方志丛书》第 10 册,成文出版社,台北,1966,第 24 页)。

② "特初学望洋而叹不无惊其繁。"

③ 引自《礼记》第十六章"学记"。由 Couvreur 翻译,卷二第二章,第 40 页,系指一个学生怎样善于向老师询问。

④ 对此书的讨论参见詹嘉玲:《艾儒略对几何学的贡献》(Aleni's Contribution to Geometry),载 Tiziana Lippiello 和 Roman Malek 主编:Scholar from the West: Giulio Aleni S. J. and the Dialogue between Christianity and China. Nettetal, Steyler Verlag,第 553—572 页。

⑤ 《几何要法》卷二,第 16 页正面,命题 23。克拉维乌斯已经指出丢勒的作图不是准确的。

⑥ 《几何要法》卷三,第 5 页背面—第 6 页正面,命题 8。

⑦ 《几何要法》卷四,第 8 页正面—第 9 页背面,命题 12。

的。《几何要法》说到古代的智者们枉费心机去"化圆为方",但只有克拉维乌斯方才构思出如此美妙的方法("*神法*")。高一志和邓玉函也参与了译本的校改,对此书的出版颇有贡献。[①]

这一实用几何手册很难被视为一部重要的数学著作。然而,它却比《几何原本》传播更为广泛,究其原因,乃是汤若望将其收入了 1645 年刊刻的《新法历书》。彼时汤若望正为新朝主持钦天监。《新法历书》不过是《崇祯历书》翻版,1631—1635 年间,《崇祯历书》作为天文学著作的系列翻译分五批上呈朝廷。

344

4. 历法改革

崇祯年间,受 1616 年教难影响被迫中断的翻译计划得以最终实现。

1627 年 9 月 30 日,天启皇帝驾崩,皇位传给了他的弟弟,新帝于 1627 年 10 月 2 日举行登基典礼,年号"崇祯"。众所周知,这一改换朝代对于西方科学的进一步引介具有无比的重要性。不久,崇祯就收拾了魏忠贤,魏于 1627 年 10 月自缢,党羽随即被肃清,同时,一些东林党人相继受诏回朝。1628 年初,徐光启被任命为户部尚书。一度被停职的孙元化不久也被提升为兵部郎中。在徐光启的奔走游说下,引进西方军事技术的计划得以重新启动。此外,1629 年 6 月 1 日,徐光启上疏奏请历法改革,而 6 月 21 日的日食恰好证明西法的预报较之传统的中法与回回历法(两个历局各自独立)都要准确。新的历局设在前首善书院内,专门翻译西方天文著作,为历法改革做准备。

关于徐光启领衔的改历工程,前人已有出色的研究,此处仅略谈几句。[②] 历局选定首善书院为办公地点。首善书院曾是东林书院的分支,

---

① 笔者使用的版本,法国国家图书馆中文 4869 号(*Bibliothèque National Chinois* 4869),扉页上提到蒙阳玛诺(Emanuel Diaz)允许而刊印。

② 精辟的论述参见桥本敬造:《徐光启与历法改革》(*Hsü Kuang-Ch'I and Astronomical Reform*)。

383

创办人是邹元标和冯从吾(1556—1626),两位都是东林党在京师的领袖,建院的目的就是"将结社讲学之风带入京师"。孙元化是其中的活跃分子,但书院在魏忠贤当道时被阉党摧毁。

历局的主要任务是翻译西方天文与数学著作。首先聘用了邓玉函、龙华民和罗雅谷(Giacoma Rho),1630 年邓玉函去世后,又将汤若望从西北招至京师,汤从 1627 年起就一直呆在那里。译作多系天文(基于第谷地心天球体系)、历表,也有个别数学著作翻译刊行。很有影响的两部书是邓玉函编译的三角学著作《大测》(the Great Measurement , 1631 年1 月 28 日呈献皇帝)以及论述伽利略几何比例规(compasso geometrico)的《比例规解》。尽管该书运用了欧氏几何,但由于和《几何原本》关系不大,此处也不作讨论。① 需要指出的是,当时中国的数学家,尚未能在严谨的欧氏几何与三角学方法之间做出严格的区分。梅文鼎便常常混用这两种方法,在论述立体几何时,有时会给出一份三角函数表作为"直角三角形的解答"。总体说来,工具和表格的使用对 17 世纪的中国数学家有着极大的吸引力。

5.《测量全义》

此处介绍《测量全义》(Complete Principles of Measurement)是因为书中论及立体几何。② 这部十卷本的作品主要讨论线段长度和面积的计算公式和方法。卷五含有阿基米德《论圆的度量》(On the Measurement of the Circle)的翻译,其中,圆的面积等于以周长和半径为直角三角形

---

① 关于《大测》的内容及其西学渊源,参见白尚恕(马若安翻译):《首部中文三角学著作〈大测〉之引介》(Présentation de la première trigonometrie chinoise : le Dace),载 Mission Studies (1550—1800) Bulletin (1984),第 43—50 页。

② 《四库全书》789 卷,第 579—748 页。对其中数学内容的讨论见詹嘉玲:《〈崇祯历书〉中的数学知识》(Mathematical Knowledge in the Chongzhen lishu),载 Roman Malek 主编: Western Learning and Christianity in China. The Contribution and Impact of Johann Adam Schall von Bell S. J. (1592—1666),Nettetal, Steyler Verlag,第 661—674 页。

(书中称为"勾股")两直角边的面积,定理的证明采用阿基米德称为"双归谬"的方法。同时也给出了阿基米德的圆周率$\frac{22}{7}$。① 在卷五中甚至给出了椭圆的定义和它的面积的计算公式($\frac{11}{14}$×长轴×短轴,对于阿基米德圆周率来说,这是一个正确公式)。

卷六为"论体"。② 在简短序言中说明此篇专为"历家"而作,他们需要测量,主要目的是"测天"。③ 接下来一卷没有采用抽象的方法论述几何,所论几何体并没有和实际物体相区分。如,体定义为面的积聚("**体者诸面之积**"),又进一步给出具体化的描述,实体者如"金木土石",空体者如"盘池陶穿"。④ 这种随意性和不精确性似乎是此书的败笔。缺乏严格定义、没有严密的证明,只是告诉读者翻译出自《原本》第十一到十四卷和阿基米德的《圆球圆柱书》(*On the Sphere and Cylinder*)。所谓"有法之形"有两层意义:一是日常概念;二是"公法",可以计算它的体积,诸如圆锥。非常有趣的是中国古代数学中的基本立体——堑堵、阳马和鳖臑——皆被一一述及。

除此之外,还讨论了五种柏拉图正多面体和五种圆锥截体。柏拉图立体既介绍其立体图形,又使用丢勒发明的"平面展开图"加以描述,还描述了怎样去做一个实物模型。五种圆锥截体描述得也比较仔细,同样还谈到抛物型和椭圆型旋转体("**燧鉴之法**")。⑤

对于立体度量的"理",则见于《几何原本》第六卷,并且声称这样做的目的是为了更一般的结论,确实也给出了某类立体体积的计算公式。第一类是"立面体",有两面平行且相等,此类体积计算"公法"是底面积

---

① 见 Dijksterhuis:《阿基米德》(*Archimedes*),第 222—240 页。
②《四库全书》789 卷,第 666—677 页。
③《四库全书》789 卷,第 666 页。
④ 前书,第 667 页。
⑤ 此段的描述详见上述詹嘉玲的论文。

乘以高。① 第二类是"角体"，由棱锥和圆锥组成，其体积为底面积乘以高再取其三分之一即得。此处参见克拉维乌斯加在《原本》卷十二命题 7 后面的一条定理，这是证明这一公式的依据。然而，对于一种特殊情形的立体，即底面为正方形的棱锥给出了证明（"论"），在此前面讨论了几何体分割：如分立方为两堑堵，分堑堵为一阳马和一鳖臑。它的解释（"说"）引导读者参见《九章算术》！这正说明作者很熟悉传统数学，也许是读过吴敬的著作，吴的书提到了上述立体。

347 　　圆锥截体是阿基米德详细讨论的一类用"几何方法"（"量法"）进行度量的立体，但它们并没有实际测量的必要（"然非测量所须"）。（注意："量法"指理论几何，而"测量"则是实用几何。）

　　第三类立体涉及棱锥和圆锥平截体（"斗体"）。最后是取自阿基米德《圆球圆柱书》的几条结论：(1)"球上大平圆之积为本球圆面积四分一"（命题 33）；(2)"径三之二乘大平圆之积生球容之数"；②(3)"取球之一分截面过心，其曲面之界为圆"；③(4)"想圆角体，其底之圈几何，与所截凸面之一分等，其高为球之半径，此体之容与今所解之球分等"。还提到了《论劈锥曲面体与回旋椭圆体》（ *On Conoids and Spheroids* ）中的一个结论，即劈锥曲面体与旋转椭圆体的体积之比。

　　历局几乎全由奉教人士组成。除去两三个西洋远臣，计有协理、分理官各一员，从钦天监选取历官三员，另选知历者十人，以便"讲解意义，传教官生"，还有负责计算的数学家、仪器制造者、(最多)15 个"历科天文生"。他们须按照由徐光启制定的稳妥政策谨慎行事。④

---

① 公式通过引用克拉维乌斯为《原本》卷十二命题 7 增加的一个定理获得证明，即：夹在两个平行平面的立体体积的比等于它们底面积的比。

② 对于这些命题，可见 Dijksterhuis《阿基米德》（ *Archimedes* ），第 180 页以下，命题序号引自中文版，但比 Dijksterhuis 少两个。显然，克拉维乌斯使用阿基米德著作是另一种版本。

③ 说这条命题出自《论球与圆柱》是个错误，它实际是《论圆锥和球》命题 28。（Dijksterhuis，第 252 页）

④ 至少，1629 年徐光启报呈的这种人员构成以便申请经费（《徐光启集》，第 339—342 页），见桥本敬造，第 45 页。

值得一提的是徽州学者金声(1598—1645,字正希)。金声出生于富裕的粮商之家,1628 年中进士第,后升至山东道御史。1630 年前,常居北京。1629 年,清军队攻破北京城墙,他和徐光启一道被启用,委以重任守卫京师。他也因此了解基督教,对西学产生兴趣。但在 1630 年,却被迫离职。① 1632 年,徐光启上疏奏请让金声参加历法改革。② 金声虽对西学态度积极,可对天文和数学知之甚少。在给徐光启的信中,对徐为他引介西学表示感激,但婉言谢辞表示难堪此任。他坦言自己于"象数之学"朦暗无知,同时流露出一种抱怨:他几次试图去读《几何原本》,但都无法终卷。③ 在不同时期、不同地点的士大夫间,这种感受并不是个别的。但问题在于:为什么徐光启要请他参加历法改革? 黄一农猜测主要原因是金声在引进西学、军备防务的认识上与徐光启志同道合。④ 尽管未能参与历法改革,金声在老家仍积极组织民团,为抵御清兵而竭尽全力。⑤

另一方面,徐光启断然拒绝了一位老人参加历法改革的请求,后者即魏文魁。⑥ 此人一直隐居深山,当听说将要改革历法,自负所学有助其事,便赶赴京师毛遂自荐。他在上疏中抱怨说倚重洋人修历是莫大的耻辱,恳请加入历局。徐光启利用自己的影响阻拦此事,作为回应,魏递呈

---

① 黄一农:《扬教心态与天主教传华史研究——以南明重臣屡被错认为教徒为例》,载《清华学报》,24.3(1994),第 269—295 页。

② 黄一农,同上,第 282 页。奏疏收入《徐光启集》,第 418—419 页。

③ "至于象数,全所未谙;即太老师所译《几何原本》一书,几番解读,必欲终集,曾不竟卷,辄复迷闷,又行掩真实"(《上徐玄扈相公》),载《金正希先生文集辑略》,1759 年版(上海,1979 年重印),3.26a—27a。引自黄一农,前书,第 283 页。

④ 尽管金声被划归奉教者,但黄一农最近指出他事实上并未领洗。参见黄一农上文,第 280—287 页。

⑤ 参见宋汉理(H. T. Zurndorfer):《中国地方史的变化与连续性:800—1800 年徽州地区的发展》(*Change and Continuity in Chinese Local History: The Development of Hui-chou Prefecture 800 to 1800*),Leiden,1989,第 206—212 页。金声在《明史》中有传,卷二七七,第 7090 页(北京,1974 年版)。Zurndorfer 列出了一个丰富的传记资料,见第 196—197 页,注释 5。

⑥ 此人来自满城县,很可能曾经是李天经的老师(Schall,HR,第 26 页)。

一个小册子,试图驳倒新天文学(用汤若望的话说,即 *libellum famosum*)。① 为了避免招致更多的麻烦,徐光启请求颁布诏令,全国所有熟知天学的人皆可参与历法改革。但应诏的人须以预报交食作为测试,所作预报将用中国的观测仪器进行校验,避免"滥竽充数"。②

349

魏文魁绝对不是一个孤立的敌手,他的背后结集了一股势力。"彼得"李天经是徐光启自己选定的继任主管,但不是耶稣会士中意的人选,据汤若望的记述,无论是能力还是人品他都远远逊于徐光启,③而正是在李天经的手下,魏文魁得以东山再起,主管新天文机构,即 1634 年设立的"东局"。这就出现了四家并存的局面:西法、回回、中法和东局。④ 尽管这个"东局"在 1638 年就被撤销,⑤但它的成立足以说明当时激烈竞争的紧张局面:在这样的环境之中,西方天学必须争胜。而事实上,直到清朝统政之前,西方天文学没有取得一家独尊的地位。

如何将数学应用于治理国家、教育大众,徐光启的两篇奏疏展示了相当具体的思想。在其中一篇,徐光启提出应用数学的十个方面,⑥兹引述如下:

其一,历象既正,除天文一家言灾祥祸福、律例所禁外,若考求七政行度情性,下合地宜,则一切晴雨水旱,可以约略预知,修救修备,于民生财计大有利益。

其二,度数既明,可以测量水地,一切疏浚河渠,筑治堤岸、灌溉

① Schall,HR,第 16—18 页。
② 此说根据汤若望的记载。(Schall,HR,第 18—20 页)
③ Schall,HR,第 26—27 页,注释 3,载 H. Bernard:《耶稣会士汤若望札记》(*Letters et Mémoires d' Adam Schall S. J*)(拉丁文,由 P. Bornet 翻译为法语),天津,1942 年。(后面的引文见 Schall,HR)
④ 桥本敬造,第 70 页。
⑤ Schall,HR,第 40—42 页。
⑥ 这份奏疏名为"条议历法修正岁差疏"。见《徐光启集》卷二,第 332—339 页。(下面十条在徐光启奏疏中称为"度数旁通十事",原著仅引述了各条要义,为完整表现徐光启的思想,在征得作者同意后,这里给出全文——译者)

田亩,动无失策,有益民事。

其三,度数与乐律相通,明于度数即能考正音律,制造器具,于修定雅乐可以相资。

其四,兵家营阵器械及筑治城台池隍等,皆须度数为用,精于其法,有裨边计。

其五,算学久废,官司计会多委任胥吏,钱谷之司关系尤大。度数既明,凡九章诸术,皆有简当捷要之法,习业甚易,理财之臣尤所亟须。

其六,营建屋宇桥梁,明于度数者力省功倍,且经度坚固,千万年不圮不坏。

其七,精于度数者能造作机器,力小任重,及风水轮盘诸事以治水用水,凡一切器具,皆有利便之法,以前民用,以利民生。

其八,天下舆地,其南北东西纵横相距,纡直广袤,及山海原隰,高深广远,皆可用法测量,道里尺寸,悉无谬误。

其九,医药之家,宜审运气;历数既明,可以察知日月五星躔次,与病体相视乖和逆顺,因而药石针砭,不致差误,大为生民利益。

其十,造作钟漏以知时刻分秒,若日月星晷、不论公私处所、南北东西、欹斜坳突,皆可安置施用,使人人能分更分漏,以率作兴事,屡省考成。

在另一篇奏疏中,徐光启建议创设数学科学院,百年之后的康熙皇 *350* 帝多少实践了这一理想。

在引介西方科学第一阶段中,许多积极的皈依者并没有活到新的朝代。徐光启于 1633 年老病而终。孙元化则死于非命:担任登莱巡抚期间,因部队哗变导致这一战略重镇失守,因此在北京被判处死刑。[1] 韩霖

---

[1] 1667 年,荷兰剧作家冯德尔(Joost van Vondel)将孙元化之死的故事写成一部戏剧 *Zungchin*,不过情节严重失真(Albert Verwey ed., *Vondel*, *Volledige dichtwerken en oorsprokelijk proza*, Amsterdam,1986,第 564 页)。

死于清朝占领的 1645 年,具体情况不明。王徵,孙元化在山东时的幕僚,革职还乡,当明朝灭亡时,绝食殉节。福建的传教团也随着 1649 年清朝占领全省而渐趋衰微。

第七章　明清之际

一　背景概述

1627 年,信王朱由检即位,明年(1628)改元崇祯,大明的末代王朝由 351
此开始。崇祯皇帝虽比前任能干,然大厦将倾,独臂难支。三十年间的
数次惨败,军事上的颓势已无法挽回。更为严重的是,连年灾荒迫使饥
民揭竿而起,占山为王。不过,尽管存在满人的威胁,但这个即将走向终
结的时代对于学术探究和知识交流来说绝非一无是处。南京依然是文
化中心,是富家豪门躲避乡间灾乱的避难所,亦是江南士大夫云集、定期
举行乡试的地方。在这里,诸如复社之类的团体吸引了全国的文人学
士。复社可谓是东林的后继,昌明古典儒学是其鲜明的旗号。正是通过
这类渠道,西方数学逐渐从耶稣会士和皈依者的小圈子中传播开来。

随着《崇祯历书》编纂完成,西方数学著作的翻译或多或少接近尾
声,直到 17 世纪末几位法国传教士到来后才会有新的发展。总体而言,
引发科学知识交流的环境发生了改变。从历法改革开始,受过天文和数
学训练的耶稣会士的角色越来越局限于"外国专家"。清朝统政之后,这
种情形似乎成为定式,如汤若望即被任命为新的钦天监"监正"。获得如

此重任,事情也就名正言顺了。而新王朝并不鼓励江南地区的学者与传教士私下往来。至于汤若望,也因他的高位与行事,与耶稣会的同伴、钦天监内的对手,以及官场上的政敌一起卷入了一连串的事变与冲突——这对进一步的知识交流有害无益。随着 1664 年"杨光先事件"的爆发,对西方天文学的抵制达到了顶点(*an apogee*),直到 1669 年,康熙掌握实权之前,形势皆无起色。

在此期间的一个重要例外是波兰教士穆尼阁(Smogulecki)。穆尼阁 1651—1653 年间居住南京,其贡献之一是将对数引入中国。他的优秀学生薛凤柞,与梅文鼎、王锡阐一起被誉为那个时代最有影响的历算大家。在汉语文献中,穆尼阁因热心讲授科学而不急于宣教受到赞扬。[①]

本章所关注的时期随着明王朝的突然衰落而中断,这对中国的士大夫产生了深远的影响。最初的十年,他们都深怀"光复大明"的希望,许多著名的学者与官员,包括一些致力于引介西方科学的文士,还与南明政权保持着联系。多年之后,甚至到 17 世纪 70 年代,"前朝遗民"(Ming loyalist)仍是个非常有力的情结。遗民们抵抗清朝,拒留发辫,入仕已不再可能,甚至被指控图谋不轨而惨遭杀戮。剥夺了政治权力,许多知识分子与士族大家只得退隐乡间。诸如复社之类活动也早已偃旗息鼓,参政议事不再是阳关大道。学问出现了新动向,修地志编族谱成为一时风气。

尽管种种变化并非一蹴而就,然而,自康熙皇帝亲政(17 世纪 60 年代末),新的一页开始了。随着新一代的成长,遗民逐渐淡出,"光复大明"遂成绝望。进而,康熙多方笼络士大夫,成功地引诱他们为新政权效力。康熙着力倡导确立理学为国家正统学说,同时自己也深深为西学所吸引,从而为新知识的引进营造了良好氛围。最终,文化中心也从南京移到北京。

诸多因素使得明清之际成为一个独特的时期。本章将介绍这样的

---

① Jean-Nicolas Smogulecki (Smogolenski),中文名穆尼阁(字如德),1611—1656(1646 年抵达中国),见 Pfister,第 262—265 页。

一代人:他们的内心属于那个逝去的朝代,而又为西学所吸引,力图将西 *353*
学与儒学整合一体。

二　中国的宇宙观念与西方科学

1. 熊明遇

前一章引述了徐光启和李之藻的序言,他们用儒家概念诠释西学,
特别是"自然哲学"、数学和天文学。诸如"格物"、"实学"和"象数"多被
重新解释以迎合新学。然而,有人却严格地使用这些概念,执意在中国
传统的世界观中"融入"西方学说,此人就是熊明遇。在和其子熊人霖合
作编写的一部关于宇宙论的著作中,熊明遇就试图整合中西自然观念。
尽管该书没有直接探讨数学,可它所论述的几个方面在一般意义上对于
理解西学却十分重要。

熊明遇(1579—1649,字良孺,1601 年进士),尽管未曾入教,却谙熟
基督教义,他是阳玛诺(Emmanuel Diaz,1570—1657)所著《天问略》的
校对人之一,是书刊于 1615 年。熊历任南京刑部尚书、南京兵部尚书,
后迁工部尚书。1631 年,他应诏与徐光启等人筹划军事防备。熊明遇身
居高位,从官修《明史》中可以看到他为那个时代的衰落而忧心忡忡。[1]
他也和东林党人有着某种联系。1648 年,一位叫熊志学的亲戚刊刻了一
部名为《函宇通》(*cosmology*)的著作,此书分成两部分,第一部分为熊明
遇撰写,题为《格致草》(*A Draft on the Investigation of Things*),"格致"
一词已为徐光启用于表示"自然哲学",这里讨论的是"天道",而第二部
分为其子所撰,题称《地纬》(*Latitudes of the Earth*),论述"地理"。

从某种意义上来说,《格致草》是为理解《崇祯历书》而作,[2]但它远远

---

[1]《明史》,第 6629—6631 页。关于他的生平与著作,见张永堂《明末清初理学与科学关系再
论》,第 5—48 页。
[2] 与此类似,其子之作是通读《职方外纪》后的阐述(据熊志学的序言)。

354 不止于此。熊明遇早在万历末年就开始编纂此书,最初题名为《则草》
(*A Draft on Regularity* [*of Nature*])。① 熊明遇不仅从《大学》中借用术
语"格致",并在"自然哲学"的意义上使用它们,他在序言中宣称,这一概
念可应用于"性"和"理",如此即直指新儒家学说的核心。

　　自然地,"则"被赋予"自然法则"的意义。熊明遇解释为"事必有其
则",即"规则"、"范型",随后引用《孟子》:"天之高也,星辰之远也,苟求
其故,千岁之日至,可坐而致也",这段话在彼时西方天文作品翻译成中
文时常常为人引用。② 然而,"序言"随后的部分却囿于传统,让人无法认
同这一结论。

　　"序言"对历史细探深究,可谓是"科学"知识的"历史概述"。开篇起
自伏羲画"河图"以作其"则",而大禹以"洛书"为"则"阐述"洪范"。这种
超越自然的神秘性可为《易经》所解释,并依然值得继续探索。随后一段
有点近乎于"科学史"的叙述,但是与徐光启有所不同,熊明遇并没有指
责秦代的"焚书"导致传统的缺失。反而,在他看来,衰落之象从夏代就
开始了。这是因为,尚古之世,中国曾有过一个"科学繁荣"时期,羲、和
曾把天学传播到蛮荒四夷。据《书经·尧典》记载,这些天文学家被尧帝
派往西域进行天文观测,方使今日这些西方诸国得以有天文专家。③ 就
355 笔者所知,这是第一篇明确论述"西学中源"的文献。众所周知,康熙时

---

① 其书内容与编纂时间的简要讨论见《中国善本书提要》,第 278 页。笔者参阅的是"国会图书
馆"收藏的微缩胶卷(Orien China 224)。第 33 页背面起为熊明遇的《则草》,他给出了天体与
地球的尺度,但读过《崇祯历书》后,他对此做了纠正。有趣的是,他将《则草》比作"野史",把
《历书》比作"国史"。书中提到(第 111 页正面)1616 年因任"给事"而未能完稿,至顺治时期
开始撰稿已逾 25 年。最后,熊志学的序言说明此书本为万历年间写成的《则草》。可见,《则
草》的写作与熊氏校读《天问略》(刊刻于 1615 年)的时间颇相符合。
② 英译文引自理雅各(Legge):《中国经典》CC II,第 331—332 页。
③ 值得注意的是,他将羲、和归为"重、黎子孙"。后二者出自《书经·周书》第 27 章"吕刑"中的
历史概要,在平定苗民之乱后,他们受帝王之命"绝天地通,罔有降格。"(Legge CC III,第 593
页)此节的问题在于不知此处"帝王"是谁。《国语》追溯这个故事到帝王少昊(约前 2597—前
2513),"九黎乱德,民神糅杂。颛顼命南正重,司天以属神,火正黎,司地以属民。"随后"三苗
复九黎之德,尧复育重黎之后。"后人如理雅各看来,此番论述并无根据,但宋君荣(Gaubil)则
对此很是认真。此处所述的意义在于天文学起源以及作为通天工具的象征。

期以及其后,这个"根本性的迷思"被广为接受。

按照熊明遇的观点,夏代之后衰落渐现。从汉唐迄宋,学者所论皆未经核验实证。然而,在明朝鼎盛时期,圣上的英明促使文化飞跃:八方图籍充盈秘阁,各种知识广泛传播,俊才硕学云集京师为国效力。熊明遇由此谈到自己的目的:

> 窃不自量,以区区固陋平日所涉记,而衡以显易之则,大而天地之定位,星辰之彪列,气化之蕃变,以及细而草物虫豸:——因当然之象而求其所以然之故,以明其不得不然之理。①

如前所述,《格致草》是一篇基于彼时西方天文学的作品,其中某些内容在今天可以说是气象学。最值得注意的是其论述形式:开篇几节为若干专题,诸如黄道与赤道之间的距离等等;每节分成两个部分,第一部分为"衡论",而第二部分为"演说";"演说"由传统经典的引文组成,若引文能与"新说"相印证,则注明"格言考信",对于怀疑不定者,则归入"渺论存疑"。②

除去解释天文现象的常用几何图示,此书没有多少数学内容,这里 *356* 也不去究其细节。值得注意的是熊明遇依据《易经》将西方科学与中国传统宇宙观相互融合的方式。这种"杂和"宇宙观的理论基础出现在该书第一节:"原理"(同样分为"衡论"与"演说")。对于自然现象的度量,

---

① 作者的英文翻译如下:Disregarding my own [limited] capacities, I have ventured to balance my own vulgar everday observations with the models of manifest change. From the great[est subjects, such as] the fixed positions of Heaven and Earth; the splendid arrangements of the constellations and the myriad changes due to the transformations of *qi*, down to the small[est, such as] vegetation and insects, in all those cases I have sought, on the basis of the way the phenomena present themselves, to find the reasons for their being so, and thereby to clarify the principles by which they necessarily are as they are.

② "格言考信"与"渺论存疑"。前者解释为:"格言者:古圣贤之言,散见于载籍,而事理之确然有据者也。夫不尊不信,无征不信,尊而征矣! 窃附于好古之述,或不妄作也。后格言皆仿此。"(第9页背面)后者解释为"渺论者:固皆子史传记所载。其说章章行于世矣。然多才士寓言,学人臆测揆之,于理殊扞格,不合心。所未安,何敢附会。故目之曰渺论,明乎其不经也。后彷此。"(第10页背面)

"象"、"数"合一取代了"量"、"数"的二分法。他的依据是《中庸》的著名段落。引文首句可以说是熊明遇哲学思想的缩影:

> 天地之道,可一言而尽也:其为物不贰。① 不贰之宰至隐,不可推见。而费于气,则有象。费于事,则有数。彼为理外象数之言耳,非象数也。②

尽管很难充分理解熊明遇的宇宙观,但其旨在融合中国传统宇宙观念与耶稣会科学则是无可置疑的。

2. 方氏家族

另一位对西学有着广泛兴趣,同时也不属于耶稣会士圈子的学者是方以智(1611—1671)。毕德胜(W. Peterson)的研究结论是:方以智从热衷西学最终转为兴趣冷漠。③ 他认为,在 17 世纪初 40 年间,西学的传播几乎毫无窒碍。④ 然而,此后随着"斯文斯道"(our tradition our culture)的逐渐凸现,士人对西学的兴趣大为减弱。⑤ 即便如此,方以智将他的西学爱好至少传给了两个儿子,其中一个还编纂了另一种版本的《几何原本》。

我们的主要兴趣集中于方以智的次子方中通(1633—1698,字位伯)。他在晚明时期构成了传播欧氏几何的一个重要纽带。方家出身富饶的安徽桐城,为当地望族,累代仕官,多身居高位,与朝廷有着千丝万缕的联系。书香门第,自是恪守家法,尤重儒学,而《易》更为其传家之学。从方以智的曾祖方学渐(1540—1615)到方中通,一家五代人皆为

357

---

① 理雅各:《中国经典》CC I,第 420 页。《中庸》云:"天地之道可一言而尽也,其为物不贰,则其生物不测。"

②《格致草》,第 1 页。

③ 毕德胜(W. J. Peterson):《从热衷到冷淡:方以智与西学》(From Interest to Indifference: Fan I-Chih and Western Learning),载 Ch' ing-shih wen-t' i,3.5(1976),第 72—85 页。

④ W. J. Peterson,同上,第 78 页。

⑤ 同上,特别见第 81—83 页。

《易经》作注。① 除去对《易经》的研究兴趣,方学渐还是"阳明学派"的杰出成员,主持过崇实书院,1611 年秋,曾至东林书院讲学。②

正是熊明遇点燃了方以智对西学的兴趣。方以智少年随父方孔炤(1591—1655)履职福建,得以结识熊明遇。后来,他回忆熊明遇曾和父亲讨论利氏学说。③ 孔炤本人也对西学感兴趣,他的一部论述《易经》的著作收有一份天学著作提要(历法改革促成的译作),称为《崇祯历书约》。④

除了熊明遇,方以智西学知识的另一个来源是毕方济(Francisco Sambiasi,1582—1649)和汤若望。17 世纪 30 年代,方氏拜访过毕方济, *358* 40 年代又与汤若望在北京相识。⑤ 方以智对大多数西学译作都很熟悉,他的著作中有好几页阐释西方天文学,解释自然现象。⑥ 明亡前数年间,他带着十来岁的方中通住在京师,任翰林院检讨。李自成的军队占领北京后,方以智逃到南京,南京陷落,又与儿子隐姓埋名,落荒他乡。1650 年后,或许是为了躲避迫害,方以智遁入佛门。他晚年的生活细节尚鲜为人知,大概是殉节以终。⑦ 方中通曾经抱怨父亲晚年已不愿再和他讨论天文与数学,⑧这似乎说明方以智丧失了对西学的兴趣。无论如何,1653 年方以智移居南京的一所寺院,方中通随侍在侧。在南京的那几

---

① 关于方氏家族对《易经》的研究,可参见冯锦荣《方中通及其〈数度衍〉》,载《论衡》,2.1(1995),第 128—209 页。

② 卜恩礼(Busch):《东林书院及其政治、哲学意义》(The Tung-Lin Academy),第 43 页。

③ 关于方以智的父亲对熊明遇学说的兴趣,可见《物理小识》卷一,第 4 页正面(Peterson,同上,第 74 页),以及方氏的回忆录《膝寓信笔》,第 26 页正面。

④ 见冯锦荣:《方中通及其〈数度衍〉》,载《论衡》2.1(1995),第 128—209 页。

⑤ Peterson 引述了其子方中通结识汤若望之后的反应(同上,第 72 页)。按照方以智的记载,熊三拔(Sambiasi)并不乐意与他讨论历法计算(Peterson,同上,第 75 页)。在《物理小识》中,他提到了穆尼阁(Smogulecki)(见 W. J. Peterson: From Interest to Indifference: Fang I-Chih and Western Learning,载狄百瑞(De Bary)主编:《新儒学的展开》(The Unfolding of Neo-Confucianism,第 369—411 页)。

⑥ Peterson:《从热衷到冷淡》(From Interest to Indifference),第 75 页。文中有一"综述"。

⑦ 见余英时:《方以智晚节考》,香港(新亚研究所),1972,Peterson 也探讨了方以智的晚年。

⑧ Peterson,同上,第 72 页记载。方中通说到他的父亲精于历算,但自弃世后,缄口不再谈及。

年,对方以智与西学的关系非常重要。①

尽管失去了对西学的兴趣,方以智并没有停止写作。他生命最后 20 年间留下的两部手稿鲜明地表示出披缁后的学术追求。其一是《庄子注》,这里不作讨论。另一部题为《东西均》,作为"唯物论"的代表作于 1962 年首次出版。② "唯物论"的标签未免年代错位,但这部著作确实无可辩驳地表明方以智力图把"物"(虽然这个词并不能准确地等同于"物质"的内涵)置于一切的中心。有一段议论,他甚至把"心"、"性"和"命",归于"物"之下。③ 方以智要将"物"确定为至少是外部世界一部分,其结果就是把"格物"解释为探究自然。④

方以智晚年这种所谓的"唯物论"思想是否受到西方天文和自然哲学的影响是一个重要的问题,但至今尚无定论。然而,值得注意的是其早年就试图把西学归入一般知识的框架。他不仅论述西学,同时还注意将知识归类。正是在这种新的框架下向他的孩子们传授西方学识。

在一封给梅文鼎的信中,方中通写道父亲指令他们学习"三式家言"。⑤ "三式"系指:"通几"、"数度"和"质测"。⑥ 还写到父亲"命之精象数",因此他开始跟随穆尼阁学习乘除、历算。当他禀告父亲,自己十分喜欢数学的时候,方以智郑重地告诉他,这些"象数"之学与《易经》相合无间。⑦

根据耶稣会士引入的知识分类,"质测"相应于自然哲学,"通几"相

---

① 参见冯锦荣:《方中通及其〈数度衍〉》,第 143—144 页。
② Peterson:《方以智:西学与格物》(*The investigation of Things*),第 375 页。
③ 前书,第 378 页。
④ Peterson 对《东西均》的讨论可见上书,第 375—380 页。
⑤ 致梅的九通书信附在《数度衍》后,但《四库全书》本没有收入。此处引文见白莉民:《西学东渐与明清之际教育思潮》,北京,1989,第 21 页。
⑥ 冯锦荣注意到"三式"还可以指三种"循环体系",用于"算命",如:太乙、六壬、遁甲。他引用了宋代著名数学家秦九韶的一篇序言,秦将此类命数类的算术归为"内算";天文、数学则属于"外算"。
⑦ 其父的回答是《易》以象数为端几,而至精、至变、至神在其中"。引自冯锦荣,第 146 页。

应于神学与玄学。据毕德胜的解释,方以智排斥后者而接受前者。或者具体地说,他接受西学中的"质测"部分,排斥神学与形而上学,对后者欲以"中国式的玄学"取而代之。[1]

方以智对儿子的训诫并未化为耳旁风,三个儿子中有两位克绍箕裘,推进拓展了其父的"质测"之学。三子方中履撰有《古今释疑》,继承先人之论,融会了西学的若干方面。次子方中通则于数学著述甚丰。[2] 360

《古今释疑》直到近代还被错误题为"黄宗羲《授书随笔》"。杨霖(竹奄)的序言提及亲见此书付梓,出版时间当是杨序所记的 1678 年。而此书的写作前后花费了至少 16 年。

杨霖的序言为此书 11 篇序言之一(若包含作者自己的一篇则为 12 篇)。序言提及此书的手稿早已流传,但不易得见。[3] 说到中履(字合山)承袭家学,经过多年的搜罗,将各种有争议的问题汇成一书,题作《古今释疑》(*Resolving of Doubts Past and Present*)。杨霖称之"格物穷理之书",继而说"上古之人,不以书为书,而以世为书。仰观,俯察,近远取,何非书?"[4]他的评论也令人联想到文艺复兴时期的有关"自然之书"的思想。

方中通的序言对"实学"含义给出了明确的解释。从他长长的引述中可以看到这一概念的内涵明确包含两个方面:其一为"内",诸如"性"、"命";再者为"外",诸如拓展疆土、拯救黎民。二者都需要研究

---

① 此处为 Peterson 的翻译,形式上有所"强化";见 Peterson:《西学与格物》(*The Investigation of Things*),第 398—399 页。应当注意在《通雅》中,方提出了一个不同的知识结构,仍然分为三类:(1) 物理(principles of things),包括数学、历法、音乐、医药,等等;(2) 宰理(principles of management),大致为儒学;(3) 至理(highest principles)。(《通雅》卷一第三篇)。见白莉民,前书第 29 页。

② 据方中履自序,"此书弃敝簏中。今十有六载矣。"(《古今释疑》卷四,第 114 页)但方中通序则提到此书从写作到刊刻历时二十余年。

③ 杨霖在山东时听说此书,但未能得到。只是在姑孰任上,赴桐城公干时才从方中履处得到一册。(第 83 页)

④《古今释疑》,杨霖序言,第 83 页。

礼、"象数"、历算、音律、六书、医药,直至"物理"。每件事情对于"身"、"性"、"国"和"家"都至关重要,故谓之"实学"。重要的是这些概念意义准确、内涵明晰,使人无法吹毛求疵。进而,方中通贬斥道家与佛学所指之途皆空虚无物。相反,"实学"完全符合正统儒家学说。"实学"的原始可追溯到"河图"和"洛书"。下面的一段话就其"自然观"来说颇有深意:

361

> 故夫天、地、人身、礼、乐,以度测,以里测,以同身寸测,以尊卑等杀测,以损益高下[测],必通夫九数而其故始明。则夫九数之原于河洛,本于圆方,可遂不知乎?

他的结论是:

> 凡此皆儒者之所当务也!物如此而格,理如此而穷,情如此而类,德如此而通,学即如此而实,呜呼,不诚难矣哉!

显而易见,"格物"包含了自然哲学与数学科学。这也表明,方中通未遇到什么阻碍就在更一般的意义上把西学作为更广泛的知识整体加以接受。其实,这也正是《古今释疑》的全部目的:将中学西学融为一体。

除却几篇论述典籍之外,书中讨论了一些自然现象,并做出了解释,诸如海水的咸味、温泉、气象、地理,还有医药,甚至胚胎。最长的一节是音韵学与语音学。[1] 大多数的内容以引述典籍的形式给出,一些批评性的讨论则标以"新论"。这些"新论"大都出自西学。例如:海水咸味的论述,方中履指出此说为前所未闻,而得自西书,[2]温泉的解释引自熊三拔,[3]等等。

数学一节主要取自方中通的著作,下面将详细论述。

---

① 《古今释疑》卷四,第1604—1605页。
② 前书,第1398页。
③ 前书,第1409页。

三　方中通的数学

1.《数度衍》

　　方中通在为《古今释疑》所写的序言中述及,方氏兄弟秉持家学传统 ⟨362⟩
是多么艰难。无疑,这是鼎革之际社会动荡造成的。方中通返乡时,年
方十五,[①]是时"万里生还,破巢重聚",兄长中德和幼弟中履(比中通年轻
4 岁)"自幼遭难失学","莫知载籍何物,敢云学者自命乎"? 幸运的是,中
履喜欢读书,尽管方家藏书散佚,尚有半数幸存。方中通自称在兄弟三
人中最为愚钝,"读书百遍不熟"。只有当用心于"象数之学"和"物理实
义"的时候,才"稍稍有入"。[②] 因此开始迷恋西学书籍("好泰西诸书"),
正如学习音乐、历法、声律、算数和书法一样。方中通似乎在此暗自表明
他的学术抱负,其结果就是稍晚一些的《数度衍》。[③]

　　前文提到,正是在南京陪伴父亲的时候,方中通开始随穆尼阁学习
西算。此前,他师从父亲的好友汤濩学习传统历算,汤濩是少数精通《授
时历》的专家。[④] 但遇到穆尼阁后,方中通就倾心于西方数学了。和他同
时学习西算的还有薛凤祚(1600—1680,字仪甫),直到穆尼阁在 1653 年
应汤若望招请赴京。薛凤祚为 1616 年进士,曾师从魏文魁(汤若望的
"敌手")学习古历算法,在结识穆尼阁后,就和这位波兰教士开始了通力
合作,成果甚丰:所译书籍涉及天文、弹道学、气象、医学。薛凤祚也试图
将中西知识结合起来,最重要的是他介绍了对数算法。 ⟨363⟩

---

① 前书,第 104 页。

② 前书,第 105 页。

③ 在此篇序言中,他以某种方式指明此书的写作日期。如他说到:"不数年而《古今释疑》成,时
　予《数度衍》已成一岁,素北为序之。"他又写道"是书(即《古今释疑》)造成于二十年前。"这就
　是说《数度衍》大约写成于 1657 年,远远早于梅文鼎的著作。

④ 见冯锦荣,同上,第 147—148 页,此处有一简短的传记。

方中通编写的《数度衍》(*Expansion of Numbers and Magnitudes*),与徐光启的《勾股义》多有类似之处。这一部多卷本的作品,自 1659 年开始写作(或许还要早些),1661 年完稿。① 但直到 1687 年才刊刻付印,这或许是由于方家与明朝有着太多的联系。此书后来收入《四库全书》,与原作相比有较大的改动。② 特别值得注意的是,书首的"凡例"中提及,与七位学者进行的深入讨论,大大启发了作者的灵感,这七人中就包括薛凤祚和梅文鼎,下一章对梅文鼎将有专门论述。③

《数度衍》这个书名反映出方中通将《几何原本》所介绍的西算分为两支:"数"(numbers)和"度"(magnitude)。另一方面,书名也透露出《易经》的家学渊源,因为"衍"字是《易经》中的重要概念。有宋一代的数学文本中,"大衍"一词多作为严格的数学概念,但似乎方中通对此并不知道。④ 事实上,这一概念的演变导自两个传统,故而题名就成为书中内容的贴切"标记"。从本质上来说,《数度衍》是一个复杂的文本,或者可以看成"选集",篇章片段多取自中西材料,附以"中通曰"的简要而有趣的评注,而结构上却遵循着《九章算术》的模式。⑤

下面的引言表露出他的初衷:

364　　　　西学精矣,中土失传耳。今以西学归九章,以九章归周髀。而周髀独言勾股,而九章皆勾股所生,故以勾股为首。⑥

---

① 1661 年应是成书的年代,依据方的一首诗。见冯锦荣,同上,第 129—131 页。

② 冯锦荣对九个版本的差异做过一个综述(见冯锦荣,同上,第 129—131 页),有几种版本保存至今,有的仅存目录。此书的第一版保存在中国科学院图书馆。冯锦荣核定一个 1890 年的版本与初版几近一致。

③ 所述诸位见于"同学象数而辨难讨论"。除了提到的汤濩,另几位是揭暄、游艺——方以智的两个学生,和邱维屏。当然,方中通也认识熊任霖(熊明遇之子),方中通曾将《数度衍》呈其指正。见冯锦荣,同上,第 182—183 页。

④ 见李倍始(Libbrecht):《中国的代数学》(*Chinese Algebra*),特别是第 328 页。李倍始将"大衍"之法描述为"求解一阶不定方程的方法"。

⑤ 其内容的详细概要,可参见冯锦荣,同上,第 133—138 页及 183—193 页。

⑥ 此段引文由冯锦荣(同上,第 138 页)引自导言中的"凡例",但四库本被删减。

因此,《数度衍》的总体结构承袭《九章算术》,但方中通改变了类目的次序,将第九章"勾股"置于首篇。的确,在上面的引文中,"归"字的翻译至为关键。"归"的字面意义为"回家",或"带回原处"。但这里的意思难道不应该是"与……相关",或"将新知化归于旧识"吗?在第九章之前已有多个篇章,正是在此章中,各种不同的版本表现出有趣的差异。各种版本皆为26卷,但大概惟有第一版含有三卷导言("卷首"),《四库全书》本仅含有两卷导言,而将第三个导言作为附录。这些导言构成了"宇宙哲学基础":数学的起源("数原"),音律的起源("律衍"),卷首之三是《几何原本》概要(即"几何约")。之所以如此归纳,其动机是:"线、面、体之理尽于几何。故约之。"①与程大位《算法统宗》相仿,数学的起源被归于"洛书"和"河图"的幻方,但有趣的是,方中通对这种图式作出了新的诠释。他并没有先从1到9说起,而是选择了三边为3、4、5的"正则"勾股形。这样,1就是勾股之差,同时也是股弦之差。那么,6就是弦与勾股差之和,如此等等。这样,正如方中通所说:"九数出于勾股,勾股出于河图。故河图为数之原。"②接下来,他建立了一系列这样的数字关系,以解释"天数"为何是25,等等。他甚至以一种奇特的方式试图解释只要按照特定的指向,勾股之数也可以导出加、减、乘、除。这样,把两种图式作为一种"数学对象",方中通作出了"合理"的解释,并且驳斥了蒙罩其上的迷信思想。值得关注的是在其解释框架中几何优先于数字。事实上,方中通走得更远,他声称《九章》皆勾股说"!③ 他说明各章如何由"圆"、 ³⁶⁵ "方"导出,坦言《九章》编排是便于应用,而不是为了数学。④ 然而,西方数学的"18种方法"仅仅是名称不同,它们皆含于《九章算术》之中。⑤ 在

---

① 由冯锦荣引自"凡例",第130页。
②《四库全书》802卷,第234页。
③ 前书,第236页。
④ "故九章以用而分,不以数而分。"笔者认为这里的"数"指"数学"。
⑤ 前书,"太西立十八法,名异理同。"这里的18种方法指《同文算指》中的"十八节",每节标以"法"。

这篇导言中,再次引用了《周髀算经》论述"勾股"的著名篇章以及赵爽的注释,而《九章算术》的编纂时代也被追溯到周代。事实上,他甚至相信《九章算术》是保氏为《周礼》所作的注释,《周髀算经》也是周代的数学著作。① 如此,这两部古算名篇便成了儒家理想社会的遗物。

毫无疑问,此书的结构表现出它的倾向是要将中算西算整合一体,并归入《九章算术》的框架之中。《九章算术》各章的篇名出现在各节标题,它们被作为一种"主题词"遍布各卷。② 前五卷着重讨论中西计算方法的差异(算盘、写算、筹算,其中第五卷为伽利略的《比例规解》,即 *compasso geometrico*),并评价了哪种算法更有利于用算具计算。③ 在论写算部分时,有几节论述分数,称为"奇零",④使用了利玛窦和徐光启在《几何原本》中论述比例的术语。⑤ 有趣的是他称这些分数为"数"而没有去"自找麻烦",也就是说方中通实际上把利徐关于分数的论述转述过来了。⑥

在论述"勾股"的几节(卷七至卷八)中,《勾股义》被全部引述,置于《测圆海镜》(做了压缩)和《圆容较义》之后。后一部书出现的形式也很有趣,书中的定理被全部收录,包括大多数的图示和证明,当然有些做了重写,间或插入自己的注释。方中通用"式"代替"题"作为"理",⑦这一术语源自李

---

① 此说依据《周礼》中"保氏"对"九数"的描述。参见 ECT,第 18 页。

② 卷七开始一节称为"测量",下面有一个小标题"勾股之六"。(第 330 页)

③ 比如,"乘法"用"筹",而加法和减法用"尺算"则很方便,但除法最好是用"笔算",即"写算"。孙元化也曾有类似的区分。

④ 术语"奇零"为《同文算指》所用。初看起来这一术语是指分数的十进小数,但是,它实际上是指分数作为除法的书写。这一用法的起源不是很清楚,但方中通给出了它的定义:奇零者,不尽也。在《同文算指》等其他书籍,分数作为除法不尽时结果。参见詹嘉玲:《中西方算术在 17 世纪的相遇》(*Rencontre entre arithmétiques chinoise et occidentale au XVIIe siècle*),载 P. Benoit, K. Chemla 和 J. Ritter 编辑:《分数的历史,历史的分数》(*Histoire de fractions, fractions d'histoire*), Basel, 1992, 第 351—373 页。注意方中通在此处给出了一个"定义"的例子!

⑤ 卷二"命分法"一节明确地讨论了《几何原本》。如,"通曰:第一术,即几何原本之命比例法也"。(第 279 页)"命分"是除法的余数写作一个分数:"大几何已分几。命余者为几何分几何也。"

⑥ 再一个例子:有二数并列。子母不同。(第 443 页)

⑦《圆容较义》构成书中卷十(《四库全书》802 卷,第 374—384 页),并作为"少广之三",用《九章算术》第四章"少广"一词命名。《圆容较义》可在《四库全书》找到。(789 卷,第 928—944 页)

冶著作中的"图式"。是书的其余部分为开方技巧和方程解法,等等。①

2.《几何约》

让我们把注意力转向《数度衍》第二十四卷独立成篇的附录《几何约》(四库本《数度衍》"几何约"为"卷首之三"——译者)。它包含了《几何原本》的命题。方中通在一个附记中写道:

> 通曰:西学莫精于象数,象数莫精于几何。余初读,三过不解。忽秉烛玩之,竟夜而悟。明日质诸穆师,极蒙许可。凡制器、尚象、开物、成务,以前民用,以利出入,尽乎此矣。故约而记之于此。②

如果方中通当真一夜之间悟通此书(此前已读了三遍),必定是灵感突现! 这个注释表明,他的目的是给出一个"纲要"。③ 当然,这也暗含他不会再给出全部的证明。但此书并不会因此而失去意义,因为,方中通重新排列了定义、公理,还有选择地增加了少数证明。这些细节正是下面要关注的。④

《几何约》中最令人感兴趣的地方是对"基本原理"做了重新编排。卷前始自六个"名目"。⑤ 在这个标题下,列出了《几何原本》的大多数定义。因此,"名目"一词——程大位《算法统宗》也用此词——取代了"界说"。所给出的定义并不总是与《几何原本》相同。有时选用利徐注释中所给出的另一定义。例如,线段的定义,"点引为线"取代了"无广之长"。⑥ 方中通删除了诸如"线段之尽端为点"之类多余的定义。的确,这种定义完全没有必要。类似地,定义 4 也是多余的,这条定义声称"一条

367

---

① 有趣的是,这里用长方形说明开方法。方中通将其转化为欧几里得图式。这里隐含着与《几何原本》卷二(第 413、410、409 页)的联系。

② 前书,第 592 页。

③ 参见马若安(Marztloff):《17 世纪至 18 世纪初中国学者对欧几里得式论证方法的理解》(*La compréhension chinoise*),第 132 页,讨论了方中通与《几何原本》相比较而做的改变。

④ 深入的论述可见 EIC,第 297—308 页。

⑤《四库全书》802 卷,第 541—592 页。

⑥ 这一定义已为《几何原本》给出,但作为一个注释。

直线是对于其上面的点都是一样放置"的。另一个情形是对角线,它也被一个更准确的定义所取代。此外,如《几何原本》中定义 13"界"、定义 14"形"、定义 15"圆"和定义 16"心",在这里皆被以"一点为中心的圆"画出的图形所取代,并辅以解说:"圆,形也","外圆线,为圆之界","内中点,为圆之心"。从"定义"的角度来看,这样做可谓是一览无余。还有几个定义,在《几何原本》中含糊不清,而方中通则使其清楚明白。① 另外一个值得关注的有趣之处是"牛角"(horn-angle)的定义。

但不是所有的定义在"名目"之下都可以找到。比如,《几何原本》第五卷中相当重要的定义 5 和定义 6 就被省略了。② 紧随"名目"之后则是更多的"基本原则"。第一类是"度说",包含了《几何原本》的大多数公理。这一标题涵盖的命题多与"度"相关,因此,图形高度的定义(见《几何原本》卷六定义 4)也在这里给出。③

接下来是"线说",包括《几何原本》的平行公设、关于直线的两条公理、卷三中圆心到圆内直线距离的定义(定义 4)、卷四中关于面积应用于直线的定义(定义 6)。

"线说"之后继以"角说"。第一条公设(《几何原本》称之为"公论")为"凡直角俱相等"。其后的命题涉及垂线的性质:"直线上立垂线,则两旁皆直角"。这样,一条欧氏几何的定理("一条直线和另一条直线所交成的角,或者是两个直角,或者它们等于两个直角的和"。《几何原本》卷一命题 13)就变成了一条"基本原理"。

最后一类是"比例说"。含有定义 5、定义 6,以及复比例的定义(《几何原本》卷六定义 6)。

总之,在此编排结构中,《几何原本》中的大多数定义和公理都各得

---

① 《几何约》第 542 页:"于两对角作直线名为对角线。"
② 相反地,在"定义"条目下,有《几何原本》卷五的一条命题:第四比例存在命题。此条命题为克拉维乌斯所加。同样值得注意的是,将《几何原本》中含混的表述"比例同理"简化成"比例等"。
③ 《几何原本》的序号是 1,2,3,4,5,6,7,8,14,15,16,17,19。"部分—整体"公理("整体等于各部分之和"及"整体大于部分")序号是 18 和 9。

其所。但是有一个明显的空缺：缺少三条"作图公设"。

　　随后便是《几何原本》中所有的命题。在大多数情况下，方中通复制了原命题、图式和部分的"解"。具体的证明步骤则被删除。对于某些问题，总是要给出"作图"。① 偶然也会出现一些增补，特别是在处理《几何原本》卷二时，也许是因为此卷包含的材料与中国传统数学有着更多的关系。这里引述两个例子以说明方中通另外给出的证明。

　　方中通偏离《几何原本》之处更多是在图式上。别出心裁之处是他在同一幅图中用相同的字母标识面积或线段的相等关系。下面的例子是方氏"版本"的定理 7："一直线任两分之，其元线上及任用一分线上两直角方形并，与元线偕一分线矩内直角形二及分余线上直角方形并等"。
$[\, a^2 + b^2 = (a-b)^2 + 2ab \,]$

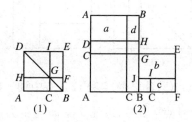

　　方中通没有用《几何原本》中的图例(1)，而是给出了一个更复杂的图例(2)。其原因似乎是想用面积"拼合"。欧氏几何的证明需要一种想象去"看"，比如，面积 CF 的两倍。② 显然，方中通宁愿把它们"分离"开来，各自表示。因此，"较小线段上的方形"在一个图形中被表示两次，这是因为它的面积包含在大线段构成的面积之中（AC 是较大线段，CB 是较小线段）。同样，矩形也包含在较大矩形中，小的线段也被分别表示两

_369_

────────────

① 仅有以下命题作了阐明：4,5,6,19,20,25,26,29,34,36,38,40,48。有些定理仅指出是前述定理的逆定理，如 26,29,48。

② "But AF, CE are the gnomon KLM and the square CF"（但是，AF、CE 的和是拐尺 KLM 与正方形 CF 的和）——此句引自 Heath EE II，第 388 页。（注意：英文原著图中未标 KLM——译者）

次,没有交叠。有些标识文字(相当于字母)用了不止一次,也许是为了在视觉上而不是在文字上来说明图形是怎样构造出来的。循此途径,我们可以辨识出方形 BI 以较短的线段为边,而且图形 $CABG$ 正是以这种方式构造以使其等于 $ACGB$。根据图形构造的需要更替文字的使用,证明本身也相当含混。关键在于说明磬折形 $AABGEF$ 等于磬折形 $AAB-JIC$,这是因为矩形 $a=$矩形 b,矩形 $c=$矩形 d。

接下来的定理 8 中,方中通给出了一个不同的证明。有趣的是他的证明居然和希思(Heath I,第 391—392 页)另一种方法相似,遗憾的是希思没有道明他所使用的文献。

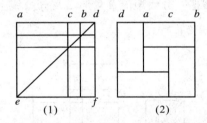

如果比较一下图(1)(欧几里得)与图(2)(方中通),显而易见,方的图示简洁而优雅。线段 ab 被点 c 任分,定理 8 说 ab 上的方形加上 4 个由 ab、bc 构成的矩形等于 db 上的方形。在方中通看来(在前一图中用 db 取代 ad,二者等价),这是显然的。事实上,方中通认为仅有图形就已足够了。①

另外一些命题处理的值得注意之处如下:

有几处,方中通正确地指出一个定理是另一个逆命题,比如卷三命题 27,②卷六命题 5。③ 有些注释消除了《几何原本》中模棱两可的解释,比如"等"这个词,就被用于不同的情形,④并用了更贴切的术语"比例等"以代替"同理之比例"。此外,也有些注释似乎缺乏对命题的理解,比如

---

① 《几何约》,第 563 页。
② 前书,第 566 页:"此反前题"。
③ 参见 Heath II,第 204 页。
④ 《几何约》,第 584 页:"通曰,似者形似也;等者容等也,体势等者非容等也。"

"面积的应用"(卷六命题 28、29),以及卷三命题 27 后面那个隐晦的评注。[①] 特别是,他关于角平分线给出的另一种构造,说明他对推理结构的忽视。(卷一命题 9)[②]

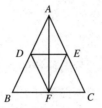

原来的推理令 AD 与 AE 相等,然后以 DE 为底构造等腰三角形 DEF,则 AF 就是角平分线。方中通认为可以作 AF 垂直于 BC,当然认为 AB 等于 AC(方氏本人对此没有说明),推理的过程是一种循环,因为,从点 A 引垂线与作角 A 的平分线等价。

四　明末清初

方氏家族是西学"纵向"传播很有趣的例子。也许父亲渐失兴趣,但却把兴趣传给了儿子们。此外,就 17 世纪中国的知识界来说,方以智确实不是一个孤例,他与那个时期的学人和官员有着密切联系。因此,值得关注的问题是,在他后来淡出的圈子中,所共享的智力兴趣中有多少西学知识。

[①] 这一定理说明有"公用边"的切线角和割线角相等关系,或如图,角 ACE = 角 EGC,角 BCE = 角 EDC。这两种情形依赖于:割线过圆心(1),或不过圆心(2)。方中通的评注如下:"通曰,割线正,则左与左等,右与右等。割线偏,则左与右等,右与左等。盖切线在外,割线在内故。"(第 567 页)

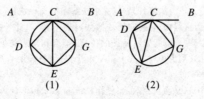

[②]《几何约》,第 551 页:"通曰,乙丙底作甲己垂线亦得。"

1. 黄宗羲

372　　黄宗羲是明清之际的重量级学者,也是方以智相交甚笃的友人。司徒琳(Lynn Struve)极力主张黄宗羲是引领晚明学术潮流,并且结束那个时代的思想家,而不是卓然独立于时代之外,预示清代新学术的学者(而至今他还被视为这一形象)。黄氏独特的思想世界产生于 17 世纪前期,其影响延续至清初,尔后就销声匿迹了。① 司徒琳注意到黄宗羲被著名中国数学史家李俨列为 17 世纪三位精通西方数学的学者之一(另两位是梅文鼎、薛凤祚),同时指出李俨没有给出充分的证据。也许李俨的观点所依据材料如今并不容易见到,据传,黄宗羲的后人收藏有他的几种手稿。事实上,他的大多数传记和墓志铭也提到他著有论西洋历法、论勾股和论三角形的作品,但这些今已不存,或难以寻见。② 如今,所能依据的仅有关于数学的几封书信和几篇杂文,尽管如此,仍有助于描绘他对数学的认识。

　　黄宗羲与方以智的交往源于他们都与"复社"有着密切的联系。二人皆是这个传承东林衣钵最大组织的成员。这并不奇怪,正如艾维泗(Atwell)所说:"晚明时期多数最有智慧的人物都是复社的成员"。③ 如所周知,黄宗羲的父亲黄尊素,就是东林党的殉难者。黄宗羲因赴京讼

373　冤,在公堂之上锥击仇人,并在大狱门前祭奠亡父而名噪一时。

　　复社成立于 1629 年,前身为 1624 年成立的应社,后者的创建者之

---

① 司徒琳(Lynn Struve):《黄宗羲》(*Huang Zongxi in Context*),载 *The Journal of Asian Studies*,47.3 (August 1988),第 503—518 页。

② 阮元提到,黄氏著有《大统历法辨》四卷,《宪书法解新推交食法》、《圆解》、《割圆八线解》、《授时历法假如》、《西洋历法假如》、《回回历法假如》(皆一卷)。此外,江藩还提到《气运算法》、《勾股图说》、《开方命算》、《测圆要》;黄氏的传记、年谱和墓志铭见于《梨洲遗著汇刊》,薛凤昌编辑;沈云龙选编的《明清史料汇编》第六集辑录有《梨洲遗著汇刊》,引阮元见第 25—28 页;引江藩见第 18—36 页。

③ 艾维泗(W. S. Atwell):《从教育到政治:复社》(*From Education to Politics : The Fu She*),载狄百瑞主编:《新儒学的展开》(*The Unfolding of Neo-Confucianism*)。第 333—367 页。

一是张溥。1630年南京举行乡试之际,复社召集了(第二次)大会。正是此时,黄宗羲加入复社。① 次年,张溥和几位通过乡试者在北京考中进士,而徐光启正是主试官。徐光启对张溥的文章大为赞赏,遂定知交。张溥经常拜访徐氏,二人无所不谈,西方天文学亦是话题之一。同年,张溥入选翰林院,徐光启又是主试官。② 后来,张溥为徐光启的《农政全书》(1639)作序,而负责编辑此书的也是复社的知名人士,徐光启的学生陈子龙。

1638—1639年,对复社来说至关重要,复社的成员深陷政治斗争的漩涡之中。事件的缘起就是那份著名的《留都防乱公揭》(*Proclamation to Guard Against Disorder in the Subordinate Capital*)。这封致皇帝的"公开信"由140多位复社会员联署,矛头直指阮大铖(1587—1646),此人仰仗宦官魏忠贤,为虎作伥,成为众矢之的。明亡之后,阮大铖却在南明政权中身居高位,这自然成了黄宗羲的阻碍。1639年,"公揭"张贴后不久,黄宗羲前往南京参加乡试。据年谱记载,他在天界寺逗留期间,与方以智相识,一见如故,随后共赴南京。据说方以智是黄宗羲的少数知己之一,二人过从甚密。③ 除却纵论时政,难道他们会不就学术和教育交流思想吗?④

尽管复社不可避免地带有强烈的政治色彩,但它的动机却不是争权夺利。复社成员的主要目标还是革新时政、普及教育,在他们看来,唯有全民教育方能拯救社稷的衰微。复社在这方面提出了不少创见。同样, 374 黄宗羲在教学上倾注了大量心力。他的学术研究主要致力于古代经典,却采用了与传统不同的新方法,同时还讲授数学和天文。特别是他在浙江海昌(今海宁)授徒五年(大约1678年前后)的实践证明,这种教学是

---

① 艾维泗,第341页。
②《徐光启年谱》,第185—186页(1631年后)。参见:艾维泗,第348页。
③《梨洲遗著汇刊》,第62页。
④ 在方以智遁入佛门后,黄宗羲曾在1661年到南康拜访方以智。

成功的,其成果表现在学生陈訏(字言扬)的著作中。这个学生后来撰写了几部数学作品,试图用勾股统领所有的测量方法。① 黄宗羲之子黄百家有一封题为"复陈言扬论勾股书"的信被保留下来。② 信的开头如下:

> 自客冬大雪,偕世兄③痛饮占鳌塔颠,醉语澜翻,凭栏四顾,见海南夏盖山模糊云雾中。偶谈及勾股,以为此得表矩测量,即可得其高下、远近,不爽累黍。此时兄听之甚为创闻。今年仲春,来至贵邑,忽以所著《勾股述》一本见寄。其言勾股弦之和较相求,与夫容圆容方,测高测远,前设假如以定法,中立论以阐理,后缀图以明象,剖析毫芒,穷源极委。既又示以矩测一本,凡夫直景倒景变景,莫不直原其所以然之故,而得其一定之理。此真绝世之颖敏,绝世之细心。弟读之骇叹无已。乃兄谬以弟曾发端,必能通晓,连赐三书,命其指正。且欲得荒芜之文以序之。愧赧何极!④

这段引文清楚地表明黄百家对徐光启译介欧氏几何的预想:借助西方测量学(如《测量法义》),阐释和证明中算的传统方法。毫无疑问这是欧氏几何的影响,不过这种西法经过了改造。因此,尽管我们无法找到诸如"定义"的方式,却可以在信中发现"假如",和与之相关联的"法"、"论","法"、"论"归诸"理",而"图"则归诸"象"。⑤

信的结尾慨叹道,当下的儒生已经不懂多少数学了:

> 嗟乎! 六艺之数,其微渺足以贯三才,而勾股则数中之津梁也。

---

① 《年谱》描述此间"公在海昌凡五载,得公之传者无闻焉。惟勾股之学陈言扬得其传耳"。《梨洲遗著汇刊》,第83页。陈訏,海昌人,他关于数学的另两部书是:《勾股引蒙》十卷,《勾股述》二卷;见丁福保,卷一,第588—589页。

② 此信收入《学箕初稿》,见《南雷集》(20卷)附卷。《四部丛刊》,上海,商务出版社,1929年。此处引自《南雷集》。(按《学箕初稿》系黄宗羲之子黄百家所作,附乃父《南雷集》行世。原书作者未查其故,误以为黄宗羲手笔,以下所论多有"张冠李戴",译文作了较大删改。——译者)

③ 此语暗示两家的世交。

④ 《学箕初稿》卷二,第20页正面。

⑤ 《学箕初稿》卷二,第22页正面。

自画天经野,以至阵垒兴作,莫不相须。科举是尚,实学之不讲已久,艺林之士,不知勾股矩度之名为何物,又焉复知此中之理?

对于数学,值得注意的另一方面是黄宗羲为陈言扬的著作撰写的序言,文中流露出他对中国数学史的见解。在黄氏看来,数学衰微的主要原因在于后来的"方伎家"占据了统治地位。[①] 徐光启也有类似的看法,但徐把主要原因归咎于"焚书"。另外,也可以在黄宗羲的言论中看到"西学中源"说的雏形。[②] 他提到中国历史上精通算学的几位大家,如元代的李冶、明代的唐顺之,等等。幸运的是:

> 海昌陈言扬因余一言发药,[③]退而述为勾股书,空中之理,一一显出,真心细于发,析秋毫[④]而数虚尘者也,不意制举人中,有此奇特。余昔屏穷壑,双瀑当窗,夜半猿啼长啸,布算簌簌,自叹真为痴绝,及至学成屠龙之伎,[⑤]不但无所用,且无可与语者,漫不加理。今因言扬,遂当复完前书,尽以相授,言扬引而伸之,亦使西人归我汶阳之田也。[⑥] 呜呼,此特六艺中一事,先王之道,其久而不归者,复何限哉。[⑦]

文中典型地表露出一位儒生的忧虑:慨叹世事衰落,企盼复归先王之道,感慨数学被弃之不用。

---

① "勾股之学,其精为容圆、测圆、割圆,皆周公商高之遗术,六艺之一也。自后学者不讲,方伎家遂私之。溪流逆上,古塚书传,缘饰以为神人授受,吾儒一切冒之理,反为所笑。"见《南雷集·南雷续文案吾悔集》卷二,第1页正面。

② 其说称:"于是西洋改名容圆为矩度,测圆为八线,割圆为三角,吾中土人让之为独绝,辟之为违天,皆不知二五为十者也"。

③ 语出《庄子》"列御寇"(第32章)。暗指列子期待伯昏瞀人的建议。

④ 语出《庄子》"齐物论"(第2章):"夫天下莫大于秋毫之末,而太山为小"。(Watson,第43页)

⑤ 见《庄子》"列御寇"(第32章):"朱泙漫学屠龙于支离益,单千金之家,三年技成而无所用其巧。"(Watson,第353—356页)

⑥ 春秋时期,汶河为鲁齐两国边界,"汶阳之田"于汶水河畔,原属鲁国,僖公初年时,因齐国的军事援助而"赠予"齐桓公的儿子友,(Legge CC V,第134页)鲁成公二年时讨回。(Legge,CC V,第348页)。此处寓意也许是暗指西人所占据的"数学之田",现在应该归还中国了。

⑦ 《叙陈言扬句股述》,《南雷续文案》卷二,第1页背面,《南雷集》。

377　　在研究中国古代数学的同时,黄宗羲对天文也深有兴趣,明朝灭亡后的几年间尤为强烈。《年谱》记载了他在那几年精心研读了几部历法。这种兴趣与他力图昌复大明有关。1645 年明朝灭亡,黄宗羲和他几个兄弟率领一支几百人的乡兵,投奔熊汝霖和孙嘉绩,继续在钱塘江抵御清兵。黄宗羲于此间谒见鲁王,与其他抗清将领建立"鲁王监国"政权,并颁行了一部由黄宗羲编纂的历法。①

　　尽管有关这部历法的详情已不得而知,但黄宗羲编著历法的事实表明,历法的西化改革激励了中国学者对历法的研究。换个角度说,这无疑也是中国学者对过于倚重西人产生的回应,前面的引文也暗示了这层意思。黄宗羲的工作提升了天文学的学术地位,他将前代的天文学家载入史册,写有多篇关于前代天文学家的传记和墓志铭,追溯了他们的事迹,阐明了他们之间的传承关系。

　　黄宗羲的另一重要著作是《易学象数论》。写作此书的主要目的是探寻以下问题:象数之学是否本于《易经》? 对宋儒来说为何具有如此重要的意义? 是否具有真正的历史基础? 是否从宋代便混入了异说? 这种努力又将黄宗羲置于传统宇宙观的批评家之列。亨德森(Henderson)在其颇有影响的著作《中国宇宙论之兴衰》(*The Development and Decline of Chinese Cosmology*)中指出,大约在清朝初年,传统的宇宙体系开始衰落,并将其归因于批评者的增加和(哲学的和考据的)批判工具的急剧精致化。稍后,1704 年,胡渭(1633—1714)沿着黄氏的思路出版了《易图明辨》,此书比《易学象数论》影响更大,可谓"易学史上的新地标"。② 尽管如此,黄宗羲对传统宇宙观的批判相当激进,例如,他称传统的"河图"、"洛书"并非宇宙图式,只不过是与周朝治世相联系的某种地理图式与表述。③ 尽管多数学者已经开始相信"河图"、"洛书"的原型已经失传,但黄

---

① ECCP I,第 352 页。
② 亨德森(Henderson):《中国宇宙论的兴衰》(*Decline*),第 221 页。
③ Henderson,前书,第 221—222 页。

氏的看法仍然过于激进,不能被广泛接受。图式原意的不确定性为多种
解释留下了空间。因此,按照方中通的数学化诠释,"河图"、"洛书"这两 *378*
块"模板"乃是全部数学的基础。理解这一信念的真正意义,需要更为深
入的研究。无论如何,这至少说明"易经宇宙观"与数学的关系相当复
杂,传统宇宙观或许更稳固持久——尽管可能是以别样的形式延续——
远远超过亨德森的判断。

黄宗羲始终保持着对明朝的忠节,拒绝仕清。他广授生徒,笔耕不
辍。名被天下的盛誉,也使黄氏有资格如此卓然傲立。

2. 陆世仪

陆世仪也是一位谙熟西学(包括数学)的学者,为了将西学纳入传统
学术框架,发展出一套详细的体系。陆世仪(1611—1672)一度师从刘宗
周,后者也是黄宗羲的老师。[①]　与黄宗羲不同,陆世仪似乎并不满足与
此,他选择一条完全不同的道路,并为陈瑚的学术圈子所吸引。这折射
出二人不同的哲学分野:黄宗羲倾心王阳明,而陆世仪追随程朱理学。
当然,他们都很重视"实学"。

正像徐光启、王徵和熊明遇那样,陆世仪迷恋兵法战阵。1632 年考
中秀才后,在老家江苏太仓跟随一位枪术名家学习兵法。同年,陆世仪
撰文阐释系于诸葛亮名下的《八阵图》。[②]　而他的最重要的著作当数《思
辨录》,其中只有几篇与军事相关,全书内容广泛,立论宏大。原作 35
卷,卷帙颇繁,后有张伯行删节为《思辨录辑要》22 卷。[③]

---

① ECCP,第 548—549 页,仅有陆世仪的简短传记。(《清史稿·儒林传》卷一《陆世仪传》,称陆
　"少从刘宗周讲学"。但此说受到后人质疑:据考,陆氏虽于所著《论学酬答》中表示,刘宗周
　为"今海内之可仰以为宗师者",却并无追随其讲学的实际经历。正因如此,乾隆年间全祖望
　为陆世仪立传,说陆氏因未得师从刘氏而"终身以为恨"——译者)
② ECCP,第 548 页。
③ 笔者引文依据版本是陆桴亭:《思辨录辑要》,载《丛书集成初编》,商务印书馆。以下简称为
　《思辨录》。

《思辨录》以对话体写成,下分 14 篇,标题皆出自《大学》,据此展开一系列的讨论。因此,在某种意义上,此书是基于《大学》框架的发挥与阐释,全面系统地涵盖了正统学说的主题与论点。其中讨论了仪礼、教育、伦理,等等,同时也包括农业、兵法、天文,亦数次参照西学。

例如,"治平"篇,即"国治而后天下平",①语出《大学》涉及"格物"的著名段落。"治平"篇首先讨论了中国传统的宇宙论。继而谈到西方天文学图式(模型),陆世仪称其最为精确,并强调说:"惟西图为精密,不可以其为异国而忽之也。"②在其论述西方交食理论时,提到了望远镜,描述了某种星象位置模型的实验。在"岁差"(即分点退行)篇中,他写道,西人的数据之所以精密,是因为欧洲学者终年致力于天象观测。③ 同时,他也对汉代天文学家提出了严厉批评。④

在一个有趣的篇章中,陆世仪试图将天文学的客观性与星占、算命调和起来。他指出,西学有日月交食和五星运行理论,一切皆有"常道"和"常度",却决不谈占验。按他的观点,人世和星象之间必有某种相互影响存在。上天之所以会出现异象,乃因"气"之运行。无论是国家和百姓,"皆在气运之中"。因此,其相互影响必定存在。⑤

除了论天,"治平"也有一节专门论地,阐述对国土规划的意见。首先讨论建都选址,然后论地利与物产,接下来讨论水平测量。正是此处,陆世仪提到了"几何用法"。他写道,此法详论勾股,虽然《九章》有之,但"未若西学之精"。还说到孙元化写了详细的注释,拓展其用,使之更加"精密",然而"惜此书未刊。"⑥

上述引文明确表明陆世仪对西方科学的兴趣,特别重视西学知识在

---

① 理雅各,CC I,第 359 页。

②《思辨录》卷十四,第 141 页。

③ 前书,第 144 页。

④ 前书,第 144 页,"汉儒谈天家多谬,至于升降四游尤属可笑"。

⑤ 前书,第 144—145 页。

⑥《思辨录》卷十五,第 153 页。

政府管理中的作用。因此,他声称官员若不懂算术就会被小吏欺骗。①
继而,他介绍了"起土"、"开河"的测量方法。在论"兵阵"一节中,他指出
一个真正的儒生必须学习技艺,掌握如何使用各种器具。②

陆世仪的著作中另一个值得注意的地方是他对教育的论述。"格
致"一节,展现了陆世仪心目中的理想教育的具体方案。他十分关注知
识的增长,认为与往昔相比,今日已没人可能无所不知。为此,他将需读
之书以缓急分为三类:经书、性理(理学家的著作以及对经典的注释)需
终身读之,反复念诵;水利、农事、天文、兵法需习其根本;史学、诸子及各
类杂学则仅需识其大要。③ 如此三节相应于连续的三个十年。5 岁到 15
岁为第一阶段,诵读经典;15 岁至 25 岁为第二阶段,经典之外,天文、农
事、水利和兵法等专书,④亦要细读深究;最后的十年,则是广泛涉猎。他
再次指出,儒者不可不习天文。⑤

3. 王锡阐

最后,还要提到两位学者,他们努力整合新的知识,或者从某种意义
上来说,宁愿用传统来替代新知。其一是黄道周(1585—1646)的侄子陈
茛谟(字献可)。黄道周是著名的理学家、政治家,与东林党交往甚密,被
认为是"复社的英雄"⑥,也是方以智和陈茛谟的朋友。陈茛谟著有《度
测》(1640),讨论传统的测量方法。⑦

另一位应当详细介绍的是苏州吴江王锡阐(1628—1682)。⑧ 他的年 *381*

---

① 前书,第 144 页,"儒生莅官目不识算,能不为吏书所欺乎"。
②《思辨录》卷十七,第 173 页,"器虽一技之微,儒者亦不可不学"。
③《思辨录》卷四,第 44 页。
④ 前书,第 47 页。有趣的是,此处注释称"有新刊水利全书、农政全书"。
⑤ 前书,第 52 页,"历数或可不必学,而天文日月五星运行薄蚀之理必不可不知,此儒之事,非
　　一艺之司也"。
⑥ 艾维泗:《从教育到政治:复社》(*The Fu She*),第 352 页。
⑦ 此书连同另一本论测量的小书被丁福保(第 174 条)提到,但笔者未能亲见。
⑧ 关于王锡阐的研究,见席文:《王锡阐》,载 *Science in Ancient China*,原文见 DSB。

龄虽然比黄宗羲、方以智小十余岁,但在精神上无疑属于明代。用席文 (Sivin)的话来说,他是一位"乱世中的独行者",他的友人——其中之一是儒学大师顾炎武(1613—1682)——皆是明朝遗忠。王锡阐以天文工作而知名,与梅文鼎、薛凤祚并称为那个时代的天算名家。他与梅文鼎没有交往,但梅文鼎无疑熟知王锡阐的著作(梅氏著书的时间更近)。梅文鼎曾为王锡阐的《圆解》(*Explanation of the Circle*)作序言。此书可谓纯粹的数学著作,其准确的写作年代无可详考,仅有一部手稿存世。事实上,是书未曾完稿,其影响也只是间接的,梅文鼎为该书做过"更定"和"订补"。[1]

《圆解》的主要写作目的是为邓玉函《大测》一书介绍的著名三角公式给出证明。该公式为:

$$\sin(A+B)=\sin A\cos B+\cos A\sin B$$

$$\cos(A+B)=\cos A\cos B-\sin A\sin B$$

(对于 $A-B$ 亦有相应公式)

正如梅文鼎在其"序言"中所说,《测量全义》仅讨论了此式之"用",而未论其"理"。

最值得注意的是《圆解》的结构。首先列出若干定义,有几条十分著名。比如,圆的定义:

> 平圆者,如圆镜之平面。又如日月,虽皆圆球,自下视之,皆如平圆,运规成环,环周成圆。圆周距心远近皆均。

同样有趣的是书中引入了新的术语。王锡阐用"折"代替"角",直角谓之"矩折",锐角谓之"尖折",钝角谓之"斜折"。"折"其义为"折叠"、"弯折",这一用法的起源不难寻找:它源自《周髀算经》那篇著名序言中关于直角三角形的讨论。然而,从王锡阐的天文著作中可以知道,他避

382

---

[1] 数学内容依据梅荣照的论文《王锡阐的数学著作——〈圆解〉》,载《明清数学论文集》,第 97—113 页。梅文提供了很多引文。

开西方的角度(degree)概念,而宁可以弧度(cord)来度量"角"。除此之外,王锡阐还选用传统的术语来定义三角形("三折形")、"平行线"。平行线是中国数学中从未搞清楚的概念,王锡阐对此却有特殊的兴趣。在一系列定义之后的若干命题中,王锡阐写道:

> 先有两平行线,次复有两平行线,相交相遇,其两折必等。

下面的命题,尽管不是十分严密,在表述上却与《几何原本》平行线定理相似:

> 圆中平行两线,得皆不为圆径,不得皆为圆径。

这些孤立的命题似乎透露出一种"公理化倾向"。遗憾的是,它们并没形成某种系统,而似乎更像是信笔直书的结果。然而,毫无疑问,王锡阐的目标却是进行严密的推理。

这些证明本身构成了一种几何风格,此不详细介绍。有些例子确实十分突出,比如:依据两角是否皆小于一直角,或一个小于直角,另一个大于直角,等等;用符号来标识相应的线段;增添少数的辅助线。尤其是线段可以互乘,这可以说是"非欧几何"的做法了。

王锡阐的数学工作没有产生太大的影响,当然对梅文鼎是个例外。王氏似乎是在相对孤立的环境中完成了他的大部分研究,属于避居乡间一心钻研数学的少数学者之一。在下一章中,我们将关注另外三位学者,他们都晚于王锡阐,生活在相对稳定的新朝代,对知识充满热情,精熟欧氏几何。

第八章　17世纪晚期的三位布衣数学家

　　本章将关注三位学者：梅文鼎、李子金、杜知耕。在17世纪的最后25年，他们都写有几何学专著。居乡不仕，潜心西学，研究数学和天文，同时亦不属于耶稣会与奉教人士的圈子，是这三人的共同特点。如此，成为延续晚明学术的重要人物。梅文鼎更被誉为二百年间（17—18世纪）的数学泰斗，承继晚明数学的余脉。而另一方面，他们也是一个时代终结的标志。在其有生之年，西学在中国的接受似乎达到极致，"西算"被堂而皇之地冠以"御制"之名。1723年刊行的"数学百科全书"《数理精蕴》或可视为"西学东渐"第一波的谢幕终曲，康熙以后朝野对西学的态度就是另外一番天地了。

　　如前所述，传播天文知识和与之相伴的数学方法，曾是来华耶稣会天文学家的一大使命，这在当时取得多少成功并不容易判断。然而，可以肯定地说，少数中国学者已熟知西方天文学，他们不仅能够推步测算，还深谙西方的宇宙观念和几何模型。不过，若想了解那个时代的原创之作，还要把视野跳出"御用天文学家"的范围。

一　李子金

1645年,《西洋新法历书》奉旨刊行,汤若望(Adam Shall)将艾儒略(Aleni)的《几何要法》收入其中,此举促使是书广泛流传,甚至比《几何原本》赢得了更多的读者。(按,《崇祯历书》修成后未及用于编历。入清后,汤若望将《崇祯历书》删改为103卷,连同所编的新历法一起进呈清廷,得到颁行,新历定名为《时宪历》。删改的《崇祯历书》称为《西洋新法历书》。收入《四库全书》时,避讳改称《西洋新法算书》——译者)至少李子金是这样认为的,在《几何易简集》的序言(作于1679年)中,[1]他写道:"是《几何要法》既行,而《几何原本》或几乎废矣。"[2]

384

颇为有趣的是,李子金似乎相信两书之间有着密切的联系,甚至认为《几何要法》可能是西方学者为《几何原本》编写的入门读物。[3]另一方面,他也认为仅读《几何要法》远远不够。[4]不过,在他看来,《几何原本》似不应如此繁杂,事无巨细,包括"至浅"之理,一律详解:

> 惟恐一人不能知不能行。故于至深之难解者解之,于至浅之不必解者亦解之。论说不厌其详,图画不厌其多。遂致初学之士,有望洋之叹,而不得不以《要法》为捷径。[5]

《几何易简集》可以视为综合两者之作,当然,是为了使《几何原本》更加

---

① 《几何易简集》,四卷本,此书是李子金《隐山鄙事》的一部分。《隐山鄙事》甚为稀见,感谢韩琦教授惠赠此书的部分复印件。除序言外,笔者还参阅了每卷的开头部分。

② 李子金:《几何易简集》序。此外,李氏还声称:"其不舍《原本》而趋《要法》几稀矣。"

③ 前书,"西国之儒,犹恐初学之士苦其浩蕃,又《几何要法》一书,文约而法简,盖示人以易从之路也。"

④ 前书,"若止读《要法》而不读《原本》,是徒知其法而不知其理,天下后世将有习矣而不察者。夫《原本》一书,乃合上智下愚悉纳于教诲之中。"

⑤ 前书。

易读。用他自己的话来说:删简约繁,明白晓畅。①

385 　　李子金(1622—1701,原名之铉,字子金,避康熙讳,故以字行)的生平,所知甚少。此人生于河南省归德府柘城县,主要著作《隐山鄙事》未曾刊刻,幸有稿本保存至今。

　　据地方志记载,李子金1643年为贡生,但却从未通过乡试。他隐居乡里,广读诗书,卖文为业,而特别擅长数学。据说他有某种"目测绝技",仅凭估量就能准确测出距离。一次,在酒家与朋友共饮,席间一位客人手指临街塔楼,问他能否测出距离。李子金眼瞄手画,旋即给出尺寸,经核验"不爽铢黍"。晚年则以著述自娱。② 其他文献也记载了这个类似"特异功能"的故事。③ 当然,他必定使用了某种基本的测量技巧。

　　尽管李子金一生不仕,但常游京师,广交朋友,从而得以熟稔西学。他的好友孔兴太(字林宗,生于通许,后移居杞县)与梅文鼎相交甚笃,④也是一位天文学家。孔兴太与杜知耕、吴学颢同年中举(1687)。杜知耕(字端甫,号伯瞿)与李子金同乡,李亦曾为杜著《数学钥》作序,下一节将讨论此书。

　　吴学颢生于归德府治下的睢州。虽不是数学家,却也为杜知耕的书写了序言。据《归德府志》记载,其父吴淇尤嗜算学。⑤ 吴学颢回忆幼年时曾见父亲研读《几何原本》,而自己却视此书为畏途。⑥ 1688年,吴学颢通过进士考试,转中书舍人。由此可见,无论李子金还是杜知耕,都属

---

① 前书,"予故于其至浅而以为不足道者,尽去之。于其至深而以为不能至者,从旁通之,发明之,使《原本》之微机妙义灿若指掌,而《要法》所载,皆无一不可解者"。

② 《归德府志》(光绪版)卷二十五,第14页背面。

③ 高宏林:《清初数学家李子金》,载《中国科技史料》卷11第1期,第30—34页。高宏林赴李子金故乡考察,研究过他的墓志铭和其他方志史料。

④ 梅文鼎在其著作中多处提到李子金。

⑤ 《归德府志》卷二十五,第6页背面至第7页正面。吴淇的传记记录了他对书籍的痴迷。可谓兴趣广泛:涉及有天文、音律、占卜、勾股、算法和西方奇器。中进士第后,先被任命为浔洲推官,后任镇江府海防同知。告老还乡后则倾力子女教育与学术研究。

⑥ 见本书附录二。

于一个受到西方数学熏陶的圈子,那时,对前明的忠贞已不再是什么棘手的问题。

正如徐光启那样,李子金也为西学的"方法论"所吸引。他甚至为《九章》作注,受西书启发,或"敷衍为图",或"推广其说",[1]非常重视形、数结合,图、式并举。他的宇宙观念中表现出强烈的理性倾向:

> 盖天下之物莫不有一定之数。而数之所在,莫不能一定之理。明其理,虽法有万,皆可即此通之矣。[2]

在其哲学著作中,李子金否认日月星象与人世福祸有什么联系,亦认为逝者无灵魂,世间无鬼怪。[3]

从某种意义上来说,李子金的《几何易简集》比方中通的几何著作更有意思。方的见解散在零星的插话与评注中,而李子金的著作却很能彰显个性,对欧几里得的独到诠释跃然纸上,同时也表现出试图理解《原本》结构的努力。当然,他也不得不面对艾儒略《几何要法》与《几何原本》的异同。[4]

《几何易简集》四卷,首卷主要讨论《几何要法》(名为"几何要法删注")。有趣的是,他以"几何家"(specialism of quantity)对应"西法",这似乎暗示他备有自己的几何专用术语。

本书第六章曾提及,《几何要法》的开头介绍了如何制作几何器具,如直尺、角规、矩度,李子金对此亦有论述,并建议用竹木取代耗工费时的铜器,甚至给出了一幅草图。[5] 随后指出几种基本几何构形(如垂线、平行线等)均可用另外的方法作出。《几何要法》只给出了作图的步骤,没有涉及理论,也没有讲明作图在证明中的作用。

---

[1] 高宏林,第33页。据载,李子金还著有《算法通义》,惜已失传。
[2] 引自高宏林,第33页。
[3] 见高宏林,第34页。
[4] 《几何易简集》,第1页正面。
[5] 前书,第2页背面。

　　第二卷讨论《几何原本》。李子金从第一卷中挑选出少数几条基本定理:如卷一定理 32(三角形内角和),定理 35、36、37、38(同底或等底且在相同两平行线之间的平行四边形相等,三角形仿此),定理 43(平行四边形中,对角线两边的平行四边形的补形相等)、定理 45(用一已知直线角作一平行四边形使其等于已知直线形)①和定理 47(毕达哥拉斯定理)。令人惊讶的是,他竟没有提到三角形的全等定理,即判定三角形全等的标准(如角—边—角)。难道他认为这是显而易见的吗?缺少了这个定理,李子金对定理 47 的证明(与《几何原本》相比)就省略了一个重要的步骤。

387

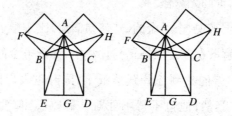

　　同《几何原本》一样,李子金给出了证明的两种图式:其一是基于等腰三角形的对称性;其二则处理非对称性的直角三角形(《几何原本》为何给出两种图式尚不清楚,《原本》的正文仅讨论了其中之一)。② 李子金评述道:

　　　　右图即勾股之法,而发明其所以然之故也,前图平分,于度易合,而于数不尽,故以后图论之,而前图之理即在其中矣。③

尽管这段注释相当含混,但却在"数""度"之间做出了明确的区分。这意味着他认识到了长度的"无理性"吗?

　　和方中通形成鲜明对照的是,李子金认为图式只是帮助理解的辅助

---

① 他仅讨论了直线形为三角形的情形。
②《几何易简集》,第 3 页背面。
③ 前书,第 3 页背面至第 4 页正面。

手段。紧接上述引文的便是《几何原本》证明文字的撮要。^① 这点甚为重
要。证明中的关键一步是看出三角形 *FBC* 全等于三角形 *ABE*。李子金
只是说到这一点，但未作更多的评述。

　　饶有趣味的是李子金在此书中对几何作图做出的努力。虽不奇怪，
但有几点仍值得注意，他同时对比《几何原本》和《几何要法》，并对"黄金
分割"尤为着力(卷二定理 11、卷六定理 30)。梅文鼎对此也是兴味盎
然，在后面讨论梅氏的著作时我们将会介绍他关于线段"中末比"另外一
种作法。这里只是将结论先行引出。

　　　　苟明于此一线之理，而于一线分身连比例之法，思过半矣！西
儒谓此一线为神分线，信不误。^②

　　从卷三开始，"黄金分割"就在正五边形的作图中发挥着关键作用。
不过，《几何要法》只是采用了丢勒(Albrecht Dürer)的近似作法。这对
于理解为何一种作图依赖另一作图来说毫无补益。《几何原本》介绍的
正五边形作法(卷四命题 11)，首先要作一等腰三角形，其两个底角分别
是顶角的两倍(卷四命题 10)。然而，李子金声称要作这样的三角形应以
正五边形的一边为底边。换句话来说：首先要作出的是正五边形！他甚
至写道，依正五边形来作线段的"中末比"真是"最为简妙"，而《几何原
本》竟不载此法。^③ 对于正五边形的作图，李子金仍依赖《几何要法》，前
文已经指出，这不是准确的方法，而且也不需要利用"黄金分割"。

　　因此，《几何原本》和《几何要法》的并存造成了李子金的困惑。尽管
多有误解，但是李子金毕竟认真研究了欧氏几何的证明与结构。

---

① 值得注意的是李子金并没有逐字给出引述，而是用了某种修辞性的手法来加以强调：比如
　"无疑"，"岂不与两小边上方形等乎"，以及"依此推之"。
② 遗憾的是，笔者用的版本缺失了有关"黄金分割"的主要论述。
③《几何易简集》卷三，第 1 页正面。"依此五边形作一线，分身之法最为简妙，而《原本》不载，
　不知何人作"。

³⁸⁹ 二　杜知耕

如同方中通那样,杜知耕也力图整合中西算学。但方氏《数度衍》不过是汇编之作,而杜知耕的《数学钥》(*Key to Mathematics*,1681)在本质上却截然不同,其主要目的是整合中算、西算,并统一在《九章算术》的体系之中,同时以《几何原本》的范型为旨归。

1.《数学钥》

《数学钥》六卷,每卷开首列出若干定义,①不称"界说",而称"凡例",后者一般指书前说明本书内容体例的文字。杜知耕似乎认为这一术语更为贴切。"凡例"之下定义了几种平面图形,既有传统的术语,也借用了《几何原本》中的名称。如 triangle 写作"三角形",而 trapezium 写作"梯形"。②《几何原本》中表示 parallelogram 那个很长的术语"平行线方行"被较短的"象目形"取代。而 area 竟有三个名称,除了传统的"积"、"幂",第三种术语似乎更像定义:"容方形之容",亦即一个图形的方形容度。特别有趣的是某些数的概念参照几何图形加以定义。线段之间、图形之间的"和"与"较"也有定义,矩形的面积被明确定义为"数",它由两边的乘积所决定。诸如"垂直"、"平行"、"环"、"分形"等纯粹的几何概念也各有定义。

全书六卷分为以下几个专题:

卷一　方田之一(直线形)

卷二　方田之二(曲边形)

卷三　粟布

　　　衰分

---

① 这里引用的《数学钥》为《四库全书》本,802 卷,第 92—232 页。

②《算法统宗》,郭书春,卷二,第 1267 页有一梯形的图例。

即《九章算术》的九个章名。显然，各章的篇幅相差悬殊。对几何内 390
容的关注明显胜过代数，比如，"方程"仅占一卷中的四分之一。总之，这
是一部几何学著作。

除了定义，该书也给出了命题和证明。作者确实试图运用某种推理
结构，有几处指明参见某某已确立的命题。然而，与《几何原本》不同：命
题（原书不称"题"而称"则"）并非由定理和证明构成，而是某些解题的具
体演算步骤。其实，书中的大多数数学问题都可在明代数学著作中找
到，比如程大位的《算法统宗》和吴敬的《九章算法比类大全》。

卷一讨论各种平面图形面积，也有个别数值计算。举个相当简单、
初等的题目为例：命题 4，直角三角形的面积是夹直角的两边的乘积之
半，此以直角三角形为长方形之半说明之。命题 5，求一般三角形的面
积。其法（底高乘积的一半）有一几何证明（不称"论"而称"解"，只是《几
何原本》证明的一部分），即将一般三角形分解为两个直角三角形，化为
前面的情形。

命题 8"象目形求积"颇有意思。杜氏于此处引述了《几何原本》卷一
命题 36："两平行线内，有两平行方形，若底等，则形亦等"。并给出了"欧
几里得式"的证明。

此卷也讨论了"逆求"问题，即已知面积求其边长。特别要提到的是
命题 13，给出矩形的面积及两边之差，求长和宽。杜知耕称该命题为"带
纵开平方"。这个名称源自著名的传统算法，逐次求出方根的各位数字，
相当于现代的二次方程。杜知耕通过"拼方"把问题转化为通常的"开平

方根"，显然并非"带纵开平方"之本意。

391　这样,已知的面积扩大了四倍,"方根"是给定两边之和。他的证明过程是正确的,杜氏引述了《几何原本》卷二定理 8:"一直线任分两分之,其元线皆初分线矩内直角形四,及分余线上直角方形并与元线皆初分线上直角方形等"。在上述图形中,线段 *CD* 被点 *E* 任分为二。如在本书第七章中所指出的,以其对《几何原本》的理解,方中通使用这一构图作为定理的证明。在证明传统算法正确性的时候,此法常常使用。紧随上一命题之后,列举出几个类似的命题。

　　另一方面,也像徐光启那样,在问题中若需要对欧氏几何做出某种解释时,往往是坦言直陈。因此,不会有这样的问题:将一个已知的面积"用于"一条直线。相反,已知矩形的面积和其宽边,而求其长(问题 35、36)。因此,本章结尾的一串问题,使人不禁联想起欧几里得的《论图形的剖分》(*On Divisions*)。每种情形都是:给定一个图形,从中分割出与之相似的图形。此类问题也是从近人著作获得的启发,如程大位《算法统宗》就含有类似的问题。① 吴敬的书中此类问题则有着鲜明的实际背景。例如,其书"少广"章中的一个问题如下:②

　　　　今有圭田,南北直长一百二十步,北阔三十六步,南尖。今从南头截卖三亩二分四厘。问截长阔各几何。

附图使得题意显而易见(中国传统的数学图示中,南总在上方;字母为笔

---

① 《算法统宗》卷七就讨论此类问题。见郭书春,第 1330—1331 页。
② 《九章算法比类大全》,郭书春,卷二,第 77 页。

428

者所加）：

同样的问题也见于杜知耕（只是数字不同），当然更为抽象。值得注意的 *392*
是，他将此类问题从"少广"章移到"方田"章中，在同一章名下讨论几何
问题。但问题的表述更为一般：

　　　　三角形以截积求截长。

显然，问题的表述并不完整。前此两个问题为已知截高而不是截积求其
截阔，或反之，其几何意义是：用"与底线平行"的直线分割三角形。这里
杜知耕依据《几何原本》，给出原形与截形对应边的比相等。据此，问题
的解答则显然易见。然而，此类问题的方法与欧氏几何形成鲜明对比。
在后来的传统中，需要一条辅助线以特定方式分割原三角形。①

　　对于杜知耕来说，这并不是某种构造问题：他的出发点是数值算法，
其正确性已被验证。如果用 a 表示原三角形的底边，h 为其高，而 p 是
分割出的三角形的面积，所述算法为：

　　　　置积（p）倍之为实，以元长（h）乘之，以元阔（a）除之，平方开之。

用符号表示就是：$x=\sqrt{\dfrac{h\times 2p}{a}}$，此处 x 是截割三角形的高。

---

① 与之相应的问题见欧几里得《论图形的剖分》（*On Divisions*）："用平行于底的直线，把已知三
　角形分成两个部分，使得二者的比等于已知比"。《论图形的剖分》的原作已经失传，但其中
　大部分内容保存在阿拉伯的翻译中。此处引述的例子见 J. Hogendijk：《欧几里得〈论图形的
　剖分〉的阿拉伯文本》（*The Arabic version of Euclid's On Divisions*），载 M. Folkerts 与 J. P. Ho-
　gendijk 编著：《数学遗珍：中世纪及近代早期数学史研究——纪念 H. L. L. Busard》（*Vesrigia
　Mathematica. Studies in medieval and early modern mathematics in honour of H. L. L. Busard*），Am-
　sterdam：Rodopi，1993，第 143—162 页。

393   杜知耕的解答颇有意思,这表明他必然用到了某种代数推理。在对
"算法"的转述中,他给出了下面的图式:

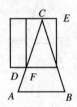

图中 EF 为矩形,其两边为截割三角形的底和高,而 DE 为边长为高的正
方形。此图表明杜知耕考虑到所述算法基于某种比例:

$$\frac{x^2}{2p} = \frac{h}{a}.$$

在证明中,杜知耕引述了《几何原本》的命题:等(同)底等(同)高的两个
图形的面积相等。因此,问题中的两个矩形相应为截割三角形的高和
阔。既知其比例,因此,正方形的边 x 故可求得。事实上,杜知耕称方形
DE 可用("借")已知比例乘以("因")矩形 EF 而得。

卷二讨论圆形。也同样从"定义"开始,像《几何原本》那样界定了
"内切"和"外切",也有传统的"弧矢形"的定义。值得注意的是"比例中
项"的定义:"一率自乘之数等于两率相乘之数,则此率为两率之中率。"①
类似的定义见于卷四,不过那里称为"再加之比例",即"两线各自乘,以
为比例也"。

卷二主要讨论圆、弧矢、环、椭圆等图形求积,同样也有知道面积返
求其径的问题。给出了圆周率的阿基米德分数 $\frac{22}{7}$,并从《测量全义》中转
引了阿基米德的证明。杜氏明确指出这个圆周率只是一个近似值。同
样值得注意的是他却并不知道祖冲之已经得到了这个数值。关于弧矢

---

① 《四库全书》802 卷,第 117 页。

面积的计算问题中有一个重要的转变。^① 在此卷的最后,有几道问题与 394
李冶《益古演段》(*Old Mathematics in Expanded Sections*)类同。^② 例如,命
题 38 为一方形内含一圆(但不相切)。^③ 并且圆和方形的面积为已知,同
时知道圆周与方边的距离,求圆的直径和方形边长。李冶用"天元术"求
解。据蓝丽蓉(Lam Lay-Yong),李冶借助几何图形对列方程的方法给出
了解释。"天元术"的方法后来失传,杜知耕也是通过几何方法把问题转
化为开方求根。

《九章算术》"商功"章除求体积之外还有其他各种问题,《数学钥》卷
四同样以"商功"为题,却完全是立体几何,^④讨论了具有中国或西方特色
的各类立体。值得注意的是,这里把物体的界面定义为"形",指平面图
形。"面"则专指"顶面"。面积则加"平"字,称为"平积",以区别于"体
积"。一共给出了 12 个不同立体的定义,古已有之者,如"堑堵"、"刍薨"
和"鳖臑",以及棱锥、圆锥(并称"锥体")、棱柱、"浑圆"(球体)和"浑椭"
(椭球体)。

杜知耕所论的传统立体可能源自吴敬《九章算法比类大全》,此书正
是用这种剖分的方法确定立体体积公式。^⑤

与代数方法相关的几章不能多谈,尽管也应给予关注,其中《几何原
本》的影响显然可见。比如,卷五中的"凡例"给出了诸如乘法交换率等
若干代数法则,^⑥还有减法法则,减去一数相当于加上其相反数:"同名相 395

---

① 关于这一算法的讨论可参见马若安(Martzloff),HCM,第 236—238 页。杜知耕指出,"旧法"
　仅在弧矢为半圆时才是正确的,除此之外,弓形越小,误差越大。他也给出了一个更准确的
　算法。(《四库全书》802 卷,第 132 页)
② 参见蓝丽蓉(Lam Lay-Yong)及洪天赐(Ang Tian-Se):《李冶及其〈益古演段〉》(*Li Ye and His
　Yi Gu Yan Duan*),载 *Archive for the History of Exact Sciences* 29(1983—1984),第 237—265 页。
③ 《四库全书》802 卷,第 136—137 页。
④ 前书,第 162—163 页。
⑤ 《算法统宗》,郭书春,卷二,第 187—188 页。
⑥ 卷五"凡例"第一则称"以此几分之几为彼几分之几之倍数,即以彼几分之几为此几分之几之
　倍数,两数必相等"。

减,异名相加",这里的"名"即是符号。

现在转向卷六,即最后一卷:"勾股"。①

卷首从勾、股、弦,及其"和"、"较"的定义开始。

首问是已知勾、股求其弦。证明引自《几何原本》中的毕达哥拉斯定理。随后按照传统路数展开与勾股相关的各类问题,比如:已知面积和两边之差求弦,等等,他指出其中全等三角形、矩形中包含已知量,这样未知量一眼就可以看出。一幅图可用于几个问题,而且这些问题设定的数据皆相同。如此,下图与赵爽的弦图几乎全同,被用于以下三个问题:②

(1) 勾股积及勾股较,求弦;

(2) 弦及勾股较求勾股积;

(3) 弦及勾股积求勾股较。

396 有一个问题在中西数学对比中显得十分重要,也曾使徐光启深陷困扰,值得特别关注。此题即:勾股求容圆(求直角三角形内切圆直径)。③

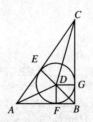

---

① 《四库全书》,802 卷,第 213—214 页。

② 前书,第 218 页。

③ 前书,第 226 页。

其算法是：勾股相乘为实，并勾、股、弦除之，倍之，得全径。（$d = 2ab/(a+b+c)$）杜知耕的推导如下：

> 解曰：甲（A）乙（B）丙（C）勾股形自三角各出一线，平分各角相遇于丁（D），即分勾股形为甲丁乙、乙丁丙、丙丁甲三三角形，一以全形之勾为底，一以股为底，一以弦为底。各角既平分，而复有一边同线，则三形必等高（注意，这里利用了角边角法则）；令三形各倍积，求对角之垂线（见《原本》卷四命题 24；这里的算法，即将三角形面积加倍，除以底边）；一得丁戊（DE），一得丁巳（DF），一得丁庚（DG）；三垂线必等。何也？三垂线即三形之正高，三形既等高，故垂线必等也。三线既等，其相遇处必然是容圆之心。（《几何原本》云："凡圆内出三线至界而皆等者，其点必是圆心"。）而三线皆半径也。然为分求之如是，合求之亦必然如是。若并三形之倍，积为实，并三底除之，亦得容圆之半径。

尽管论述相当简要，但显然整个证明基于公式 $ah + bh + ch = (a+b+c)h$。同样值得注意的是证明中指出了参见前此已经得到的命题。不过，那条命题不是定理，而只是一个算法。

杜知耕力图将传统数学整合于一个新的框架，这确实是受欧氏几何影响的一个案例。他对古代数学的掌握颇多缺漏，不过仍然尽力将其系统化。显然，他将传统数学分为两部分，"几何"一类，其他内容共为一类。严格地说，杜氏的证明常有缺陷，但可以相信，他自己确实倾力于"逻辑推理"。毋庸讳言，他的传统取向不可避免地偏离纯粹的欧氏风格。相对于欧氏几何来说，中国传统的问题多为算法，涉及几何对象亦多考虑度量，通常的算术运算就有了用武之地。然而，杜知耕于纯粹几何推理的兴趣，显然来自《几何原本》，这无疑让他站在了世纪的转折点。

2.《几何论约》

1700 年，《几何原本》已问世九十余载，杜知耕阐述了《几何论约》的

写作目的:

> 《几何原本》者,西洋欧吉里斯之书。自利氏西来,始传其学。元扈徐先生译以华文,历五载三易其稿,而后成其书,题题相因,由浅入深,似晦而实显,似难而实易,为人人不可不读之书,①亦人人能读之书。故徐公尝言曰:百年之后必人人习之,即又以为习之晚也。② 书成于万历丁未,至今九十余年,而习者尚寥寥无几,其故何与? 盖以每题必先标大纲,继之以解,又继之以论,多者千言,少者亦不下百余言;一题必绘数图,一图必有数线,读者须凝精聚神,手志目顾,方明其义,精神少懈,一题未竟已不知所言为何事。习者之寡不尽由此,而未必不由此也。若使一题之蕴数语辄尽,简而能明,约而能该,篇幅即短,精神易括,一目了然如指诸掌,吾知人人习之恐晚矣。或语余曰:子盍约之? 余曰:未易也。以一语当数语,聪颖者所难,而况鲁钝如余者乎? 虽然,试为之。于是,就其原文,因其次第,论可约者约之,别有可发者以己意附之,解已尽者,节其论题,自明者并节,其解务简省文句,期合题意而止。又推类比类,复缀数条于末,以广其余意。既毕事,爰授之梓,以就正四方,倘摘其谬删其繁补其遗漏,尤余所厚望焉。③

文中明确指出徐光启的意愿未能实现,《几何原本》并未被广泛传习。在杜知耕看来,人们之所以对此书缺乏兴趣,当是《几何原本》过于艰深!他如此崇拜的著作,习者竟然"寥寥无几",怎能不令人深感遗憾。因此,杜知耕意欲推出一种"简约易明"的新版本。

---

① 此语引自徐光启的序言。
② 同见徐的序言。
③《四库全书》802卷,第4—5页。此篇序言已由马若安译成法语,其文见《17世纪末中国学者对欧氏几何的反应——从杜知耕的序言看〈几何论约〉,及其两条文献学注记》(*Eléments de réflexion sur les réactions chinoises à la géométrie euclidienne à la fin du XVIIe siècle-Le Jihe lun yue de Du Zhigeng vu principalement à partir de la préface de l'auteur et deux notices bibliographiques rédigées par lettrés illustres*),载 *Historia mathematica* 20(1993),第160—179页。

杜知耕的《几何论约》的确是《几何原本》的缩写本,但基本结构完整无缺。一个值得注意的例外是,和方中通一样,杜知耕也忽略了作图公设。整体上来说,他没有引述《几何原本》中的证明,但也有个别例外,如毕达哥拉斯定理。令人瞩目的是,在书的结尾,他增添了 10 条命题,尽管数量不多,但却更为复杂。这些罕见的例子,显示了拓展《几何原本》的创新精神。杜氏对此节有一个简短解释:

> 耕自为图论附之卷末,其法似为本书所无,其理其实函各题之内,非能于本书之外别生新义也。称"后附者"以别于丁氏、利氏之增题也。计十条。①

"后附"命题中的第一条看上去似乎微不足道,即:直角三边形,已知直角边,求斜边。然而,他的按语明确表示,此题的目的并非计算斜边的长度,而是要用几何方法("比量")把它"作"出来。他又说"直角三边形",即"算家"所说"勾股"。这里的"算家"当指中国数学家,也可以理解为广义的算术家。

接下来的四个命题是典型的勾股作图问题。例如,命题 5,"以直角旁两边与对直角边之两较线,求各边"。或者说:已知 $c-a$,$c-b$,求作三角形。所给作法如下: ₃₉₉

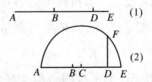

线段 AE 表示线段 $c-a$ 的两倍(AD)与线段 $c-b$(DE)之和。平分于点 C,依此为圆心可作出半圆,过点 D 作垂线 DF 交半圆于点 F,将 DE 与 DF 相加,即得勾长。

有趣的是如何证明这一作图是正确的。为此,杜知耕写有"按"语,

---

① 《四库全书》802 卷,第 87 页,"后附"命题见第 87—89 页。

而不是"论"说(也许这样更谦让),多依据于勾股数学("句股法")。他指出:将边长为 $c-a$ 和 $c-b$ 的矩形加倍,其积与以 $a+b-c$ 为边长的正方形面积相等[上图(1)]。图(1)中 AE 表示 c,这就表示出当 $c-a$ 和 $c-b$ 被移去后 c 的剩余部分。同样,在半圆中,以 AD($c-a$ 的两倍)和 DE 为两边的矩形面积与方形 DF 等积,因此,线段 DF 就是线段 c 减去 $c-a$ 和 $c-b$ 剩余部分。因此,若加上 DE,就得勾长。

杜知耕也许发现这一作图用传统的算法分析与欧氏几何的命题证明是等价的。

附题 7 引述了一个有趣的问题,即用"复比例"证明《几何原本》卷六命题 23。[①] 他给出一种不必使用"借象之术"的简化证明方法。本书第五章中指出,这一方法由利徐二人命名,用于将"断比例"转化为"连比例"。这一证法值得全文引述,因为在证明中使用的"复比例"正是许多欧氏几何注释者们的攻击要点。

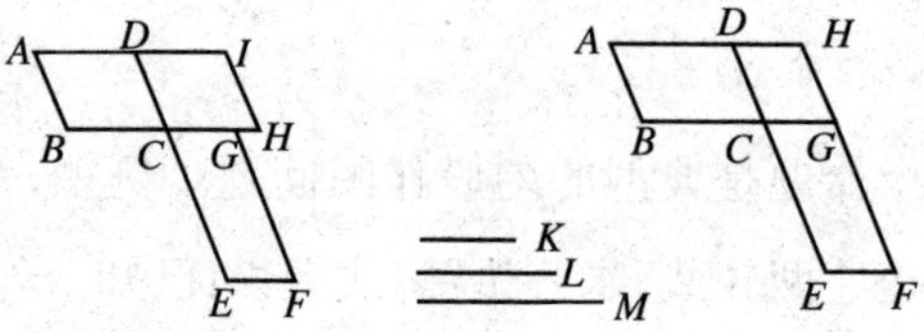

(1)   (2)

400 《几何原本》卷六命题 23 是"等角两平行方形(AC、CF)之比例,以两形之各两边两比例相结"。为此,将两平行四边形置如图(2),并令三条线段,使其满足:$BC:CG = K:L$,与 $DC:CE = L:M$。但是,$BC:CG =$ 平行四边形 AC:平行四边形 CH,因此,$K:L = AC:CH$;同理,$L:M = CH:CF$。据此可得:$K:M = AC:CF$。但 K 与 M 之比就是边长的复比例。

杜知耕指出此处"不必借象,即以相结"。[②]

----

① 《四库全书》802 卷,第 89 页。
② 同上。

论述如下。作线段 CH,使得 $CG：CH=DC：CE$;再作平行四边形 DH,见图(1)。下面要证明两平行四边形的比就等于 $BC：CH$。杜知耕指出:平行四边形 DH 必然等于平行四边形 CF,依据是卷六定理 14,他所引述的卷六定理 16 只是定理 14 的特例。因此,AC 与 CF 的比等于 AC 与 DH 的比,因其两平行四边形等高(卷六命题 1),故此一比例等于其底边 BC 与 CH 的比。显然,$BC：CH$ 是 $BC：CG$ 和 $CG：CH$ 的复比例,其中的后者亦等于 $DC：CE$,这样 $BC：CH$ 就是边的复比例。他的结论称:

> 此以丁丙(DC)丙庚(CG)为前率之后,复为后率之前,化[二]为一,作首尾两率之枢纽。不必假借他象,即以相结。①

这就是说,他没有用三条线段 K,L,M,仅作了一条 CH,就得到同样的结果。

显然,杜知耕对作三条线段来证明这一定理的方法并不满意。当代 ⁴⁰¹ 的注释者对欧几里得的这一证明也是倍加指责。从希腊数学的本质特征来看,问题症结在于定义某种对象以取代与其在数量上相等的比例,这是不被接受的。

《几何原本》卷六定理 23 的一个更为简化的证明应该是如图(2)中直接得到 $AC：CH=BC：CG$,而由于 $CH：CF=DC：CE$,又据定义,$AC：CF$ 是 $AC：CH$ 和 $CH：CF$ 的复比例,亦或是 $BC：CG$ 和 $DC：CE$ 的复比例。② 然而,这一证明"预设"了比例代换,或者说复比例的唯一性。这种唯一性可据卷五命题 22 来证明,但构成比例的线段必须被"借用"。③

---

① 《四库全书》802 卷,第 89 页。["化(二)为一",原著脱"二"字,据《几何论钥》原文补——译者]

② 这一证明在 Mueller 的 *Deductive Structure* 一书中也有暗示,第 154—155 页。

③ 斋藤宪(Ken Saito):《欧几里得与阿基米德论复比例》(*Compounded Ratio in Euclid and Apollonius*),*Historia scientiarum* 31(1986),第 25—59 页。或见: Vitrac EE II,第 216 页。

此例表明，杜知耕的确深入研读了《几何原本》，更值得注意的是，这一证明完全是欧几里得的风格。[①]

最后要讨论与黄金分割相关的几个命题。[②]《几何原本》卷二命题 11 要求按"中末比"分割给定的线段。

> 分已知线段，使它和一小线段所构成的矩形等于另一小线段上的正方形。[③]

欧几里得给出的基本构图是：以已知线段为直角三角形的一边，另一直角边为其一半。

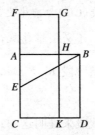

在上述图形中，直角边 AE 是直角三角形 ABE 另一边 AB 的一半。在此三角形中，斜边等于 AE＋分割两线段中的大者。若用代数语言来表述，原命题是：

$$\frac{a}{x}=\frac{x}{a-x}，或者：a(a-x)=x^2 \tag{1}$$

式中 a 表示被分割的线段，x 表示分割后的大线段。这一方程可被变形为：

$$\left(x+\frac{1}{2}a\right)^2=a^2+\left(\frac{1}{2}a\right)^2 \tag{2}$$

---

① 证明中的一个细节值得注意，在将平行四边形置于"两角相连"并且相应的边各在直线上，他以小字加了一个注释"六卷二三"，这无疑表明他在为证明引述依据的定理。但是，这是否是对引述定理的诠释？还仅仅是一个脚注？
②《四库全书》802 卷，第 89—90 页。
③ Vitrac EE I. 第 402 页。

这一方程显然表明以边 a 和 $\frac{1}{2}a$ 为两直角边的直角三角形,其斜边为

$x+\frac{1}{2}a$。从中减去 $\frac{1}{2}a$,余 x 即为大线段。这也就是说,从弦中减去勾

就可得大线段。[①] 当然,杜知耕并没有如此符号代数。他所给出的另一

种构图依赖于观察:以"股"的一半为"勾",此三角形为构图的基础,从斜 403

边中减去"勾"即得较大线段:

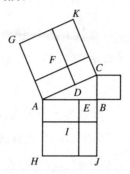

如果 AB 是要分割的线段,首先于点 B 作垂线 BC,并等于 AB 的一半,

如图所示,以三边为底向形外作正方形。于 AC 上作 CD 等于 CB。最

后,于 AB 上作 AE 等于 AD。则点 E 就是线段 AB"中末比"的分割点。

这一构图的正确性证明如下(杜知耕并没有解释这些正方形如何分割,

但这在证明中是显然的)。

据作图,正方形 CF 与 CB 等积,且正方形 HI 与 FG 等积。所求点

E 应当满足以下条件:(1)从矩形 CG 中减去 CF 后的"罄折形"面积等于

正方形 HB 的面积(毕达哥拉斯定理);(2)矩形 AF 是矩形 HE 的一半

(因为 CB 是 AB 的一半),因此 HE 等于 AF 连同其补形 FK;(3)从 HB

中减去 HI 后的"罄折形"其面积等于前述的"罄折形"。因此,如果二者

都减去 AI,HI 必与 EJ 相等。这就是说,以小线段和原线段为两边的矩

---

① 见 Van der Waerden:《古代文明中的代数与几何》(*Geometry and Algebra in Ancient Civiliza-tions*), Berlin:Springer Verlag,1983,第 84 页。

形面积等于以大线段构成的正方形的面积。

随后的另一个命题是为最后一个命题作准备的。即"求于三角形内作一线抵两腰与底线平行又与所设线等":

404 　　作图如下:先作线段 AG ,分其于点 F ,使得 AG 与 AF 之比等于 BC 与给定线段的比。过点 F 作 DE 平行于 BC ,则 DE 即为所求。

　　最后,利用上述两个命题,就可以把任意多条线段按"中末比"来分割。尽管存在美学上的吸引力,然而并不实用,较之单独分割每条线段,这种方法需要更多的步骤(三角形中的一条线段都必须按照一定的比例来分割,往往需要几步)。无论如何,这些"附题"再次表明杜知耕于几何方法的灵性与智慧。正如李子金、梅文鼎一样,他也对"黄金分割"偏爱有加。

　　其友吴学颢的序言充满了对《几何原本》和杜氏新版的赞誉,①字里行间与徐光启近百年前的那篇序言颇具共鸣。吴氏写道:

　　　　……然则此书诚格致之要论,②艺学之津梁也。今夫释迦之学亦来自西域,中更刘宋、萧梁,③诸人翻演妙谛,转涉悬渺,然终属搏沙,④无裨实用。中国人尤嗜之,不谛饥渴。《几何》一书绝非其伦,徐、利二公一本平实。杜子所述更归捷简,学者辍其章句辞赋之功,假十一于千百,数日间可得之,亦何惮而不一观与! 杜子先有《数学405　　　钥》六卷,已行于世,正与几何家相为表里。合二书,评之皆洁净、精

――――――――――――――――――

① 见本书附录二。
② "格致"出自《大学》,这个概念对新儒家至为重要,徐光启首先用此术语对应于西方科学。
③ 相应的历史年代是:420—479;502—557。
④ "搏沙"字面意义是"团沙球",比喻一旦没有外力"沙球"就四分五裂。

实,几于不能损益一字。语不云乎:"言之无文,行之不远"? 吾以为言之不简,不可为文,简之不该,不可为简。请以此语赞两书。读之者既得其简,即得其该。其于是道也庶几哉。

三　梅文鼎

如果说杜知耕潜隐乡间、默默无闻,梅文鼎的境遇就截然不同了。他可谓18世纪的一代宗师,天算泰斗。梅氏享有如此盛名与康熙帝迷恋数学的个人兴趣紧密相关。他的孙子梅瑴成,克绍箕裘,也成了数学家。梅瑴成幼年时,梅文鼎亲手编订一份算学课孙草,字里行间流露出他的教育理念,兹引述如下:①

> ……初学莫易于笔算,减并乘除三日可了。然除法定位转易,乘法定位稍难。兹以本数、大数、小数三者别焉。虽童子可知矣。至于勾股开方,非图不解。《周髀算经》有古图,简质可玩。历书本几何之流,亦足引人思,至今稍广之为图者六,以示余两孙瑴成玕成。俾稍知其意,数学如海,非笃好精思,鲜不自涯而返,然而千里之行始于足下。因命之曰:数学星槎云尔。

末句中的"星槎",出自汉代有人乘筏("槎")入海到天河,遇到织女的故事。

不多的几行字,梅文鼎的性情跃然纸上:热爱历算,玩味《周髀》,欣赏几何,谙熟图式,务切实用。在他看来,数学是一门非常精深的学问,需良师引导,循序渐进。

梅文鼎大半生的时间都用在了教育上。在他身上,凝聚了以数学为 406 "业余"追求的儒家学者的典范:学识卓越,声名远播,却淡泊仕途,将毕生心血倾注于子孙的教育。

---

① 梅文鼎:《勿菴历算书目》(由其孙梅瑴成编纂),载《知不足斋丛书》(1882)第149册,第52页。

1. 1700 年以前的梅文鼎

梅文鼎(字定久,号勿菴),1633 年出生于安徽宣城(属宁国府),梅家为当地望族。[1] 幼习诗书,15 岁考中秀才。梅文鼎终身业儒,除去年复一年地准备乡试,他还跟随一位老师学习天文,观察星象。自 1661 年起,梅氏开始潜心钻研中西历算。

梅文鼎的祖父和父亲都是易学专家。明亡之后,其父拒绝仕清。幼小的梅文鼎生活在明朝遗民中。不过,他对新朝廷的感情可谓矛盾交织,比如,他并不拒绝参加科考。尽管从没有通过乡试,长期羁留南京为其科学知识结构的形成奠定了重要的基础。1669 年的乡试期间,他结识了方中通,随后每隔三年,逢考即见。他很可能与方中通一道师从穆尼阁(Smogulecki)学习西算。1674 年,梅氏撰写了自己的第一部数学著作《方程论》,试图阐明求解联立线性方程组的传统算法,而西算没有相应的内容(李之藻亦曾有感于此)。《方程论》中提出了一些观点,涉及中西数学和天文的关系,这一问题几乎盘踞着他的后半生。他在几何方法("量法")和计算方法("算法")之间做出了明确的区分,一方面将西方天学的成就归诸于前者,另一方面认为在中国传统中后者尤其卓越。

1675—1678 年间,连续举行了三次乡试,梅文鼎得以在南京长期居住,贪婪地搜寻历算典籍,《新法历书》(即《崇祯历书》)便是收获之一。事实上,据他的侄子回忆,梅文鼎整日沉湎天算,家人只好把书藏匿起来,免得他过分分心。

1678 年的一个机遇对梅氏甚为重要。是年他结识了藏书家黄虞稷(1638—1691),黄家的藏书在当地颇有名气。正如本书第三章指出,黄

---

[1] 梅文鼎的传记颇多,就笔者所见以祝平一所论最为全面深刻。见《技术知识、文化实践和社会边界：皖南学者与耶稣会天文学之重铸》(*Technical Knowledge, Cultural Practices and Social Boundaries: Wan-nan Scholars and the Recasting of Jesuit Astronomy*, 1600—1800), dissertation University of California, Los Angeles, 1994。本文多依据祝的论文。一个简短的传记载于 ECCP。

407

氏藏有宋刻《九章算术》的孤本,残存前五卷。据梅文鼎自述,黄虞稷允许他借阅此书。遗憾的是,我们已无法知道梅文鼎对此书所知几何:是否留下抄本? 借阅时间多长?

另一重要事件是 1679 年举行的"博学鸿儒"科。此科经皇帝诏令,为选拔汉人精英纂修明史而开。清政府的初衷是笼络汉人士大夫,让他们在官府中任职。虽然梅文鼎未能被举荐参加考试,但却被邀请为明史历志撰写初稿。显然,此时梅文鼎已是掌握传统方法的天算权威。

17 世纪 80 年代,梅文鼎继续独自钻研,1684 年撰写了关于球面三角形的论著,这是他关于西方几何学的第一部作品。1688 年,赴杭州拜访耶稣会士殷铎泽(Prosper Intercetta),与其讨论西方天文与数学。1689年北上赴京,正是此行奠定了他的名声。进京的原因尚不清楚,一种说法是他要拜访南怀仁(Verbiest,1623—1688,而南氏恰恰就在此时去世)。另一种说法认为他被邀请参加明史的撰写。这次,他在北京一呆就是四年。北京已成为文化和政治中心,名士云集。梅文鼎结识了大学士李光地,客居李府,而李光地也成为梅文鼎重要的赞助人和举荐人。下一章将介绍李光地出资刊刻梅氏著作,并向皇帝举荐此书所做的努力。

2. 以勾股释几何

寓居京师期间,梅文鼎编纂了几种几何学著作。值得注意的是《几何通解》(1692)和《几何补编》(1693)。梅文鼎的著作不同版本之间变化很大。比如,文渊阁《四库全书》中,《几何通解》改作《勾股阐微》(*Revealing the Subtleties of gougu*)四卷。[①] 后者采用梅文鼎的学生杨作枚编订 *408*

[①]《四库全书》795 卷,第 209—349 页。

的版本,又经过了四库馆臣的编辑校勘。① 然而,梅毂成重新编订祖父的著作时,删除了此书的第一卷,声称该卷出自杨作枚之手,非原书旧观。梅毂成还增加了新标题,如此,《勾股阐微》第二卷成了《勾股举要》(*The Essentials of gougu*),而第三卷成了《几何通解》。

梅文鼎在他的著作中利用了各种材料,表现出不同的风格。除了传统古算中的几何知识之外,梅氏更多地涉及了《测量全义》中的几何内容。他引述了几位当代数学家的工作,这些人的原作大都未能保留下来。这说明当时还是有几位活跃的数学家的,但带来的问题是梅氏著作中哪些属于他个人的原创之作。

他的《三角形举要法》用一大节主要讨论"三角形分解",借用了三角学,②同时也涉及测量方法。其中几节——一节为测量方法——梅文鼎在证明中使用了欧氏几何的语言和方法,另外几节则主要利用数值方法。应当指出,《几何原本》对梅文鼎并没有什么特殊影响。他或许是先从"历算书"中学习到西方数学,后来才转向《几何原本》。只有在阐述问题和技巧需要帮助时,他才使用欧氏之书,并不是把它奉为确立严格性的"神明",抱守不放。

有几篇他将传统话题与西方几何汇集一处,常常是推广了传统算法。如《勾股举要》,首先讨论三角学,接下来论述各种三角形的面积,也论及徐光启曾经处理过的问题:方圆相切。提供了各种已知边长求三角形面积或其他边长的问题和方法。常常是同一问题给出数种不同方法。一个亮点是对不同情形加以区别。例如,首先考虑直角三角形的内切圆。在证明的最后,有梅氏的"论曰",称这一算法为"古法","乃至精之理"。李冶的《测圆海镜》"引申其例",将其拓展为测量方法。

409　　梅氏还讨论了那条使徐光启颇感棘手的问题。他的证明与刘徽的

① 见四库馆臣"提要"。《四库全书》794卷,第1—2页。
②《四库全书》795卷,第350—474页。

方法几乎相同。不过,他却将其拓展为一般三角形,并给出内切圆直径等于四倍的高和底的乘积,除以三边之和。他在证明中以圆半径为高各边为底构造了成对的小三角形。最后,也是"三角容圆"的最后一术,在不经意之中给出了三角形内切圆的几何作法。他将此法描述为"以量代算"。① 但就总体而言,通过作图来解决问题并不是梅氏风格的鲜明特征。笔者倒发现一处他批评"鲍先生"的作图方法。(按,指无锡鲍燕翼,梅氏所论见《勾股阐微》卷二——译者)"鲍先生"的作图是:若勾股之和已知,同时知道勾弦差,求作弦。有趣的是此法被称为"量法"。鲍氏的作图并非准确,需要用"试错"的办法在两个圆中间插入一个圆。梅文鼎指出其误,并另作一法,当然是"真"和"确"。

对传统数学和西方几何一个深入而重要的比较是他对"三率法"的几何诠释,为此,他画了一串图例(针对不同情形),下图可谓典型代表:②

除了以几何方法给出对角线补形相等之外,梅氏注意到"三率法"的几何表示,也就是说,在上图中,一旦证明有 $a : b = c : d$,则就有 $ad = bc$。前此已述,这是杨辉几何命题中的方法。其要义在于,如果将此作为比例的定义,它将导出与欧几里得等价的比例理论。然而,梅氏仅用此证明"三率法"的各种变例。

一般说来,梅文鼎还是以系统化的方式去处理传统数学,正如徐光启预期的那样,用几何方法来更好地理解算法。另一方面,他的某些成果也像杜知耕,如《几何通解》就是一例。

410

---

① 《四库全书》795 卷,第 416 页。
② 《四库全书》795 卷,第 446—447 页。

据其题注,此书的目的是"用勾股的方法探析《几何原本》的本原"("*以勾股解几何原本之根*"),书名的英语直译就是 *General Explanation of Geometry*。这样的翻译虽说无懈可击。可是,似乎还是没有把握住"通"的意义。如果联想到徐光启"会通"西方与中国天文学的抱负,其旨意就是:综合中西,融会贯通。可以认为,《几何通解》首要目的是融铸中西数学的共通特征。

在此书的注释中,梅氏认为《几何原本》殊为西算之"根本",并指出其确为"*善于晓譬*"的一部好书。但若想速成其道("*取径萦纤*"),由于"*行文古奥,而峭险*",致使"*学者多不能终卷*"。而方中通的书"*又苦太略*"。故其"*今遵新译之意,稍为顺其文句,芟繁补遗而为是书*"。①

是书以用传统方法证明毕达哥拉斯定理开始,证法与徐光启类同。②以斜边为"弦",含直角的两边各为勾股,边上之方称为"幂"。其证明的近代表述可以说比比皆是,这里仅述其概要,并加以评述。梅氏仅给出一个图例,"勾幂与股幂之和等于弦幂",下面将其分解为三幅,以揭示证法的构造。

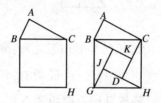

411　第一幅如上之左图:直角三角形 *ABC*,以斜边 *BC* 作正方形 *BH*。其论曰:

　　　　　试自弦方之乙(*B*)角作乙子(*BK*)线,与甲丙(*AC*)股平行而等。

以同法作图如右,弦方中的四个三角形皆与原三角形相等。

---

① 《勿庵历算书目》,第 42 页背面。有趣的是梅文鼎提到他的弟弟尔素也写过一本关于几何的书。就笔者所知,此书未能传世。
② 《四库全书》795 卷,第 283—284 页。

接下来应特别注意。

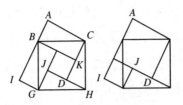

梅氏称：

> 于是移丙丁辛（CDH）形于乙壬庚（BIG）位，移辛癸庚（HJG）
> 于甲乙丙（ABC）位。

如此构成上图之左。这一移形将弦方等积变形为磬折形 ACDJGI。最后延长线段 HJ 即可完成证明，这是因为磬折形被分为"勾方"（IJ）和"股方"（AD）。梅文鼎同时指出上述方法是"可逆"的（即可先作"勾方"、"股方"，再合成为"弦方"）。412

在做出评述之前，先指出梅氏在证明之后给出了另外两个证明，其移形变换的表述各不相同。其方法如下：

> 移乙壬庚勾股补于丙丁辛之位。

> 移甲丑丙勾股补巳子丁虚形。

据此，许多当代的评注者得出结论说，梅文鼎返归传统，使用了"以盈补虚"或"出入相补"的方法。这种归因就无异于说梅文鼎受到传统几何推理的制约而影响到他的著述。其实，应当注意到，这一证明图式与《测量法义》极为类似。

应当指出，梅文鼎的证明进路与传统方法截然不同。很显然，他的证明开始就利用欧氏几何作图方法，构造出图形的主体部分。仅在最后一步才将两个三角形"移位"。问题在于他为什么要做如此变换。因为，他完全可以用同样的方法将这两个新三角形作出来。

显然，梅文鼎给出的并不是一个"严密性"的证明。他没有证明弦方内的四个三角形与原三角形全等，也没有证明各种线段一定在弦方内相交。他认为这是显然的,或者认为读者自己能弥补缺失的步骤。比较客观的看法是他沿着欧氏几何的途径,但给出了一个并非正规的证明。按照这一观点,他的"移形"只不过为了使一块面积变换为另两块解释得更清楚。这样,问题的关键在于这样做是否偏离了欧氏几何的本性。

让我们简要回顾欧几里得的证明:

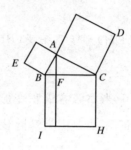

⁴¹³　　毕达哥拉斯定理欧氏证明的本质在于阐明方形 *AD* 等于 *FH*,以及方形 *AE* 等于 *FI*。诚然,欧几里得并没有移动方形。但就其根本而言,整个欧氏几何面积相等理论奠基在"彼此重合的物体是全等"的这一公理。如所周知,在涉及面积相等时,有两条定理毫无疑问起着极其重要的作用,这就是卷一定理 4 和定理 8 关于三角形全等的判定条件。事实上,一直都是这样来诠释的,即"移形"不需要涉及具体的图形,也无须是假想的图形(罗素,Bertrand Russel),仅仅需要"注意力"转换。当然,欧几里得处理方式一直被简单地描述为"面积变换"。尽管如此,梅氏也很有可能从刘徽的注释中获得了某种灵感。

梅氏"重写"欧氏定理证明的要点似乎是用"勾股"语言对定理及其证明的某种"转译"。例如《几何原本》卷二命题 5:

> 如果一线段被分成相等的两段及不相等的两段,那么不等两段构成的矩形加上两分点之间线段上的正方形等于整个线段一半上的正方形。

梅氏将原线段的一半为"弦",两个分点之间的部分为"勾",两个不等线段中的小者就是"勾弦较"。

除去再次涉及"移形",梅氏的表述与欧几里得并无本质区别。像杜知耕那样,梅文鼎也用同样的符号来标识两块相等的面积,这样同一个"字母"在图形中出现两次。如:"移戊补戊"。在证明之后,他补充说明欧几里得证明中的线段如何与中文术语相对应。同时,他也正确地指出 *414* 同样的图形可用于求解卷二命题6。并进而揭示出这一命题证明中所蕴涵的更深道理:

> 论曰:凡大小方形相减,则其余必为两形边和较相乘之长方。

诚然,其意义还在于梅氏用算法化的语言进行阐述。但若还原成几何,就是两方形相减所成磬折形其面积等于一个矩形的面积,此矩形的一边为两方形边长之和,另一边为两方形边长之差。①

梅文鼎用同样的方式讨论了《几何原本》卷二命题7。但他对命题8的论述则是颇有启发的,其题为:②

> 如果一线段被任意分为两段,那么原线段与其中一分段所构成的矩形的四倍及另一分段上的正方形之和等于原线段与第一分段之和上的正方形。

欧几里得证明的图形颇为复杂。梅氏所用图形如下:③

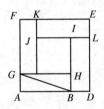

---

① 请与 Van der Waerden 对这两条定理讨论相比较,见《〈原本〉中的几何与代数》(*Elements in Geometry and Algebra*),第79—80页。
② Heath EE I,第389页。
③《四库全书》795卷,第290页。

如图,直角三角形 ABG,线段 AD 被任意分于点 B,其短者为勾,长者为股。据此图形,原定理若用勾、股来表示,则一目了然。事实上,这一图式与杜知耕所用相同,杜氏证明的也是在已知面积及两边之差或两边之和的条件下,求矩形的两边。

对于《几何原本》卷二命题 9,他参考了"古法"。接下来的命题 10,化为命题 9。他还用与欧几里得类似的方法讨论了卷三命题 35,所不同415 的是梅氏用勾股术语。

正如马若安(J. Martzloff)指出的,值得关注的是梅氏论及的命题多属于《原本》中被归为"几何化代数"(见第四章)之类。其实并不奇怪,这正是梅文鼎的主旨:用勾股解释几何。他自然就会选定那些适用此法的定理。应当注意到一个例外:他没有论及卷六命题 28 和 29——两条涉及"面积应用"的命题。在《原本》的代数化概念内,这两条命题通常被归为剖分的几何等价性。然而,从一开始,梅氏就将算术运算与几何推理视为等同,因此也就没有一个明晰的需要几何作图的概念,其实他根本不需要这类命题,对他说来,"分割"是显而易见的,正如算术中用边长除以面积。依笔者之见,正是这一观念移除了用中国方式理解欧几里得的主要障碍:既维系了几何方法的严格性,又将数与形分离开来。其实,此举并非易事。自徐光启以降,新几何的主要用途,就是用几何来解释传统的算法。

同李子金和杜知耕一样,梅文鼎对按中末比分割线段也产生了浓厚的兴趣。但对梅氏来说,此术具有更特殊的意义。马若安曾将梅氏关于"用理分中末线"的注记翻译成法语。[①] 梅氏的注记确实表明这一方法的重要性,在《几何原本》中有多处涉及线段的这种分割,其他西学文献也有涉及。《原本》中有些相关部分未曾翻译,有人猜测可能是为了

---

① 见马若安(Martzloff):《梅文鼎论欧氏几何》(*La goémetrie euclidienne selon Mei Wending*),第 32—34 页。

保守某种秘密,也可能是意理太难,无法翻译。梅氏思考这个问题达十年之久,在养病期间,忽然悟到其要所在:此术于立体求积至为重要。正是这种彻悟,使他认识到,几何方法可以据基本原理加以理解("几何诸法可以理解"),无论是西士蛊惑其为"神灵天启",①还是国人崇拜其为"奇异之学",皆未得其要旨("彼之秘为神授,及吾之屏为异学,皆非得其平")。

首先应注意的是梅文鼎将《几何原本》的相关论述归为一处:此命题首次出现在卷二命题 11,为其作图方法;然后是卷四命题 10 和命题 11,求作正五边形需要其作法;最后是卷六命题 30,此处利用前面关于"面积应用"的定理 29 给出了一个不同的作法。据当代注释者的分析,《原本》给出两种不同的作法,是因为欧几里得在前四卷中尽量避免利用比例来构架平面几何。卷二命题 11 并不依赖比例理论,而卷六命题 30 却相反。

用勾股语言重构"黄金分割"在欧几里得给出的作图(卷二命题 11)中也是显然的。在前一节对杜知耕的讨论中,杜氏本人也给出了另一作法,其作图基本要点是构造一边为另一边一半的直角三角形。如果从弦中减去勾,剩余就是"较大线段"。

然而,实际上较小线段(AB)无法用传统的参量直接表示。这也许是为何梅文鼎将原问题转换为下面形式的原因:给定"理分中末线"之大分,求其全线。这就相当于在前述的公式中交换 x 和 a 的地位:

$$\left(x - \frac{1}{2}a\right)^2 = a^2 + \left(\frac{1}{2}a\right)^2$$

若取左边括号内为斜边,加上 $\frac{1}{2}a$ 就得到全线。在此情形,全线由勾与弦(DE)之和构成,而大线段是三角形的股($BC = BD$),小线段是弦减去勾

---

① 此指《几何原本》卷六定义 4,说到古人把"理分中末比"的分割称为"神分线"。(见《几何原本》,第 828 页)

（BE），如下图所示（AB 为 BC 的一半）：①

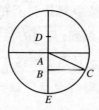

417　　在给出这一作图之前,梅氏解释了需要这一特殊三角形的原因。兹简要归纳如下:他先是引述了传统数学中的一个结果（"**古法**"）,用符号表示就是:

$$(c-a)(c+a)=b^2;\text{或}\frac{c+a}{b}=\frac{b}{c-a}$$

并有简短的证明。指出这是一种连比例关系。其实"中末比"就是一种特殊的连比例,现在已有两边为其所需的首末项。然而除"全线"外,这一关系涉及三个项,两个较长的不等线段。由此导出用两个不同的分点将其分成三段。另一方面,梅氏注意到:$2a+(c-a)=c+a$,这表明线段 $c+a$ 被分割为两段。因此,如果取 $2a=b$,就满足所需条件,进而得到结果。②

　　最后,梅氏还阐明了如何逆求,如何连续求作。在另一著作中对连续求作加以详细论述。《勾股阐微》卷四中梅文鼎给出了一系列"理分中末线"的作法。其中之一是卷二命题 11 的稍微变形。下图中,取代用 AD 为边作正方形,作圆得到点 G,这样线段就被分割为"中末比"。③

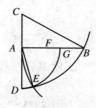

---

① 《四库全书》795 卷,第 297 页。

② 见马若安:《梅文鼎论欧氏几何》（*La géometrie euclidienne selon Mei Wending*）,载 *Historia scientiarum* 21(1981),第 27—42 页。

③ 《四库全书》795 卷,第 327 页。

另一差别是他引入了中间步骤:以 B 为圆心 AB 为半径画圆,由此得到点 E,线段 AE 等于 AD,即以"中末比"分割线段中的大线段。同样,由作图有 $EB = AB$,得到三角形 AEB。他注意到在此三角形中,相等的两个底角 A 和 E 是角 B 的两倍。

> 递加法:借右图以乙(B)为心,甲(A)为界。运规截丁巳(DG)圈分于戊(E)。自戊(E)作线向甲(A)。成甲戊(AE)线。与甲丁(AD)等。乃自戊(E)作戊乙(EB)线。与乙甲(BA)等。成甲戊乙(AEB)三角形。

在此三角形中,角 A 和角 E 皆是角 B 的两倍。

尽管他没有引据命题,但这一事实可由《原本》卷四命题 10 得到:[①]

> 作一等腰三角形,使其每个底角都是顶角的二倍。

这一命题是正五边形做法的基础,梅氏在作"中末比"分割线时也曾提及。其实,作图本应起于线段的"中末比"分割。[②] 此处重复这一命题,另有其目的。梅文鼎通过用 EI 平分角 E 进行连续分割。

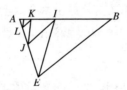

如此得到一个有趣的构形:三角形 AEI 相似于三角形 EBA,且 AE 为公用边。则有,$BA:AE = AE:AI$;因此,AI 是"理分中末比"中小线段。接下来,梅文鼎指出"以此推之,可至无穷",产生一个"理分中末比"的线段序列。他称此法为"递加法",并以九步示例。这完全是一个几何程序。

---

① Heath EE II,第 96 页。
②《四库全书》795 卷,第 328 页。

这一方法的有趣之处是可以导出一个线段比例的几何级数。如果原线段被分为 a 和 b 两个部分,第九步后所分两部分为 c 和 d,则有:

$$\left(\frac{c}{d}\right)=\left(\frac{a}{b}\right)^9$$

梅氏并且指出:

> 若能知其数,则以大分递乘。全数除之。得细数。

这就是说,若将 a、b 各自乘 8 次,然后相除,就得到 c、d 之比。显然,此法可以推广到任一连比例,并不限于"黄金分割"(不需要将角平分,只须角 AEI 等于角 B)。

梅氏此术之所以引人关注,是因为后来钦天监的天文学家明安图(? —1765?)在证明"杜德美公式"(Jartoux's formulae)中就使用"嵌套"等腰三角形构造连比例级数。[①] 这些公式使用三角函数的幂级数展开——由法国传教士杜德美(Pierre Jartoux, 1669—1720, 1701 年来华)传入。在其《割圆密率捷法》(*Quick Methods for Trigonometry and for determining the Precise Ratio of the Circle*, 1774)一书中,明安图对"杜氏三术"给出了不同的证明,并又另外导出六个以上公式。

如上所述,梅文鼎对线段的"理分中末比"给出了多种作图方法,[②]也给出了一个数值的例子。[③] 应当注意到,他并没有意识到这个比值是无理数。事实上,前此已经指出,梅氏的一句话表明他其实误解了《几何原

420

---

① 参见詹嘉玲:《割圆密率捷法(1774 年):数学中的中国传统与西方》[*Les Méthodes rapides pour la trigonométrie et le rapport précis du cercle* (1774)],载《中国传统数学与西方数学的东传》(*Tradition Chinoise et Apport Occidental en Mathématiques*),Paris: Collège de France, Institut des Hautes Etudes Chinoise(*Mémoires de l' Institut des Hautes Etudes Chinoises*, vol. 32),1990;同见《18 世纪中国数学著作中的西方影响与中国传统》(*Western Influence and Chinese Tradition in an Eighteenth Century Chinese Mathematical Work*),Historia Mathematica 15(1988),第 311—331 页。

② 他提及以下应用:(1) 分圆为 10 等分;(2) 分圆为 5 等分;(3) 度量正 12 面体,借助于内接或外切立方体边长的比例,此由黄金分割而得;(4)度量正 20 面体;(5) 度量所谓"圆灯"——"圆灯至二卷十一题但云无数可解"。

③ 从 10 单位长度开始,梅氏构造一个直角三角形,直角边为 10 和 5(其斜边为 $5\sqrt{5}$),从斜边中减去 5 就得到大线段,其值为 6.80339。小线段是 3.819660。

本》关于这个比值无理性的评注。①

一条注记可以看出梅文鼎对"理分中末比"颇有微辞,这条注记在卷二定理 11 之下,即"中末比"作图的首次出现。原注是"此题无数可解说。见九卷十四题。"②此注应是克拉维乌斯所加,因为他以数为例阐明了卷二的其他定理。而按"理分中末比"分割一条线段得到的是无理数,无法用整数(或分数)给出一个例子来验明此命题。其实,在命题 14 之后,他就加入了一段评述指出"欧几里得卷二前十条关于线段(比例)定理皆已用数字阐明"。③ 至于命题 11,克氏利用《原本》卷七至卷九中关于数论材料,证明用数来阐明这一等价命题是不可能的;也就是说,不可能找出一个较小整数,使得另一整数与较小整数的乘积是这两个整数差的平方。卷九命题 27 用另一方法再次证明。④

梅文鼎显然没有能领悟"无数可解说"一语的内在意蕴(克拉维乌斯的拉丁文原话是:*accomodari non potest numeri*)。当时梅氏手边也没有《原本》的其他部分去参照,只能说到"至二卷十一题,则但云'无数可解,详见九卷'"。这似乎是说,无理量的概念虽传入中国,但未有效果。这一不容忽视的细节恰恰说明仅据《原本》前六卷的翻译,很难评价欧氏几何学的本质特征。与此重要概念相关知识的缺失,使得欧多克斯比例理论背后的动机变得更加扑朔迷离。

这一话题引导我们关注梅文鼎对"比例"的概念所补充的两个"定义":

　　　　两数相形,则比例生。比例者,或相等,或大若干,或小若干;乃

---

① 马若安已经指出梅氏的误解。见《梅文鼎论欧氏几何》(*La géometrie euclidienne selon Mei Wending*),第 33 页,注释 33。马若安引 Clavius。

② 《四库全书》795 卷,第 664 页。

③ Clavius OM I,第 94 页:*Demostratio in numeris eorum, quae in lineis secundo libro Euclises demonstravit prioribus* 10. *theorematibus*.

④ Clavius OM II,第 375 页。

两数相比之差数也。①

下面是关于比例的相等。

有两数于比;又有两数于比;数虽不同而两数自相差之比例同,谓之比例等。②

显然,这种定义并不会有多大效用,但其意义却在于创立比例新定义的一种尝试。而且完全是数量的。它们进一步证实前文多次指出的一种观点,即对于欧几里得的中国读者来说,希腊数学中数与形在严格意义上的分离几乎是难以察觉的。③

3. 向三维空间的拓展

梅文鼎思考"黄金分割"的真正意义在其探寻正则立体时才突显出来。他关于立体几何的研究是他对几何学的卓越贡献。《几何补编》(*Additions to Geometry*)是梅氏拓展对欧氏几何认识的一个荟集。尽管无法排除某时某地他也许有机会就某种西学书中的相关话题看上一眼,但这个问题处理方式的原创性,可以肯定是他独立地拓展了这个方向。也要指出,梅氏和一位友人共同商讨,此人也应有所贡献。

梅氏曾写下一个简短的序言,描述了他着力于此术的动机,其中再次提到了"黄金分割":

《天学初函》内有《几何原本》六卷,止于测面。其七卷以后未经译出,盖利氏既殇,徐李云亡。遂无有任此者耳。然历书中往往有

杂引之处,读者或未之详也。壬申(1692)春月,偶见馆童屈篾为灯,

---

① 《四库全书》795 卷,第 362 页。
② 前书,第 362 页。
③ 然而,梅氏常常以《原本》卷四的方式处理比例,或替之以运算。如在一个例子中,他先是以比例论之,接下来计算其值,显然,他并不在乎所谓"欧几里得禁忌":"更之则甲丙与甲丁之比例,亦若甲己与甲子之比例;于是以甲丙为一率,甲丁为二率,甲己为三率,二三率相乘,一率除之得四率"。(同上书,第 241 页)

诧其为有法之形。其制以六圈成一灯，每圈匀为六折，①并周天六十度之通弦。故知其为有法之形，而可以求其比例。然测量诸书皆未言及。乃覆取《测量全义》量体诸率实考其作法根源，②法皆自楞剖至心，即皆成锥体，以求其分积，则总积可知。以补原书之未备。而原书二十等面体之算向固疑其有误者，今乃征其实数。《测量全义》设二十等面体之边一百，则其容积五十二万三八〇九，今以法求之得容积二百一十八万一八二八相差四倍。又《几何原本》理分中末线亦得其用法，《几何原本》理分中末线但有求作之法，而莫知所用。今依法得十二等面及二十等面之体积，因得其各体中棱线及轴心对角诸线之比例，又两体互相容及两体与立方立圆诸体相容，各比例并以理分中末线为法，乃知此线原非徒设。则西人之术固了不异人意也。爰命之曰《几何补编》。

略加想象，仿佛可见梅文鼎正注视着馆童忙于折篾编灯，其形状在西方称之为"截半六面体"(cubo-octahedron)。梅氏称此为"方灯"，在《几何补编》中他描绘出了一个图形以说明如何截立方体得到此灯。③

梅氏写道：从立方各边中点作连线，沿连线切割，即割去立方各角，即得"方灯"。

除"方灯"之外，还讨论了"圆灯"，此系以类似方法截正12面体(do-decahedron)，或正20面体(icosahedron)而得，在西方则称为"截半二十面体"(icosi-dodecahedron)。梅氏称两类立体为"灯"，它们实属"半正多面体"(semi-regular)，亦称为"阿基米德立体"。虽然现存阿基米德的著 *423*

---

① 笔者将"每圈均为六折"中的"均"理解为动词，原意出自制作陶器的转轮。
② "根"是数用作为各种数值计算的结果，如果内接于立方体，取立方体边长为100，依此为"根"推求各种其他数值，比如四面体的边长等就可以计算出来。
③《四库全书》795卷，第668页。

作中没有记载,但按照帕普斯的说法,是阿基米德发现了 13 种这类立体。[①] 与 5 种完全的"正多面体"相比,"半正多面体"的各面不要求全等。它们仍然是一类规则的立体,每个顶点的多面角数相同,而构成多面体的各面是混杂型的。然而,按照梅文鼎的定义,它们"有法有形",其每边长度皆相同。不应忘记,在梅氏的手边仅有正多边形和 5 种柏拉图立体的定义。这两类灯体此前从未有人论述过。《几何补编》中的其他立体则是 5 种柏拉图立体。要在此书的框架之内确立两种阿基米德立体,这很难说是一种意外的巧合,因为,这两种立体都可视作相应柏拉图立体的"中间媒介"。

虽然梅文鼎的空间几何一直被描绘成某种纯粹度量计算,而笔者认为这种诠释颇为勉强,或者说有些牵强附会。的确,梅氏书中设计了几种算法以便计算所论立体的各种数值。这些数据载于《测量全义》和《比例规解》的相关表格之中。这样,知道棱长就可以确定立体体积,反之亦然,而且可以确定各种立体的内切和外接球体,它们和 5 种立体体积有着相互关系。在这一部分的论述中,梅氏对每种立体都遵循同一程序。沿着从中心与棱的连线,将原立体分解成锥体,这些锥体以立体的表面为底面。然后,借助于直角三角形(勾股)的帮助,计算锥体底面面积和高。[②] 他知道这类锥体的体积为同底等高立方体的三分之一,求出每个所分之形的体积,将这些"分形"体积相加就得到整个立体的体积。借助此法,他纠正了《测量全义》和《比例规解》中的两个体积的错误。

正是在设定这些算法之中,梅氏所循之途的确可归诸于今日之"投影几何"(descriptive geometry)。其所用之法与欧几里得完全不同。尽管《原本》卷十三构造出了 5 种正多面体——曾被普罗克洛斯(Proclus)

---

① 帕普斯(Pappus):《汇编》(*Collectio*)卷五,第 34 页以下。参见 Dijksterhuis:《阿基米德》(*Archimedes*),第 405—407 页。如今若一立体各面为同一类界面,但每个顶点的多面角不等,这种立体也成为"半正多面体"。

② 为了得到多面体的高,梅氏使用了三角学的结论,即考虑角度的大小。

视为以全书为基础逐步建造起来的成就——而梅文鼎却是"逆流而上"：
假定立体为已知，再将其逐一剖分。 *424*

在面对这一课题时，梅氏要克服的主要障碍是怎样将空间结构展现
在平面上。整个图形不能呈现问题，他用各种方法探讨其内部细节。例
如，从正四面体开始，由上向下看：[1]

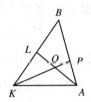

上左图为顶点为 B 正四面体 $CKFB$ 的俯视图。梅氏的切割方法是"自
乙顶向子向甲剖切之成乙子甲三角面"。上右图为其描述的"剖形"，图
中字母 O 用以替代梅氏的标识"中"，即立体的"中心"，字母 P 替代
"心"，此"心"为面之"中心"。

有几处他给出了解释，而正是这些解释让我们称其为"投影"。比
如，他说：如果从一端望 CAK，点 FAC 共线，此线就变成一点。[2] 又如下
图所示，考察正 20 面体的相邻两面（两等边三角形 OAB 和 OAE），由两
面中心作连线。此线记为 GF，则其是内接正 12 面体之一边。

为了描述这一构形，梅氏要读者想象公用边（棱 OA）"隆起如屋之山 *425*
脊"。应当指出直线 OA 和 GF 为异面直线。梅氏称其悬离而不相遇。
若再"试侧视之"，用梅氏的话说就是面 AOB 变成线 MB，而线 AMO 变

---

①《四库全书》795 卷，第 582 页。
② 前书，第 587 页。

成一点 M。①

循此理路,他得出几条关于四面体特殊性质。如"若以子中心垂线
为轴,而旋之则成圆角体";再如"凡四等面体任平分一边而平分之点为
顶以作垂线,则其垂线自此点至对边之平分点而以对边为底,底无面但
有边,底边与顶边相午直正如十字形"。此处梅氏为相互斜交的直线引
入了一个新的表述,这一概念当时在西方未有涉及。为使相邻两边关系
更为清楚,他让读者想象"假如以子乙边平分于丑,以线缀而悬之,则其
垂线至所对丙己边之平分正中为甲点,其线为丑中甲而子乙边横于上,
则丙己边纵于下,正如十字,无左右之欹亦无髙下之微差也"。② 他用这
一构形演示正四面体如何容于立方体之中。兹将其图例重绘于下,原图
用"双线"表示可见外部框架,单线为内容与四面体。这一图形恰与克拉
维乌斯版《原本》卷十六图例相同。梅氏很有可能在某处见过此图。

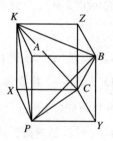

426　　卜图为"立方内容四等面体(PBKC)",上棱 KB 和卜棱 PC 分别为
立方上下底面的对角线。梅氏要证明此内容之正四面体体积是外立方
体积的三分之一。其法是分割余下立方体为四棱锥 PBCY,BKCZ,
CPKX,和 PBKA。因为每个锥体都是同底等高柱体的三分之一,每个
四面体是立方体的六分之一。因此,正四面体是立方体的三分之一。余
下的四个四面体可以拼合为一个正八面体的一半,这表明正八面体体积

① 为了指明点 M 和紧接其下一点的特殊关系,他用加"偏旁"办法给出了一个特殊的名字。即
　"卯"变为"柳"。(前书,第 622 页)
② 前书,第 592—593 页。

是其相同棱长的四面体体积的四倍。①

这种在一对立体之间建立直接联系的推理方式是梅文鼎立体几何学的又一特征。在其处理正四面体和正八面体时,更是直言不讳。这确实是他对立体几何中"对偶性"(duality)的一种直觉理解,也就是说,一个公式涉及棱数、面数、顶点数,那么,若将顶点数与面数互换,命题依然成立。如其称:②

> 十二等面体有二十尖;
>
> 二十等面体有十二尖。

梅氏指出,当正 12 面体内接于正 20 面体时,后者的顶点正位于前者各面的中点,反之亦然。他利用这一事实来确定棱的长度,等等。他或许将此视为正 20 面体研究中主要发现。

梅氏多面体研究的主要进路是画出"分形",或将分割出来的部分在平面上展示出来。上述诸例揭示了梅文鼎立体几何学中的两个方面。 *427* "度量计算"是其中主要一点,目的在于计算体积、棱长,以及不同类型立体之间的数值关系。另一方面,也正是其重要的原创性,蕴涵于"投影几何"的观念之中。通过分解立体,描述细部,他对立体的内在联系与互容关系做了透彻分析。我们也意识到,由于《原本》立体几何诸卷一直未曾翻译,他使用的术语受到了很大的限制。

梅文鼎也试图证明《测量全义》中未曾证明的命题,这些命题源自阿基米德,比如,球体体积是其同底等高外切圆柱的三分之二。他给出的基本方法仍是将立体分割为已知的立体。可是,他的推理却陷入了"循环论证":因为他并没有给出这些构成立方体体积的证明。此外,这也再次暗示他的方法受到刘徽的启发。然而,在梅氏的证明中从未引述过刘徽,也没有使用与刘徽类似的分解方法。很有可能是《测量全义》中的相

---

① 前书,第 593—594 页。
② 前书,第 620 页。

关材料指引梅氏步入这一方向。

因此,梅文鼎对欧氏几何有自己的取舍。从另一方面来说,他的确受到几何理念的强烈影响,清楚地认识到西算与传统数学的重要差别。他曾讨论过角的概念,指出"三角法异于勾股者以用角也"。[1] 他也注意到了平行线("平行两直线无法作角")。[2]

一般说来,梅文鼎更多地使用了《几何原本》所提供的各种"推理工具"。他证明了许多定理;除去系统地利用图式之外,他还广泛地使用公理、公设和定义,尽管常常没有明确出处。[3]

尽管梅文鼎谙熟欧几里得的推理方法,但在应用之中并非连贯一致,而这一点对于严格性方法来说绝非等闲之处。此外,其所用术语也颇有零乱,这里是以"解"代"证",另一处则是"论",还有用"十字线"替代"垂直",如此种种。

428 4. 梅文鼎的数学观

传统影响在某一方面总是根深蒂固的:同方中通一样,梅氏相信几何源自勾股,并多有例证。[4] 某些言论似乎表明,梅氏确实相信古之数学已臻完备。例如,他曾写道:

> 算数之学初无个古也。自学者避难好径,古籍日以散亡,或有踵事生新,自矜创获,辄轻古率为疏。[5]

另一方面,梅文鼎在算术、代数与几何之间做出了明确区分,认识到西算的优势在于几何。但他仍将算术置于几何方法之先,指出凡几何可为之

---

[1] 前书,第354页。

[2] 前书,第354页。

[3] 这里给出一个在梅氏书中随处可见的例子,第316页称:"是庚戌(GE)及丙庚(CG)皆与乙戊(BE)等,而亦自相等,又何疑焉?"这是第一条公理的不同表述。

[4] 对梅文鼎数学观的出色论述见祝平一:《技术知识、文化实践和社会边界:皖南学者和耶稣会天文学的重铸》(*Recasting of Astronomy*),第63—73页。

[5] 梅文鼎,《勿庵历算书目》,第42页背面至第43页正面。

事皆可以算术为之。他认为其原因在于几何所论之事为"可见者"。"故量法有穷,而算术不穷也"。① 值得注意的是,他还指出西方数学中使用比例,也是用计算的方法辅助几何。②

正像前辈学者那样,梅氏相信中国科学知识在远古朝纲式微之际传播到了西方。如所周知,"西学中源"的思想在 18 世纪已经成为中国学界的共识。梅氏推断欧几里得几何可由中国传统数学所导出,而中华古算早已存于《周髀算经》之中,就此而成为某种"昌明"中华文化或"保持"其"先进性"的"政治项目"的一部分。这也成为对外来影响做出传统回应的一部分,与一千年之前对待佛教的观点极为类似。另一方面,毫无疑问,梅文鼎强烈相信古之圣贤学识渊博,仅有残篇传留至今。他的宇宙观的确根植于《易经》之中。

在这一方面,几何与天学不可分离对梅氏说来至为关键。其重要性在于:几何学是天文学,或更一般地说是应用数学的基础,这就是耶稣会 *429*
士传播几何学的原因所在。对于他们来说,这在本质上是一把通往"理性世界"的钥匙。

在 1678 年编写的一部诗赋的序言中,梅氏家传易学的影响跃然纸上:

> 《易》言治历,策数当期;《典》重授时,中星纪岁。盖七政璇玑之制,类先天卦画之图。原道必本乎天,儒者根宗之学,制器以尚其象,帝王钦若之心,理至难言,以象显之,则理尽;意所未悉,以器示之,则意明。③

显而易见,引文中的《易经》之"象"包括天文现象,天文仪器也被认为是

---

① 引自冯锦荣,第 142—143 页。原文出自梅氏《方程论》"余论"。
② 前书,第 143 页:"以算法佐量法"。
③ 引自张永堂:《明末清初理学与科学关系再论》(台湾学生书局),台北,1994,第 112 页。

明理识"道"的必经之途。

梅文鼎写有两篇短文专论《易经》的卦位次序,旨在更深的层面上揭示"先天"、"后天"八卦的卦位次序是一致的。并指出二者如何相互转化。不过,这里虽不关注其变换细节,但对其重要性则必须充分认识,因为对梅文鼎说来(当然还有其他学者),天地之间无不充盈着八卦。[①] 梅氏的认识使他得到这样的结论:"先天"并不(以感觉的方式)"存在"。

在给出其他"学士家"论述两种分离图式存在性的道理后,梅氏称:

> 愚则以一言断之曰:易书无先天。何言乎无先天? 不可图也。何言乎不可图? 先天之学心学也,心可图乎? 先天王者道也,太极也,道与太极可图乎?[②]

所谓"先天"是一种直觉的、先验的知识,超越于"形体"之上。周敦颐,一位易学大师,正是要以图式转换的方法把这类知识变化为其他知识,但未臻完善。诚然,这与西学分划比例及自然世界有着本质的区别。不过,梅文鼎相信,人们可以据"后天"来理解"先天"。其途径就是"由其所图"而明其意蕴("得其意"),这就引出了"数"与"象"。进而在逻辑上证明:"象数皆心学焉"。[③]

然而,这种主观主义的认知论对于那些视天文和数学为首要位置的自然观来说并不是一种障碍。一位儒生的责任就是把握"自然规律":

> 或有问于梅子曰:历学固儒者事乎? 曰:然。吾闻之,通天地人斯曰儒,而戴焉不知其高可乎? 曰:儒者知天,知其理而已,安用历? 曰:历也者数也;数外无理,理外无数。数也者理之分限节次也。数不可臆说,理或可以影谈。于是有牵合附会以惑民听而乱天常,皆

---

① 张永堂(前书,第 113 页),引有"盈天地间无往非八卦"。

② 前书,第 112 页。

③ 前书,第 124 页。

以不得理数之真，而蒇由征实耳。且夫能知其理，莫尧舜若矣。①

研习天算属于正统之学，梅文鼎对此从未怀疑，他也深信这类知识在三代之际就已有高度发展。若没有丰富的几何知识，大禹治水何以能取得如此成功？他认为这类知识如此广泛普及，以至于无人认为自己能超越他人而负"算家"之名。这也就是"三代以上未有以数学名家者"的原因。②

无论是中土还是西方，数学与天文都未曾构成一种亘古迄今连绵不断的知识：

> 同在九州方域内，而嗜好风尚不齐，况逾越海洋数万里外哉！要其理数之同，未尝不一。今欧罗测量之器、步算之式，多出新意，与古法殊；然所测者同此浑圆之天，所算者同此一至九之数，彼固蒇能自异。当其测算精密，虽隶首、商高复起，宜无以易，乃或以学之本末非同，而并其测算疑之，非公论矣！③

在下面的一段文字中，梅氏描绘出其同代学者面对西学种种反应的有趣画面：

> 万历中利氏入中国，始倡几何之学。以点线面体为测量之质，制器作图，颇为精密。然其书率资翻译，篇目既多，而取径迂回，波澜阔远，枝叶扶疏，读者每难卒业。又奉耶稣为教，与士大夫闻见龃龉。学其者又张皇过甚，无暇深考乎中算之源流，辄以世传浅术，谓古九章尽此，于是薄古法为不足观；而或者株守旧闻，遽斥西人为异学，两家之说，遂成隔碍，此亦学者之过也。余则以学问之道，求其

431

---

① 转引自张永堂（前书，第132页），原文见《绩学堂文抄》卷二"学历说"。
② 参见张永堂第134—135页的相关引文。
③ 注意引文中的用语"非公论矣"。出自《梅氏丛书辑要》卷八"历学释例自序"，见张永堂，第137—138页。《梅氏丛书辑要》由梅毂成编辑，1771年刊刻。

通而已,吾之所不能通,而人则通之,又何闻乎今古? 何别乎中西?①

梅文鼎相信某种直觉知识与"先天"图式密切相连,但他也毫不怀疑人的智力可以认识某种"客观知识",诸如时间和空间这类独立于个人环境之外的知识。当然,即便是那类"未知形式",对于梅氏来说也是一种客观存在。然而,并不是所有的人都能接受此道,唯远古圣贤方可亲睹那些不为常人所见的知识,并有能力使这些知识明白晓畅。唯有在这一语境之下,方能理解梅氏"西学中源"说。

---

① 《绩学堂文抄》卷二"中西算学通自序",转引自张永堂,第 137 页。

第九章　皇家之路

有一则著名的轶事,托勒密一世问欧几里得,除了《原本》,有没有其 *432*
他学习几何的捷径。欧几里得答道:陛下,几何中无王者之路。① 不过,
对数学着迷的康熙大帝当真学起了几何,当然他的教材并不是欧几里得
的原书。康熙皇帝的志趣强烈影响了对数学的接受方式,在 18 世纪数
学文化史上有着重要意义。

一　康熙大帝

1705 年康熙帝南巡,返京途中召见梅文鼎,一连三天在御舟之中谈
论天文历算。对梅氏可谓奖谕有加,钦题"绩学参微"。这是一位数学家
难得的殊荣,对提升数学研究的地位更具有象征性的伟大意义,随后的
一个世纪,数学研究的氛围就截然不同了。②

---

① Heath I,第 1 页。这一故事为普罗克洛斯(Proclus)记述在《原本》第一卷的注释中。
② 关于此事的细节和意义,见祝平一:《技术知识、文化实践和社会边界:皖南学者和耶稣会天
　文学的重铸(1600—1800)》(*Technical Knowledge*, *Cultural Practices and Social Boundaries*: *Wan -*
　nan Scholars and the Recasting of Jesuit Astronomy, 1600—1800),加利福尼亚大学博士论文,Los
　Angeles,1994。

御舟召见是一种象征,康熙迷恋数学完全是个人兴趣。根据他自己的表述,[①]对西学产生兴趣很大程度上来自对"杨光先事件"的深刻印象,那时年幼的君主还只能听命于摄政。

众所周知,自 1644 年汤若望(Adam Schall)执掌钦天监后,他的权力受到了来自回回历算家吴明煊和守旧派杨光先的挑战。此段历史已多有论述,1664—1669 年,汤若望连同他的耶稣会同事和中国助手大约 30 余人被投入大狱,对天算一窍不通的杨光先——他本人也坦然承认——被委任钦天监监正,中国与欧洲的科学交流因此深受影响。

这场中土、西方以及回回天文学家之间冲突的起因颇为复杂,近年来随新史料的发现,对这一重大事件有了新的认识。除去排外情绪和抵制西方宇宙观念之外,以西方天文学取代中国传统天文学所引发的种种严重后果,如择日和相地,成为这场争论中突显出来的最为关切的主题。汤若望极力推崇西方天学的优越性,而他对历法的某些改进亦非十分切要。

这场冲突也清楚地表明耶稣会士深陷麻烦是因其扮演了多重角色,而常常自相矛盾。比如汤若望,作为钦天监监正,不仅肩负天文与制历的双重责任,还要观星、相地,为皇家的婚丧嫁娶、祭祀典庆选择吉日,甚至还要确定何日进行军事行动。[②] 而正是顺治帝第五个儿子荣亲王殡葬日期和地点的选择成为给汤若望制罪下狱的口实。[③]

为耶稣会士平反与康熙帝的掌权有直接联系。使康熙深感震惊的是,满朝文武竟无人通晓天算,以裁决中西天文学家的争辩! 所以,当康熙亲政后,先责令南怀仁(Verviest)——汤若望时已病逝——校验预测

[①] 彭小甫(Rita Hsiao-Fu Peng):《康熙帝对西方历算的接受》(*The K'ang-His Emperor's Absorption in Western Mathematics and Astronomy and his Extensive Applications of Scientific Knowledge*),载 *Bulletin of Historical Research*,Taiwan. No. 3(February 1975),第 1—74 页。

[②] 黄一农:《择日之争与"康熙历狱"》(*Court Divination*),第 4 页。

[③] 汤若望著有《选择议》(*deliberations on hemerology*),刊刻于 1559 年。见黄一农:《择日之争与"康熙历狱"》(*Court Divination*),第 12—13 页。汤若望还有一份手稿《易见通书》。

天象,证明旧法有失而西法准确,历狱得以昭雪,南怀仁受命执掌钦天监。

二　新"原本"

南怀仁渐渐地恢复了汤若望的某些影响。他也或多或少引入了当时的新方法(最新的到 1662 年),诸如测算距离,坐标定位,温度计和湿度计,光在不同介质中的衍射,以及摆锤的使用。

1670—1674 年,康熙帝开始学习西算,命南怀仁讲授几何。正如第 434 五章所述,南怀仁或许以利徐的前六卷译本为底本,编译了一部满文本,至于事实如何尚有存疑。南怀仁在 1685 年 8 月写给欧洲的信中提到他为新译本写了一些注释,也许这一计划未能善终。康熙特别迷恋大地测量与天象观测。藉圣上旨意,南怀仁致力于天文仪器的收集。他与康熙的密切关系也为邀请新一代训练有素的耶稣会士入华奠定了良好的基础。

1688 年,五位法籍耶稣会科学家洪若翰(J. de Fontaney,1643—1710)、白晋(J. Bouvet,1656—1730)、张诚(J. F. Gerbillon,1654—1707)、刘应(C. de Visdelon,1656—1737)、李明(L. Le Comte,1654—1707)抵达北京,他们不仅是一个传教使团,也同时听命于中国皇帝与法国国王,代表多方利益,身份颇为复杂。早在 1680 年,南怀仁派遣柏应理(Philippe Couplet)赴巴黎请求法国政府派遣传教使团。1684 年 9 月 15 日,柏应理受到路易十四的接见,同时受到接见的还有沈福宗,他是柏应理欧洲宣讲之旅的陪伴,怀有一封中国皇帝请求派遣精通天学的耶稣会士赴华的亲笔书信。恰好就在不久前,约 1680—1681 年间,巴黎天文台台长卡西尼(G. D. Cassini,1625—1712)与国务大臣考伯特(J. B. Colbert)商讨提交了一个在东方进行天象观测的详细计划,以求得到纬度、经度、磁偏角等精密数值。卡西尼是 1666 年建立的法国皇家科学院的创建者之一。科学院的宏伟计划包括绘制全天星图、全球地图和研究自然历史(植物、动物和矿物)。①

在法国皇家科学院创建早期,耶稣会士还未被接纳为会员,但他们却是实现科学院在中国计划的理想候选人。因此,上述五位法籍耶稣会士进入中国,亦是法国国王的首批官方代表团及皇家科学院的"信使"。②这一做法公然挑战葡萄牙国王的"保教权"(padroado),即设立中国传教团的独占权力。

435 1687 年五位法国耶稣会士到达宁波,中国传教团内部的关系亦随之蒙上了一层暗影。委派他们作为"国王数学家",表明路易十四一直试图摆脱传教垄断的束缚。1493 年以降,根据教皇亚历山大六世(Alexander Ⅵ)的授权,葡萄牙国王垄断了东南亚传教使团的派遣权。因此,诸如利玛窦等传教士要从里斯本启航赴远东。1622 年,罗马教廷成立传信部(Congregation Propaganda Fide),试图加强中央控制,垄断全世界的传教权。通过实行宗座代牧制(Vicars Apostolic),东京(Tonkin,即安南)、交趾(Cochin China)、南京三地成立了直属传信部的宗座代牧区,以图回避"保教权"。最初,神圣罗马教廷(Holy See)并未完全接受这种策略,1670 年重申赋予"保教权"的所有权力,但是,到了 1680 年,教皇英诺森十一世(Innocentius Ⅺ)采取了折中方案,将宗座代牧的权限收归己有,并责成代牧区所有传教团宣誓效忠宗座代牧的权威。③

---

① 有关此事的简明论述可参见杜石然、韩琦:《17—18 世纪法国在华传教士的科学贡献》(The Contribution of French Jesuits to Chinese Science in the Seventeenth and eighteenth Centuries),载 Impact of Science on Society,no. 167(1992),第 265—275 页。特别见第 268—269 页。

② 1684 年 12 月 20 日,洪若翰(Fontaney)、白晋(Bouvet)、刘应(Visdelou)及张诚(Gerbillon)被官方任命为通信员(见杜石然、韩琦,第 271 页)。但是谁主动做出这一安排尚不清楚。当然,耶稣会士并不只是被动的参与者。关于此事的源起见魏若望(John W. Witek,S. J.):《耶稣会士博圣泽神甫传:索隐派思想在中国及欧洲》(Controversial Ideas in China and in Europe:A Biography of Jean-Francois Foucquet,S. J.(1665—1741)),(Vol. XLIII of the Bibliotheca Instituti Historici S. I.),Rome,1982,第 23—33 页。

③ 魏若望,前书,第 17—18 页。

　　受命于路易十四的法籍耶稣会士拒绝宣誓,由此开始了与忠于"保教权"的葡萄牙籍耶稣会士漫长而激烈的争吵。尽管康熙发布了允许天主教在中国传播的"宽容诏"(Edict of Toleration),但无论是耶稣会传教团内部,还是耶稣会与其他传教修会之间的关系仍然不断恶化。五位法籍会士抵达北京不久,驻广州的监会神父(Visitator)方济各(Francesco Saverio Filipucci)即禁止他们进行天文观测,不许用法语写信,未经许可亦不准赠送礼物。耶稣会士北京教区长徐日升(Pereira Thomas)是一位葡萄牙人,因此,法国人向皇帝请求分居另处,后于1692年获准移居。

　　除去1685年间的一段短暂时光,从1674年到1689年,康熙几乎没有时间专心研习天文和数学。当他在1689年重新开始学习时,这些"国王数学家"方才一显身手,康熙很快就迷恋上他们的数学课。有时甚至连续数日整天上课。法国老师也讲授些初等代数。然而,康熙似乎对代数兴趣不大。[1]

　　在公开场合显摆作秀反映了康熙学习数学的个人动机。他经常给 *436* 身边的大臣出些应用数学题,还附上自己的解答。[2] 当然,他也选些恰当的例子,用此方式去劝导大臣们认识数学对治理国家的重要性。尽管关注点只是切合实用的观象和测地,但也表现出他自己乃是兼通历算与儒学的典范。康熙还亲自制定某些计量标准,将民间惯例吸纳为官方标准。

　　对西学传播来说,帝王涉足科学产生的另一个重要影响是西学知识的翻译,这种翻译无论是形式还是内容都要依赖皇帝个人兴趣与需求度

---

① 詹嘉玲:《〈御制数理精蕴〉与数学》(*The Yu Zhi Shu Li Jing Yun and Mathematics*),第163页;或见詹嘉玲: *The Conditions of Transmission of European Mathematics at the Time of Kangxi*: *J. F. Foucquet's Unsuccessful Attempt to Introduce Symbolic Algebra*,第五届 ICHCS 论文,1988年8月5—10日,UCSD,USA(本文已用中文发表:《欧洲数学在康熙年间的传播情况:傅圣泽介绍符号代数的失败》,载《数学史研究文集》,第一辑——译者)
② 彭小甫,前书,第29—35页。

身定制。这意味着首先将西学翻译成满文,其次才是将满文译成汉文。故而许多著作仅有满文本保存下来。更有甚者,译出的著作以系列讲座的形式呈献。这就不再是完整的译作,而往往要经过改写和重新编定以适合教学。① 授课的传教士们几乎是如影随形,随时听从差遣。授课笔记仅供皇上个人使用,翻译几乎不可能出版。后期耶稣会士的宫内生活,非"紫禁城深若大狱"难以名状。②

1723 年巴多明(Parennin)致函法国科学院秘书丰特奈尔(Fontenelle),描述了他翻译两部医学著作的经历。③ 他写道,接圣谕,受命将一部解剖学著作译为满文。皇帝要求先行呈上全书概要,并要求把全书分成几个部分或若干单元,各压缩在十页左右。文体风格由皇帝亲自加工润色。④ 为了弥补巴多明满语的不足,指派三位官员作为他的助手。另派两人负责誊抄,一人专司描图。巴多明承认,他并未逐字翻译,深恐未经润色的蹩脚译稿令皇帝不堪入目。⑤ 这项翻译工作前后耗时五年,最终的成品却从未付梓。据巴多明称,皇帝喜欢收藏稀有的译稿,除了自己独享,只有几位密友可以在他的书房中阅读秘籍,因为该书仅有三个抄本。

大约到 17 世纪末,为康熙准备的数学讲稿形成了《原本》两种新版

---

① 似乎国子监的官员有时还要检查西文的准确性。参见詹嘉玲:《〈御制数理精蕴〉与数学》(*The Yu Zhi Shu Li Jing Yun and Mathematics*),第 60 页。

② 事例可见詹嘉玲:《傅圣泽和中国科学的现代化——〈阿尔热巴拉新法〉》(*Jean-François Foucquet et la Modernisation de la Science en Chine. La "Nouvelle Methode d'Algbère"*),巴黎第七大学硕士论文(Master-thesis for the Univ. de Paris VII),September 1986,第 21—23 页。

③ 此信载于《外国传教士所书感人新奇之信札》(*Lettres Edifiantes et Curieuses, Ecrites des Missions Etrangeres*),XIX,第二版,巴黎,1781,第 257—299 页。

④ 前书,第 260 页:"*L'Empereur voulut d'abord avoir une idée de tout l'ouvrage; et ensuite il souhaita que je distribuasse le tout par parties ou par leçons, c'est-à-dire, que quand on avoit mis au net environ dix pages, il falloit les lui porter. Il s'engagea à corriger lui-même s'il étoit nécessaire, les mots et le style, sans toucher au fond de la doctrine; et c'est ce qu'il a fait constamment jusqu'à la fin de l'ouvrage.*"

⑤ 前书,第 263 页:"*L'Empereur en eût été dégoûté dès premieres feuilles, et il n'auroit pas eu la patience d'attendre cinq années entieres la fin de cet ouvrage.*"

本,满文、汉文各一。北京故宫博物院藏有《几何原本》的三个抄本:7 卷满文本(ms. A)、7 卷汉文本(B)、12 卷汉文本(C)。1931 年,陈寅恪注意到这一满文译本所用底本与利徐译本不同。① 实际上,莫德的精心研究以及刘钝近来的工作揭示以上三种抄本密切相关,都源自法国人巴蒂斯的著作。② 它们进而形成一部教科书,以《几何原本》为题收入《数理精蕴》。巴蒂斯(Ignace Pardies, 1636—1673)的原书名为《几何要旨》(*Eléments de Géométrie*,1671),③当时已被用作耶稣会学院的教材,上述满文抄本很可能是法籍耶稣会士白晋和张诚为皇帝授课用的讲稿。第一种抄本大约写于 1690 年前后,并由一位宫廷作家编纂加工。④ 最近,在台湾又发现一个抄本,其中含有康熙帝的"御批",刘钝指出它很可能是译本 A 的底本,嗣后转换为 B 本。⑤ 皇帝的部分批注多为文字或文体的校正。间或指出数字符号的错误与含糊之处,例如,正五边形的内角和错写为 100 度(应是 108 度)。一个有趣的改正是 inverse ratio 的表达,起初译为"反理比例",康熙改为"反比例",指出儒家概念的"理"是不能颠倒的。从评注中可以看出康熙对立体几何和精密仪器有着特别的兴趣。上述 B 本的序言中有一段注记,⑥称"几何原本,数源之谓,利玛窦所著。因文法不明,后先难解,故另译。"⑦这是否是指欧几里得之书太难读,因此需要一个新译本吗? 抑或系对手稿的改写修订? 最后,这段

438

---

① 陈寅恪:《陈寅恪先生论文集》,卷二,第 717—718 页(几何原本满文译本跋)。

② 莫德:《对在我国流传的几个版本的研究》,载《欧几里得几何原本研究》,呼和浩特:内蒙古人民出版社,第 145—166 页。

③ 巴蒂斯(Ignace Gaston Pardies S. J.):《几何要旨,或学习欧几里得、阿波罗尼乌斯及其他古代和近代几何学家的简明方法》(*Elements de geomerie , ou par une methode courte & aisée l´on peut apprendre ce qu´il faut sçavoir d´Euclide , d´Appollonius , & les plus belles inventions des anciens & nouveaux Geometres)*, *Paris*,1671。此部短篇著作在欧洲相当普及,1690 年被译成德语。

④ 刘钝:《访台所见数学珍籍》,载《中国科技史料》第 16 卷第 4 期(1995),第 8—21 页。据考证抄本 C 译自抄本 B,而抄本 B 由 A 加工润色而成。

⑤ 刘钝,同上文,第 9—15 页。手稿保存在台北"中央图书馆"。善本编号 06398,曾被误为利徐《几何原本》的抄本。感谢黄一农教授为笔者提供一个复印本。

⑥ B 本标为第 4 章。

⑦ 此段引自丁福保,卷一,第 49 页。

话也可能是那位序言的撰写者复述了法国耶稣会士的说法。

巴蒂斯的《几何要旨》与欧几里得《原本》截然不同。前者的副标题是"通向几何学的捷径"。尽管此书并非如其所说的那样容易,但它的结构与欧几里得迥然相异:没有采用公理化的方式,甚至基本原理也只是一种分类,"定义"和"定理"之间也没有明确的区别。①

依据上述几种底本撮编的《几何原本》被收入《数理精蕴》,1723 年出版。到鸦片战争为止,再也没有新的数学著作被引入中国,这样,《数理精蕴》版的《几何原本》就成为官方的标准版本。直到 1865 年,李善兰和伟烈亚历(Alexander Wylie)合作译出《原本》其余各卷,连同利徐前六卷一起刊刻出版。

《几何原本》之所以改头换面,一方面是皇帝个人的影响,另一方面也是由于耶稣会的教育不再使用克拉维乌斯的教科书。②

不仅几何学如此,利玛窦一生的努力也几乎化为云烟。

1702 年,由于法籍会士与其他会士间的持续争斗,康熙命令所有耶稣会士须亲如一家,服从一个首领,不准使用划分彼此的排他言论。而这一训令的措辞可有多种诠释,因此在 1711—1713 年间衍生出一些新问题:副省会长骆保禄(Gozani),上奏呈请皇帝裁决。这又在耶稣会士内部以及皇室宫廷中引起了旷日持久的争辩。1706 年,康熙宣布每位传教士必须申领在华居住许可证书("票"),并要申明坚守利玛窦对待中国礼仪的规矩。1707 年,多罗(de Tournon)发布南京教令,公然谴责中国礼教,导致利玛窦"适应策略"的终结。1708 年,有 43 位传教士遭到驱

---

① 莫德,前书,第 145—149 页。

② 见《从克拉维乌斯到巴蒂斯:耶稣会士在华传授几何学之演变(1607—1723)》[From Clavius to Pardies : the Evolution of the Jesuits' Teaching of Geometry in China (1607—1723)],载 F. Masini 主编:Proceedings of the Conference held in Roma , October 25—27(Vol. 49 of Bibliotheca Instuti Historici S . I .), Rome , 1996。詹嘉玲已经辨明耶稣会用结构完全不同的著作替代《原本》以适应于 17 世纪欧洲教育的变革。特别是在康熙时期,法国耶稣会士或多或少掌控了向皇帝传递信息的渠道并成为皇帝的"御前侍讲",他们当然选用巴蒂斯(Pardies)的著作。

逐,但也有 53 位传教士领到了证书,获准留在中国。①

　　"礼仪之争"给了耶稣会士在华地位的最后一击,彻底毁灭了康熙帝 1692 年"宽容诏"的正面影响,也使得 1703 年为新建"北堂"的御笔题词 "万有真源"形同废纸。尽管还有一些传教士作为天文学家和技术专家 留在宫内,这也是满州皇帝将西人与汉人学者隔离开来的谨慎决策 所至。

　　当传教士扮演的科学传播者的角色行将终结之际,康熙的注意力转 向那些有能力胜任天文学家和数学家的汉人学者。1701 年,李光地 (1642—1718,1670 年进士)向皇帝进呈了一部梅文鼎撰写的天学著作, 并附有一封充满溢美之词的举荐书。正如上述所论,李光地对梅文鼎的 举荐获得了成功。

　　李光地与康熙皇帝关系密切,是位颇受宠幸的"宫廷哲学家"。作为 一国之君,康熙为了表现自己乃是真命天子,竭力鼓吹儒家经典学说,作 为文化的赞助人,投入大量人力,进行庞大的图书编纂工程。由李光地 负责编撰的《御纂性理精义》便是其中之一。② 这部百科全书于 1715 年 编成,旨在重新确立程朱新儒学的国家正统地位。③ 李光地在儒学方面 对康熙颇有影响。④ 他最有名的专著《周易折中》则有幸获得了御制 序言。 440

　　《周易折中》的问世恰逢在新视角之下对《易经》开展深入研究的时 代。1706 年,胡渭(1633—1714)的《易图明辨》(*Clarifying Critique of the Diagrams Associated with the Yijing*)出版,该书指出,附会于《易经》的图式

---

① 魏若望,前书,第 132—133 页。

② 魏若望,前书,第 142 页。

③ 参见陈荣捷(Wing-Tsit Chan):《〈性理精义〉与 17 世纪的程朱学派》(*The Hsing-li ching-i and the Ch'eng-Chu School of the Seventeenth Century*),载《新儒学的展开》(*The Unfolding of Neo-Confuciansim*),第 543—579 页。其他编纂之作有:《大清会典》(1690),《佩文韵府》(1704), 《渊鉴类函》(1713),《朱子全书》,《康熙字典》,《骈字类编》,还有《古今图书集成》。

④ 陈荣捷,前书,第 546—547 页。

源自道士陈抟(死于 989 年)。这个发现对宋代理学家的宇宙论造成了严峻的挑战,它表明对理学家如此重要的图式不可能回溯至上古三代。

另一个重大工程,即《数理精蕴》的编纂则受到梅文鼎的强烈影响。1713 年,奉旨在畅春园设立"蒙养斋算学馆",隶属于"国子监"。一位尚书掌管具体事务,三皇子亲任督学。学生则多是八旗贵族子弟。同时,由军机大臣和翰林院学士领衔编纂官方的标准数学教科书。① 梅毂成、陈厚耀、何国宗(? —1766)、明安图(? —1765?)等人负责具体任务。②这套丛书称为《律历渊源》(*The Origins of Pitchpipes and the Calendar*),《数理精蕴》成为其中的一部分,但值得注意的是没有西人参与编纂。整套丛书于雍正初年(1723)刊行,除了 53 卷数学著作之外,还包含《历象考成》(*Compendium of the Calendar and Heavenly Phenomena* , 42 卷)和《律吕正义》(*The True Meaning of Pitchpipers*)。如前所述,与早先的翻译工作形成鲜明对照的是,《数理精蕴》的编纂完全不假西人之手,甚至也没有一个耶稣会士被任命在"算学馆"任教。换个角度看来,"算学馆"的建立亦标志着天算之学独立于西人的开始。

三 《数理精蕴》及其他

1723 年《数理精蕴》的问世是一道分水岭。康熙皇帝召集大批学者所编纂的数学百科全书,涵盖中西,充分说明西方数学是怎样"融会"为一种技术性的文本,并最终得到皇上认可的("御制")。这是一部收关之作——不计后来的重刊本——吸收了鸦片战争之前的数学译著,它标志

①《钦定大清会典事例》(1899)卷一一二〇,第 10—11 页,冠以 the Imperial Decision(写于 1734 年)。参见詹嘉玲:《〈御制数理精蕴〉与康熙年间的数学》[*The Yu Zhi ShuLi Jing Yun* (1723) and Mathematics during Kangxi reign(1662—1722)],载《近代中国科技史论集》,第 155—172 页,详见第 158—159 页。
② 有关梅、何、明三人的介绍,可参见詹嘉玲:《明末清初的学者与数学知识》(*Scholars and Mathematical Knowledge during the Late Ming and Early Qing*),载 *Historia Scientiarum* , 42(1991),第 99—109 页。

着一个时代终结,而不是引进西方数学新时代的开始。

　　当我们通览全书的结构时,《数理精蕴》展示了另一层面上的意义:几何学被置于中国学问的基础之上。全书由两部大书构成,第一部分开篇给出全书的基础,随后是几何与算术。[1] 这种对数学的欧式"二分法"乃是自利玛窦的《几何原本》序拿来。开宗明义的基础理论,颇为深奥,谓之"数理本原",即"数的原理之基础根源",但更合适的翻译似应是"数与理的基础根源"(标题中的"数理"通常被译成"数学原理",但我们将会看到,此处的"理"意义不同)。这里的"基础根源"被赋予了神话的意味,数学的起源被追溯为两种幻方:"洛书"与"河图"。在文明之初,"河图"与"洛书"被认为是传说中文化的肇始。我们必须判定这段文字及其随后的解释具有何种意义。它究竟是一篇故弄玄虚的老生常谈,以利西学更易接受? 还是在某种程度上揭示了中国数学的本性? 稍后,我们会再回到这一极为有趣的关键之处,现在还是再从这部百科全书容易理解的地方谈起。 *442*

　　"在这一领域中按照皇家标准收集和厘定与科学相关的学术知识是一项史无前例的事业",[2]它的意义有如下两个方面:

　　其一,这是皇家赞助学术的成果。它标志着数学、天文和音律之学的重要性为官方承认,值得国家为之设立专门机构,提供长期的教育。

　　其二,皇家研究机构的设立与数学范本的编纂可以视为皇家控制的结果。一改前朝的漠然疏忽,对传统天文和音律的编辑整理亦可昭示天下太平。这也预示着相关学科若要超出已经划定的范围,取得进一步的发展必然会受到制约。

直到 19 世纪早期,《数理精蕴》依然是数学教学的范本典则。①

康熙企图塑造坚实的官方正统学说,官方纂修也正是为了达到这一目的。因此,《数理精蕴》中的数学能否在正统学说中据有一席之地,便是一个值得关注的问题。该书的首卷可以代表官方正统学说的观点:《易经》和相关图式被视为数学的起源。

传统观念中的数学基础颇为值得认真考虑,而《数理精蕴》卷首如此详细的阐述,就更值得仔细推敲了。如前所述,全书分为两编。上编 5 卷,题为"立纲明体",相当于"基础";下编 35 卷,题为"分务致用",涉及基本理论应用于特殊科目的方法、技巧和结果。上编开篇首论"数理本原",随后是《几何原本》(卷二至卷四)和《算法原本》(卷五)。② 值得一提的是,韩琦教授指出全本《算法原本》的算术部分从《原本》第七卷译出。《数理精蕴》版本的《算法原本》则收入了那些被认为是有用的定理,比如欧几里得算法(Euclid's algorithm)。③ 在这第二层面中,数学被分为"度"与"数"两个方面来论述。但仅在数学发展的稍后阶段描述了这种"第二层面"。

> 粤稽上古,河出图洛出书,八卦是生,九畴是叙,数学亦于是乎肇焉。盖图、书应天地之瑞,因圣人而始出。数学穷万物之理,自圣人而得明也。昔黄帝命隶首作算,九章之义已启。尧命羲和治历,敬授人时,而岁功已成。周官以六艺教士,数居其一,周髀商高之说可考也。秦汉而后,代不乏人,如洛下闳、张衡、刘焯、祖冲之之徒各有著述。唐宋设明经算学科,其书颁在学官,令博士弟子肄习。是知算数之学,实格物致知之要务也。故论其数,设为几何之分,而立

---

① 詹嘉玲:《明末清初的学者与数学知识》(Scholar),第 103 页。詹嘉玲引述了 1818 年颁布的一项法令,其中对这一课程要求学习五年。

② 詹嘉玲:《〈御制数理精蕴〉与数学》(The Yu Zhi Shu Li Jing Yun and Mathematics),第 164—167 页,文中对上编内容有简要介绍。

③ 韩琦:《康熙时代传入的西方数学及其对中国的影响》,博士学位论文,自然科学史研究所,北京,1991 年,第 29—30 页。

相求之法。① 加减乘除：凡多寡轻重贵贱盈朒，无遗数也。论其理，设为几何之形，而明所以立算之故。② 比例分合：凡方圆大小远近高深，无遗理也。溯其本原，加减实出于河图，乘除殆出于洛书，一奇一偶，对待相资，递加递减，而繁衍不穷焉。奇偶各分，纵横相配，互乘互除，而变通不滞焉。征其实用，测天地之高深，审日月之交会，察四时之节候，较昼夜之短长。以至协律度、同量衡、通食货、便营作，皆赖之以为统纪焉。今汇集成编，以类相从，提点线面体以为纲，分和较顺逆以为目，法无论巨细，惟择其善者，由浅以及深，执简以御繁，使理与数协，务有裨于天下国家，以传于亿万世云尔。③

444

显然，利玛窦引入的"度"和"数"的二分法，已被"数"与"理"所取代，后者更加符合中国的传统观念。进一步来说，"理"由"数"出，或者说，几何源自算术，而算术则导源自《易经》中的图式。同样值得注意的是，徐光启首先提出的对"格物"的诠释，这里亦被明确地采纳，并认为可用"数学"探究"万物"。

"河图"与"洛书"之后，《数理精蕴》开始阐释《周髀算经》，并对数学的历史发展进行了一番回顾：

数学之失传久矣。汉晋以来所存几如一线，其后祖冲之、郭守敬辈殚心象数，立密率消长之法，以为习算入门之规，然其法以有尽度无尽，止言天行未及地体，④是以测之有变更，度之多盈缩，盖有未尽之余蕴也。明万历间西洋人始入中土，其中一二习算数者，如利玛窦、穆尼阁等着为几何原本、同文算指诸书，大体虽具，实未阐明

---

① （此句英译为：Therefore, in discussing numbers, the methods of getting one from the other were established by letting them represent the parts of quantities。注意，quantities 对译"几何"——译者）
② 此句有歧义。句中的"理"似乎指某种自然情形或自然结构的图式描述，也可能指几何图形，亦或指某种"关系"。
③《四库全书》799卷，第4页。
④ 此语表明中国确有天文学，但却没有球形大地的概念。

理数之精微。及我朝定鼎以来,远人慕化,至者渐多,有汤若望、南
怀仁、安多、闵明我,相继治理历法,间明算学,而度数之理渐加详
备。然询其所自,皆云本中土所流传。粤稽古圣,尧之钦明,舜之浚
哲,历象授时,闰余定岁,璇玑玉衡,以齐七政,推步之学孰大。于
是,至于三代盛时,声教四讫,重译向风,则书籍流传于海外者殆不
一矣。周末畴人子弟失官分散,嗣经秦火,中原之典章既多缺佚,而
海外之支流反得真传,此西学之所以有本也,古算书存者独有周髀。
周公商高问答其本文也,荣方陈子以下所推衍也,而汉张衡、蔡邕以
为术数,虽存考验天状,多所违失,按荣方陈子始言晷度,衡、邕所疑
或在。① 于是若周髀本文,辞简而意该,理精而用博,实言数者所不
能外其圆方矩度之规,推测分合之用,莫不与西法相为表里,然则商
高一篇诚成周六艺之遗文,而非后人所能假托也,旧注义多舛讹,今
悉详正,弁于算书之首,以明数学之宗,使学者知中外本无二理
焉尔。

"西学中源"说的兴起虽不能完全归于皇帝个人。然而,康熙接受此说也
就为对待西学研究的官方政策定下了基调。起初的"西学中源"说不过
以为在遥远的古代,中国的学问传播到了西方,在异国发扬光大。然而,
梅文鼎的孙子发现,西方代数与宋元的天元术之间有着某种相似性,由
此宣告西人确是从中国学到了这种方法,从而强化了一种观点,即西方
人对数学并无实际贡献。毫无疑问,这种判断有助于将西方数学研究合
法化。对于深入研究宋元数学也是一种重要的刺激,最终使其得到重新
理解。然而,这种态度无益于数学的进一步发展,对创造性地整合西方
数学也毫无帮助。

在 18 世纪,除了官方的控制之外,决定西方数学在中国命运的另一
个重要因素是"考据之学"的兴盛。这种以文献考据为核心的学术束缚

---

① 此处指有关盖天模型的讨论,当然,在康熙时期,这一模型已被认为是错误的。

了学者们的才智。尽管这些学者们也认为数学和天文是重要的学科——这在中国历史上或多或少是个新现象——但那仅仅是在非常狭隘的观念之中。已有学者指出："他们的兴趣局限于古代文献,完全忽视了数学的创新性"。① 比如,钱大昕,乾嘉学派杰出的代表,被认为是"最具数学头脑"的学者,在数学领域很难说有任何实质性的贡献。② 诚然,应当指出,18世纪的中国数学史尚有很多空白,进一步的研究必将更深入地揭示考据学与数学的相互关系。

然而,考据的风气也产生了重要结果:重新发现中国古代的数学经典,《九章算术》就在其中。此后又引发了《四库全书》的编纂。在这一编纂过程中,戴震(1724—1777),乾嘉学派的另一代表人物,也是《四库全书》的纂修官,在《永乐大典》中发现这些著作。如此,与明末相比,人们能够读到的古代数学典籍大大增加了。

正如艾尔曼(Elman)所说,考据学的出现与社会经济因素紧密相关,正是这些因素才使得考据之学成为独立于官学之外的一种学术职业,并主要在江南地区形成一种非正式的研究群体。除了这些小圈子对传统数学进行研究,官方天文机构仍然继续使用西方数学。钦天监中的天文学家要接受"西法"的训练,这些方法大多载于《数理精蕴》。这种情形导致了"西派"与"中派"的对立,阻碍了数学上的创新。特别是在18世纪末,乾嘉学派与那些使用西法的学者之间产生了强烈的冲突,前者宣称独尊中土古算。这种取向正是著名的《畴人传》的编纂背景。③

447

---

① 洪万生(Horng Wann-Sheng):《19世纪的中国数学》(*19 th Century Chinese Mathematics*),载林正弘(Cheng-hung Lin)和傅大为(Daiwie Fu)主编:*Philosophy and Conceptual History of Science in Taiwan* (*Volume 141 of the Boston Studies in the Philosophy of Science*),Dordrecht,1993,第167—208页。
② 洪万生:《19世纪的中国数学》(*19 th Century Chinese Mathematics*),第180页,作者从《畴人传》中引述钱大昕的传记表明他相信圆周率的值为3.16,因为有人确实测量过一段圆盘,从而算出了这个值。[此人为谈泰,钱大昕的门生。《畴人传》卷五十一称"(谈)泰因作一丈径木板,以篾尺量其圆周,正得三丈一尺六寸有奇——译者]
③ 参见洪万生的引文。

至于"西派",最突出的代表当推明安图,他也是《数理精蕴》的编纂者之一,一生大部分时间在钦天监中供职。他以连比例理论发展出对一组三角函数幂级数展开式的原创性证明——这些公式由法国耶稣会士杜德美传入,但没有证明。① 这一个案表明西方几何学与中国传统算法相互融合的确可以产生创新性的发展。然而,他的工作因以西法为基础而受到"中派"学者们的联合抵制。

此外,大约在 1800 年前后,随着新一代数学家的出现,情况发生了变化。其中杰出的代表是焦循、汪莱(1768—1813)和李锐(1773—1817),他们密切合作,开始突破传统数学的束缚。焦循提出了一套符号代数作为算术运算的基础。汪莱对宋元的天元术明辨详析,并和李锐一起发展出普遍性的方程理论。② 他们三人都敏锐地意识到需要探析基本原理,从而"知其所以然"。

19 世纪 20 年代开始,乾嘉学派渐渐在学术界失去了号召力。1825 年左右,14 岁的李善兰通读了利徐译本,对只能读到了《原本》前六卷而深感遗憾。这为鸦片战争后第二波翻译浪潮埋下了伏笔。最终,在宕延了 250 年后,欧几里得《几何原本》的汉译才终成完璧。此时新一轮的介译活动已是西方凭借武力强加于中国的西化浪潮的组成部分。然而,如果没有前此有利环境中播撒下的种子,晚清的翻译运动也就不能取得如此之快的成功。这或许也可以看作 1607—1723 年间西方数学输入中国的余韵回响。③

---

① 有关明安图著作的详细讨论,见詹嘉玲:《割圆密率捷法(1774 年):数学中的中国传统与西方》(*Les Méthodes rapides*)。

② 关于李锐和汪莱的简要论述,可参见李俨、杜石然:《中国数学简史》(*A Concise History*),第 240—244 页。有关三人之间合作及更复杂的关系,以及三人与乾嘉学派的关系,详情可见洪万生:《19 世纪的中国数学》(*19 th Century Chinese Mathematics*),或见洪万生主编:《谈天三友》,台北,1993。

③ 洪万生:《19 世纪的中国数学》(*19 th Century Chinese Mathematics*),特别是第 200 页的论述,指出西方数学第二次翻译受到一个世纪前翻译工作的直接影响,这种看法很有说服力。

第十章 结语

在科学翻译史上,汉译《几何原本》是一项杰出的成就,是一座里程
碑。诚然,其影响在当时也许很有限,徐光启"百年之后,必人人习之"的
预言并未如期实现。但利徐二位筚路蓝缕,以古文风韵,迻译拉丁原典,
风格传神,令人心悦诚服,所创若干术语,袭用至今。

《天学初函》中的"天书",唯《几何原本》和几部天学著作被收入皇家
纂修的《四库全书》(1783)。至 18 世纪末,曾铸为一体的"西学"业已分
崩离析。《几何原本》问世一个世纪之后,真正为中国所接受的西方文化
唯有数学与天文学而已。基督教与佛教对中国的影响可谓互为镜像:佛
教给中国文化留下了深深的烙印,而印度天文学和数学却是浮光掠影。
清代帝王重新确立理学为正统,在此背景下,西方科学可如徐光启预言
的那样成为"补儒"之用。从某种意义上说,这也证实了科学的普世性。
绝大部分中国士大夫(当然也有例外)接受了预测天体位置以及天象观
测的客观性,也为几何模型与数学证明的解释力量所折服。在经历了形
式与内容上的转换之后,西学被植入完全不同的文化传统。耶稣会士传
入中国的科学自有特色,但与希腊传统和近代观念皆大为不同,经过与
富有活力的中国传统数学的相互作用,衍生出一种更为复杂的形态,需

要慎重对待和重新诠释。李约瑟所断言,1644 年后,两种传统综合新旧,融会为"世界性"科学之说。至少就欧氏几何而言,这一结论不尽其然。

450 　　欧氏几何之输入中国,不是专家之间某种专业知识的交流,而是代表两种异质文化的精英之间的碰撞,这一特征既可说明中西交流的事业何以取得了一定的成功,也决定了其最后的结局。按席文(N. Sivin)的观点,一方面,历史环境决定了耶稣会士垄断着西学知识;另一方面,西学的接受又完全依赖于精英阶层——受过良好教育的儒家学者的选择与动机。对科学的追求需要有一片"锚地",换言之,要在高度敏感、谨慎保守的精英阶层中获得普遍的认同。因此,这就不可避免地要在原有思想和价值体系中为西方科学另辟出一块"特区"(niche)。理学权威专注于传统经典,关心伦理问题,而也正是他们裁决着哪些新知识具有价值,用途何在。他们还影响着译著出版的赞助,以及开辟输入西方科学的其他渠道。在一个强势的文化传统中,外来文明很难能找到别的东西"举荐"自身,从双方接触之日起,即不存在对外来事物的被动接受。然而,西方科学的到来恰逢一个契机:参与国事的士大夫需要一种改革,即历法改革。一般而言,晚明时期的中国,实际而有用的知识正在增长。早在结交耶稣会士之前,徐光启、李之藻就著有水利、测地之书。进一步来说,星罗棋布的书院成为授课和讨论的场所,连同东林党,以及后来的复社构成了——至少在一般意义上来说——传播新知的渠道。同时,广阔的知识潮流如风起云涌,强烈地波及到当时的学术、教育、政治、宗教、哲学和道德。值得注意的是,对西学的强烈共鸣产生在那些心忧天下而又坦率直言的知识分子圈子中。可以这样说,明朝末年,相当数量的文人学士对西学已不再陌生。

　　晚明时期的社会思潮诉诸于历史传统、社会准则,向往复归昔日淳朴的儒家理想和公正廉洁的政府,而支持深入研究"形与数"的理由亦与这一时代风气相符。前文引述的各种序跋、导论的文字中,有关数学的本性与意义的种种观念清楚地表明数学被认为是一种重要的智力科目。

时常用来鼓励数学研究的论点之一即是：在上古理想的政府中，数学作为国家教育的科目之一，有着悠久的历史传统。为了复兴往日的理想，自应复归数学的重要地位。此外，西方在数学与天文方面之所以能超越中国，是因为泰西保存了从三代以降连绵不断的传统；而在中国的传统中，虽曾有过辉煌的典籍和知识，却已散佚殆尽，仅有极少部分传承下来。就数学的情形而论，对当时传世数学著作的研究证实了这一点。正是因为大量数学典籍的佚失，许多方法缺失更多的细节以致无法理解。而利用西方知识重现这些方法所蕴涵的基本原理，进而恢复中断的传统，似乎都是可行的。

但是，对西学的兴趣走得更远。本书引用的一些文献清晰地表明，诸如"格物"、"理"、"实学"之类原本用于伦理道德领域而罕涉自然的理学基本概念，其含义已有所拓展，以容纳"量"的科学。利玛窦的《译几何原本引》和徐光启的《刻几何原本序》对促进这种新解释产生了特别重要的影响。这就意味着"形与数"的研究与《易经》的宇宙观念、与河图和洛书中的卦象具有内在联系，而在《数理精蕴》问世之际，数学与天文就被坚实地打上中国式的烙印。虽然"西学中源"的基础所在近乎神话，但是数学源自中华本土，并在上古时期已臻完善的信念仍在很大程度上确定了未来数学研究的方向。

毋庸置疑，西方数学传入的主要影响在于唤醒了本土的数学传统：欧氏几何主要的——当然不是唯一的——作用是引发了对存世的传统数学著作的新理解，推动了重现残篇断简中潜藏的丰富内容。笔者希望本书能对阐明以下问题有所贡献：自徐光启、李之藻那代人开始，如何推动了这一"复兴"？《几何原本》从利徐译本到《数理精蕴》本的变化，存在着什么样的动机和理据？

西方数学主要用于阐明中国传统数学，然而，这种做法强烈地影响到对欧氏几何的理解与阐释。在传统的应用数学领域（算法），《几何原本》严密的几何命题和方法被重新诠释。首先，经过选择，只有那些与中

451

452

国数学相关的命题才被选用,特别是欧氏几何中有关"面积变换"的部分。这说明欧氏几何已不再被视作为本来的演绎体系。其次,这些步步相连的算法程序多以具体数字为处理对象,这就需要对欧氏几何加以某种"代数化"的诠释。再者,这些算法源自与希腊数学完全不同的文化背景,所处理的几何对象多用于"量的测算","几何作图"在此几无用武之地。这也许能够说明欧氏几何的两个重要方面被忽视的原因:(1)几何作图是推理结构和证明的基本要素;但无论杜知耕还是方中通,他们的节略本都将作图命题略去,此举颇耐人寻味;(2)欧多克索的比例理论被缩减为简单的计算规则。

传译到中国的欧氏几何是经过改编的特殊版本,这也许更有利于与中国传统数学相融合,而在另一方面却遮蔽了希腊进路与中算传统的本质差别。因此,出现在《几何原本》中的比例理论只要摇身一变,很容易用于"数字诠释",当然要附上一些经过挑选的实用作图,正如《几何要法》的出版就完全专注于几何学的匠人手艺,目的就是提供一套实用操作的现成组件。

此外,使用传统语汇传译欧氏几何的概念无疑是歧义之源。如"几何"一词兼用于"量"(magnitude)与"数"(numbers),"求"用来表示"解题"(construction problems),"法"则是"方法的构造"。在传统数学中,上述术语都应用于数字、计算、算法,而不是"几何作图"。事实上,在严格的意义上,"量法"一词作为几何词汇意指方法的汇集。这就是几何学传入中国的方式:不是作为某种研究领域,而是作为实用的数学工具。《几何原本》是绝无仅有的例外,然而它所导出的一种(数学)语境既不同于古希腊,也与当代概念有天壤之别。"量"(quantity)是几何学的研究对象——甚至被用作中译本的书名("几何")——但此"量"远非今日"定量科学"之量,而是亚里士多德哲学的基本概念,甚至联系到与"形而上学"自然观交织在一起的宗教观念。利玛窦和其他耶稣会士以三段论推理解释欧几里得的证明。对他们而言,这远不止是一种逻辑概念。三段论推理不仅与印欧语言结构紧密相连,同时也是心智功能的再现。正如徐光启所说,数学研究就好像是"管中窥豹"(此说见徐光启《简平仪说序》——译者)。欧氏几何的方法并非被看做一种孤立的语言,也不是拥有一套特殊规则的专门知识领域,而是具有普遍性的知识理论(即知识如何在思维之中产生)的一个特殊范例。 *453*

　　一般说来,人们不禁会问:在没有原书的写作目的说明和使用规则情况下,《原本》的前六卷是否能够满足全面的理解?是否能让人毫无保留地接受书中的方法?

　　事实说明,由《几何原本》引入的欧氏风格深深地影响那些研读此书的数学家的著述方式。虽然证明被想象为某种理解的方式而非一种严密性的标准,演绎推理的许多方面还是被接受了。梅文鼎和杜知耕都给出证明,绘有图示,步骤合理,在某些例子中还引述了公理。杜知耕甚至力图以某种演绎推理来重构《九章算术》;而梅文鼎对立体几何的发展也应被视为一项杰出的成就。尽管最初欧氏几何被用来证明中国传统数学的算法,事情最终还是走向了它的反面:传统方法最终重新改写了欧氏几何!例如,梅文鼎对毕达哥拉斯定理的改写。此举导致重新发现中国传统的证明方法,并增强了一种信念:中国传统数学原则上完全可以自给自足。可以这样说,欧氏几何的用途与效果决定了欧几里得在中国的命运。

附录一　利玛窦《译几何原本引》

　　夫儒者之学,亟致其知。致其知,当由明达物理耳。物理渺隐,人才顽昏,不因既明,累推其未明,吾知奚至哉! 吾西陬国虽褊小,而其庠校所业格物穷理之法,视诸列邦为独备焉。故审究物理之书极繁富也。彼士立论宗旨,惟尚理之所据,弗取人之所意。盖曰理之审,乃令我知,若夫人之意,又令我意耳。知之谓,谓无疑焉,而意犹兼疑也。然虚理隐理之论,虽据有真指,而释疑不尽者,尚可以他理驳焉。能引人以是之,而不能使人信其无或非也。独实理者、明理者,剖散心疑,能强人不得不是之,不复有理以疵之,其所致之知且深且固,则无有若几何一家者矣。

　　几何家者,专察物之分限者也,其分者若截以为数,则显物几何众也;若完以为度,则指物几何大也。其数与度,或脱于物体而空论之,则数者立演算法家,度者立量法家也。或二者在物体,而偕其物议之。则议数者,如在音相济为和,而立律吕乐家;议度者,如在动天迭运为时,而立天文历家也。此四大支流,析百派。

　　其一量天地之大。若各重天之厚薄,日月星体去地远近几许,大小几倍,地球围径道里之数。又量山岳与楼台之高,井谷之深,两地相距之远近,土田城郭宫室之广袤,廪庾大器之容藏也。

其一测景以明四时之候，昼夜之长短，日日出入之辰，以定天地方位，455
岁首三朝，分至启闭之期，闰月之年，闰日之月也。

其一造器以仪天地，以审七政次舍，以演八音，以自鸣知时，以便民
用，以祭上帝也。

其一经理水土木石诸工。筑城郭作为楼台宫殿，上栋下宇，疏河注
泉，造作桥梁。如是诸等营建，非惟饰美观好，必谋度坚固，更千万年不
圮不坏也。

其一制机巧。用小力转大重，升高致远，以运刍粮，以便泄注，干水
地水干地，以上下舫舶。如是诸等机器，或借风气，或依水流，或用转盘，
或设关捩，或恃空虚也。

其一察目视势。以远近正邪高下之差，照物状可画立圆立方之度数
于平版之上，可远测物度及真形；画小，使目视大；画近，使目视远；画圆，
使目视球，画像有坳突，画室屋有明暗也。

其一为地理者，自舆地山海全图，至五方四海，方之各国，海之各岛，
一州一郡，金布之简中，如指掌焉。全图与天相应，方之图与全相接，宗　456
与支相称，不错不紊；则以图之分寸尺寻，知地海之百千万重；因小知大，
因迩知遐，不误观览，为陆海行道之指南也。

此类皆几何家正属矣。若其余家，大道小道，无不借几何之论，以成
其业者。夫为国从政，必熟边境形势，外国之道里远近，壤地广狭，乃可
以议礼宾来往之仪，以虞不虞之变。不尔，不妄惧之，必误轻之矣。不计
算本国生耗出入钱谷之凡，无以谋其政事。自不知天文，而特信他人传
说，多为伪术所乱荧也。农人不豫知天时，无以播殖百嘉种，无以备旱干
水溢之灾，而保国本也。医者不知察日月五星躔次，与病体相视乖和逆
顺，而妄施药石针砭，非徒无益，抑有大害。故时见小恙微病，神药不效，
少壮多夭折，盖不明天时故耳。商贾懵于计会，则百货之贸易、子母之入
出，侪类之衰分咸晦混，或欺其偶，或受其偶欺，均不可也。

今不暇详诸家几何之术者，惟兵法一家，国之大事，安危之本，所须

489

此道尤最亟焉。故智勇之将,必先几何之学。不然者,虽智勇无所用之。彼天官时日之属,岂良将所留心乎! 良将所急,先计军马刍粟之盈诎,道里地形之远近、险易、广狭,死生;次计列营布阵,形势所宜,或用圆形以 457 示寡,或用角形以示众,或为却月象以围敌,或作锐势以溃散之;其次策诸攻守器械,熟计便利,展转相胜,新新无已。备观列国史传所载,谁有经营一新巧机器,而不为战胜守固之借者乎? 以众胜寡,强胜弱,奚贵? 以寡弱胜众强,非智士之神力不能也。以余所闻,吾西国千六百年前,天主教未大行,列国多相并兼,其间英士有能以赢少之卒,当十倍之师,守孤危之城,御水陆之攻,如中夏所称公输、墨翟九攻九拒者,时时有之。彼操何术以然? 熟于几何之学而已。

以是可见,此道所关世用至广至急也。是故经世之隽伟志士,前作后述,不绝于世,时时绍明增益,论撰綦为盛隆焉。

乃至中古,吾西庠特出一闻士,名曰欧几里得。修几何之学,迈胜先士而开迪后进,其道益光。所制作甚众甚精,生平著书了无一语可疑惑 458 者,其《几何原本》一书,尤确而当。曰"原本"者,明几何之所以然,凡为其说者,无不由此出也。故后人称之曰:欧几里得以他书踰人,以此书踰己。今详味其书,规摹次第,洵为奇矣。题论之首先标界说,次设公论,题论所据;次乃具题,题有本解,有作法,有推论,先之所征,必后之所恃。十三卷中,五百余题,一脉贯通,卷与卷,题与题,相结倚,一先不可后,一后不可先,累累交承,至终不绝也。初言实理,至易至明,渐次积累,终竟乃发奥微之义。若暂观后来一二题旨,即其所言,人所难测,亦所难信,及以前题为据,层层印证,重重开发,则义如列眉,往往释然而失笑矣。千百年来,非无好胜强辩之士,终身力索,不能议其只字。若夫从事几何之学者,虽神明天纵,不得不借此为阶梯焉。此书未达,而欲坐进其道,非但学者无所措其意,即教者亦无所措其口也。吾西庠如向所云,几何之属几百家,为书无虑万卷,皆以此书为基。每竖一义,即引为证据焉; 459 用他书证者,必标其名,用此书证者,直云某卷某题而已,视为几何家之日用饮食也。

至今世又复崛起一名士，为窦所从学几何之本师，曰丁先生，开廓此道，益多著述。窦昔游西海，所过名邦，每遘颛门名家，辄言后世不可知，若今世以前，则丁先生之于几何无两也。先生于此书，覃精已久，既为之集解，又复推求续补凡二卷，与元书都为十五卷。又每卷之中，因其义类，各造新论，然后此书至详至备，其为后学津梁，殆无遗憾矣。

窦自入中国，窃见为几何之学者，其人与书，信自不乏，独未睹有原本之论。既阙根基，遂难创造，即有斐然述作者，亦不能推明所以然之故。其是者，已亦无从别白；有谬者，人亦无从辨正。当此之时，遽有志翻译此书，质之当世贤人君子，用酬其嘉信旅人之意也。而才既菲薄，且东西文理，又自绝殊，字义相求，仍多阙略，了然于口，尚可勉图，肆笔为文，便成艰涩矣。嗣是以来，屡逢志士，左提右挈，而每患作辍，三进三止。呜呼！此游艺之学，言象之粗，而龃龉若是。允哉，始事之难也！有志竟成，以需今日。

岁庚子，窦因贡献，侨邸燕台。癸卯冬，则吴下徐太史先生来。太史既自精心，长于文笔，与旅人辈交游颇久，私计得与对译，成书不难；于时以计偕至，及春荐南宫，选为庶常，然方读中秘书，时得晤言，多咨论天主大道，以修身昭事为急，未遑此土苴之业也。客秋，乃询西庠举业，余以格物实义应。及谈几何家之说，余为述此书之精，且陈翻译之难，及向来中辍状。先生曰："吾先正有言，一物不知，儒者之耻。今此一家已失传，为其学者皆暗中摸索耳。既遇此书，又遇子不骄不吝，欲相指授，岂可畏劳玩日，当吾世而失之？呜呼！吾避难，难自长大；吾迎难，难自消微；必成之。"先生就功，命余口传，自以笔受焉。反覆展转，求合本书之意，以中夏之文重复订政，凡三易稿。先生勤，余不敢承以怠，迄今春首，其最要者前六卷，获卒业矣。但欧几里得本文已不遗旨，若丁先生之文，惟译注首论耳。太史意方锐，欲竟之，余曰："止，请先传此，使同志者习之。果以为用也，而后徐计其余。"太史曰："然，是书也苟为用，竟之者何必在

460

我."遂辍译而梓是谋,以公布之,不忍一日私藏焉。

梓成,窦为撮其大意,弁诸简端,自顾不文,安敢窃附述作之林? 盖聊叙本书指要,以及翻译因起,使后之习者,知夫创通大义,缘力俱艰,相共增修,以终美业,庶俾开济之士,究心实理,于向所陈百种道艺,咸精其能,上为国家立功立事,即窦辈数年来旅食大官,受恩深厚,亦得借手以报万分之一矣。万历丁未泰西利玛窦谨书。

按,原书附录系英译文,此据《利玛窦中文著译集》(朱维铮主编,复旦大学出版社,2001)移录,标点稍有改动。又,利玛窦《译几何原本引》、徐光启《刻几何原本序》、曾国藩《几何原本序》(张文虎代拟),最早之英语译文,见 G. E. Moule: *The Obligations of China to Europe in the Matter of Physical Science Acknowledged by Eminent Chinese*,载 *Journal of the North -China Branch of the Royal Asiatic Society*, Vol. VIII (1873),第 137—164 页;利氏引、徐序、杂议、再校本题记之意大利语译注,见 Pasquale D'Elia: *Presentazione della prima traduzione cinese di Euclide*,载 *Monumenta Serica*, 15 (1956),第 161—202 页——译者

附录二　吴学颢《几何论约序》

　　凡物之生,有理、有形、有数。三者妙于自然,不可言合,何有于分。 *461*
顾从来语格物者,每详求理,而略形与数。其于数,虽有九章之术求其精
确,已苦无传书。至论物之形,则绝无及者。孟子曰:继之以规矩准绳,
以为方圆平直,不可胜用。意古者公输、墨翟之流,未尝不究心于此,而
特未及勒为一家之言与。然不可考矣。

　　尝窃论之,理为物原,数为物纪,而形为物质。形也者,理数之相附
以立者也。得形之所以然,则理与数皆在其中;不得其形,则数有穷时,
而理亦杳而不安。非理之不足恃,盖离形求理,则意与象暌,而理为无
用;即形求理,则道与器合,而理为有本也。

　　《几何原本》一书,创于西洋欧吉里斯。自利玛窦携入中国,而上海
徐元扈先生极为表章,译以华文,中国人始得读之。其书囊括万象,包罗
诸有,以为物之形有短长、有阔狭、有厚薄。短长曰线,阔狭曰面,厚薄曰
体。以三者提其大纲,而曲直相参,斜正相求,方员相准,多寡相较,轻重
相衡,以虚例实,用小该大,自近测远。参之伍之,错之综之,物之形得而 *462*
无阂,数无遁理矣。顾其书虽存,而习者卒鲜,即稍窥其藩,亦仅以为历
学一家之言,不知其用之无所不可也。

　　友人杜子端甫,束发好学,于天文、律历、轩岐诸家无不该览。极深湛
之思而归于平实,非心之所安,事之所验,虽古人成说不敢从也。其于是书

尤沛然有得,以为原书义例条贯已无可议,而解论所系间有繁多。读者难,则知者少矣。于是为之删其冗复,存其节要,解取诂题,论取发解,有所未明间以己意附之,多者取少,迂者取径,使览者如指掌列眉,庶人不苦难,而学者益多。既成,征序于予。予谫陋,何能为役?然念先君子尝精研此书,弗释卷。不肖总角时,每闻其略,今愧不能绍前业。读杜子书而附名末议,尤所欣愿者,故为述其大意,以应杜子之请,而因为之言。曰:

今艺学之榛荒久矣!即以律历论,二者虽同出于数,然各有本末,不必强同。汉魏以来,务为牵合,了无确义,至天文一家,尤多穿凿。凡日月交食、五星凌犯有所弗通,不咎推步之失,反诬天行之错,以致批根人事,除翳无辜,翕张政刑,不可殚述。盖不徒时刻愆期、分秒失算而已,是岂非学而不实之过哉!若舍去一切傅会揣合之说,而以几何之学求之,则数以象明,理因数显,涣然冰释,无往不合。即推而广之,凡量高、测远、授土工、治河渠,以及百工技艺之巧,日用居室之微,无一之可离者。然则此书诚格致之要论,艺学之津梁也。

今夫释迦之学,亦来自西域。中更刘宋萧梁,诸人翻演妙谛,转涉悬渺,然终属搏沙,无裨实用,中国人犹嗜之不啻饥渴。几何一书,绝非其伦。徐利二公一本平实,杜子所述更归捷简。学者辍其章句词赋之功,假十一于千百,数日间可得之,亦何惮而不一观与?杜子先有《数学钥》六卷,已行于世,正与几何家相为表里。合二书评之,皆洁净精实,几于不能损益一字。语不云乎:言之无文,行之不远。吾以为言之不简,不可为文;简而不该,不可为简。请以此语赞两书。读之者既得其简,即得其该,其于是道也,庶几哉。吴学颢序。

按,原书附录系英译文,此据上海古籍出版社影印文渊阁《四库全书》本点校——译者

文献缩略语

Clavius 1574   C. Clavius, *Euclidis Elementorum Libri XV*, Romae, apud V. Acco- 465
ltum, 1574.

Clavius，OM   C. Clavius, *Opera Mathematica* (5 Volumes), Moguntiae, 1612.

Ding Fubao   丁福保、周云青编：《四部总录算法编》(General Catalogue of the Four
Departments：Mathematics)，两卷本，北京，1984 (first print 1957)。

DMB   L. C. Goodrich 编：*Dictionary of Ming Biography 1368—1644*, New
York，1976.

ECCP   A. W. Hummel 编：*Eminent Chinese of the Ch'ing Period*, Washing-
ton，1943 (repr. Taipei, 1975).

ECT   M. Loewe 编：*Early Chinese Texts：Bibliographical Guide*, Berke-
ley：University of California, 1993.

FR   D'Elia, *Fonti Ricciani* (*Storia dell'introduzione del cristianesimo in
Cina*)，三卷本，Roma，1942–1949.

Guo Shuchun   郭书春编：《中国科学技术典籍通汇》(Diachronical Collection of Chi-
nese Classics of Science and Technology)，数学卷(Mathematics)，五卷
本，河南教育出版社，1993。

Heath   T. E. Heath 编译：*The Thirteen Books of Euclid's Elements*，三卷
本，New York，1956 (paperback publication of 1908 edition).

HCM   J. C. Martzloff：*A History of Chinese Mathematics* (trans. of IIMC,
S. S. Wilson tr.)，Berlin：Springer, 1997.

HMC   J. C. Martzloff：*Histoire des mathématiques chinoises*, Paris：Mas-
son，1987.

HYDCD　　　《汉语大词典》,12 卷本,第一卷(罗竹风编),上海,1986—1994。

JHYB　　　　《几何原本》, See Bibliography under Euclid (Matteo Ricci and Xu Guangqi).

Qian 1963　　钱宝琮校点:《算经十书》(*The Matematical Canon in Ten Books*),北京:中华书局,1963。

SCC　　　　J. Needham: *Science and Civilisation in China*, 七卷本, in progress, New York: Cambridge University Press, 1954—.

Schall, HR　　J. A. Schall von Bell: *Historica relatio* (*Relation Historique*. Texte latin avec traduction française du P. Paul Bornet S. J.),载 H. Bernard 编, *Lettres et Mémoires d'Adam Schall S. J.*, 天津, 1942。

466 SFTZ　　　程大位:《算法统宗》(1592),载
　　　　　　(1)《古今图书集成 · 历法典》,卷 113—125,1725,中华书局,1934。
　　　　　　(2) 郭书春,卷二,第 1213—1421 页。

SKQS　　　　文渊阁《四库全书》(1772—1782),台北,1984 (影印本)。

TXCH　　　　李之藻编:《天学初函》(First Collection of Heavenly Studies)(1629),六卷本,台北, 1965 (影印本) [Nr. 23 of《中国史学丛书续编》(Sequel to the Collection on Chinese History),吴相湘编]。

TV　　　　　P. Tacchi Venturi: *Opere storiche del P. Matteo Ricci s. j.*, 两卷本, Macerate, 1911—1913。

Victrac EE　　B. Vitrac (trans. and comm.): *Euclide: Les Eléments* (with a general introduction by M. Caveing): Volume 1 (gen. introduction and books 1—4), Paris, 1990; Volume 2 (book 5—9), Paris 1994。

XGAJ　　　　《徐光启集》(*Collected Writings of Xu Guangqi*)(王重民编),两卷本,北京,1963。

XGQNP　　　梁家勉:《徐光启年谱》,上海:古籍出版社,1981。

XGQZYL　　　苏步青编:《徐光启著译集》(*Xu Guangqi's Collected Writings and Translations*),上海,1983。

Xu Zongze　　徐宗泽编:《明清间耶稣会士译著提要》(*Introduction to the Works Translated by the Jesuits in Late Ming and Early Qing*),台北,1957。

参考文献

Primary Sources 原始资料

Chen Zilong(陈子龙) *et. al.* (eds.), 明经世文编, 1638 (reprint in 6 vols., 香港：珠 467
    玑书店, 出版时间不详。(或见《续修四库全书》1655—1662 册影崇祯间平露堂
    本, 上海古籍出版社, 2002——译者)

Cheng Dawei(程大位), 算法统宗：see list of abbreviations, SFTZ.

Clavius, C., see list of abbreviations, Clavius 1574.

——, "Modus quo disciplinae mathematicae in scholis Societatis possent promoveri"
    (《提升修会学院中数学学科之方法》), in *Monumenta Historica Societatis
    Iesu* 141 (Volume VII of the *Monumenta Paedagogica Societatis Iesu*, pp. 115—
    117.

——, see list of abbreviations, Clavius OM.

Du Zhigeng(杜知耕), 几何论约[Summary of Geometry], SKQS, Vol. 802, pp.
    1—80.

——, 数学钥[Key to Mathematics], SKQS, Vol. 802, pp. 91—233.

Fang Zhonglü(方中履), 古今释疑[Resolution of Doubt Old and New], 台北：台湾
    学生书局, 1972 (repr. in 4 vols, as nr. 11 of 杂著秘籍丛刊, 屈万里主编。
    (《续修四库全书》1145 册影康熙十八年杨霖刻本——译者)

Fang Zhongtong(方中通), 几何约[Essentials of Geometry], SKQS, Vol. 802, pp.
    541—592.

——, 数度衍[Development of Numbers and Magnitudes], SKQS, Vol. 802, pp.

233—592.

Han Lin（韩霖）and Zhang Geng（张赓），圣教信证［Evidence of Christian Faith］，1647，天主教东传文献三编［Third Collection of Documents on the Spread of Catholicism to the East］，6 vols.，台北，1972，Vol. I，pp. 267—293.

Huang Zongxi（黄宗羲），南雷集（20 卷），四部丛刊，上海：商务印书馆，1920—1936。（按，内附其子黄百家的《学箕初稿》——译者）

——，梨洲遗著汇刊（薛凤昌 ed.），in 沈云龙（comp.），明清史料汇编六集（6th series，nr. 53），Vol. 5，台北：文海出版社，1969。

Li Zijin（李子金），隐山鄙事［Lowly affairs of Yinshan］，四卷，（pref.）1679。（《北京图书馆古籍珍本丛刊》第 84 册影康熙刊本——译者）

Li Zhizao（李之藻）（ed.），天学初函，ca. 1628，（repr.）台北，1965［no. 23 of 中国史学丛书，吴相湘（ed.），in 6 vols.］。

Li Zhizao and Matteo Ricci（李之藻、利玛窦），同文算指，1607—1613/4，in SKQS，Vol. 798.

Li Zhizao and F. Furtado（李之藻、傅泛际），名理探，（repr.）台北：台湾商务印书馆，1976（人人文库，王云五 ed.，nr. 384，2 vols.）。

Litterae Annuae，《年信》1611，（comp.）N. Trigault（金尼阁），南京，1612，*in Litterae Societatis Iesu e regno Sinarum Annorum MDCX & XI Ad R. P. Claudium Aquavivam eiusd. Societatis Praepositum Generalem*（《1610—1611 年，自中华帝国寄与总会长阿夸维瓦的年信》），Mangium，1615，pp. 85—294.

Lu Shiyi（陆世仪），陆桴亭思辨录辑要，in 丛书集成初编，上海，1935—1935。

Mei Wending（梅文鼎），句股阐微［Bringing to light the subtleties of *gougu*］，SKQS，Vol. 795，pp. 209—349.

468 ——，三角形举要法［Most important methods of triangles］，SKQS，Vol. 795，pp. 350—555.

Mingshi 明史，北京：中华书局，1974。

Ricci, M.，see list of abbreviations，FR.

——，see list of abbreviations，TV.

Ricci, M. and Li Zhizao，see Li Zhizao. 见李之藻；

Ricci, M. and Xu Guangqi，see Xu Ouangqi. 见徐光启。

Wu Jing（吴敬），九章算法比类大全，1450，in 郭书春，Vol. 2。

Xiong Mingyu（熊明遇），格致草［Draft of the"Investigation of Things"，（Pref.）1669（Library of Congress，Microfilm Orien China 224）。（或见《中国古代科技典籍通汇》天文卷，第六分册影顺治五年《函宇通》本，河南教育出版社，1998——译者）

Xu Guangqi（徐光启），测量法义，SKQS，Vol. 789，pp. 817—833.

——，测量异同，SKQS，Vol. 789，pp. 833—837.

——，句股义，SKQS，Vol. 789，pp. 837—850.

——，see list of abbreviations，XGQJ.

——，see list of abbreviations，XGQZYJ.

Xu Guangqi(徐光启)and Matteo Ricci(利玛窦)，几何原本，SKQS，Vol. 798，pp. 563—932；also in 天学初函(see Li Zhizao)，Vol. 4，pp. 1921—2522.

Secondary Sources 研究论著

Archibald，R.C.，*Euclid's* Book on Divisions of Figures (*With a restoration based on Woepcke's text and on the Practica Geometriae of Leonardo Pisano*)(《欧几里得〈论图形的剖分〉》)，Cambridge，1915.

Ashworth，E.J.，*Language and Logic in the Post−Medieval Period*(《中世纪晚期的语言与逻辑》)，Dordrecht/Boston：D. Reidel，1974.

Ashworth，W. B. Jr.，"Catholicism and Early Modern Science"(《天主教与早期近代科学》)，in D.C. Lindberg and R. L. Numbers (eds.)，*God and Nature*(《上帝与自然》)，Berkeley (UCLA Press)，1986.

Atwell，W. S.(艾维泗)，"From Education to Politics：The Fu She"(《从教育到政治：复社》)，in *The Unfolding of Neo−Confucianism* (see De Bary)，pp. 333—367.

Bai Limin(白莉民)，西学东渐与明清之际教育思潮，北京：教育科学出版社，1989.

Bai Shangshu(白尚恕)(J. C. Martzloff transl. 马若安译)，"Présentation de la prémière trigonometric chinoise：le *Dace*"(《首部中文三角学著作〈大测〉之引介》)，in *China Mission Studies* (1550—1800) *Bulletin* 6(1984)，pp. 43—50.

Baldi，B.，*Vite de' Matematici*(《数学家列传》)，edited by Guido Zaccagnini，*Bernardino Baldi nella vita e nelle opere*(《Bernardino Baldi 的生平与著作》)，2e ed.，Pistoia，1908.

Baldini，U.，"Christoph Clavius and the Scientific Scene in Rome"(《克拉维乌斯与罗马的科学活动》)，in G. V. Coyne，S. J.，M. A. Hoskin and O. Pederson (ed.)，*Gregorian Reform of the Calendar. Proceedings of the Vatican Conference to Commemorate its 400th Anniversary* 1582—1982(《格利高里改历四百周年纪念文集》)，Vatican City，1983.

——，*Legem impone subactis*，*Studi su filosofia e scienza dei Gesuiti in Italia*，1540—1632(《意大利耶稣会士哲学与科学之研究》)，Rome：Bulzoni Editore，1992.

Baldini，U.，and P. D. Napolitani，"Per una biografia di Luca Valerio."(《瓦莱里奥

469

传笺注》),in *Bollettino di Storia delle Scienze Matematiche* 11. 1. (1991),pp. 3—157.

Bartoli,D. ,*Dell' Historia Della Compagnia di Giesu: La Cina, Terza Parte Dell' Asia*(《中华耶稣会史》),Rome. 1663.

Bernard,H. (裴化行),"Les adaptations chinoises d'ouvrages européens: bibliographique chronologique"(《欧洲著作之汉文译本》),*Monumenta Serica*(《华裔学志》),10(1945),pp. 1—57, 309—388 (depuis la venue des Portugais 4 Canton jusqu'à la Mission française de Pekin, 1514—1688) (从葡萄牙人抵达广州到法国传教士进入北京:1514—1688).

——, *L'apport scientifique du P. M. Ricci à la Chine*(《利玛窦对中国科学的贡献》),Tientsin, 1935. E. C. Werner,英译本: *Matteo Ricci's scientific contribution to China*,Peiping (Beijing), 1935 (reprint Westport/Connecticut 1973).

——, *Lettres et Mémoires d'Adam Schall S. J.*(《汤若望回忆录》)(P. Bornet,拉法对照本), Tianjin, 1942.

Biagioli,M. ,"The Social Status of Italian Mathematicians,1450—1600"(《意大利数学家的社会地位》), in *History of Science* 27 (1989), pp. 41—95.

——, "Jesuit Science Between Texts and Contexts"(《耶稣会科学,文本与历史之间》), *Studies in the History and Philosophy of Science*, 25. 4 (1994), pp. 637—646.

Birrell,A. (白安妮),*Chinese Mythology. An Introduction*(《中国神话导论》),John Hopkins University Press,1993.

Blij,F. van der, "Combinatorial Aspects of the Hexagrams in the Chinese Book of Changes"(《〈易经〉六爻的排列组合》), in *Scripta Mathematica* 28. 1(1967), pp. 37—49.

Bloom,I. (华蔼仁),"On the 'Abstraction' of Ming Thought: Some Concrete Evidence from the Philosophy of Lo Ch'in - Shun", in *Principle and Practicality* (see Bloom and De Bary), pp. 69—125.

Bloom,I. ,and De Bary,Wm. Th. , (ed.) *Principle and Practicality: Essays in Neo - Confucianism and Practical Learning*(《理学与实学》),New York: Columbia University Press, 1979.

Bodde,D. , *Chinese Thought, Society and Science: The Intellectual and Social Background of Science and Technology in Pre - Modern China*(《中国的思想、社会与科学:前近代中国科学技术的知识与社会背景》),Honolulu, 1991.

Bos,H. J. J. ,"The Structure of Descartes' *Géométrie*"(《笛卡儿〈几何〉的结构》),in G. Belgioiosio *et al.* (eds.), *Descartes: il metodo e i saggi; Atti del convegno per il 350° anniversario della publicazione del* Discours de la Méthode *e degli*

Essais(《笛卡儿〈谈谈方法〉出版 350 周年纪念文集》),2 vols. ,Florence：Paoletto, 1990, pp. 349—369.

——, "Johann Molther's 'Problema Deliacum', 1619", in M. Folkerts and J. P. Hogendijk (eds.), *Vestigia Mathematica Studies in medieval and early modern mathematics in honour of H. L. L. Busard*, Amsterdam：Rhodopi, 1993, pp. 29—46.

——, "Tradition and modernity in early modern mathematics"(《早期近代数学的传统与现代性》), *L Europe mathématique*(see Goldstein, C), pp. 185—204.

Brook，T.(卜正民), *Praying for Power. Buddhism and the formation of gentry society in Late - Ming China*(《为权力祈祷：佛教与晚明中国士绅社会的形成》), Cambridge Mass. , 1993.

Busard，H. L. L. , "Die Traktate *De proportionibus* von Jordanus Nemorarius und Campanus"(《奈莫拉利与坎帕努斯的比例理论》), *Centaurus* XV (1961).

Busch，H.(卜恩礼), "The Tung - lin shu - yüan and its political and philosophical significance"(《东林书院及其政治、哲学意义》), in *Monumenta Serica* (《华裔学志》)14 (1949—55), pp. 1—163.

Camman，S.(查敏楼), "The Magic Square of Three in Old Chinese Philosophy"(《古代中国哲学中的三阶幻方》), in *History of Religions*1(1961), pp. 37—80.

Carrington Riely，C. (李慧闻), "Tung Ch'i - ch'ang's Life (1555—1636)", in Wai -Kam Ho (ed.). *The Century of Tung Ch'i -ch'ang.* 1555—1636(《董其昌和他的时代》),Kansas City：The Nelson - Atkins Museum of Art, 1992, 2. vols. , pp. 387—457.

Chen Weiping(陈卫平), "从会通以求超胜到西学东源说", in 自然辩证法通讯 (Journal of Dialectics of Nature) 11. 2 (1989), pp. 47—54.

Ch'ien，E. (钱新祖), *Chiao Hung and the restructuring of neo - Confucianism in the Late Ming*(《焦竑与晚明新儒学的重建》), New York：Columbia University Press, 1986.

Chan，Wing - Tsit 陈荣捷, "The Hsing - li ching - i and the Ch'eng - Chu School of the Seventeenth Century"(《〈性理精义〉与 17 世纪的程朱学派》), in *The Unfolding of Neo -Confucianism*(see De Bary), pp. 543—579.

Chemla，K. (林力娜), *Etude du livre* Reflets des mesures du cercle sur la mer *de Li Ye*,(《李冶〈测圆海镜〉研究》), unpublished doctoral dissertation, University Paris XII,October 1982.

——, "La pertinence du concept de classification pour 1'analyse de textes mathématiques chinois"(《分类概念对于分析中算文本的合理性》), *Extrême - Orient , Exlrême -Occident* 10 (1988), pp. 61—87.

470

——, "Du parallélisme entre énoncés mathématiques: analyse d'un formulaire rédigé en Chine au 13 siècle", (《数学知识表述语言的平行性——对成书于 13 世纪中国的一份数学公式集的分析》), *Revue d'histoire des sciences* 43.1 (1990), pp. 57—80.

——, "Li Ye *Ceyuan haijing* de jiegou ji qi dui shuxue zhishi de biaoshu" (《李冶〈测圆海镜〉的结构及其对数学知识的表述》), in 数学史研究文集 5 (1993), pp. 123—142.

——, "What is the Content of this Book? A Plea for Developing History of Science and History of Text Conjointly", *Philosophy and the History of Science: A Taiwanese Journal* (《哲学与科学史研究》), 4.2 (1995), pp. 1—46.

Chen Liangzuo(陈良佐), "周髀算经句股定理的证明与'出入相补'原理的关系", in 汉学研究, 7.1 (1989), pp. 255—281.

Chen Yinke(陈寅恪), "几何原本满文译本跋", in 陈寅恪先生文集[Collected writings of Chen Yinke], Vol. 2, pp. 717—718.

Cheng, Chung-ying 成中英, "Practical learning in Yen Yüan, Chu Hsi and Wang Yang-ming" (《颜元、朱熹、王阳明的实学》), in *Principle and Practicality* (see De Bary), pp. 37—67.

Chu Ping-Yi(祝平一), *Technical Knowledge, Cultural Practices and Social Boundaries: Wan-nan Scholars and the Recasting of Jesuit Astronomy, 1600—1800* (《技术知识、文化实践和社会边界:皖南学者和耶稣会天文学的重铸,1600—1800》), dissertation University of California, Los Angeles, 1994.

Clagett, M., "The Medieval Latin Translations from the Arabic of the Elements of Euclid, with Special Emphasis on the Versions of Adelard of Bath" (《中世纪译自阿拉伯语的拉丁文版欧几里得〈原本〉:论阿德拉特本》), *Isis*, 44 (1953), pp 16—42.

——, *Archimedes in the Middle Ages* (《中世纪的阿基米德》), 5vols., Philadelphia, 1964—1980.

Cohen, H. F., *The Scientific Revolution. A Historiographical Inquiry* (《科学革命》), Chicago, 1994.

Cooke Johnson, L., "Shanghai: An Emerging Jiangnan Port, 1683—1840" (《上海:一个正在崛起的江南港口城市,1683—1840》), in L. Cooke Johnson (ed), *Cities of Jiangnan in Late Imperial China* (《帝国晚期的江南城市》), New York: State University of New York Press, pp. 151—181.

Crombie, A. C., "Mathematics and Platonism in the Sixteenth-Century Italian Universities and in Jesuit Educational Policy" (《数学与柏拉图主义:以耶稣会教育方针以及 16 世纪意大利大学为考察对象》), in Y. Maeyama and W. G. Saltzer （eds.），*Prismata*：*Naturwissenschaftsgeschichtliche Studieen*，Wiesbaden：Franz Steiner Verlag，1977，pp. 63—94.

Crapulli，G.，*Mathesis universalis. Genesi di una idea nel XVI secolo*（《普遍数理：十六世纪数学思想之兴起》），Rome，1969.

Cullen，C.（古克礼），*Astronomy and mathematics in ancient China*：*the*Zhou bi suan jing（《古代中国的天文学与数学：〈周髀算经〉》），Cambridge University Press，1996.

D'Arelli，F.，"P. Matteo Ricci S. J.：le "cose absurde" dell'astronomia cinese. Genesi，eredità ed influsso di un convincimento tra i secoli XVI‐XVII"（《利玛窦：中国天文学之"荒谬"》），in I. Iannaccone and A. Tamburello（eds.），*Dall' Europa alla Cina*：*contributi per una storia dell'Astronomia*（《欧洲天文学传华史论集》），Napels，1990，pp. 85—123. *471*

Dear，P.，"Jesuit Mathematical Science and the Reconstruction of Experience in the early Seventeenth Century"（《耶稣会数学与17世纪早期经验主义之重构》）in *Studies in History and Philosophy of Science* 18（1987），pp. 133—175.

D'Elia，P. M.（德礼贤），"Presentazione della prima traduzione cinese di Euclide"（《欧几里得著作最早的中文翻译》），*Monumenta Serica* 15（1956），pp. 161—202.

——，*Fonti Ricciani*（*Storia dell'introduzione del cristianesimo in Cina*）（《利玛窦全集·天主教中国开教史》），3 vols.，Roma，1942—1949.

——，（R. Suter and M. Sciascia transl.）*Galileo in China. Relations through the Roman College between Galileo and the Jesuit Scientist‐Missionaries*（1610—1640）（《伽利略在中国》），Cambridge（Mass.），1960.

De Bary，Wm. Th.（狄百瑞），（ed.）.*Self and Society in Ming Thought*（《明代思想中的自我与社会》），New York：Columbia University Press，1970.

——，（ed.），*The Unfolding of Neo‐Confucianism*（《新儒学的展开》），New York/London：Columbia University Press，1975.

——，"Neo‐Confucian Cultivation and the Seventeenth‐Century 'Enlightenment'"（《理学修养与十七世纪"启蒙运动"》），in *The Unfolding of Neo‐Confucianism*，pp. 141—216.

De Bary，Wm. Th.，and Bloom，I.，see Bloom，I.

Des Chene，D.，*Physiologia. Natural Philosophy in Late Aristotelian and Cartesian Thought*（《自然哲学：晚期亚里士多德主义与笛卡儿思想》），Cornell University Press，1996.

Demoustier，A.，S. J.，La distinction des fonctions et l'exercise du pouvoir selon les règles de la Compagnie de Jésus（《根据耶稣会章程对职位和运作能力的评价》），

in *Les Jésuites* (see Giard. L.), pp. 3—33.

Dhombres, J. , "Une mathématique baroque en Europe" (《巴洛克时期的欧洲数学》), in *L'Europe mathématique* (see Goldstein, C.), pp. 156—181.

Dijksterhuis, E. J. , *De Elementen van Euclides* (《欧几里得的〈原本〉》), 2 vols. , Groningen, 1930

——, *Archimedes* (C. Dikshoorn transl. ; bibliographic essay by Wilbur R. Knorr) (《阿基米德》), 1987 (original: 1956), Princeton University Press.

Ding Fubao, and Zhou Yunqing (丁福保、周云青), see list of abbreviations, Ding Fubao.

Drake, S. , and Drabkin, I. E. , *Mechanics in Sixteenth-Century Italy* (《16 世纪意大利力学》), The University of Wisconsin Press, 1969.

Du Shi-ran and Han Qi (杜石然、韩琦), "The contribution of French Jesuits to Chinese science in the seventeenth and eighteenth centuries" (《17—18 世纪在华法国传教士对科学的贡献》), in *Impact of science on society*, no. 167 (1992), pp. 265—275.

Du Shiran and Li Yan, see Li Yan.

Dudink, A. (杜鼎克), "The Inventories of the Jesuit House at Nanking made up during the Persecution of 1616—1617 (Shen Que, *Nangong shudu*, 1620)" (《1616—1617 年南京教案与耶稣会住院的财产清单:沈潅〈南宫署牍〉, 1620》), in F. Masini (ed.), *Proceedings of the Conference held in Roma*, October 25—27 (Vol. 49 of *Bibliotheca Instuti Historici S. I.*), Rome, 1996, pp. 119—157.

——, "Opposition to the Introduction of Western Science and the Nanking Persecution (1616/17)" (《南京教案与对西方科学的抵制》), contribution to the conference *Hsü Kuang-Chi'i, Chinese Scholar and Statesman* (《徐光启,晚明学者与政治家》) organized by C. Jami, Paris March 1995 (The Proceedings of the conference are in preparation for publication). [论文集已出版: *Statecraft and Intellectual Renewal in Late Ming China: The Cross-Cultural Synthesis of Xu Guangqi* (1562—1633). Edited by Catherine Jami, Peter Engelfriet and Gregory Blue. Leiden: Brill, 2001——译者]

Dunne, G. (邓恩), *Generation of Giants. The Story of the Jesuits in China in the last Decades of the Ming Dynasty* (《从利玛窦到汤若望:晚明的耶稣会传教士》), Notre Dame, 1962.

Edgerton, S. Y. , *The Heritage of Giotto's Geometry. Art and Science on the Eve of the Scientific Revolution* (《乔托的几何学遗产:科学革命前夜的艺术与科学》), Cornell University Press, 1991.

472 Elman, B. (艾尔曼), *From Philosophy to Philology. Intellectual and Social*

Aspects of Change in Late Imperial China(《从理学到朴学：晚期中华帝国知识与社会的变迁》),Cambridge Mass. ,1984.

Elvin, M.（尹懋可）, "Market Towns and Waterways：the County of Shang - hai from 1418—1910"(《城镇与水道：1480—1910 年的上海县》),in G. W. Skinner and F. W. Mote (ed.), *The City in Late Imperial China*(《中华帝国晚期的城市》),Stanford, 1977, pp. 441—473.

Engelfriet，P. M.（安国风）, *Euclid in China*(《欧几里得在中国》),莱顿大学博士论文(Ph. D. Thesis, Leiden University), February 1996.

Fan Hongye(樊洪业),"从'格致'到'科学'",in 自然辩证法通讯 10. 3 (1988), pp. 39—48.

Fang Xing(方行),关于几何原本三校本的探讨,in 席泽宗 and 吴德铎(eds.),徐光启研究论文集,上海：学林出版社,1986, pp. 64—5.

Fisher, K. A. F. , "Jesuiten - Mathematiker in der französischen und italienischen Assistenz"(《法籍、意籍之耶稣会数学家》), in *Archivum Historicum Societatis Iesu* 52 (1983), pp. 52—92.

Folkerts，M. , "Probleme der Euklid interpretation und ihre Bedeutung für die Entwicklung der Mathematik"(欧几里得作品的移译及其对数学发展的意义), *Centaurus* 23. 3(1980), pp. 185—215.

Fowler, D. H. , *The Mathematics of Plato's Academy. A New Reconstruction*(《柏拉图学园的数学》),Oxford, 1987, pp. 138—143.

Freudenthal，H. , Zur Geschichte der Grundlagen der Geometrie. Zugleich eine Besprechung der 8. Auflage von Hilberts "Grundlagen der Geometrie"(《几何基础的历史研究,兼评希尔伯特〈几何学基础〉第八版》),in *Nieuw Archief voor Wiskunde*(4th series) 5 (1957), pp. 105—142.

Fritz, K. von, "Die Archai in der Griechischen Mathematik"(《希腊数学的基本原理》),1 (1955), pp. 13—103.

Fu Daiwei(傅大为), "Why did Liu Hui fail to derive the Volume of a Sphere?"(《刘徽为什么未能得出球体公式?》),in *Historia Mathematica* 18 (1991), pp. 212—238.

Fumaroli，M. , *L'âge de l'éloquence*(《雄辩术的时代》),Geneva, 1980.

Fung Kan Wing（冯锦荣）, "方中通及其《数度衍》", in 论衡 2. 1 (1995), pp. 128—209.

Ganss, G. E. , S. J. , *Saint Ignatius of Loyola* ,The Constitutions *of the Society of Jesus*, *Translated*, *with an Introduction and a Commentary*(《〈耶稣会宪章〉译注》),St. Louis：The Institute of Jesuit Sources, 1970.

Gao Honglin(高宏林), "清初数学家李子金",in 中国科技史料(China Historical

Materials of Science and Technology),11.1,pp. 30—34.

Gatto, R., "Un matematico sconosciuto del primo seicento napoletano: Davide Imperiali"(《Davide Imperiali:一位被遗忘了的数学家》), in *Bolletino di storia delle scienze matematiche* 8.1(1988), pp. 71—99.

Gaukroger, S., "Aristotle on Intelligible Matter"(《亚里士多德论概念质料》), *Phronesis* 25.2 (1980), pp. 187—197.

——, *Cartesian Logic. An Essay on Descartes's Conception of Inference*(《笛卡儿的逻辑》),Oxford, 1989.

——, *Descartes. An Intellectual Biography*(《笛卡儿:思想传记》),Oxford, 1995.

Gernet, J.(谢和耐), *Chine et christianisme. Action et réaction*(《中国和基督教:作用与反作用》),Paris, 1982. Lloyd 英译本:*China and the Christian Impact. A Conflict of Cultures*(《中国与基督教的冲击:一种文化冲突》), Cambridge, 1985.

——, "Sciences et rationalité: l'originalité des données chinoises"(《科学与理性:中文文献的原创性》), *Revue d'Histoire des Sciences* 42.4 (1989), pp. 323—332.

473 Giard, L. (ed.), *Les jésuites à la Renaissance. Système éducatif et production du savoir*(《文艺复兴时期的耶稣会:教育体系与知识生产》),Paris:Presses Universitaires de France, 1995.

Giusti, E., *Euclides reformatus: La teoria delle proportioni nella scuola galileiana* (《欧几里得学说的改良:伽利略学派的比例理论》),Torino, 1993.

Goldstein, C, et. al(eds.), *L'Europe mathématique*(《数学欧洲》),Paris:Maison des sciences de l'homme, 1996.

Golvers, N., *The Astronomia Europaea of Ferdinand Verbiest*, S. J. (Dillingen, 1687). *Text, Translation, Notes and Commentaries*(Monumenta Serica Monograph Series XXVIII)(《耶稣会士南怀仁的〈欧洲天文学〉:文本、翻译、注释及评述》),Nettetal, 1993.

Graham, A.C.(葛瑞汉), *Two Chinese Philosophers: Ch'eng Ming - tao and Ch'eng Yi - ch'uan*(《中国的两位哲学家:二程兄弟的儒学》),London, 1958.

——, *Disputers of the Tao. Philosophical Argument in Ancient China*(《论道者:中国古代的哲学争论》),La Salle, 1989.

——, (transl.), *The Book of Lieh - Tsǔ: A Classic of Tao*(《列子》),New York:Columbia University Press, 1990 (revised edition of London:John Murray, 1960).

——, "Relating Categories To Question Forms"(《关系范畴与问题形式》), in *Studies in Chinese Philosophy and Philosophical Literature*, New York,1990, pp. 360—411.

Granet，M.（葛兰言），*La pensée chinoise*（《中国思想》），Paris，1934.

Green – Pedersen，N. J.，*The Tradition of the Topics in the Middle Ages. The Commentaries on Aristotle's and Boethius' Topics*，Munich/Vienna：Philosophia Verlag，1984.

Grendler，P. E.，*Schooling in Renaissance Italy*，1300—1600（《意大利文艺复兴时期的学校教育》），Baltimore，1989.

Haifeng xianzhi 海丰县志［Gazetteer of Haifeng District］，in 中国方志丛书，nr 10，台北：成文出版社，1966.

Han Qi(韩琦)，康熙时代传入的西方数学及其对中国的影响［Western Science introduced during the Kangxi period and its Influence upon China］，中国科学院自然科学史研究所博士论文，Beijing，1991.

Hankins，J.，*Plato in the Renaissance*（《文艺复兴时期的柏拉图》）（2 vols.），Leiden，1993

Harbsmeier，C.（何莫邪），*Aspects of Classical Chinese Syntax*（《文言句法》），London/Malmö，1981.

Harris，S. J.，*Jesuit Ideology And Jesuit Science：Scientific Activity In The Society Of Jesus*，1540—1773（《耶稣会意识形态与耶稣会科学》），unpublished Ph. D. thesis，University of Wisconsin，Madison，1988（UMI order number 8901168）.

Hashimoto Keizo(桥本敬造)，*Hsü Kuang –Ch'i and Astronomical Reform*（《徐光启与历法改革》），Osaka：Kansai University Press，1988.

Hay，*De rebus japonicas indicis et peruanis epistolae recentiores*（《新编日本、印度、秘鲁书简集》），Antwerp，1605.

Heath，T. L.（ed. and transl.），*The Thirteen Books of Euclid's Elements*（3 vol.）（《欧几里得〈原本〉13 卷》），New York，1956（paperback publication of 1908 edition）.

——，*A History of Greek Mathematics*（2 volumes）（《希腊数学史》），New York，1981（paperback repr. of 1921 ed.）.

Heilbron，J.，*Electricity in the 17th and 18th Centuries*（《17—18 世纪的电学》），Berkeley：University of California Press，1979.

Henderson，J. B.，*The Development and Decline of Chinese Cosmology*（《中国宇宙论的兴衰》），New York：Columbia University Press，1984.

Ho Peng – Yoke(何丙郁)，"Kou Shou – ching (1231—1316)"（《郭守敬》），in Igor de Rachewiltz(罗依果)e. a.（eds.），*In the Service of the Khan. Eminent Personalities of the Early Mongol –Yüan Period*（1200—1300）（《蒙元早期汗庭的著名人物》），Wiesbaden：Harrassowitz Verlag，1993，pp. 282—299.

Hogendijk，J，"The Arabic Version of Euclid's *On Divisions*"（《欧几里得〈论图形的

507

剖分〉的阿拉伯文本》),in M. Folkerts and J. P. Hogendijk (eds.), *Vestigia Mathematica. Studies in medieval and early modern mathematics in honour of H. L. L. Busard*, Amsterdam: Rodopi, 1993, pp. 143—162.

474 Homann, F. A., "Christophorus Clavius and the Isoperimetric Problem"(《克拉维乌斯与等周问题》), *Archivum Historicum Societatis Iesu* 49 (1980), pp. 245—254.

——, "Christophorus Clavius and the Renaissance of Euclidean Geometry"(《克拉维乌斯与欧氏几何的复兴》), *Archivum Historicum Societatis Iesu* 52 (1983), pp. 233—246.

Horng Wann‑Sheng(洪万生)(ed.), 谈天三友, 台北, 1993.

——, "19th Century Chinese Mathematics"(《19 世纪的中国数学》),in Cheng‑hung Lin and Daiwie Fu (eds.), *Philosophy and Conceptual History of Science in Taiwan* (Volume 141 of the Boston Studies in the Philosophy of Science), Dordrecht, 1993, pp. 167—208.

Hu, Peter Kuo‑chen(胡国祯), see Lancashire, D.

Huang Yilong(黄一农), "Court Divination and Christianity in the K'ang‑hsi Era" (《择日之争与"康熙历狱"》) (transl. by N. Sivin), *Chinese Science* 10 (1991), pp. 1—20.

——, "天主教徒孙元化与明末传华的西洋火炮 [The Christian Convert Sun Yuan-hua (1581—1632) and the Import of Western Cannons]", in "中央研究院"历史语言研究所集刊(The Bulletin of the Institute of History and Philosophy) 67.4 (1996), pp. 911—966.

——, "瞿汝夔（太素）家世与生平考 [investigations into the life and family back-ground of Qu Rukui (Taisu)]", in 大陆杂志 89.5 (1994).

——, "扬教心态与天主教传华史研究——以南明重臣屡被错认为教徒为例 [Why Many Eminent Southern Ming Courtiers were Often Mistaken for Christians]", in *Tsing Hua Journal of Chinese Studies* 清华学报, 24.3 (1994), pp. 269—295.

Huang Yunmei(黄云眉), 明史考证, 北京:中华书局, 1984.

Hucker, C. O.(贺凯), "The Tung‑lin Movement of the late Ming period"(《明末的东林运动》), in J. K. Fairbank (ed.), *Chinese Thought and Institutions*(《中国思想与制度》),Chicago University Press, 1957, pp. 132—62.

Huff, T. E., *The Rise of Early Modern Science: Islam, China, and the West*(《早期近代科学的兴起:伊斯兰、中国与西方》),New York: Cambridge University Press, 1993.

Jäger, F., "Das Buch von den wunderbaren Maschinen. Ein Kapitel aus der Geschichte der Abendländisch – Chinesischen Kulturbeziehungen"(《奇器图说：中西文化关系史的一个篇章》)，*Asia Major* 1. 1 (New Series) (1944)，pp. 78—96.

Jami，C.（詹嘉玲），*Jean – Francois Foucquet et la Modernisation de la Science en Chine. La "Nouvelle Méthode d'Algèbre"*,(《傅圣泽和中国科学的近代化：〈阿尔热巴拉新法〉》)，Master – thesis for the University of Paris，September 1986.

——，"Western Influence and Chinese Tradition in an Eighteenth Century Chinese Mathematical work"(《18 世纪中国数学著作中的西方影响与中国传统》)，*Historia Mathematica* 15 (1988)，pp. 311—331.

——，'The Conditions of Transmission of European Mathematics at the Time of Kangxi：J. F. Foucquet's Unsuccessful Attempt to Introduce Symbolic Algebra(《欧洲数学在康熙年间的传播情况：傅圣泽介绍符号代数的失败》)，paper presented to the 5th ICHCS，August 5—10 1988，San Diego.

——，"Classification en mathématiques：la structure de l'encyclopédie *Yu Zhi Shu Li Jing Yun* (1723)"(《数学的分类：数学百科全书〈御制数理精蕴〉的结构》)，in *Revue d'Histoire des Sciences* 42. 4(1989)，pp. 391—406.

——，*Les méthodes rapides pour la trigonométrie et le. rapport précis du cercle* (1774)：*Tradition chinoise et apport occidental en mathématiques*，(《〈割圆密率捷法〉：中国传统与西方影响》)，Paris：College de France，Institut des Hautes Etudes Chinoises (Mémoires de 1'Institut des Hautes Etudes Chinoises，Vol. 32)，1990.

——，"Scholars and Mathematical Knowledge during the Late Ming and Early Qing" (《明末清初的学者与数学知识》)，*Historia Scientiarum* 42(1991)，pp. 99—109.

——，"Mathematical Knowledge in the Chongzhen lishu"(《崇祯历书》中的数学知识)，*Proceedings of the Conference for the Commemoration of Adam Schall's 400th Anniversary (Sankt Augustin，May* 1992)[forthcoming]. (文集已出版：Roman Malek ed.，*Western Learning and Christianity in China. The Contribution and Impact of Johann Adam Schall von Bell S. J.* (1592—1666). Nettetal，Steyler Verlag：661—674.——译者)

——，"L'Histoire des mathématiques vue par les lettrés chinois (XVIIe et XVIIIe siècles)：tradition chinoise et contribution européenne"(《十七十八世纪中国文人眼中的数学史：中国的传统与欧洲的贡献》)，in C. Jami and H. Delahaye (eds.)，*L'Europe en Chine*，Paris，1993，pp. 147—167. Chinese translation in 刘钝、韩琦等编，科史薪传：庆祝杜石然先生从事科学史研究 40 周年学术论文集，辽宁教育出版社，1997，第 46—60 页。

——，"From Clavius to Pardies：the Evolution of the Jesuits' Teaching of Geometry in China (1607—1723)"[《从克拉维乌斯到巴蒂斯：耶稣会士在华传授几何学之演

475

变(1607—1723)》], in *Western humanistic culture presented to China by Jesuit missionaries*(16th—18th centuries). Rome, Institutum Historicum S. I. , 1996.

Jardine, L., "Humanistic Logic"(《人文主义逻辑学》), in *The Cambridge History of Renaissance Philosophy*(see Schmitt and Skinner).

Jardine, N., "Galileo's Road to Truth and the Demonstrative Regress"(《伽利略的真理之路与逆推论证》), in *Studies in the History and Philosophy of Science*7 (1976), pp. 277—318.

——, "The Forging of Modern Realism: Clavius and Kepler against the Sceptics" (《近代唯实论的形成》), *Studies in History and Philosophy of Science* 10 (1979),pp. 141—173.

Josson, H., and L. Willaert, *Correspondence de F. Verbiest*,(《南怀仁信札》), Brussels, 1936.

Kelly, E., *The Anti - Christian Persecution of 1616—1617 in Nanking*(《1616—1617 年的南京教案》),Ph. D. thesis, Colombia University, 1971.

Kengo, A.(荒木见悟), "Confucianism and Buddhism in the Late Ming"(《晚明的儒教与佛教》), in *The Unfolding of Neo - Confucianism*(see De Bary), pp. 39—66.

Kneale, W., and Kneale, M., *The Development of Logic*(《逻辑学发展史》), Oxford: Clarendon Press, 1984 (reprint with corrections, first published 1962).

Knobloch, E.(葛诺伯), "Christoph Clavius - Ein Astronom zwischen Antike und Kopernikus"(《克拉维乌斯:一位介于古代与哥白尼之间的天文学家》), in K. Doting and G. Wöhrle (eds.), *Vorträge des ersten Symposions des Bamberger Arbeitskreises "Antike Naturwissenschaft und ihre Rezeption"*(Bamberg 研讨班讲座:古代科学的传承),Wiesbaden: Otto Harrassowitz, 1990, pp. 113—140.

——, "L'oeuvre de Clavius et ses sources scientifiques"(《克拉维乌斯的著作及其知识来源》), in *Les jésuites*(see Giard, L.), pp. 263—283.

——, "Sur la vie et l'oeuvre de Christophore Clavius (1538—1612)"(《克拉维乌斯:生平与著作》), *Revue d' Histoire des Sciences*41. 3(1988), pp. 331—356.

Knorr, W. R., "Archimedes and the Pre - Euclidean Proportion Theory"(《阿基米德与欧几里得之前的比例理论》), *Archives Internationales d' Histoire des Sciences*,28 (1978), pp. 183—244.

Krayer, A., *Mathematik im Studienplan der Jesuiten*(《耶稣会的数学课程》), Stuttgart, 1991.

Lam Lay - Yong (蓝丽蓉), *A Critical Study of the*Yang Hui Suan Fa, *a Thirteenth - century Mathematical Treatise*(《十三世纪数学专著〈杨辉算法〉之研究》),Singapore University Press, 1977.

Lam Lay‐Yong(蓝丽蓉)and Ang Tian‐Se(洪天赐), "Li Ye and His *Yi Gu Yan Duan*(Old Mathematics in Expanded Section)"(《李冶与〈益古演段〉》), *Archive for History of Exact Sciences* 29 (1983—1984), pp. 237—265.

Lam Lay‐Yong(蓝丽蓉)and Shen Kangsheng(沈康身), "Right‐angled Triangles in Ancient China"(《中国古代的直角三角形》), *Archive for History of Exact Sciences*, 30.2 (1984), pp. 87—112.   476

——, "Mathematical Problems on Surveying in Ancient China"(《中国古代有关测量的数学问题》), *Archive for History of Exact Sciences*, 36 (1986), pp. 1—20.

Lancashire, D. (蓝克实), and Peter Hu Kuo‐chen, *M. Ricci. The True Meaning of the Lord of Heaven* (*T'ien‐chu Shi‐i*), translation, with introduction and notes; a Chinese‐English edition (No. 72 in *Variétées sinologues*, new series) (《利玛窦〈天主实义〉》), Taipei/Hong Kong/Paris, 1985.

Lattis, J. M., *Between Copernicus and Galileo. Christoph Clavius and the Collapse of Ptolemaic Cosmology*(《哥白尼与伽利略之间：克拉维乌斯与托勒密体系的瓦解》), Chicago, 1994.

Lear, J., *Aristotle: the Desire to Understand*《(亚里士多德：渴望理解》), Cambridge, 1988,

Lettres Edifiantes et Curieuses, Ecrites des Missions Etrangeres, XIX, second edition, Paris, 1781.

Leung, Philip Yuen‐sang(梁元生), "Li Zhizao's Search for a Confucian‐Christian Synthesis"(《李之藻会通耶儒的探求》), *Ming Studies*(《明研究》) 28 (1989), pp. 1—14.

Li Yan(李俨)and Du Shiran(杜石然), *Chinese Mathematics. A Concise History* (trsl. by J. N. Crossley and A. W. C. Lun) (《中国数学简史》), Oxford, 1987.

Li Yan(李俨), 中算史论丛, 5 vols., 北京, 1954—55.

Liang Jiamian(梁家勉)(ed), see list of abbreviations, XGQNP.

Libbrecht, U. (李倍始), *Chinese Mathematics in the Thirteenth Century. The Shu‐shu chiu‐chuang of Ch'in Chiu‐shao*(《十三世纪中国数学：秦九韶与〈数书九章〉》), Boston, 1973.

Liu Dun(刘钝), "梅文鼎在几何学领域中的若干贡献 [Some Contributions of Mei Wending in the Field of Geometry]", in 明清数学史论文集(see Mei Rong-zhao).

——, "访台所见数学珍籍," in 中国科技史料 16.4 (1995), pp. 8—21.

Liu Dun, Wang Yusheng, and Mei Rongzhao, see Mei Rongzhao.

Liu Ts'un‐Yan(柳存仁), "Taoist Self‐Cultivation in Ming Thought", in *Self and Society*(see De Bary), pp. 291—330.

Loewe，M.（鲁惟一）（ed.），*Early Chinese Text：A Bibliographical Guide*（《中国古代典籍导读》），Berkeley：University of California，1993.

Lohr，C. H.，"Jesuit Aristotelianism and Sixteenth – Century Metaphysics"（《耶稣会亚里士多德主义与 16 世纪形而上学》），in H. G. Fletcher *et. al.* (eds.)，*Paradosis. Studies in Memory of E. A. Quain*，New York，1976，pp. 203—220.

Lukasiewicz，J.，*Aristotle's Syllogistic from the Standpoint of Modern Formal Logic*（《亚里士多德的三段论》），Oxford：Clarendon Press，1951.

Ma Jianzhong（马建忠），马氏文通（章锡琛校注），2 vols.，北京，1961.

Mahoney，M. S.，Chapter on Mathematics in D. C. Lindberg（ed.），*Science in the Middle Ages*（《中世纪科学》）Chicago，1978.

Maierù，L.，" '... in Christophorum Clavium de Contactu Linearum Apologia'，Considerazioni attorno alla polemica fra Pélétier e Clavio circa 1'angolo di contatto (1579—1589)"（"...答克拉维乌斯切线角之辩"，Peletier 与 Clavius 关于"牛角"的争论），in *Archive for History of Exact Sciences* 41 (1991)，pp. 115—137.

Mancosu，P.，"Aristotelian Logic and Euclidean Mathematics：Seventeenth – Century Developments of the Questio De Certitudine Mathematicarum "（《亚里士多德的逻辑与欧氏几何：17 世纪关于数学必然性的辩难》），in *Studies in History and Philosophy of Science* 23.2 (1992)，pp. 241—265.

——，"On the Status of Proofs by Contradiction in the Seventeenth Century"（《17 世纪的反证法》），*Synthese* 88 (1991)，pp. 15—41.

Margiotti，F.，*Il cattolicismo nello Shansi dalle origini al* 1738（《天主教在山西，自传入至 1738 年之历史》），Roma，1958.

Martzloff，J.C.（马若安），"La compréhension chinoise des méthodes démonstratives euclidiennes au cours du XVIIe siècle et au début du XVIIIe"（《十七世纪至十八世纪初中国学者对欧几里得论证方法的理解》），in *Actes du IIe colloque international de sinologie：les rapports entre la Chine et l'Europe au temps des Lumière*，Chantilly，16—18 *Sept.* 1977，Paris：Les Belles Lettres，1980.

——，*Recherches sur L'oeuvre mathématique de Mei Wending* (1633—1721)（《梅文鼎(1633—1721)数学著作之研究》）（Vol. XVI of the *Mémoires de 1'Institut des Hautes Etudes Chinoises*)，Paris，1981.

——，"La Géométrie Euclidienne selon Mei Wending"（《梅文鼎论欧氏几何》），in *Historia Scientiarum* 21 (1981)，pp. 27—42.

——，"Espace et temps dans les textes chinois d'astronomie et de technique mathématique astronomique aux XVIIe et XVIIIe siècles"，（《17、18 世纪中国天文与历法著作中的空间与时间》），in C. Jami and H. Delahaye (eds.)，*L'Europe en Chine*，Paris，1993，pp. 217—230.

477

——, *Histoire des mathématiques chinoises*(《中国数学史》), Paris, 1987.

——,"Eléments de réflexion sur les réactions chinoises a la géométrie euclidienne a la fin du XVIIe siècle(《17世纪末中国学者对欧氏几何反应》),in *Historia Mathematica*20.2 (1993), pp. 160—179.

——, *A History of Chinese Mathematics* (《中国数学史》) (tr. of *Histoire des mathématiques chinoises*, S. S. Wilson tr.), Berlin: Springer,1997.

Mei Rongzhao(梅荣照)(ed.),明清数学史论文集,南京,1990,pp. 53—83.

——,"王锡阐的数学著作——《圆解》", in idem (ed.), 明清数学史论文集, pp. 97—113.

Mei Rongzhao(梅荣照), Wang Yusheng(王渝生)and Liu Dun(刘钝),"欧几里得原本的传入和对我国明清数学发展的影响 [The introduction. of the *Elements* and its influence on the development of the mathematics of our country during the Ming and the Qing], in 明清数学史论文集(see Mei Rongzhao), pp. 53—83.

Menegon, E., "A Different Country, the Same Heaven: A Preliminary Biography of Giulio Alenis, S. J. (1582—1649)"(《艾儒略传略》) in *Sino - Western Cultural Relations Journal*(《中西文化交流史杂志》)15 (1993), pp. 27—51.

Merlin, P., *Emanuele Filiberto. Un principe tra il Piemonte e l'Europa*, Turin: Società Editrice Internazionale), 1995.

Meskill, J., *Academies in Ming China*(《明代书院》),Tucson, Arizona, 1982. ,

Mo De(莫德),"对在我国流传的几个版本的研究" in 莫德(ed.),欧几里得几何原本研究, 呼和浩特:内蒙古人民出版社, 1992, pp. 145—166.

Molland, M. A., "The Geometrical Background to the 'Merton School'"(《"默顿学派"的几何学》), in *British Journal for the History of Science*4 (1968), pp. 108—25.

——, "Colonizing the World for Mathematics the diversity of medieval strategies" (《拓展数学的疆域》), in E. Grant and J. E. Murdoch (eds.), *Mathematics and its Applications to Science and Natural Philosophy in the Middle Ages*, Cambridge, 1987, pp. 45—69.

Mote, F. W. (牟复礼), 'The Transformation of Nanking'(《元末明初时期南京的变迁》), in G. W. Skinner(施坚雅) and F. W. Mote (ed.), *The City in Late Imperial China*(《中华帝国晚期的城市》),Stanford, 1977, pp. 100—153.

Mote, F. W. and Twitchett, D. (杜希德)(eds.), *The Cambridge History of China*, Volume 7: The Ming Dynasty, 1368—1644,Part 1(《剑桥中国明代史》), 1988.

Mueller, I., *Philosophy of Mathematics and Deductive Structure in Euclid's Elements* (《欧几里得〈原本〉的数学哲学与演绎体系》),Cambridge Mass. , 1981.

478   Murdoch, J. E. （默多克）, "The Medieval Language of Proportions：Elements of the Interaction with Greek Foundations and the Development of New Mathematical Techniques"（《中世纪的比例语言：希腊数学基础与新兴数学技艺的相互影响》）, in A. C. Crombie (ed.), *Scientific Change*, pp. 237—271, London, 1963.

——, "The Medieval Euclid：Salient Aspects of the Translations of the *Elements* by Adelard of Bath and Campanus of Novara"（《欧几里得在中世纪：阿德拉特本与坎帕努斯本的显著特点》）, in *Revue de Synthese*, IIIe Suppl. to Ns 49—52 (1968), pp. 67—94.

——, "Euclid：Transmission of the *Elements*"（《欧几里德〈原本〉的传播》）, in C. Gillespie ed. , *Dictionary of Scientific Biography*, Vol. IV, 1971, pp. 437—459.

Napolitani, P. D. , "Metodo statica in Valerio con edizione di due opere giovanili"（《瓦莱里奥的静力学方法与两篇早期论文的版本》）, in *Bollettino delle Scienze Matematiche* 2. 1 (1982), pp. 3—173.

Napolotani, P. D. , "La geometrizzazione della realtà fisica：il peso specifico in Ghetaldi e in Galileo"（《自然界的几何化：Ghetaldi 与 Galileo 论重力》）, in *Bollettino di Storiadelle Scienze Matematiche* 8. 2 (1988), pp. 139—236.

Needham, J. , （李约瑟）see list of abbreviations, SCC.

Needham, J. , with the collaboration of Wang Ling(王铃), Lu Gwei -Djen(鲁桂珍), and Ho Ping - Yü(何丙郁), *Clerks and Craftsmen in China and the West：Lectures and Addresses on the History of Science and Technology*（《中西社会中的学者和工匠：科技史演讲集》）, Cambridge, 1970.

Okada Takehiko(冈田武彦), "Practical Learning in the Chu Hsi School：Yamazaki Ansai and Kaibara Ekken"（《朱子学派的实学：山崎暗斋与贝原益轩》）, in *Principle and Practicality* (seeBloom), pp. 231—305.

Outram Evennet, H. , *The Spirit of the Counter - reformation*（《反宗教改革》）, Cambridge, 1968.

Pardies, I. G. , S. J. , *Elémems de géométrie, ou par une méthods courte &. aisée l'on peut apprendre ce qu'il faut sçavoir d'Euclide, d'Appollonius, & les plus belles inventions des anciens & nouveaux Geometres*（《几何要旨,或学习欧几里得、阿波罗尼乌斯及其他古代和近代几何学家的简明方法》）, Paris, 1671.

Peake, C. H. , "Some aspects of the Introduction of Modern Science into China"（《略论近代科学之传入中国》）, *Isis* 22 (1934—35), pp. 173—219.

Pelliot, P. (伯希和), "Le Hoja et le Sayyid Husain de 1'Histoire des Ming"（《明代历史上的火者和写亦虎仙》）(Appendix III), *T'oung pao*（《通报》）38 (1948), pp. 207—290.

Peng, R. Hsiao - fu(彭小甫), "The K'ang - hsi emperor's absorption in Western mathematics and astronomy"(《康熙帝对西方历算的接受》)，*Bulletin of Historical Research* 3（1975），pp. 349—422.

Pepe，L.，"Note sulla diffusione delle *Géométrie* di Descartes in Italià nel secolo XVII"(《笛卡儿〈几何〉在 17 世纪意大利的传播》)，in *Bollettino di Storia delle Scienze Matematiche* 2.2（1982），pp. 249—288.

Peterson，W. J.（毕德胜），"Western natural philosophy published in Late Ming China"(《晚明时期翻译出版的西方自然哲学著作》)，*Proceedings of the American Philosophical Society* 117.4（1973），pp. 295—322.

——，"From Interest to Indifference：Fang I-Chih and Western Learning"(《从热衷到冷淡：方以智与西学》)，in *Ch'ing-shih wen-t'i*（《清史问题》）3.5（1976），pp. 72—85.

——，"Calendar Reform prior to the Arrival of Missionaries at the Ming Court"(《耶稣会士进入宫廷前明朝的改历活动》)，*Ming Studies* 21（1986），pp. 45—61.

——，Fang I-chih："Western Learning and the 'investigation of things'"(《方以智：西学与格物》)，in *The Unfolding of Neo-Confucianism*（*see De Bary*）. pp. 369—413.

——，"Why did they become Christians? Yang T'ing-yün，Li Chih-tsao，and Hsü Kuang-ch'i"(《他们为什么成为天主教徒？杨廷筠、李之藻、徐光启》)，in C. C. Ronan and B. B. C. Oh（eds.），*East Meets West. The Jesuits in China，1582—1773*（《东西交流：耶稣会士在中国，西纪一五八二年——七七三年》)，Chicago：Loyola University Press，1988，pp. 129—151.

Philips，E. C.，"The Correspondance of Father Christopher Clavius S. J. preserved in the Archives of the Pont. Gregorian University"(《格利高里大学档案馆藏克拉维乌斯神甫信札》)，*Archivum Historicum Societatis Iesu* 8（1939），pp. 193—222.

Plooij，E. B.，*Euclid's Conception of Ratio and his Definition of Proportional Magnitudes as Criticised by Arabian Commentators*（《阿拉伯数学家的评注：欧几里得，比的概念与成比例量之定义》)，Rotterdam，1950.

Polgar，L.，S. J.，*Bibliography of the History of the Society of Jesus*，Rome（《耶稣会史文献目录》)，*Institutum Historicum* S. I.，1967.

——，*Bibliographic sur L'Histoire de la Compagnie de Jésus* 1901—1980（《耶稣会史文献目录 1901—1980》)，3 volumes，Rome：Institutum Historicum Societatis Iesu，1981.

Porter，R.，"The History of Science and the History of Society"(《科学史与学会史》)，in R. C. Olby *et. al.*（eds.），*Companion to the History of Modern Science*（《近代科学史指南》)，London/New York：Routledge，1990，pp. 32—47.

479

Qian Baocong(钱宝琮)(ed.),算经十书（The Mathematical Canon in Ten Books），北京:中华书局，1963。

Qian Baocong(钱宝琮)，中国数学史，北京:科学出版社，1964。

Roero, Clara., "Giovanni Battista Benedetti and the Scientific Environment of Turin in the 16ᵗʰ Century"(《本尼蒂提与 16 世纪都灵的科学氛围》), *Centaurus*, 39 (1997), pp. 37—66.

Rose, P. L., *The Italian Renaissance of Mathematics: Studies on Humanists and Mathematicians from Petrarch to Galileo*(《意大利数学复兴》), Geneva, 1975.

Rosemont, H., Jr., "On representing abstractions in archaic Chinese"(《论古汉语的抽象表述》), in *Philosophy East and West* 24.1 (1974), pp. 72—88.

Ruan yuan(阮元)，畴人传，1899,（repr.）台北:学生书局，1982。

Saidan, A. S., *The Arithmetic of Al-Uqlidisi*, Dordrecht: Reidel, 1978.

Saito, Ken(斋藤宪)，"Compounded Ratio in Euclid and Apollonius"(《欧几里得及阿波罗尼乌斯著作中的复比问题》), in *Historia Scientiarum* 31 (1986), pp. 25—59.

Sasaki, Chikara(佐佐木力)，"The Acceptance of the Theory of Proportions in the Sixteenth and Seventeenth Centuries. Barrow's Reaction to the Analytic Mathematics"(《16、17 世纪对比例理论的接受:巴罗对分析数学的反应》), *Historia Scientiarum* 29 (1985), pp. 83—116.

Saso, M.(苏海涵)，"What is the *Ho-T'u*?"(《河图是什么?》), in *History of Religions* 17 (1978), pp. 399—416.

Scaduto, M., S.I., "Il matematico Francesco Maurolico e i Gesuiti"(《数学家毛罗利科与耶稣会》), in *Archivum Historicum S*,*I*.18 (1949), pp. 126—141.

——, "Le missioni di A. Possevino in Piemonte. Propaganda calvinista e restaurazione cattolica 1560—63"(《A. Possevino 出使皮埃蒙特:加尔文派宣道与天主教复兴》), *Archivum Historicum Societatis Iesu* 28 (1959), pp. 51—191.

Scaglione, A., *The Liberal Arts and the Jesuit College System*(《人文教育与耶稣会学校系统》), Amsterdam/Philadelphia: Benjamins Paperbacks, 1986.

Schall, A., see list of abbreviations, Schall, HR.

Schmitt, C. B., *Aristotle and the Renaissance*(《亚里士多德与文艺复兴》), Cambridge (Ma.), 1983.

Schmitt, C. B., and Skinner, Q.(ed.), *The Cambridge History of Renaissance Philosophy*(《剑桥文艺复兴哲学史》),1988.

Schüling, H., *Die Geschichte der axiomatischen Methode in* 16. *und beginnenden* 17. *Jahrhundert (Wandlung der Wissenschaftsauffassung)*(《十六及十七世纪初的公理化方法（科学观的转换）》), Hildesheim/New York: Georg Olms

Verlag,1969.

Seidel,A.(石秀娜),"A Taoist Immortal of the Ming Dynasty:Chang San-feng"(《张三丰》),in *Self and Society in Ming Thought*(see.De Bary),pp. 483—531.

Seidenberg,A.,"Did Euclid's *Elements*,Book I,Develop Geometry Axiomatically?"(《欧几里得〈原本〉第一卷是否形成公理化几何?》),in *Archive for History of Exact Sciences*14 (1974—5),pp. 263—95.

Sezgin,F.,*Geschichte des Arabischen Schrifttums*(《阿拉伯文献学史》),Vol. 5,Leiden:Brill,1974.

Siu Man-Keung(萧文强),"Proof and Pedagogy in Ancient China:Examples from Liu Hui's Commentary on the *Jiuzhang suanshu*"(中国古代的数学证明与教学法:以刘徽《九章算术注》为例),*Educational Studies in Mathematics*24,pp. 345—357,1993.

Siu Man-Keung and Peter Engelfriet,"Xu Guangqi and Traditional Chinese Mathematics"(《徐光启与中国传统数学》),forthcoming in the Proceedings of the Conference Xu Guangqi,Confucian Scholar and Statesman (Paris,20—23 March 1995),organized by C. Jami.

Sivin,N.(席文),"Copernicus in China"(《哥白尼在中国》),in *Studia Copernicona* 6 (1973),(Warsaw:Institute for the History of Science,Polish Academy of Sciences),pp. 1—53.

——,"Why the Scientific Revolution did not take place in China—or didn't it?"(《为什么科学革命没有在中国发生? ——是否没有发生?》),in *Chinese Science* 5 (1982),pp. 45—66.

——,"Wang Hsi-shan",(《王锡阐》),in idem,*Science in Ancient China:Researches and reflections*,(《中国古代科学:研究与思考》),Aldershot:Variorum,1995 (revised version of original 1976 contribution to the *Dictionary of Scieinitif Biography*).

Sommervogel,C.,S.J.,*Bibliothèque de la Compagnie de Jésus*(《耶稣会文献》),9volumes,Brussels,1890—1900.

Spence,J.D.(史景迁),*To Change China. Western Advisers in China*,1620—1960 (《改变中国:在华西方顾问》),Boston,1969.

——,*Emperor of China. Self-portrait of K'ang-hsi*(《中国皇帝:康熙的自画像》),New York:Vintage Books,1975.

——,*The Memory Palace of Matteo Ricci*(《利玛窦的记忆之宫》),New York,1984.

——,"Matteo Ricci and the Ascent to Peking"(《利玛窦和他的北京之旅》),in C. C. Ronan and B. B. C. Oh (eds.). *East Meets West. The Jesuits in China*,1582—

480

1773，Chicago：Loyola University Press，1988，pp. 3—18.

Standaert，N.（钟鸣旦），*Yang Tingyun. Confucian Scholar and Christian Convert in Late Ming China*（《杨廷筠：明末天主教儒者》），Leiden：Brill，1988.

Steck，M.，*Bibliographia Euclideana*（《欧几里得文献目录》），Hildesheim，1981.

Struve，L. A.（司徒琳），"Huang Zongxi in context"（《黄宗羲》），*The Journal of Asian Studies*，47. 3（1988），pp. 503—518.

Su Buting（苏步青）（ed.），see list of abbreviations，XGQZYJ（《徐光启著译集》）.

Sung，Z. D.（沈仲涛），*The Text of Yi King*（《易经》），Shanghai，1935.

Swetz，F.，*Was Pythagoras Chinese? An examination of Right Triangle Theory in Ancient China*（《中国古代勾股理论探析》），（Pennsylvania State University Studies No. 40），University Park/Reston（Virginia）/London，1977.

——，"Right Triangle Concepts in Ancient China：From Application to Theory"（勾股：从应用到理论）in *History of Science* 31. 4（1993），pp. 21—440.

Sylla，E.，"Compounding ratios. Bradwardine，Oresme，and the first edition of Newton's Principia"（《复比：布拉德沃丁，奥雷斯姆，以及牛顿〈原理〉第一版》），in Everett Mendelsohn（ed.），*Transformation and Tradition in the Sciences. Essays in Honor of I. Bernard Cohen*，Cambridge，1984.

Szabó，A，"Anfänge des Euklidischen Axiomensystems"（《欧几里得公理体系的起源》），*Archive for History of Exact Sciences* 1（1960），pp. 37—106.

Tasaka Kodo（田坂兴道），"An Aspect of Islam Culture Introduced into China"（《伊斯兰文化传入中国的一个侧面》），in *Memoirs of the Research Department of the Toyo Bunko*（《东洋文库欧文纪要》），16（1957），pp. 75—160.

Tannery，P.，*Memoires Scientifiques*（《科学纪事》）. Tome V：*Sciences exactes au moyen age*（《中世纪的精密科学》），Toulouse/Paris，1922.

Tu Wei‑Ming（杜维明），"Yen Yüan：From Inner Experience to Lived Concreteness"，in *The Unfolding of Neo‑Confucianism*（see De Bary），pp. 511—543.

Übelhör，M.（于贝勒），"Hsü Kuang‑ch'i（1562—1633）und seine Einstellung zum Christentum"（《徐光启及其对基督教的态度》），*Oriens Extremus* 15（1968），pp. 191—257（part I）；*Idem* 16（1969），pp. 41—7（Part II）.

Unguru，S.，"On the need to rewrite the History of Greek Mathematics"（《论重写希腊数学史的必要性》），*Archive for History of Exact Sciences*，15. 1（1975），pp. 67—114.

481 Vanhée，L.（郝师慎），"Euclide en chinois et mandchou"（《欧几里得著作的汉文与满文译本》），*Isis*，30（1939），pp. 84—88.

——，"Le classique de l'île maritime"（《海岛算经》），*Quellen und Studien Geschichte der Mathematik*，B 2，1932，pp. 255—280.

Verdonk，J. J.，*Petrus Ramus en de wiskunde*（《拉莫斯与数学》），Assen：Van Gorcum，1966.

Vickers，B.，*In Defense of Rhetoric*（《捍卫修辞学》），Oxford，1988.

——，"Rhetorics and Poetics"（《修辞与诗学》），in the *Cambridge History of Renaissance Philosophy*，pp. 715—746.

Vitrac，B.（trans. and comm.），*Euclide：Les Eléments*（with a general introduction by M. Caveing）；Volume 1（gen. introduction and book 1—4），Paris 1990；Volume 2（book 5—9），Paris 1994.

Waerden，B. L. van der，*Science Awaking*（《科学的觉醒》），New York，1961（English translation of *Ontwakende Wetenschap*，Groningen，1954；A. Dresden transl.）.

——，*Geometry and Algebra in Ancient Civilizations*（《古代文明中的代数与几何》），Berlin：Springer - Verfag，1983.

——，*A History of Algebra*（《代数学史》），Berlin/Heidelberg/New York，1985.

Wakeman，F.（魏斐德），*The Great Enterprise. The Manchu Reconstruction of Imperial Order in Seventeenth -Century China*（《洪业：17 世纪满洲人重建帝国秩序》），2vols.，university of California Press，1985.

Wallace，W. A.，*Galileo and his Sources. The Heritage of the Collegio Romano in Galileo's Science*（《伽利略的知识资源：罗马学院的遗产与伽利略的科学》），Princeton University Press，1984.

Wallace，W. A.，*Galileo's Logic of Discovery and Proof. The Background and Content of His Appropriated Treatises on Aristotle's Posterior Analytics*（《伽利略，发现与证明的逻辑》），Dordrecht：Kluwer，1992.

Wang Ping(王萍)，西方历算学之输入，台北，1966.

Wang Tianfa(王添法)，明清时代所译的几何原本，Ph. D.，国立台湾师范大学，1992.

Wang Zhongmin(王重民)(ed.)，see list of abbreviations，XGQJ(《徐光启集》).

Weisheipl，J. A.，"The Nature，Scope，and Classification of the Sciences"（《自然、范畴、科学的分类》），in D. C. Lindberg（ed.），*Science in the Middle Ages*，Chicago，1978，pp. 461—482.

Weissenborn，H.，*Die Ubersetzungen des Euklid durch Campano und Zamberti*（《坎帕努斯及赞贝蒂对欧几里得〈原本〉的翻译》），Halle a/S.，1882.

Witek，J. W.，S. J.（魏若望），*Controversial Ideas in China and in Europe：A Biography of Jean -François Foucquet，S. J.*（1665—1741）（《耶稣会士傅圣泽神甫传：索隐派思想在中国及欧洲》）（Vol. XLIII of the Bibliotheca Instituti Historici S. I.），Rome，1982.

Yabuuti Kiyosi(薮内清),(transl. and partially revised by Benno van Dalen) "Islamic Astronomy in China during the Yuan and Ming Dynasties"(《元明两代中国的伊斯兰天文学》), in *Historia Scientiarum*7.1 (1997), pp. 11—43.

Yu Yingshi(余英时),方以智晚节考 [Fang I – chih: His Last Years and His Death],香港,1972.

Zhang Weihua(张维华),"南京教案始末",晚学斋论文集,济南,1986, pp. 493—519.

Zhang Yongtang(张永堂),明末清初理学与科学关系再论 [Another Discussion of the Relation between Philosophy and Science during the Ming – Qing Transition],台北,1994.

Zhu Ping – Yi, see Chu Ping – Yi.

Zürcher, E. (许理和),*The Buddhist Conquest of China*(《佛教征服中国》), Leiden: Brill (repr.), 1972.

482 ——, "Buddhist Influence on Early Taoism: A Survey of Scriptural Evidence"(《佛教对早期道教的影响》), in *Toung Pao*66 (1980), pp. 84—149.

——, *Bouddhisme, Christianisme et société chinoise*(《佛教、基督教与中国社会》), Paris, 1990.

——, "The Jesuit Mission in Fujian in Late Ming Times: Levels of Response"(《晚明时期的福建教团》)in E. B. Vermeer (ed.), *Development and Decline of Fukien Province in the 17th and 18th Centuries*,Leiden: Brill, 1990, pp. 417—457.

——, "A Complement to Confucianism. Christianity and Orthodoxy in Late Ming Imperial China"(《补儒:基督教与晚明中国的正统思想》), Chun – Chieh Huang (黄俊杰)and Erik Zürcher (eds.), *Norms and the State in China*(Vol. XXVIII of Sinica Leidensia), Leiden, 1993, pp. 71—92.

——, "Xu Guangqi and Buddhism"(《徐光启与佛教》), contribution to the conference Hsü Kuang – Ch'i, Chinese Scholar and Statesman, organized by C. Jami, Paris, March 1995 (The Proceedings of the conference are in preparation for publication).

Zürcher, E., Standaert, N., S. J., Dudink, A., *Bibliography of the Jesuit Mission in China (ca. 1580 — ca. 1680)*(《中华耶稣会历史文献目录(1580 — 1680)》), Leiden, 1991.

Zurndorfer, H. T(宋汉理), "Comment la science et la technologie se vendaient à la Chine au XVIII° scècle: Essai d'analyse interne"(《18 世纪西方科学与技术如何传入中国:内因分析》), *Études chinoises*7.2 (1988), pp. 59—90.

——, *Change and Continuity in Chinese Local History: The Development of Hui –*

chou Prefecture 800 *to* 1800(《中国地方史的变化和连续性:800 至 1800 年间徽州地区的发展》),Leiden:Brill,1989,pp. 206—212.

——, "'One Adam Having Driven Us Out Of Paradise, Another Has Driven Us Out of China': Yang Kuang – Hsien's Challenge of Adam Schall Von Bell"(《杨光先对汤若望的非难》), in L. Blussé and H. T. Zurndorfer (eds.), *Conflict and Accommodation in Early Modern East Asia. Essays in Honour of Erik Zürcher*, Leiden:Brill,1993,pp. 141—168.

索　引

486

译 后 记

　　一个学生在跟欧几里得学习了几条命题后,问道:"我学了这些能得到什么呢?"欧几里得叫来仆人:"拿两个钱给这厮,他一定要用几何学获得实利。"——这个故事的真实性无从查证,但它从一个侧面表明,欧氏几何的精神旨蕴乃是公理化的逻辑演绎,重视命题推理,无涉实际应用。与之相反,中国古代数学则是从应用问题出发,以"经世致用"为主旨,表现出鲜明的社会性和实用性特征。然而,跨越了漫长的历史岁月,这两种旨趣迥异的数学体系,在 17 世纪的中国汇聚到了一起——万历三十五年(1607)利玛窦与徐光启合译《几何原本》的问世。

　　《几何原本》带来了新鲜的思维方式,引发了数学观念的变化,由此开启了中西两种数学文化交流与碰撞的历史进程,在中国数学思想史上具有重要意义。作为欧洲与中国首次重大文化冲撞的具体表现,这部西方古典数学巨著为何被利、徐选中? 如何跨越语言差异得以翻译? 怎样与中国传统相互融合而得以传播? 其背景和机制值得在各种层面上展开深度研究。汉译《几何原本》不仅是数学史或科学史领域的研究专题,在广义中西文化交流史上亦具有重要地位。

　　安国风(Peter M. Engerfriet)博士的《欧几里得在中国》,力图把握晚明社会学术思潮变化的大背景,突出《几何原本》的"异质"文化特征(如抽象性、演绎性和公理化),详细探讨了欧氏几何向中国传播的前因后果。作者勾稽西文史料(特别是耶稣会档案),探讨了耶稣会的数学教育,通过对勘克拉维乌斯版《原本》与《几何原本》,揭示利玛窦与徐光启以汉语文言迻译拉丁原典的卓绝努力。当然,《欧几里得在中国》的侧重点乃是以利玛窦、徐光启和《几何原本》为中心,讨论明清之际中国传统数学思想的嬗变——这正是此书的引人之处。

2002 年春,笔者在德国柏林工业大学中国科学史中心作访问学者,应阿梅龙博士(Dr. Iwo Amelung)之邀访问了埃尔朗根(Erlangen)大学,恰好在阿梅龙的书房里见到这部书,翻阅之下,顿萌生译介之念。2005 年,经上海交通大学科学史系主任江晓原教授的推荐,江苏人民出版社同意将该书列入"海外中国研究丛书"。丛书主编刘东教授给予了热情的鼓励,江苏人民出版社的府建明先生对翻译体例作了具体指导。本书的翻译得到了法国国家研究中心林力娜(Karine Chemla)教授、詹嘉玲(Catherine Jami)教授,剑桥大学李约瑟研究所图书馆莫菲特(John Moffett)馆长的帮助,责任编辑曹斌先生对译稿作了认真细致的编辑校改。上海交通大学科学史系博士研究生周琦、硕士研究生沈立平帮助查对了部分译名和史料。原书作者安国风博士耐心解答了翻译中遇到的问题。谨此一并深表谢忱。

本书由郑诚、郑方磊和我共同翻译,具体分工是:

纪志刚:第一章,第六、七、八、九、十章;

郑诚:第二、三章;

郑方磊:第四、五章,第五章附录。郑诚、郑方磊负责整理文献缩语表、参考文献、索引;郑诚参与了第四至第六章的审校,以及书后附录的修订;笔者负责完成全书的校对与统稿。

"翻译是为人做嫁衣的苦差",个中滋味,非亲历莫能切言。原著征引宏富,史料交叠。为了与还原的中文文献语气贴合,译文遣词用句,犹需推敲再四,"几近折磨"。我想,这样的"折磨"正是一种超越自我的学术追求。吴学颢《几何论约序》有云:"言之不简,不可为文;简而不赅,不可为简。"——这难道不应成为今日学界的一句箴言吗?诚然,我们虽有此追求,无奈学力不逮,译稿中的疏漏错谬,恳请方家不吝指正。

2007年,时逢《几何原本》翻译出版400周年。成都、上海、台北等地相继举行了不同形式的纪念活动:2007年10月11—15日,中国数学史学会主办,四川师范大学承办"纪念欧拉诞辰300周年暨《几何原本》中译400周年数学史国际学术会议";2007年11月8—9日,上海市徐汇区人民政府、上海市文物管理委员会、复旦大学、上海交通大学、中国科学院上海生命科学研究院以及《新民晚报》社联合主办"纪念徐光启暨《几何原本》翻译四百周年国际研讨会";2007年11月10—11日、台北"中央研究院"、台北"中央研究院"数学研究所主办"利玛窦与徐光启合译《几何原本》四百周年纪念研讨会"。复旦大学历史地理研究中心也将于2008年12月中旬召开"跨越空间的文化——十六至十九世纪中外文化的相遇与调适"国际学术讨论会。四百年前的"中西初会",涟漪回荡至今,耐人寻味。我们希望本书的翻译,有助于展现跨文化研究在数学史中的价值,并借"海外中国研究丛书"的广泛影响,增进学界对海外中国科学史研究的兴趣与关注。

纪志刚

2007年11月15日于上海

2008年6月23日修订

"海外中国研究丛书"书目